薛毅 陈立萍 编著

R语言实用教程

清华大学出版社
北京

内容简介

R语言，一种自由软件编程语言与操作环境，主要用于统计分析、绘图、数据挖掘. 虽然R是一款统计软件，但也可用于数值分析和矩阵计算.

本书是R语言的一本入门教材，讲授学习R必备的内容. 仅使用最基本的统计知识，介绍R函数的使用方法，以及如何使用R的内置函数去解决统计中的问题. 介绍R中与数值分析相关的内容，并利用相应算法来学习R语言的编程. 介绍R的绘图功能，及相关的绘图函数. 本书的每一章是针对一类问题设计的，讨论的内容由浅入深、循序渐进. 并在最后一章介绍扩展R的方法，读者可以根据自己的需求扩展R的相关功能.

本书适合于理工、经管和生物等专业的本科生、研究生，或者相关专业的技术人员学习R使用，可以作为"统计计算"课程的教材或教学参考书，也可作为数学建模竞赛培训的辅导教材.

图书在版编目(CIP)数据

R语言实用教程/薛毅，陈立萍编著.—北京：清华大学出版社，2014(2025.1重印)

ISBN 978-7-302-37117-5

Ⅰ.①R… Ⅱ.①薛… ②陈… Ⅲ.①程序语言–程序设计–教材 Ⅳ.①TP312

中国版本图书馆CIP数据核字(2014)第146809号

责任编辑：刘 颖
封面设计：常雪影
责任校对：刘玉霞
责任印制：丛怀宇

出版发行：清华大学出版社

网 址：https://www.tup.com.cn，https://www.wqxuetang.com
地 址：北京清华大学学研大厦A座 邮 编：100084
社 总 机：010-83470000 邮 购：010-62786544
投稿与读者服务：010-62776969，c-service@tup.tsinghua.edu.cn
质 量 反 馈：010-62772015，zhiliang@tup.tsinghua.edu.cn
课 件 下 载：https://www.tup.com.cn，010-62770175-4113

印 装 者：三河市铭诚印务有限公司
经 销：全国新华书店
开 本：185mm×260mm **印 张**：24.75 **字 数**：602千字
版 次：2014年10月第1版 **印 次**：2025年1月第11次印刷
定 价：69.80元

产品编号：052096-04

前　言

《统计建模与 R 软件》一书出版 (2007 年 4 月出版) 已有 7 个年头, 当初编写此书的主要目的是希望学生在数学建模竞赛中, 使用 R 软件解决他们可能遇到的统计问题. 随着 R 软件在中国的普及与发展, 此书有幸成为 R 语言初学者的入门教材[1]. 因此, 当有人向我建议, 专门编写一本 R 语言的入门教材时, 本人欣然同意, 并着手这方面的工作.

真正开始编写教材后, 遇到的困难超出我的想象. 首先, R 语言涵盖的内容非常广泛, 而且国内近年来已出版了大量与 R 语言有关的书籍, 哪些内容是初学者必备的知识? 其次, 如何处理本书与前一本书的关系, 哪些内容需要保留, 哪些知识又需要补充? 再次, 统计知识介绍到什么程度? R 语言是进行统计分析的工具, 如果本书 “只是讲解 R”, 是不可能做到的.

R 语言是一种自由软件编程语言与操作环境, 主要用于统计分析、绘图、数据挖掘. R 本来是由新西兰奥克兰大学的 Ross Ihaka 和 Robert Gentleman 开发（也因此称为 R）, 现在由 “R 开发核心团队” 负责开发. 虽然 R 是主要用于统计分析的软件, 但也有人用作矩阵计算, 其分析速度可媲美专用于矩阵计算的自由软件 GNU Octave 和商业软件 MATLAB[2].

本书是 R 语言的一本入门教材, 它包括 R 软件下载与安装、程序包的载入和基本的 R 命令, 这些都是学习 R 所必备的内容. 为了避免同时讲授统计知识和 R 语言可能产生的困难, 本书假定读者对相关的统计知识有了一定的了解. 书中只是结合最基本的统计知识, 介绍相关函数的使用方法, 以及如何使用内置函数去解决统计中的问题, 相关统计知识的介绍是为了更好地理解函数中相应参数的意义.

虽然 R 是一款统计软件, 但它也涉及数值分析的相关内容, 而且这些内容是统计计算中不可缺少的内容. 因此, 本书用一章的篇幅对数值分析的部分内容作了简要的介绍. 介绍它们的另一个目的是学习 R 语言的编程, R 与其他计算机语言一样, 是可以进行编程的. 学会编程可以扩展 R 的使用范围, 这也是使用 R 进行科学研究必备的条件. R 的另一个强大的功能是绘图, 本书也用一章的篇幅系统地介绍了 R 语言的绘图函数, 以及绘图参数的设置.

本书的每一章, 基本上是针对一类 (统计) 问题设计的, 讨论的内容由浅入深、循序渐进. 完成一章的学习后, 基本上能完成相关内容的计算与分析. 虽然是一本入门教材, 但了解 R 的扩展功能还是必不可少的, 本书以多元分布为例, 介绍扩展包的下载与安装、扩展函数的使用, 为读者学会下载和使用与自己学习和工作相关的扩展函数打下基础.

本书的主要内容: 第 1 章, R 语言入门. 主要介绍 R 的基本使用方法, 如 R 的下载与安装; 向量、矩阵、数组、列表、数据框等对象的特点, 以及数据的读写、控制流和相应程序设计. 第 2 章, 数值计算. 主要介绍与数值分析相关的部分内容, 如非线性方程组求解、函数求极值、数据拟合与数值积分等. 第 3 章, R 语言绘图. 主要介绍 R 中的绘图函数, 如高、低水平绘图函数, 以及绘图参数的设置. 第 4 章, 概率、分布与随机模拟. 主要介绍 R 中重要分

---

[1] 引自网上的评论.

[2] 此段文字摘自维基百科, 作为 R 语言的定义.

布函数的计算, 以及随机抽样与随机模拟的方法. 第 5 章, 假设检验. 主要介绍重要的参数检验, 如 t 检验、F 检验和重要的非参数检验, 如秩检验、分布检验、列联表检验. 第 6 章, 回归分析. 主要介绍各种回归方法, 如线性回归、稳健回归、非线性回归和广义线性回归. 第 7 章, 多元统计分析. 介绍各种多元分析方法, 如方差分析、判别分析、聚类分析、主成分分析、因子分析和典型相关分析. 第 8 章, 多元分布. 主要介绍多元正态分布函数和相应的检验方法, 如均值向量的检验, 以及相关程序包的下载, 这部分内容是需要下载扩展程序包才能完成的.

本书所介绍的 R 函数均以 R-2.15.2 版本[1] 为基准, 所有函数 (包括自编函数) 均通过测试, 读者如果需要书中例题的相关程序, 以及例题和部分习题的数据文件, 可以发送电子邮件向作者索取, 邮件地址：xueyi@bjut.edu.cn.

本书是一本 R 语言入门教材, 适合于理工、经济、管理、生物等专业的本科生、研究生, 或者相关专业的技术人员学习 R 软件使用, 可以作为 “统计计算” 课程的教材或教学参考书, 也可作为数学建模竞赛培训的辅导教材.

由于受编者水平所限, 书中一定存在不足甚至错误之处, 欢迎读者不吝指正, 作者的电子邮件地址是: xueyi@bjut.edu.cn (薛毅); chenliping@bjut.edu.cn (陈立萍).

编　者

2014 年 3 月于北京工业大学

[1] 当前的版本是 R-3.1.1, 而且每隔一段时间会更新一次.

目　录

第 1 章　R 语言入门 …… 1
1.1　R 语言简介 …… 1
1.1.1　R 软件的下载与安装 …… 1
1.1.2　初识 R …… 2
1.1.3　下拉式菜单与快捷方式 …… 4
1.2　向量 …… 15
1.2.1　基本运算 …… 15
1.2.2　数据对象 …… 17
1.2.3　向量赋值 …… 18
1.2.4　产生有规律的向量 …… 19
1.2.5　逻辑向量 …… 21
1.2.6　向量中的缺失数据 …… 21
1.2.7　字符型向量 …… 22
1.2.8　用 vector 函数生成向量 …… 24
1.2.9　复数向量 …… 25
1.2.10　向量的下标运算 …… 25
1.2.11　与数值向量有关的函数 …… 27
1.3　因子 …… 28
1.3.1　factor 函数 …… 28
1.3.2　gl 函数 …… 29
1.3.3　与因子有关的函数 …… 29
1.4　矩阵 …… 30
1.4.1　矩阵的生成 …… 30
1.4.2　与矩阵运算有关的函数 …… 31
1.4.3　矩阵下标 …… 33
1.5　数组 …… 34
1.5.1　数组的生成 …… 34
1.5.2　数组下标 …… 34
1.5.3　apply 函数 …… 36
1.6　对象和它的模式与属性 …… 36
1.6.1　固有属性：mode 和 length …… 37
1.6.2　修改对象的长度 …… 37
1.6.3　attributes 和 attr 函数 …… 38

1.6.4 对象的 class 属性 …… 39
1.7 列表 …… 39
1.7.1 列表的构造 …… 39
1.7.2 列表的修改 …… 40
1.7.3 返回值为列表的函数 …… 40
1.8 数据框 …… 40
1.8.1 数据框的生成 …… 41
1.8.2 数据框的引用 …… 42
1.8.3 attach 函数 …… 42
1.8.4 with 函数 …… 43
1.8.5 列表与数据框的编辑 …… 43
1.8.6 lapply 函数和 sapply 函数 …… 43
1.9 读、写数据文件 …… 44
1.9.1 读纯文本文件 …… 44
1.9.2 读取其他软件格式的数据文件 …… 46
1.9.3 读取 Excel 表格数据 …… 47
1.9.4 数据集的读取 …… 49
1.9.5 写数据文件 …… 50
1.10 控制流 …… 51
1.10.1 分支函数 …… 51
1.10.2 中止语句与空语句 …… 52
1.10.3 循环函数 …… 53
1.11 R 程序设计 …… 54
1.11.1 函数定义 …… 54
1.11.2 定义新的二元运算 …… 56
1.11.3 有名参数与默认参数 …… 56
1.11.4 递归函数 …… 57
1.11.5 程序运行 …… 57
1.11.6 程序调试 …… 59
习题 1 …… 61

第 2 章 数值计算 …… 63
2.1 向量与矩阵的运算 …… 63
2.1.1 向量的四则运算 …… 63
2.1.2 向量的内积与外积 …… 64
2.1.3 矩阵的四则运算 …… 65
2.1.4 矩阵的函数运算 …… 66
2.1.5 求解线性方程组 …… 67

2.1.6 矩阵分解 ······ 69
2.2 非线性方程 (组) 求根 ······ 73
2.2.1 非线性方程求根 ······ 73
2.2.2 求解非线性方程组 ······ 77
2.3 求函数极值 ······ 80
2.3.1 一元函数极值 ······ 80
2.3.2 多元函数极值 ······ 81
2.4 插值 ······ 87
2.4.1 多项式插值 ······ 87
2.4.2 分段线性插值 ······ 88
2.4.3 分段 Hermite 插值 ······ 90
2.4.4 三次样条函数 ······ 90
2.5 数据拟合 ······ 93
2.5.1 最小二乘原理 ······ 93
2.5.2 求解超定线性方程组的 QR 分解方法 ······ 94
2.5.3 多项式拟合 ······ 97
2.6 数值积分 ······ 97
2.6.1 梯形求积公式 ······ 97
2.6.2 Simpson 求积公式 ······ 98
2.6.3 integrate 函数 ······ 99
习题 2 ······ 100

第 3 章　R 语言绘图 ······ 103
3.1 高水平绘图函数 ······ 103
3.1.1 基本绘图函数 —— plot 函数 ······ 103
3.1.2 多组图 —— pairs 函数 ······ 105
3.1.3 协同图 —— coplot 函数 ······ 109
3.1.4 点图 —— dotchart 函数 ······ 110
3.1.5 饼图 —— pie 函数 ······ 113
3.1.6 条形图 —— parplot 函数 ······ 114
3.1.7 直方图 —— hist 函数 ······ 115
3.1.8 箱线图 —— boxplot 函数 ······ 117
3.1.9 Q-Q 图 —— qqnorm 函数 ······ 119
3.1.10 三维透视图 —— persp 函数 ······ 120
3.1.11 等值线 —— contour 函数 ······ 122
3.2 图形参数 ······ 123
3.2.1 高水平绘图函数中的参数 ······ 124
3.2.2 图形参数的永久设置 ······ 124

3.2.3 图形参数的临时设置 125
3.2.4 图形元素控制 125
3.3 低水平图形函数 127
3.3.1 添加点、线、文字、符号或数学表达式 127
3.3.2 添加直线、线段和图例 130
3.3.3 添加图题、边与盒子 132
3.3.4 添加多边形或图形阴影 134
3.3.5 交互图形函数 135
3.4 图形参数 (续) 136
3.4.1 坐标轴与坐标刻度 136
3.4.2 图形边空 137
3.4.3 多图环境 138
3.5 图形设备 143
习题 3 144

第 4 章 概率、分布与随机模拟 146
4.1 组合数与概率计算 146
4.1.1 生成组合方案 146
4.1.2 生成组合数 146
4.1.3 概率计算 146
4.2 分布函数 147
4.2.1 分布函数 147
4.2.2 分位数 148
4.3 常用的分布函数 148
4.3.1 正态分布 148
4.3.2 均匀分布 150
4.3.3 指数分布 150
4.3.4 二项分布 151
4.3.5 Poisson 分布 152
4.3.6 χ^2 分布 154
4.3.7 t 分布 154
4.3.8 F 分布 155
4.3.9 R 的内置函数 155
4.4 样本统计量 157
4.4.1 样本均值 157
4.4.2 样本方差 157
4.4.3 顺序统计量 158
4.4.4 中位数 159

4.4.5 分位数 ···· 159
4.4.6 样本的 k 阶矩 ···· 160
4.4.7 偏度系数与峰度系数 ···· 160
4.4.8 经验分布函数 ···· 161
4.5 随机抽样与随机模拟 ···· 163
4.5.1 随机数的生成 ···· 163
4.5.2 随机抽样 ···· 164
4.5.3 随机模拟 ···· 166
习题 4 ···· 169

第 5 章 假设检验 ···· 172
5.1 假设检验的基本思想 ···· 172
5.1.1 基本概念 ···· 172
5.1.2 基本思想 ···· 172
5.1.3 两类错误 ···· 173
5.1.4 P 值 ···· 173
5.2 重要的参数检验 ···· 173
5.2.1 t 检验 ···· 173
5.2.2 F 检验 ···· 176
5.2.3 二项分布的近似检验 ···· 178
5.2.4 二项分布的精确检验 ···· 182
5.2.5 Poisson 检验 ···· 184
5.2.6 功效检验 ···· 185
5.3 符号检验与秩检验 ···· 189
5.3.1 符号检验 ···· 189
5.3.2 秩检验与秩和检验 ···· 191
5.3.3 尺度参数检验 ···· 196
5.4 分布检验 ···· 197
5.4.1 Pearson 拟合优度 χ^2 检验 ···· 197
5.4.2 Kolmogorov-Smirnov 检验 ···· 200
5.4.3 正态性检验 ···· 202
5.5 列联表检验 ···· 203
5.5.1 Pearson χ^2 独立性检验 ···· 203
5.5.2 Fisher 精确独立性检验 ···· 205
5.5.3 McNemar 检验 ···· 207
5.5.4 三维列联表的条件独立性检验 ···· 208
5.6 相关性检验 ···· 210
5.6.1 Pearson 相关检验 ···· 211

5.6.2 Spearman 相关检验 ······ 211
5.6.3 Kendall 相关检验 ······ 212
5.6.4 cor.test 函数 ······ 213
5.7 游程检验 ······ 215
习题 5 ······ 216

第 6 章 回归分析 ······ 223
6.1 线性回归 ······ 223
6.1.1 线性回归模型 ······ 223
6.1.2 线性回归模型的计算 ······ 225
6.1.3 预测区间与置信区间 ······ 227
6.1.4 其他函数 ······ 230
6.2 回归诊断 ······ 230
6.2.1 为什么要作回归诊断 ······ 231
6.2.2 残差检验 ······ 232
6.2.3 影响分析 ······ 236
6.3 Box-Cox 变换 ······ 240
6.4 多重共线性 ······ 243
6.4.1 多重共线性现象 ······ 244
6.4.2 岭估计 ······ 245
6.5 逐步回归 ······ 247
6.5.1 “最优”回归方程的选择 ······ 247
6.5.2 逐步回归的计算 ······ 247
6.6 稳健回归 ······ 251
6.6.1 稳健回归的基本概念 ······ 252
6.6.2 稳健回归 ······ 253
6.6.3 抗干扰回归 ······ 255
6.7 非线性回归 ······ 257
6.7.1 多项式回归 ······ 258
6.7.2 局部多项式回归 ······ 260
6.7.3 非线性回归 ······ 262
6.8 广义线性回归模型 ······ 265
6.8.1 glm 函数 ······ 266
6.8.2 Logistic 回归模型 ······ 267
6.8.3 Poisson 分布族 ······ 271
6.8.4 正态分布族 ······ 273
习题 6 ······ 274

第 7 章　多元统计分析 ········ 281
7.1　方差分析 ········ 281
7.1.1　方差分析的数学模型 ········ 281
7.1.2　方差分析的计算 ········ 284
7.1.3　多重均值检验 ········ 289
7.1.4　与方差分析有关的函数 ········ 291
7.1.5　方差分析的进一步讨论 ········ 293
7.1.6　秩检验 ········ 295
7.1.7　协方差分析 ········ 299
7.2　判别分析 ········ 301
7.2.1　判别分析的数学模型 ········ 302
7.2.2　判别分析的计算 ········ 302
7.3　聚类分析 ········ 306
7.3.1　距离和相似系数 ········ 306
7.3.2　系统聚类法 ········ 308
7.3.3　类个数的确定 ········ 314
7.3.4　实例 ········ 315
7.3.5　K 均值聚类 ········ 319
7.4　主成分分析 ········ 320
7.4.1　主成分分析的数学模型 ········ 320
7.4.2　主成分分析的计算 ········ 321
7.4.3　主成分分析的应用 ········ 326
7.5　因子分析 ········ 330
7.5.1　因子分析的数学模型 ········ 330
7.5.2　因子分析函数 ········ 331
7.5.3　因子分析的计算 ········ 332
7.6　典型相关分析 ········ 339
7.6.1　典型相关分析的数学模型 ········ 340
7.6.2　典型相关分析的计算 ········ 340
习题 7 ········ 342

第 8 章　多元分布 ········ 352
8.1　基本概念 ········ 352
8.1.1　多元分布函数与概率密度函数 ········ 352
8.1.2　多元正态分布 ········ 352
8.1.3　与多元正态分布有关的 R 函数 ········ 353
8.2　样本统计量及抽样分布 ········ 357
8.2.1　样本统计量 ········ 357

8.2.2 抽样分布 ········ 359
8.3 多元正态总体均值向量的检验 ········ 360
8.3.1 单个总体均值向量的检验 ········ 360
8.3.2 两个总体均值向量的检验 ········ 360
8.3.3 R 中的均值检验函数 ········ 361
8.4 扩展包中的其他函数 ········ 365
8.4.1 多元 t 分布 ········ 365
8.4.2 多元非参数检验 ········ 366
8.4.3 多元正态性检验 ········ 370
习题 8 ········ 370

索引 ········ 373

参考文献 ········ 384

第1章 R 语言入门

R 语言是主要用于统计分析、绘图的语言和操作环境. R 最初是由来自新西兰奥克兰大学的 Ross Ihaka 和 Robert Gentleman 开发, 因此称为 R. 现在由 "R 开发核心团队" 负责开发和维护. R 是基于 S 语言的一个 GNU 项目, 所以也可以当作 S 语言的一种实现, 通常用 S 语言编写的代码都可以不作修改地在 R 环境下运行.

1.1 R 语言简介

1.1.1 R 软件的下载与安装

对于 R 的初学者来说, 首先要下载 R 软件. R 是免费的, 可在网站

`http://cran.r-project.org/`

下载, 图 1.1 显示的是 R 的 CRAN 社区网页. 对于 Windows 用户, 单击 `Download R for Windows`进入下一个窗口. 然后单击`base`进入下载窗口[1]. 单击

`Download R 2.15.2 for Windows (47 megabytes, 32/64 bit)`

下载 Windows 系统下的 R 软件[2].

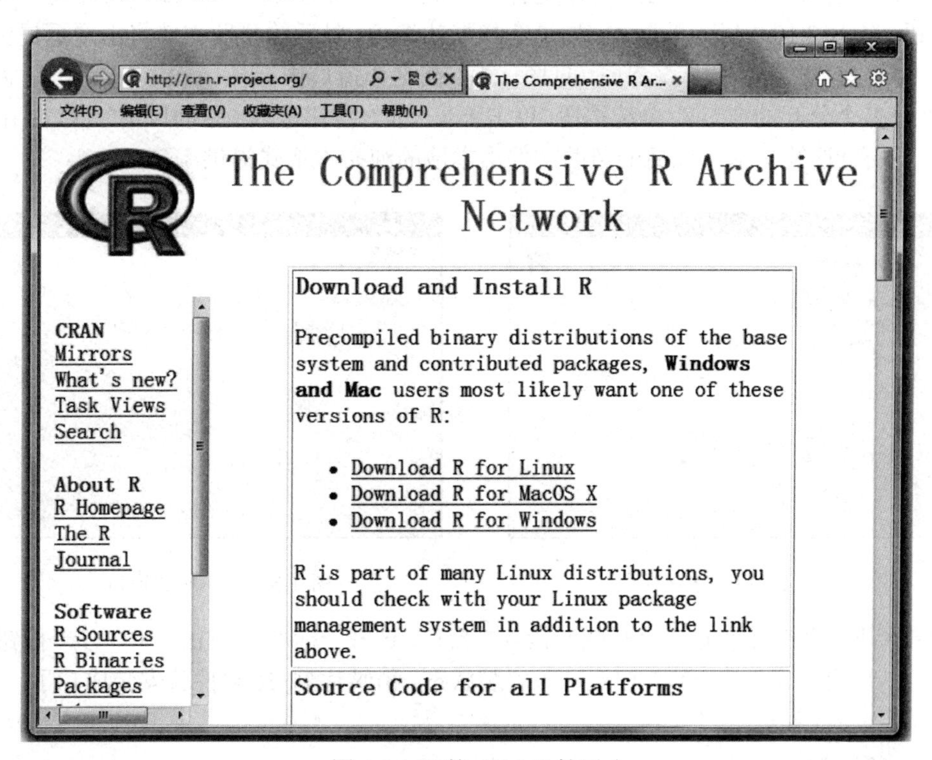

图 1.1 R 的 CRAN 社区

R 软件安装非常容易, 运行刚才下载的程序 (如 `R-2.15.2-win`), 按照 Windows 的提示安装即可.

[1] `http://cran.r-project.org/bin/windows/base/` 直接进入下载窗口.

[2] R 软件每隔一段时间会更新一次, 本书使用的版本是 R 2.15.2.

开始安装后, 选择安装提示的语言 (如中文 (简体), 见图 1.2), 单击"确定"按钮进入安装向导窗口. 单击"下一步"按钮进入"信息"窗口. 可浏览相关信息, 再单击"下一步"按钮进入"选择目标位置"窗口. 可单击"浏览 (R)"选择安装目录 (默认目录为 `C:\Program Files\R\R-2.15.2`), 然后单击 "下一步" 按钮进入 "选择组件" 窗口 (见图 1.3), 并根据所要安装计算机的性能选择相应的组件. 选择后, 单击 "下一步" 按钮进入 "启动选项" 窗口.

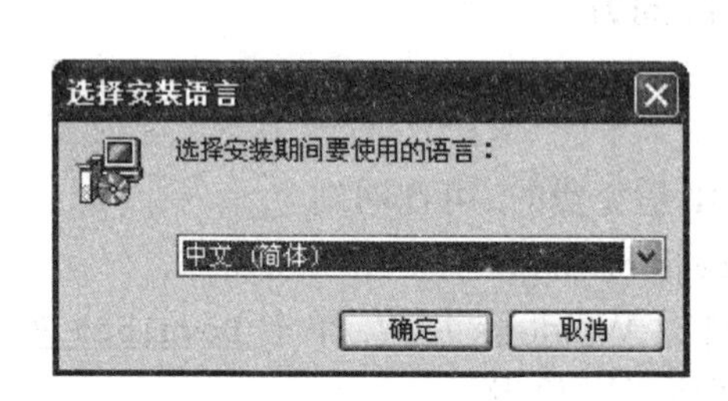

图 1.2 选择安装语言窗口

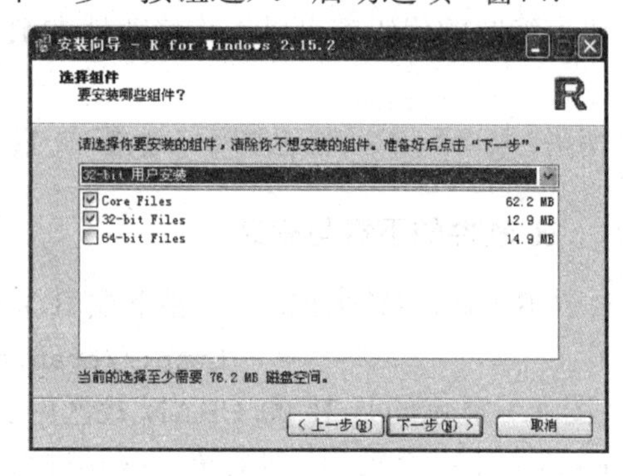

图 1.3 选择组件窗口

在 "启动选项" 窗口中 (见图 1.4) 选择 " `Yes` (自定义启动)" 或 " `No` (接受默认选项)" 单选按钮. 在 R 2.10.0 以后的版本, 如果选择默认选项, 以后的帮助文件将由网页提供. 可以选择 `Yes`, 进入 "显示模式" 界面 (见图 1.5). 在这个窗口中选择 " `MDI` (一个大的窗口)" 或 " `SDI` (多个分开的窗口)" 单选按钮, 单击 "下一步" 按钮进入 "帮助风格" 窗口. 在这个窗口中, 选择 "选纯文本", 以后的帮助文件由本地的纯文本形式提供.

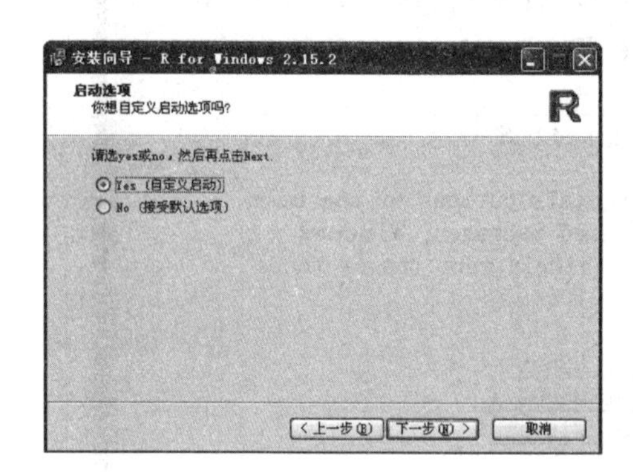

图 1.4 启动选项窗口

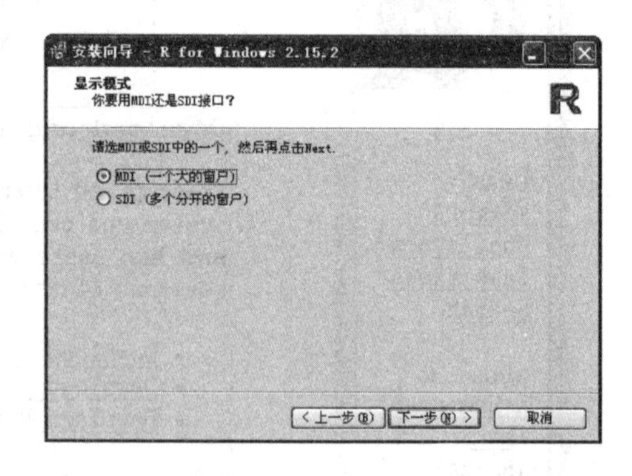

图 1.5 显示模式窗口

单击 "下一步" 按钮进入 "互联网接入" 窗口, 选择 "标准", 单击 "下一步" 按钮进入 "安装" 窗口, 再单击 "下一步" 按钮进入安装状态. 稍候片刻, R 软件就安装成功了.

1.1.2 初识 R

安装完成后, 程序会创建 R 软件程序组, 并在桌面上创建 R 主程序的快捷方式 (也可以在安装过程中选择不要创建). 通过快捷方式或通过 "开始 -> 所有程序 -> R -> R i386 2.15.2" 启动 R, 进入工作状态, 如图 1.6 所示[1].

[1] 本书只显示中文系统下 R 的运行模式.

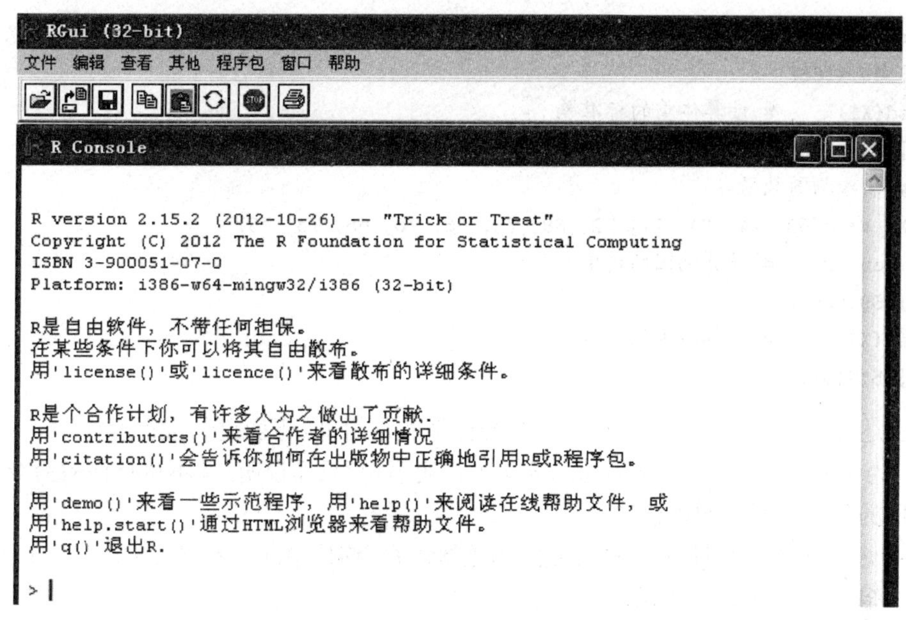

图 1.6 R 软件主界面

R 软件的界面与 Windows 的其他编程软件相类似, 由一些菜单、快捷按钮和操作窗口组成. 操作窗口即是命令的输入窗口, 也是大部分计算结果的输出窗口. 有些结果 (如图形) 会在另一个窗口显示.

启动 R 后, 操作窗口会出现一些文字 (如果是中文操作系统, 则显示中文), 它们是 R 软件启动时给出的说明与指引. 文字下的 ">" 符号便是 R 软件的命令提示符 (矩形光标), 在其后可输入命令. R 软件一般采用交互式工作方式, 在命令提示符后输入命令, 回车后便会显示计算结果. 当然也可将所有的命令建立成一个文件 (程序), 运行文件中的全部或部分语句来执行相应的命令, 从而得到相应的结果. 这种计算方式更加简便, 具体计算过程将在后面进行讨论.

例 1.1 某中学在体检时测得 12 名女生体重 X_1(kg) 和胸围 X_2(cm) 资料如表 1.1 所示. 试计算体重与胸围的均值与标准差.

表 1.1 学生体检资料

学生编号	体重X_1/kg	胸围X_2/cm	学生编号	体重X_1/kg	胸围X_2/cm
1	35	60	7	43	78
2	40	74	8	37	66
3	40	64	9	44	70
4	42	71	10	42	65
5	37	72	11	41	73
6	45	68	12	39	75

解 直接在操作窗口输入以下命令:

```
> # 输入体重数据
> X1 <- c(35, 40, 40, 42, 37, 45, 43, 37, 44, 42, 41, 39)
```

```
> mean(X1)    # 计算体重的均值
[1] 40.41667
> sd(X1)      # 计算体重的标准差
[1] 3.028901
> # 输入胸围数据
> X2 <- c(60, 74, 64, 71, 72, 68, 78, 66, 70, 65, 73, 75)
> mean(X2)    # 计算胸围的均值
[1] 69.66667
> sd(X2)      # 计算胸围的标准差
[1] 5.210712
```

从上述计算过程来看, 用 R 计算这些统计量非常简单. 下面逐句进行解释.

"#" 为说明语句字符, 在 # 后面的语句为说明语句, 只作说明, 并不执行任何命令. 说明语句的目的是增强程序的可读性.

"<-" 表示赋值, 也可以用 "=" [1]. c() 为连接函数, 连接中间的数据表示向量, X1 <- c() 表示用一组数据为变量 X1 赋值.

mean() 为均值函数, mean(X1) 表示计算数组 X1 的平均值. [1] 40.41667 为计算结果, 其中 [1] 表示计算结果的第 1 个数据, 40.41667 为计算出的均值, 即这 12 名女生的平均体重为 40.42kg.

sd() 为标准差函数, sd(X1) 表示计算数组 X1 的标准差.

上述过程中的 ">" 号均为计算机提示符.

当退出 R 系统时, 计算机会询问是否保存工作空间映像, 可选择保存 (是 (Y)) 或不保存 (否 (N)).

如果想将上述命令保存在文件中, 希望以后调用, 则可以先将所有的命令放在一个文件中. 用鼠标单击 "文件" 窗口下的 "新建程序脚本", 这时屏幕会弹出一个 R 编辑窗口 (R 编辑器), 在窗口中输入相应的命令即可. 然后保存相应的文件, 并为文件起名 (后缀为 .R), 如文件名: exam0101.R.

例 1.2 绘出例 1.1 中 12 名学生的体重与胸围的散点图和体重的直方图.

解 在操作窗口下输入如下命令:

```
> X1 <- c(35, 40, 40, 42, 37, 45, 43, 37, 44, 42, 41, 39)
> X2 <- c(60, 74, 64, 71, 72, 68, 78, 66, 70, 65, 73, 75)
> plot(X1, X2)
```

则 R 软件会打开图形窗口, 在窗口中绘出体重与胸围的散点图, 如图 1.7 (a) 所示. 再输入

```
> hist(X1)
```

此时图形窗口中的图形由体重的直方图替代, 如图 1.7 (b) 所示.

通过这两个例子, 读者可以初步体会如何用 R 软件完成统计计算和绘图等工作.

1.1.3 下拉式菜单与快捷方式

主界面由下拉式菜单、快捷按钮控件和操作窗口组成, 快捷按钮控件的图形及功能如

[1] 本书全部使用 "<-".

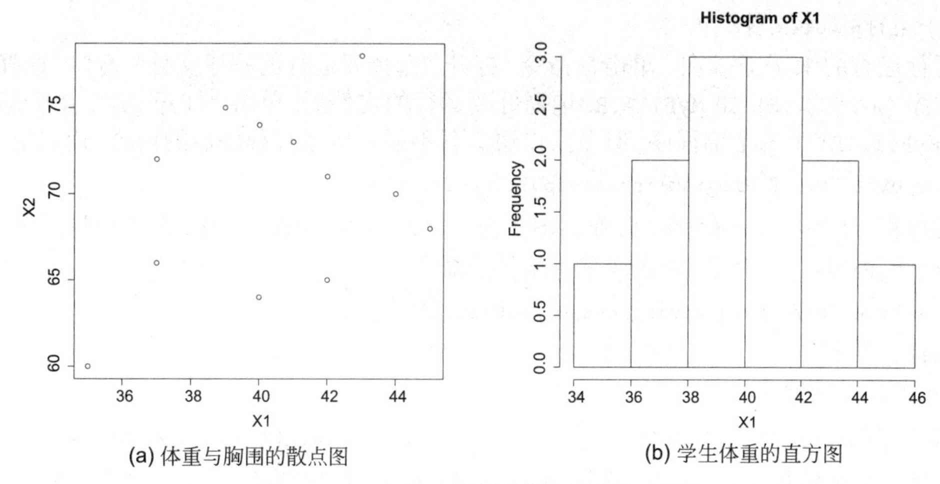

(a) 体重与胸围的散点图 (b) 学生体重的直方图

图 1.7 12 名学生数据的散点图与直方图

图 1.8 所示. 下拉式菜单分别是 “文件”、“编辑”、“查看”、“其他”、“程序包”、“窗口” 和 “帮助” 共 7 项, 下面分别介绍这些菜单的功能.

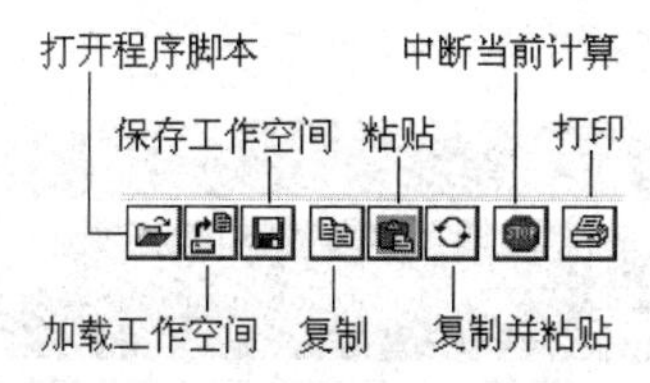

图 1.8 快捷按钮控件及相应的功能

1. 文件菜单

单击主界面中的 “文件”, 弹出下拉式菜单 (如图 1.9 所示), 其命令有: “运行R 脚本文件...”, “新建程序脚本”,“打开程序脚本...”,“显示文件内容...”,“加载工作空间...”,“保存工作空间...”, “加载历史...”, “保存历史...”, “改变工作目录...”, “打印...”, “保存到文件...” 和 “退出”.

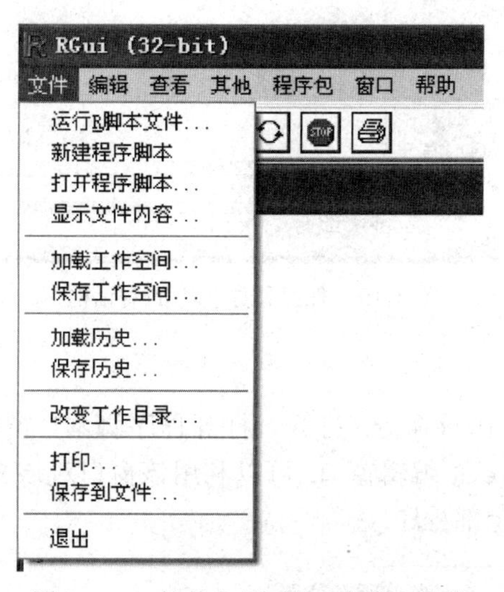

图 1.9 R 软件主界面的 “文件” 菜单

(1) 运行R脚本文件...

运行已有的 R 程序文件. 单击该命令, 打开 “选择要运行的程序文件” 窗口, 选择要运行的程序 (后缀为 .R), 如 MyFile.R. 选择好要运行的文件后, 单击 “打开 (o)”. R 会运行该文件 (MyFile.R) 中的全部程序, 但在操作窗口并不显示所运行程序后的内容, 而只显示

```
> source("D:\\R_Programming\\chap01\\MyFile.R")
```

如果运行程序中包含绘图命令, 会弹出图形窗口, 显示所绘图形. 当然, 在当前目录下, 执行 source("MyFile.R") 命令, 或执行带有路径的命令

```
> source("D:/R_Programming/chap01/MyFile.R")
```
[1]

具有同样的功能.

(2) 新建程序脚本

编写新程序文件. 单击该命令, 打开一个新的 R 程序编辑窗口, 输入要编写的 R 程序 (例如, 例 1.1 中的程序). 输入完毕后, 单击 “文件”, 选择 “保存”, 或直接单击 “保存” 的快捷键, 弹出 “保存程序脚本为” 的对话框 (见图 1.10), 输入一个文件名, 如 MyFile.R. 这样, 该程序文件就保存在当前的目录中, 以备调用.

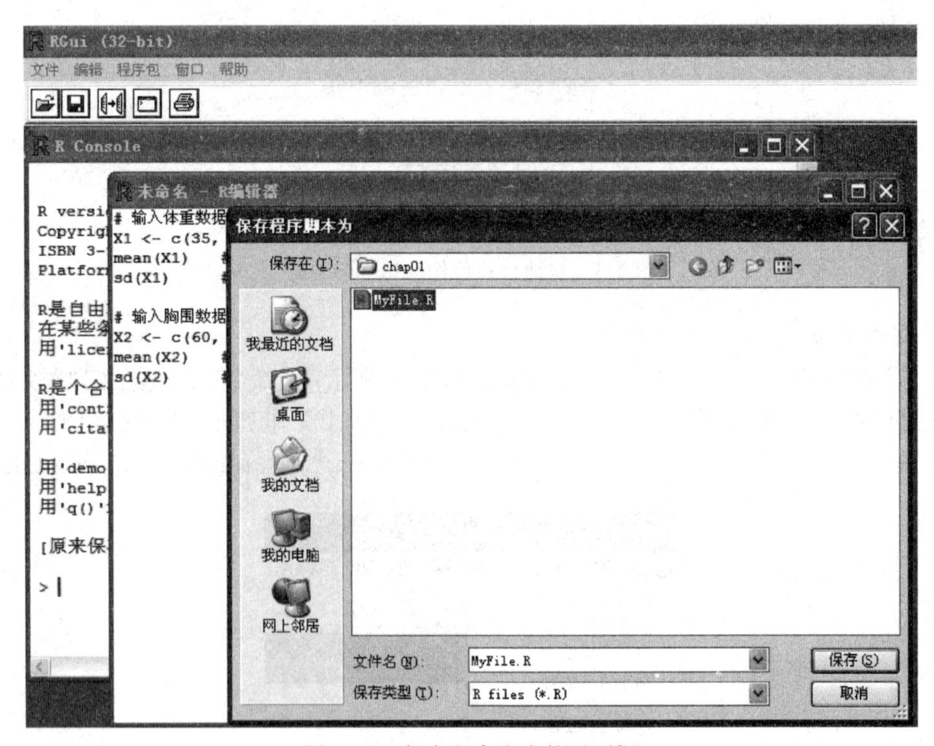

图 1.10 保存程序脚本的对话框

(3) 打开程序脚本...

打开已有 R 文件. 单击该命令, 打开 “打开程序脚本” 窗口, 选择一个 R 文件, 如 MyFile.R, 屏幕弹出 MyFile.R 编辑窗口, 可以利用该窗口对该文件 (MyFile.R) 进行编辑, 或执行该文件中的部分或全部程序.

[1] 执行带有路径的命令时不必考虑当前所在位置.

(4) 显示文件内容...

显示已有的文件. 单击该命令, 打开 "Select files" 窗口[1], 选择一个文件 (*.R 或 *.q), 如 MyFile.R. 屏幕弹出 MyFile.R 窗口, 可利用该窗口执行该文件 (MyFile.R) 的部分或全部程序, 但无法对所显示的程序进行编辑.

在当前目录下, 执行命令 file.show("MyFile.R"), 或执行带有路径的命令

```
> file.show("D:/R_Programming/chap01/MyFile.R")
```

具有同样的功能.

(5) 加载工作空间...

加载工作空间映像. 单击该命令, 打开 "选择要载入的映像" 窗口, 在文件名窗口输入要载入的文件名, 如 MyWorkSpace, 文件类型为 *.RData, 在文件名前还有一个蓝色的 R. 当调用成功后, 保存在工作空间映像 MyWorkSpace.RData 中的全部命令就被加载到内存中, 这样在本次运算时, 就不必重复该工作空间中已有的命令. 同时在主窗口显示

```
> load("D:\\R_Programming\\chap01\\MyWorkSpace.RData")
```

在当前目录下, 执行命令 load("MyWorkSpace.RData"), 或执行带有路径的命令

```
> load("D:/R_Programming/chap01/MyWorkSpace.RData")
```

具有同样的功能.

(6) 保存工作空间...

保存工作空间映像. 单击该命令, 打开 "保存映像到" 窗口, 在文件名窗口输入所需的文件名 (如 MyWorkSpace, 也可以不输文件名), 文件类型为 *.RData. 按 "保存 (S)", 则当前的工作空间映像就保存到 MyWorkSpace.RData 文件中, 且该文件前面会自动加一个蓝色的 R(如果不输文件名, 则文件名只有这个蓝色的 R). 当保存的文件名与已有的文件名重名时, 计算机会提示是否替换已有文件, 可选择替换 (是 (Y)), 或不替换 (否 (N)). 在执行命令后, 操作窗口会显示

```
> save.image("D:\\R_Programming\\chap01\\MyWorkSpace.RData")
```

在当前目录下, 执行命令 save.image("MyWorkSpace.RData"), 或执行带有路径的命令

```
> save.image("D:/R_Programming/chap01/MyWorkSpace.RData")
```

具有同样的功能. 保存工作空间映像的最大好处就是在下次调用时, 不必执行本次运算已执行的命令.

(7) 加载历史...

加载历史记录文件. 单击该命令后, 操作窗口并不显示文件所记录的内容, 只有在按上下箭头或按 Ctrl+P, Ctrl+N 时, 才在命令行显示已有的历史命令. 这样做可以减少键盘的输入.

(8) 保存历史...

保存历史记录单击该命令,将在操作窗口操作过的全部记录保存到一个后缀为.Rhistory 的文件中, 如 MyWork.Rhistory. 该文件为纯文本文件, 用任何编辑器均能打开.

(9) 改变工作目录...

改变当前的工作目录. 单击该命令, 弹出 "浏览文件夹" 窗口, 在窗口中找到所需的工作目录, 如 D:\R_Programming\chap01 (见图 1.11), 单击 "确定" 按钮确认.

[1] 如果文件或文件所在的目录 (包括子目录) 使用中文命名, 则该命令可能失败.

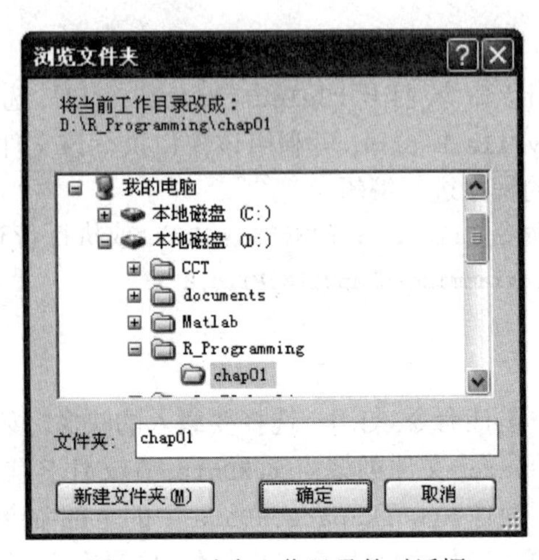

图 1.11 改变工作目录的对话框

执行命令

```
> setwd("D:\\R_Programming\\chap01")
```

或命令

```
> setwd("D:/R_Programming/chap01")
```

具有同样的功能.

用 getwd() 函数, 可以获得当前的工作目录. 例如, 在当前目录下

```
> getwd()
[1] "D:/R_Programming/chap01"
```

这里的 [1] 表示输出的第 1 个值.

(10) 打印...

打开打印机窗口, 打印文件.

(11) 保存到文件...

将操作窗口的记录保存到文本文件中 (lastsave.txt).

(12) 退出

退出 R 系统. 如果退出前没有保存工作空间映像, 则系统会提示是否保存工作空间映像, 可选择保存 (是 (Y)) 或不保存 (否 (N)). 在操作窗口执行 q() 或命令 quit(), 具有同样的功能.

如果想直接退出, 并不保存工作空间映像, 可直接输入命令

```
> q(save="no")
```

2. 编辑菜单

单击主界面中的 "编辑", 弹出下拉式菜单 (如图 1.12 所示), 其命令有: "复制", "粘贴", "仅粘贴命令行", "复制并粘贴", "全选", "清空控制台", "数据编辑器..." 和 "GUI 选项...".

(1) 复制

将当前所选的文本复制到剪贴板中.

(2) 粘贴

将剪贴板中的内容粘贴到命令行.

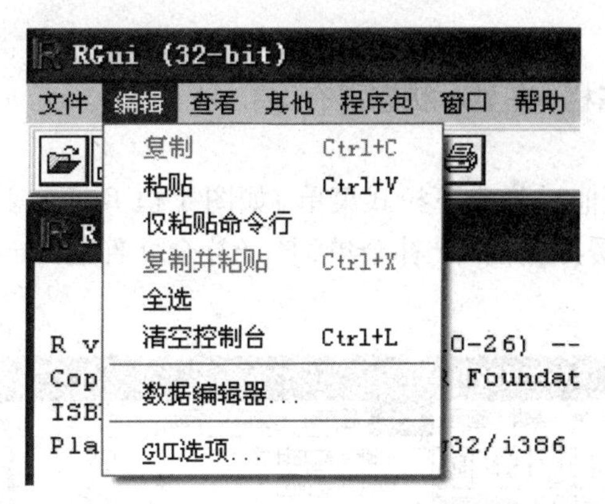

图 1.12　R 软件主界面的 “编辑” 菜单

(3) 仅粘贴命令行

仅粘贴剪贴板中命令行的内容.

(4) 复制并粘贴

将当前所选的文本复制到剪贴板中, 并将剪贴板中的内容粘贴到命令行.

(5) 全选

选定操作窗口中的所有文本内容.

(6) 清空控制台

清空操作窗口中的所有文本内容.

(7) 数据编辑器...

编辑已有的数据变量, 并将新数据存入该变量. 单击该命令, 弹出 “Question” 窗口, 输入变量 (如 X), 单击 “确定” 按钮, 弹出数据编辑窗口, 选择需要修改的数据进行修改, 修改后关闭该窗口, 此时变量 X 中的数据已由新数据替换. 在操作窗口执行 fix(X) 命令, 可以达到同样的目的.

(8) GUI 选项...

改变 R 软件的图形用户界面. 单击该命令, 弹出 Rgui 配置编辑器. 可根据需要更改配置编辑器中的内容. 建议初学者不要忙于更改配置, 最好使用默认值.

3. 查看菜单

单击主界面中的 “查看”, 弹出下拉式菜单 (如图 1.13 所示), 其命令有: “工具栏” 和 “状态栏”.

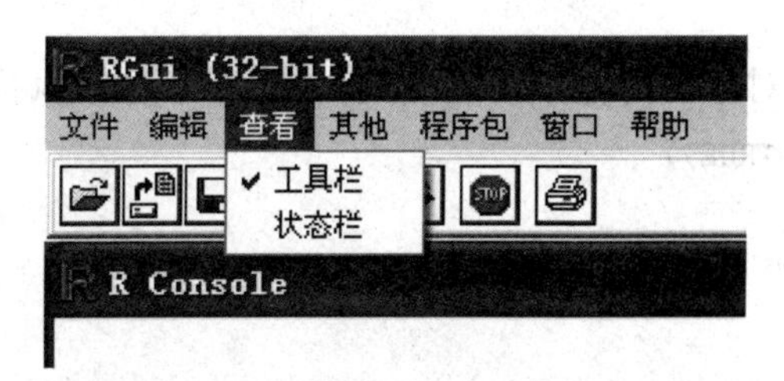

图 1.13　R 软件主界面的 “查看” 菜单

(1) 工具栏

显示或取消显示工具栏 (在显示状态下有 $\surd$).

(2) 状态栏

显示或取消显示状态栏 (在显示状态下有 √).

4. 其他菜单

单击主界面中的 "其他", 弹出下拉式菜单 (如图 1.14 所示), 其命令有: "中断当前的计算", "中断所有计算", "缓冲输出", "补全单词", "补全文件名", "列出对象", "删除所有对象" 和 "列出查找路径".

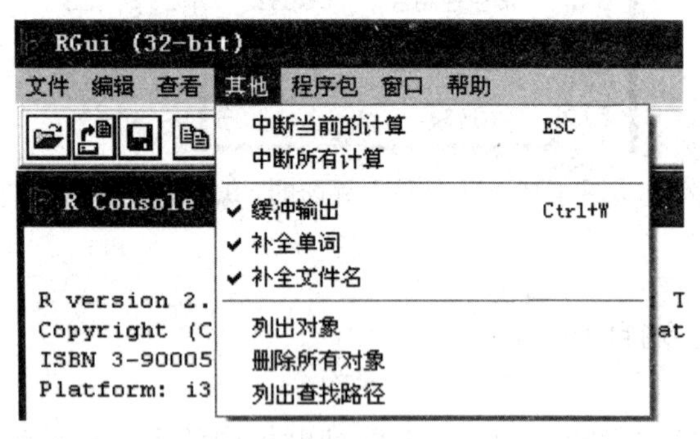

图 1.14 R 软件主界面的 "其他" 菜单

(1) 中断当前的计算

单击该命令可中止当前正在运行的程序.

(2) 中断所有计算

单击该命令可中止所有正在运行的程序.

(3) 缓冲输出

单击该命令会在 "缓冲输出" 前出现或取消 √, 即执行或取消缓冲输出.

(4) 补全单词

单击该命令会在 "补全单词" 前出现或取消 √, 即执行或取消补全单词.

(5) 补全文件名

单击该命令会在 "补全文件名" 前出现或取消 √, 即执行或取消补全文件名.

(6) 列出对象

单击该命令, 列出内存中全部对象的名称. 在操作窗口下直接执行命令

```
> ls()
```

可以达到同样的目的.

(7) 删除所有对象

单击该命令, 将全部对象从内存中清除. 在操作窗口下直接执行命令

```
> rm(list = ls(all=TRUE))
```

可以达到同样的目的.

(8) 列出查找路径

单击该命令, 列出

```
> search()
[1] ".GlobalEnv"        "package:stats"  "package:graphics"
[4] "package:grDevices" "package:utils"  "package:datasets"
[7] "package:methods"   "Autoloads"      "package:base"
```

即当前使用的程序包. 在操作窗口执行 search() 命令, 可以达到同样的目的.

5. 程序包菜单

单击主界面中的 “程序包”, 弹出下拉式菜单 (如图 1.15 所示), 其命令有: “加载程序包...”, “设定 CRAN 镜像...”, “选择软件库...”, “安装程序包...”, “更新程序包...” 和 “从本地 zip 文件安装程序包...”.

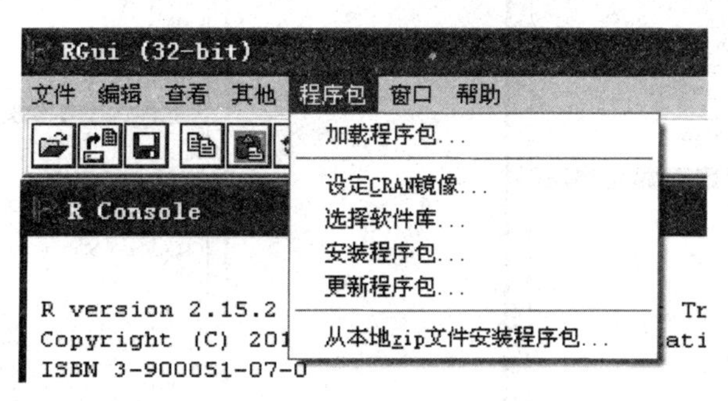

图 1.15　R 软件主界面的 “程序包” 菜单

(1) 加载程序包...

R 软件除上述基本程序包外, 还有许多程序包, 需要在使用前加载. 例如, lda() 函数 (线性判别分析函数), 就需要加载程序包 MASS.

单击该命令, 弹出选择程序窗口, 如图 1.16 所示. 选择 MASS, 单击 “确定” 按钮. 这样就可以使用 lda() 函数. 直接执行命令

```
> library("MASS")
```

具有同样的功能.

(2) 设定 CRAN 镜像...

单击该命令, 弹出 CRAN 镜像窗口, 选择一个镜像点, 如 China (Beijing 1), 如图 1.17 所示. 单击 “确定” 按钮, 联接到指定的镜像点.

(3) 选择软件库...

选择软件库. 打开库窗口, 选择一个库, 单击 “确定” 按钮. 计算机将自动联接到所选的库.

(4) 安装程序包...

安装新的程序包. 单击 “安装程序包”, 弹出 CRAN 镜像窗口, 选择合适的镜像点, 单击 “确定” 按钮. 此时, 计算机将自动联接到指定的镜像点, 并弹出程序包窗口. 如果已设定 CRAN 镜像, 则直接进入程序包窗口. 选择所需的程序包, 计算机将下载指定的程序包并自动安装.

直接使用命令

```
> install.packages("packgaename")
```

具有同样的功能, 其中 packgaename 为程序包的名称.

(5) 更新程序包...

更新已有的程序包. 单击该命令, 弹出 CRAN 镜像窗口, 选择合适的镜像点, 然后弹出程序包更新窗口. 如果已设定 CRAN 镜像, 则直接进入程序包更新窗口. 选择所需的程序包, 单击 “确定” 按钮. 计算机将下载指定的程序包并自动更新.

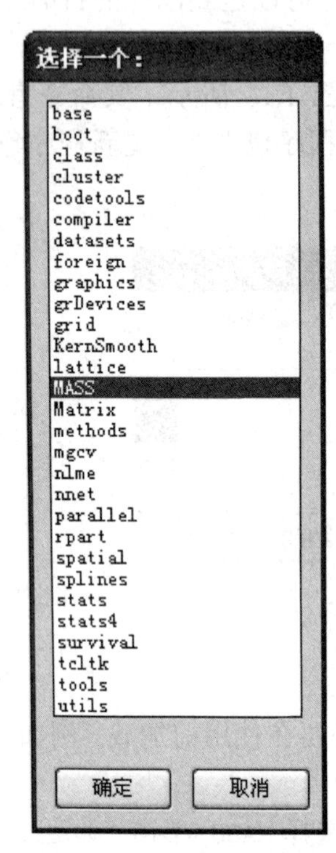

图 1.16 选择程序包窗口

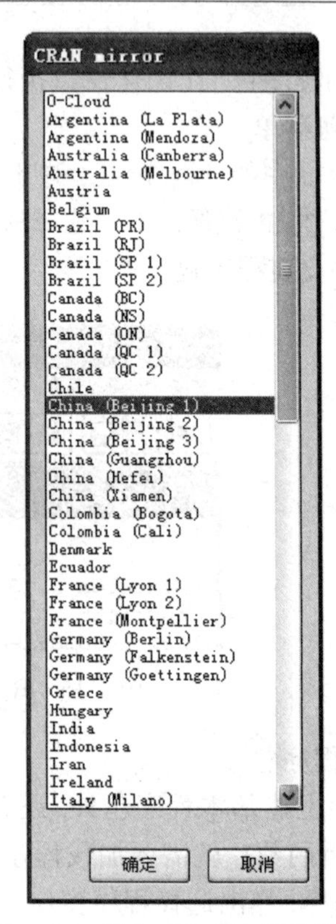

图 1.17 设定 CRAN 镜像窗口

(6) 从本地zip 文件安装程序包...

单击该命令, 打开 “Select files”, 选择已在 CRAN 中下载到本机的 zip 文件, 进行安装.

6. 窗口菜单

单击主界面中的 “窗口”, 弹出下拉式菜单 (如图 1.18 所示), 其命令有: “层叠”, “水平铺”, “垂直铺” 和 “排列图标”.

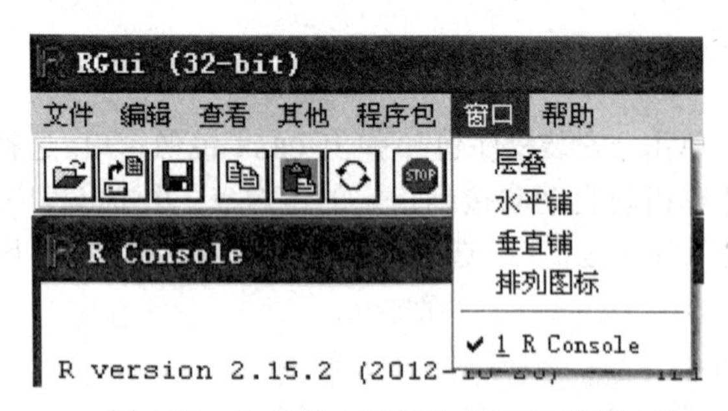

图 1.18 R 软件主界面的 “窗口” 菜单

(1) 层叠

单击该命令, 将所有窗口层叠.

(2) 水平铺

单击该命令, 将所有窗口平铺 (水平方向).

(3) 垂直铺

单击该命令, 将所有窗口平铺 (垂直方向).

(4) 排列图标

单击该命令, 重新排列图标.

7. 帮助菜单

单击主界面中的 "帮助", 弹出下拉式菜单 (如图 1.19 所示), 其命令有: "控制台", "R FAQ", "Windows 下的 R FAQ", "手册 (PDF 文件)", "R 函数帮助 (文本)...", "Html 帮助", "搜索帮助...", "search.r-project.org", "模糊查找对象...", "R 主页", "CRAN 主页" 和 "关于".

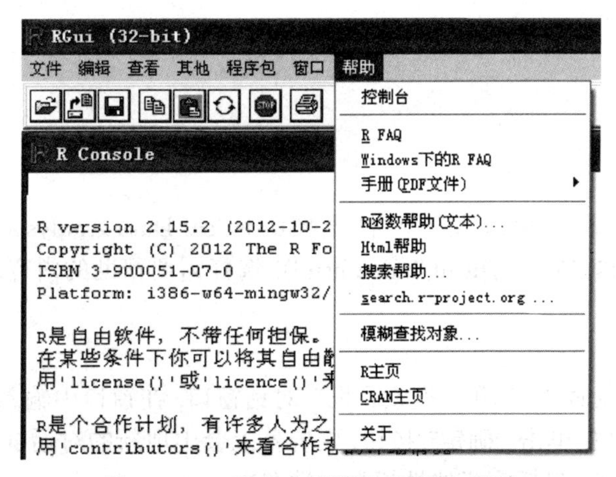

图 1.19　R 软件主界面的 "帮助" 菜单

(1) 控制台

说明控制命令. 单击该命令, 弹出 "Information" 窗口, 在窗口中说明全部的控制命令, 如滚动、编辑、删除、复制和粘贴等.

(2) R FAQ

R 常见问答 (frequently asked questions, FAQ). 单击该命令, 弹出 R FAQ 网页式窗口. 该窗口解释 R 软件的基本问题, 如 R 软件的介绍、R 软件的基本知识、R 语言与 S 语言以及 R 程序等.

(3) Windows 下的 R FAQ

关于 R 软件的进一步的常见问答. 单击该命令, 弹出 R for Windows FAQ 网页式窗口, 其内容有安装与用户、语言与国际化、程序包、Windows 的特点、工作空间、控制台等. 该窗口的问题更加深入.

(4) 手册 (PDF 文件)

R 软件使用手册. 分别是 An Introduction to R (R 入门介绍), R Refence Manual (R 参考手册), R Data Import/Export (R 数据导入/导出), R Language Definition (R 语言定义), Writing R Extensions (写 R 扩展程序), R Internals (R 内部结构), R Installation and Administration (R 安装与管理) 和 Sweave User (Sweave 用户手册[1]). 所有手册均是 PDF 格

[1] 介绍 LaTeX 与 R 混合使用的方法.

式的文件[1]. 这些手册为学习 R 软件提供了有利的帮助.

以上三条文本帮助文件是逐步深入的, 用它们可以帮助使用者快速掌握 R 软件的使用.

(5) R 函数帮助 (文本)...

帮助命令. 单击该命令, 出现 "帮助于" 对话窗口, 在窗口中输入需要帮助的函数名, 如 `lm` (线性模型) 函数, 单击 "确定" 按钮, 则屏幕上会出现新的窗口, 解释 `lm` 的意义与使用方法.

在操作窗口下, 输入命令

```
> help("Fun_Name")
```

或者

```
> help(Fun_Name)
```

或者

```
> ?Fun_Name
```

具有相同的效果.

(6) Html 帮助

网页形式的帮助窗口. 单击该命令, 打开 "Statistical Data Analysis (统计数据分析)" 网页 (http://127.0.0.1:23055/doc/html/index.html), 选择需要帮助的内容, 双击即可打开需要帮助的内容.

(7) 搜索帮助...

搜索帮助. 单击该命令, 出现 "搜索帮助" 对话窗口, 在窗口中输入需要帮助的函数名, 如 `lm` (线性模型) 函数, 单击 "确定" 按钮, 则屏幕上会出现新的对话框, 列出与 `lm` (线性模型) 有关的全部函数名 (包括广义线性模型函数名).

在操作窗口下, 输入命令

```
> help.search("Fun_Name")
```

或者

```
> ??Fun_Name
```

具有相同的效果.

(8) search.r-project.org

在网站上查找. 单击该命令, 屏幕上出现 "搜索邮件列表档案和文档" 对话框, 输入查找内容, 则计算机将自动联接网站 (http://search.r-project.org), 查找所需要的内容.

(9) 模糊查找对象...

列出相关的函数与变量. 单击该命令, 出现 "模糊查找对象" 对话窗口, 在窗口中输入需要查找的函数名或变量名, 如 `lm`, 单击 "确定" 按钮, 在控制窗口中列出含有字符串 `lm` 的全部函数名与变量名.

在操作窗口下, 输入命令

```
> apropos("Fun_Name")
```

具有相同的效果.

注意: "R 函数帮助 (文本)..." 和 "模糊查找对象..." 是在当前已有的程序包中查找, 而 "搜索帮助..." 是在整个程序包中查找. 例如, 在 "帮助于" 对话框中输入 "`read.spss`"

[1] 计算机中需要安装 PDF 阅读软件 Adobe Acrobat Reader 才能阅读这些使用手册.

(读 SPSS 数据文件函数), 计算机会给出警告, 告知没有 read.spss 这个函数, 并建议使用 ??Fun_Name 命令作进一步的查找. 在"模糊查找对象"对话框中输入"read.spss", 则操作窗口出现"character(0)", 即无法查到. 而在"搜索帮助..."对话框中输入"read.spss", 则屏幕上会出现新的窗口, 告之 read.spss 属于 foreign 程序包. 在加载 foreign 程序包后, 就可以调用 read.spss 函数了.

(10) R 主页

单击该命令, 联接到 R 主页, 即 http://www.r-project.org/.

(11) CRAN 主页

单击该命令, 联接到 CRAN 社区主页, 即 http://cran.r-project.org/.

(12) 关于

单击该命令, 介绍 R 软件的版本信息.

1.2 向　　量

向量 (vector) 是由相同基本类型的元素构成的序列, 是 R 语言中最常用的对象, 也可以作为 R 语言中最基本的数据输入.

1.2.1 基本运算

在介绍向量之前, 先介绍 R 语言中的基本的运算.

1. 四则运算

四则运算是 R 语言的基本的运算, 有: 加 (+), 减 (−), 乘 (*), 除 (/) 和乘方 (^), 例如

```
> 1 + 2
[1] 3
> 1 / 2
[1] 0.5
> 12 ^ 2
[1] 144
> 1 + 2 * 3
[1] 7
> (1 + 2) * 3
[1] 9
```

其运算规则与通常的四则运算相同, 先乘除, 后加减, 乘方是最高级运算. 除此之外, 还有整除 (%/%) 和整除后的余数 (%%) 运算, 例如

```
> 11 %/% 4
[1] 2
> 11 %% 4
[1] 3
```

注意: %/% 和 %% 是个整体的运算符, 不能分开.

当命令在一行无法全部输入完成时, 可以直接按 Enter 键继续输入, 此时 R 给出"+"号提示. 例如

```
> 5+6+3+6+4+2+4+8+
```

```
+ 3+2+7
[1] 50
```

提示符 “>” 下面的 “+” 号是计算机给出的提示, 表示上一行的命令没有完整地输入.

在命令中增加 “;” 号, 可以在一行中执行多组命令, 例如

```
> 2+3; 5*7; 3-4
[1] 5
[1] 35
[1] -1
```

2. 函数运算

在 R 语言中, 可以完成各种初等函数的运算, 如开方、指数、对数、三角函数和反三角函数. 例如

```
> sqrt(2)
[1] 1.414214
> log(10)
[1] 2.302585
> log10(10)
[1] 1
> sin(1)
[1] 0.841471
> 4*atan(1)
[1] 3.141593
```

以及其他函数的运算, 表 1.2 列出 R 语言中常用的函数.

表 1.2 R 语言中的各种函数

函数	意义
abs(x)	x 的绝对值或模 ($\|x\|$)
sqrt(x)	x 的开方
exp(x)	指数 (e^x)
log(x), log10(x), log(x, n)	对数 (分别以 e, 10 和 n 为底)
sin(x), cos(x), tan(x)	三角函数 (正弦, 余弦和正切)
asin(x), acos(x), atan(x)	反三角函数 (正弦, 余弦和正切)
sinh(x), cosh(x), tanh(x)	双曲函数 (正弦, 余弦和正切)
asinh(x), acosh(x), atanh(x)	反双曲函数 (正弦, 余弦和正切)
factorial(x)	阶乘 $x!$
choose(n, k)	二项系数 $\binom{n}{k}$
gamma(x)	Gamma 函数 ($\Gamma(x)$)
floor(x)	下取整, $< x$ 的最大整数
ceiling(x)	上取整, $> x$ 的最小整数
trunc(x)	靠近 0 取整, 例如 trunc(1.5)=1, trunc(-1.5)=-1

3. 逻辑运算

除四则运算和函数运算外, 各数量间可作逻辑运算, 逻辑运算的关系有:

`>`	大于;	`<=`	小于等于;
`>=`	大于等于;	`==`	等于;
`<`	小于;	`!=`	不等于.

其返回值只有两种: “`TRUE`” (真) 和 “`FALSE`” (假). 例如

```
> 3 == 5
[1] FALSE
```

1.2.2 数据对象

在 R 中, 称创建和控制的实体为对象 (object), 它可以是向量、矩阵或数组、字符串、函数, 也可以是由这些实体定义的更一般的结构 (structrures).

1. 变量赋值

在 R 中, 可用 “`<-`” 或者 “`->`” 为变量赋值, 例如

```
> x <- 3  或者  3 -> x
> y <- z <- 6
```

此时, 变量 x 的值为 3, 变量 y 和 z 的值为 6.

可以用 `ls()` 函数查看当前系统中的变量 (或对象) 的状况, 例如

```
> ls()
[1] "x" "y" "z"
```

此时, 系统中有三个对象 (变量), x, y 和 z.

2. 数据对象的类型

变量 (或者数据对象) 的类型有:

(1) 数值型 (numeric). 数值型数据还可以再划分成整数 (integer), 单精度和双精度 (double) 三种情况.

(2) 逻辑型 (logical). 逻辑型数据的取值只能是 `TRUE` (或 `T`), 或者是 `FALSE`(或 `F`).

(3) 字符型 (character). 字符型数据是夹在双引号 `" "` 或单引号 `’ ’` 之间的字符串, 例如 `"XueYi"` 或者 `’XueYi’`.

(4) 复数型 (complex). 复数型数据具有 `a + bi` 的形式.

(5) 原味型 (raw). 原味型数据就是以二进制形式保存的数据.

3. 特殊的变量

在 R 中, 还有一些特殊意义的变量, 这些变量有:

(1) `Inf`, 其意义为无穷. 例如, `1/0` 的结果为 `Inf`. 与它相反意义的变量为有限. `-Inf` 表示负无穷, 例如, `exp(-Inf)` 的返回值为 0.

(2) `NaN` (Not a Number), 其意义为不确定. 例如, `0/0` 的结果为 `NaN`.

(3) `NA` (Not Available), 其意义为无法得到或缺失. 当某个元素或某个值在统计时无法得到或缺失时, 就给相应的位置赋予 `NA`. 与 `NA` 变量任何运算, 其结果均为 `NA`.

(4) `NULL`, 其意义为空的对象.

4. 判别与转换数据对象的函数

在 R 语言中, 各种类型的变量 (或对象) 可以相互转换, 并提供相应的函数对于对象的类型进行判别, 例如

```
> x <- 3
> y <- as.character(x); y
[1] "3"
> is.numeric(y)
[1] FALSE
```

这里 x 是一个数值型变量 (其值为 3), 由 `as.character()` 函数强制转换成字符型变量 (此时的 3 为字符), 并赋给变量 y. 用 `is.numeric()` 函数来辨别变量 y 的类型, 返回值为假, 即说明 y 不是数值型变量.

表 1.3 给出了各种判别与转换数据对象的函数, 其使用方法与上面的例子相同.

表 1.3 判别与转换数据对象的函数

类型	判别函数	转换函数
数值	is.numeric()	as.numeric()
整数	is.integer()	as.integer()
双精度	is.double()	as.double()
复数	is.complex()	as.complex()
字符	is.character()	as.character()
逻辑	is.logical()	as.logical()
无穷	is.infinite()	—
有限	is.finite()	—
不确定	is.nan()	—
缺失	is.na()	—
空	is.null()	as.null()

对于开方函数 (`sqrt()`), 其自变量只能是正实数或者是复数, 而负实数是不能作开方运算的. 例如

```
> sqrt(-2)
[1] NaN
警告信息:
In sqrt(-2) : 产生了NaNs
```

如果一定要对负数作开方运算, 那将是复数意义下的运算, 所以需要将实数改写成复数, 例如

```
> sqrt(-2 + 0i)
[1] 0+1.414214i
```

或者将实数强制转换成复数, 例如

```
> sqrt(as.complex(-2))
[1] 0+1.414214i
```

1.2.3 向量赋值

构造向量的方法有很多, 其中最简单的方法是通过赋值运算生成向量. 例如, 打算生成

一个分量分别为 10.4, 5.6, 3.1, 6.4 和 21.7 的向量, 其赋值命令为

```
> x <- c(10.4, 5.6, 3.1, 6.4, 21.7)
```

其中 x 为向量名, <- 为赋值符, c( ) 为连接 (concatenate) 函数, 将各个分量连接成向量.

另一个赋值命令为

```
> c(10.4, 5.6, 3.1, 6.4, 21.7) -> x
```

也可以使用 assign( ) 函数对变量赋值, 如

```
> assign("x", c(10.4, 5.6, 3.1, 6.4,21.7))
```

函数 assign() 还有更广的用途, 在后面的篇幅中还将继续介绍.

c( ) 函数不但能对数量进行连接, 也能对向量进行连接, 如

```
> y <- c(x, 0, x)
```

构成的向量 y 有 11 个分量, 其中两边是向量 x, 中间是零.

可以用 numeric() 函数生成初始向量 (向量的元素均为 0), 其使用格式为

```
numeric(length = 0)
```

参数 length 为向量的长度, 即元素的个数. 例如

```
> (z <- numeric(10)) 1
[1] 0 0 0 0 0 0 0 0 0 0
```

构造了一个 10 维向量, 此向量的每个元素均为 0.

注意, 参数 length 的值可以为 0, 也就是说, numeric(0) 是有意义的. 与 numeric() 函数有关的函数还有:

```
as.numeric(x, ...)      将其他类型的对象x转换成数值型
is.numeric(x)           判断x是否为数值型对象
```

1.2.4 产生有规律的向量

1. 等差数列

a : b 表示从 a 开始, 逐项加 1(当 $a > b$ 为逐项减 1), 直到 b 为止. 例如,

```
> 1:10
[1]  1  2  3  4  5  6  7  8  9 10
> 10:1
[1] 10  9  8  7  6  5  4  3  2  1
```

当 a 为实数, b 为整数时, 向量 a : b 是实数, 其间隔差 1. 而当 a 为整数, b 为实数时, a : b 表示其间隔差 1 的整数向量. 例如

```
> 2.312:6
[1] 2.312 3.312 4.312 5.312
> 4:7.6
[1] 4 5 6 7
```

注意: “:” 运算的优先级要高于四则运算. 例如, x <- 2*1:15 并不是表示 2:15, 而是表示 x <- 2 * (1:15). 同理, 1 : n-1 并不是表示 $1, 2, \cdots, n-1$, 而是表示 (1 : n) - 1. 若需要表示 $1, 2, \cdots, n-1$, 则需要加括号来改变运算的优先级. 比较下面两种运算的差别

[1] 加括号是为了显示 z 中的内容.

```
> n <- 5
> 1 : n-1
[1] 0 1 2 3 4
> 1 : (n-1)
[1] 1 2 3 4
```

这一点对于初学者非常容易引起混淆.

2. 等间隔函数

seq() 函数是更一般的产生等距间隔数列的函数, 其使用格式为

```
seq(from = 1, to = 1, by = ((to - from)/(length.out - 1)),
    length.out = NULL, along.with = NULL, ...)
```

参数 from 和 to 为数值, 分别表示等间隔数列的开始和结束, 它们的默认值为 1. by 为数值, 表示等间隔数列之间的间隔. length.out 为数值, 表示等间隔数列的长度. along.with 为向量, 表示产生的等间隔数列与向量具有相同的长度. by, length.out 和 along.with 三个参数只能输入一项. 请看下面的例子

```
> seq(0, 1, length.out=11)
[1] 0.0 0.1 0.2 0.3 0.4 0.5 0.6 0.7 0.8 0.9 1.0
> seq(1, 9, by = 2)
[1] 1 3 5 7 9
> seq(1, 9, by = pi)
[1] 1.000000 4.141593 7.283185
> seq(1, 6, by = 3)
[1] 1 4
> seq(10)
[1]  1  2  3  4  5  6  7  8  9 10
> seq(0, 1, along.with = rnorm(11))
[1] 0.0 0.1 0.2 0.3 0.4 0.5 0.6 0.7 0.8 0.9 1.0
```

命令中的 rnorm(11) 是产生 11 个标准正态分布的随机数.

3. 重复函数

rep() 是重复函数，它可以将某一变量或向量重复若干次, 其使用格式为

```
rep(x, ...)
```

其中 x 为数量或向量, 或者是数据对象. ... 为进一步的参数, 有:

```
times          表示向量x重复的次数;
length.out     表示重复该向量后构成向量的长度;
each           表示向量x每个分量重复的次数;
正整数向量      长度与x相同,其分量表示对应分量重复的次数.
```

请看下面的例子

```
> rep(1:4, times = 2)
[1] 1 2 3 4 1 2 3 4
> rep(1:4, length.out = 10)
[1] 1 2 3 4 1 2 3 4 1 2
> rep(1:4, each = 2)
[1] 1 1 2 2 3 3 4 4
```

```
> rep(1:4, c(1, 2, 2, 3))
[1] 1 2 2 3 3 4 4 4
```

times 为默认参数, rep(1:4, times=2) 与 rep(1:4, 2) 的意义是相同的.

1.2.5 逻辑向量

逻辑向量与逻辑变量一样, 每个分量的取值只有两种: TRUE (真) 或 FALSE (假). 对于向量作逻辑运算, 其返回值为逻辑向量. 例如

```
> y <- c(8, 3, 5, 7, 6, 2, 8, 9); y > 5
[1]  TRUE FALSE FALSE  TRUE  TRUE FALSE  TRUE  TRUE
```

可以为向量赋逻辑值, 构成逻辑向量, 如

```
> z <- c(TRUE, FALSE, F, T)
```

其中 T 为 TRUE 的简写, F 为 FALSE 简写.

如果要判断一个逻辑向量中的每一个元素是否都为 TRUE (真), 可以用 all() 函数. 如果要判断一个逻辑向量中的是否存在为 TRUE (真) 的元素, 可以用 any() 函数, 例如

```
> all(y > 5)
[1] FALSE
> any(y > 5)
[1] TRUE
```

all() 函数和 any() 函数的使用格式为

```
all(x, na.rm = FALSE)
any(x, na.rm = FALSE)
```

其中参数 x 为逻辑向量或数量向量, 当 x 为数量向量时, x>0 为对应的逻辑值. na.rm 为逻辑变量, 当取值为 FALSE (默认值) 时, 考虑了向量中的缺失数据; 当取值为 TRUE 时, 不考虑向量中的缺失数据.

如果要判断一个逻辑向量中哪些元素为 TRUE (真), 可以用 which() 函数, 例如

```
> which(y > 5)
[1]  1 4 5 7 8
```

可以用 logical() 函数构造初始逻辑向量, 例如

```
> logical(3)
[1] FALSE FALSE FALSE
```

相关的函数还有:

```
as.logical(x, ...)     将其他类型的对象x转换成逻辑型
is.logical(x)          判断x是否为逻辑型对象
```

1.2.6 向量中的缺失数据

用 NA 表示向量中某元素处为缺失数据, 如

```
> z <- c(1:3, NA); z
[1]  1  2  3  NA
```

函数 is.na() 是检测缺失数据的函数, 如果返回值为 TRUE, 说明对应的元素为缺失数据; 如果返回值为 FALSE, 说明对应的元素不是缺失数据. 例如

```
> ind <- is.na(z); ind
```

```
[1] FALSE FALSE FALSE  TRUE
```

如果需要将向量中的缺失数据改为某一值 (如 0), 可用如下命令

```
> z[is.na(z)] <- 0; z
[1] 1 2 3 0
```

类似的函数还有 is.nan() (是否为不确定数据), is.finite() (是否为有限数据), is.infinite() (是否为无穷). 例如

```
> x <- c(0/1, 0/0, 1/0, NA); x
[1]   0 NaN Inf  NA
> is.nan(x)
[1] FALSE  TRUE FALSE FALSE
> is.finite(x)
[1]  TRUE FALSE FALSE FALSE
> is.infinite(x)
[1] FALSE FALSE  TRUE FALSE
> is.na(x)
[1] FALSE  TRUE FALSE  TRUE
```

在 x 的 4 个分量中, 0/1 为 0, 只有在函数 is.finite 的检测下是 TRUE (真), 其余均为 FALSE(假). 0/0 为不确定, 但在函数 is.na 的检测下仍为 TRUE, 这是因为不确定数据也认为是缺失数据. 1/0 为无穷, 因此, 只在函数 is.infinite 检测下为 TRUE. NA 为缺失数据, 只有在函数 is.na 检测下为 TRUE, 因为缺失数据并不是不确定数据, 所以在函数 is.nan 的检测下仍为 FALSE.

可以采用对缺失数据赋值的方法为不确定数据、缺失数据和无穷赋值.

1.2.7 字符型向量

向量元素可以取字符串值. 例如

```
> y <-c ("er", "sdf", "eir", "jk", "dim")
```

或

```
> c("er", "sdf", "eir", "jk", "dim") -> y
```

则得到

```
> y
[1] "er"  "sdf" "eir" "jk"  "dim"
```

可以用 character() 函数构造初始字符型向量, 例如

```
> character(length=5)
[1] "" "" "" "" ""
```

相关的函数还有:

```
as.character(x, ...)      将其他类型的对象x转换成字符型
is.character(x)           判断x是否为字符型对象
```

在字符型向量的构造和使用中, 常常会用到以下函数:

(1) nchar() 函数. 它的功能是提取字符向量中字符串的个数, 其使用格式为

```
nchar(x, type = "chars", allowNA = FALSE)
```

例如,

```
> nchar(y)
[1] 2 3 3 2 3
```

(2) substr() 函数或 substring() 函数. 它的功能是提取或替换字符型向量的部分子串, 其使用格式为

```
substr(x, start, stop)
substring(text, first, last = 1000000L)
substr(x, start, stop) <- value
substring(text, first, last = 1000000L) <- value
```

参数 x 或 text 为字符型向量. start 或 first 为整数或整数构成的向量, 表示提取或替换字符的开始位置. stop 或 last 为整数或整数构成的向量, 表示提取或替换字符的结束位置. 当开始位置和结束位置的向量长度不同时, 短的向量被重复使用. value 为需要替换的字符向量.

在使用中注意两个函数的差别. 在 substr() 函数中, 当 x 为字符串时, start 和 stop 为整数; 当 x 字符型向量时, start 和 stop 为整数或是由整数构成的向量. 在 substring() 函数中, 不论 text 为字符串还是为字符型向量, first 和 last 均可以是由整数构成的向量. 请看下面的例子

```
> substr("abcdef",2,4)
[1] "bcd"
> substring("abcdef",1:6,1:6)
[1] "a" "b" "c" "d" "e" "f"
> substr(rep("abcdef",4),1:4,4:5)
[1] "abcd" "bcde" "cd"   "de"
> x <- c("asfef", "qwerty", "yuiop[", "b", "stuff.blah.yech")
> substr(x, 2, 5)
[1] "sfef" "wert" "uiop" ""     "tuff"
> substring(x, 2, 4:6)
[1] "sfe"   "wert"  "uiop[" ""      "tuff"
> substring(x, 2) <- c("..", "+++"); x
[1] "a..ef"           "q+++ty"          "y..op["          "b"
[5] "s..ff.blah.yech"
```

(3) paste() 函数或 paste0() 函数. 它的功能是将多个对象 (如向量)"粘结" 在一起, 构成一个对象, 其使用格式为

```
paste (..., sep = " ", collapse = NULL)
paste0(..., collapse = NULL)
```

其中参数 ... 为 R 中的一个或多个对象, 如果对象为数值型, 会强制转换成字符型. 如果多个对象的长度不相同, 较短的对象被重复使用. sep 为分隔符 (默认值为空格), 将不同的对象粘结在一起时使用. collapse 为对象简化的分隔符 (默认值为空), 将对象简化成为字符串时使用. 请看下面的例子

```
> paste("My","Job")
[1] "My Job"
> paste(1:10) # same as as.character(1:10)
[1] "1"  "2"  "3"  "4"  "5"  "6"  "7"  "8"  "9"  "10"
```

```
> paste(c("X","Y"), 1:6, sep = "")
[1] "X1" "Y2" "X3" "Y4" "X5" "Y6"
> paste("result.", 1:4, sep="")
[1] "result.1" "result.2" "result.3" "result.4"
> paste("Today is", date())
[1] "Today is Mon Dec 31 17:34:18 2012"
> paste(c('a', 'b'), collapse='.')
[1] "a.b"
```

其中 date() 为获取计算机上时间与日期的函数.

(4) strsplit() 函数. 它的功能与 paste() 函数的功能正好相反, 是将字符型向量分解成多个字符串, 其使用格式为

```
strsplit(x, split, fixed = FALSE,
         perl = FALSE, useBytes = FALSE)
```

参数 x 为被分解的字符型向量. split 为字符型向量, 表示在这些字符处将 x 分解. fixed 为逻辑变量, 当取值为 TRUE 时, 表示 split 精确匹配. strsplit() 函数的返回值为列表. 请看下面的例子

```
> strsplit("A text I want to display with spaces", " ")
[[1]]
[1] "A"       "text"    "I"       "want"    "to"
[6] "display" "with"    "spaces"
> unlist(strsplit("a.b.c", split = "."))
[1] "" "" "" "" ""
> unlist(strsplit("a.b.c", ".", fixed = TRUE))
[1] "a" "b" "c"
```

unlist() 函数的功能是取消列表, 将列表转换成向量.

(5) noquote() 函数. 它的功能是去掉字符型变量中的引号.

```
> x <- c("a", "b", "c"); x
[1] "a" "b" "c"
> noquote(x)
[1] a b c
```

1.2.8　用 vector 函数生成向量

在前面介绍过用 numeric(), character() 和 logical() 函数分别生成数值、字符和逻辑向量, 这里介绍生成向量的函数 vector(), 其使用格式为

```
vector(mode = "logical", length = 0)
as.vector(x, mode = "any")
is.vector(x, mode = "any")
```

其中参数 mode 为生成向量的类型, 默认值为逻辑型. length 为生成向量的长度, 默认值为 0. 例如,

```
> vector(length = 3)
[1] FALSE FALSE FALSE
> vector(mode = "numeric", length = 5)
```

```
[1] 0 0 0 0 0
```

逻辑型的默认值为 FALSE (假), 数值的默认值为 0.

as.vector() 函数是将其他类型的对象 (如矩阵) 强制转换成向量, is.vector() 函数是判断对象是否为向量.

1.2.9 复数向量

R 支持复数运算. 复数的格式为 a + bi, 其中 a, b 为实数, i 表示虚数 $\sqrt{-1}$. 例如

```
x <- c(1 + 2i, 3 + 4i)
```

构成一个二维复数向量.

也可以用 complex() 函数生成复数或复数向量, 该函数的使用格式为

```
complex(length.out = 0, real = numeric(),
        imaginary = numeric(), modulus = 1, argument = 0)
```

参数 length.out 为向量的长度, 默认长度为 0. 用 real 和 imaginary 设定复数的实部和虚部, 当两组参数设定的向量长度不同时, 较短的向量被重复使用. 用 modulus 和 argument 设定复数的模长 (默认值为 1) 和夹角 (默认角度为 0), 当两组参数设定的向量长度不同时, 较短的向量被重复使用. 当实部或虚部, 模长或夹角向量的长度大于 length.out 的设定值时, length.out 的设定值无效. 在设定 modulus 和 argument 后, 参数 real 和 imaginary 的设定值无效. 其中 real 和 imaginary 可以分别用缩写 re 和 im 代替, modulus 和 argument 可以分别用缩写 mod 和 arg 代替. 请看下面的例子

```
> complex(length.out = 4)
[1] 0+0i 0+0i 0+0i 0+0i
> complex(re = 1:4, im = 2:3)
[1] 1+2i 2+3i 3+2i 4+3i
> complex(mod = 1:2, arg = c(pi/6, pi/4))
[1] 0.8660254+0.500000i 1.4142136+1.414214i
```

与复数相关的函数还有

```
as.complex(x, ...)      将对象x强制转换成复数
is.complex(x)           判断对象x是否为复数
Re(z)                   取复数z的实部
Im(z)                   取复数z的虚部
Mod(z)                  取复数z的模
Arg(z)                  取复数z的夹角
Conj(z)                 取复数z的共轭
```

1.2.10 向量的下标运算

如果 x 为向量名或取向量值的表达式, x[i] 表示向量 x 的第 i 个分量, 如

```
> x <- c(1,4,7); x[2]
[1] 4
> (c(1, 3, 5) + 5)[2]
[1] 8
```

也可以单独改变一个或多个分量的值, 如

```
> x[2] <- 125; x
```

```
[1]   1 125   7
> x[c(1,3)] <- c(144, 169); x
[1] 144 125 169
```

1. 正数下标

如果 x 为一个向量, v 为取值在 1 至 length(x) 之间 (允许重复) 的向量, x[v] 为向量 x 中由 v 所表示的分量构成的向量. 例如

```
> x <- 10:20; x[c(1,3,5,9)]
[1] 10 12 14 18
> x[1:5]
[1] 10 11 12 13 14
> x[c(1,2,3,2,1)]
[1] 10 11 12 11 10
> c("a","b","c")[rep(c(2,1,3), times=3)]
[1] "b" "a" "c" "b" "a" "c" "b" "a" "c"
```

2. 负数下标

如果 x 为一个向量, v 为取值 $-$length(x) 至 -1 之间的向量, x[v] 为向量 x 中去掉 v 所表示的分量构成的向量. 例如

```
> x <- 10:20; x[-(1:5)]
[1] 15 16 17 18 19 20
```

3. 逻辑下标

如果 x 为一向量, v 为与它等长的逻辑向量, x[v] 表示取出所有 v 为真值的元素, 例如

```
> x <- c(1,4,7); x[x<5]
[1] 1 4
```

用这种方法可为向量中缺失数据赋值, 或将向量中非缺失数据赋给另一个向量, 以及定义分段函数表示的向量. 请看下面的例子

```
> z <- c(-1, 1:3, NA)
> y <- z[!is.na(z)]; y
[1] -1  1  2  3
> z[is.na(z)] <- 0; z
[1] -1  1  2  3  0
```

如要定义

$$y = \begin{cases} 1-x, & x<0, \\ 1+x, & x \geqslant 0, \end{cases}$$

其表示方法为

```
> y <- numeric(length(x))
> y[x<0] <- 1 - x[x<0]
> y[x>=0] <- 1 + x[x>=0]
```

4. 字符下标

在定义向量时, 可以同时给元素加上名字, 这个名字就称为字符下标, 例如

```
> (ages <- c(Li=33, Zhang=29, Liu=18))
   Li Zhang   Liu
   33    29    18
```

在命令中, 对赋值命令加括号是为了显示向量 ages 中的内容.

在调用带有字符下标的向量时, 可以采用通常的方法 (如 ages[2]) 调用. 也可以使用已定义的字符 (名字) 来访问元素, 如 ages['Zhang'], 或 ages["Zhang"]. 这三种方法的结果是相同的.

在不知道某一向量是否定义了字符下标时, 可使用 names() 函数调出元素的名字, 也可以用 names() 函数为已有向量的元素命名, 其使用格式为

```
names(x)
names(x) <- value
```

x 为对象, 第一个命令是调取对象中元素的名字, 第二个命令是为对象中的元素命名. 例如

```
> names(ages)
[1] "Li"    "Zhang" "Liu"
> fruit <- c(5, 10, 1, 20)
> names(fruit) <- c("orange", "banana", "apple", "peach")
> fruit
orange banana  apple  peach
     5     10      1     20
```

1.2.11 与数值向量有关的函数

向量作为输入数据最基本的单位, 因此, 可以对向量作各种统计计算, 如求和、均值、方差等, 本节小简单介绍这方面的知识, 有关详细的介绍将放在第 4 章讨论.

1. 求向量的最小值、最大值和范围的函数

如果 x 为向量, min(x), max(x) 分别表示求向量 x 的最小分量和最大分量, range(x) 求向量 x 的范围, 即 [min(x), max(x)]. 例如

```
> x <- c(10, 6, 4, 7, 8)
> min(x)
[1] 4
> max(x)
[1] 10
> range(x)
[1]  4 10
```

与 min()(max()) 有关的函数是 which.min()(which.max()), 表示在第几个分量求到最小 (最大) 值, 例如

```
> which.min(x)
[1] 3
> which.max(x)
[1] 1
```

2. 求和函数、求乘积函数

sum(x) 表示求向量 x 分量之和, 即 $\sum\limits_{i=1}^{n} x_i$. prod(x) 表示求向量 x 分量的连乘积, 即 $\prod\limits_{i=1}^{n} x_i$. length(x) 表示求向量 x 分量的个数, 即向量的维数.

3. 中位数、均值、方差、标准差和顺序统计量

median(x) 表示求向量 x 的中位数. mean(x) 表示求向量 x 的均值, 即 sum(x)/length(x). var(x) 表示求向量 x 的方差, 即

```
var(x) = sum((x-mean(x))^2)/(length(x)-1).
```

sd(x) 表示求向量 x 的标准差, 即 sd(x) $=\sqrt{\texttt{var(x)}}$.

sort(x) 表示求与向量 x 大小相同, 按递增顺序排列的向量, 即顺序统计量. 相应的下标由 order(x) 或 sort.list(x) 列出. 例如, 当 x<-c(10, 6, 4, 7, 8) 时, sum(x), prod(x), length(x), median(x), mean(x), var(x) 和 sort(x) 的计算结果分别是 35, 13440, 5, 7, 7, 5 和 4 6 7 8 10.

1.3 因 子

统计中的变量有几种重要类别: 区间变量、名义变量和有序变量. 区间变量取连续的数值, 可以进行求和、平均值等运算. 名义变量和有序变量取离散值, 可以用数值代表, 也可以是字符型值, 其具体数值没有加减乘除的意义, 不能用来计算, 而只能用来分类或计数. 名义变量, 如性别、省份、职业; 有序变量, 如班级、名次.

1.3.1 factor 函数

在 R 中, 使用因子 (factor) 来表示名义变量或有序变量, 其中 factor() 函数是一种定义因子的方法. 它是将一个向量转换成因子, 其使用格式为

```
factor(x = character(), levels, labels = levels,
       exclude = NA, ordered = is.ordered(x))
```

参数 x 为数据向量, 也是被转换成因子的向量. levels 为可选向量, 表示因子水平, 当此参数取默认值时, 由 x 元素中的不同值来确定. labels 为可选向量, 用来指定各水平的名称, 取默认值时, 取 levels 的值. exclude 表示从 x 中剔除的水平值, 默认值为 NA. ordered 为逻辑变量, 取值为 TRUE 时, 表示因子水平是有次序的 (按编码次序); 否则 (FALSE) 是无次序的.

请看下面的例子

```
> data <- c(1,2,3,3,1,2,2,3,1,3,2,1)
> (fdata <- factor(data))
[1] 1 2 3 3 1 2 2 3 1 3 2 1
Levels: 1 2 3
> (rdata <- factor(data, labels=c("I", "II", "III")))
[1] I   II  III III I   II  II  III I   III II  I
Levels: I II III
```

data 为数据向量, factor() 将数据转换成因子 (fdata). 由于其他的可选参数均为默认值, 所以相应的因子与原数据相同, 从 data 中选出不同的值作为因子水平, 共有三个水平. 第二个命令增加了可选项 labels, 这样就将默认因子转换成罗马数字.

与 factor() 相关的函数有:

```
is.factor()      检查对象是否为因子
as.factor()      将对象强制转换成因子
```

levels() 函数可以查看因子的水平, 或者为因子的水平赋值, 请看下面的例子

```
> levels(rdata)
[1] "I"   "II"  "III"
> levels(fdata) <- c("I", "II", "III"); fdata
[1] I   II  III III I   II  II  III I   III II  I
Levels: I II III
```

1.3.2 gl 函数

gl() 函数是另一种生成因子的函数, 其使用格式为

```
gl(n, k, length = n*k, labels = 1:n, ordered = FALSE)
```

参数 n 为整数, 表示水平数. k 为整数, 表示重复的次数. length 为生成因子向量的长度, 默认值为 n*k. labels 为可选向量, 表示因子水平的名称, 默认值为 1:n. ordered 为逻辑变量, 表示因子水平是否是有次序的, 默认值为 FALSE.

例如

```
> gl(3, 5, labels=paste0("A", 1:3))
[1] A1 A1 A1 A1 A1 A2 A2 A2 A2 A2 A3 A3 A3 A3 A3
Levels: A1 A2 A3
> gl(5, 1, length=15, labels=paste0("B", 1:5))
[1] B1 B2 B3 B4 B5 B1 B2 B3 B4 B5 B1 B2 B3 B4 B5
Levels: B1 B2 B3 B4 B5
```

1.3.3 与因子有关的函数

1. table 函数

可用 table() 函数统计因子向量中各水平出现的频数. 例如

```
> table(rdata)
rdata
  I  II III
  4   4   4
```

2. tapply 函数

假设因子 rdata 在不同水平下的数值

```
18  20  23  32  15  17  22  21  27  30  26  22
```

如果完成如下命令

```
> value<-c(18,20,23,32,15,17,22,21,27,30,26,22)
> mean(value)
[1] 22.75
```

只计算全部数据的均值. 有时需要计算某因子下的均值, 直接 mean() 函数就不方便了. 好在 R 提供了 tapply() 函数, 它属于应用函数, 作数据在不同水平 (或组) 下指定函数的计算, 如 mean, var 和 sum 等.

tapply() 函数使用格式为

```
tapply(X, INDEX, FUN = NULL, ..., simplify = TRUE)
```

参数 X 为对象, 通常是一向量. INDEX 与 X 具相同的长度, 表示 X 的因子水平. FUN 为需要计算的函数. simplify 是逻辑变量, 当取值为 TRUE (默认) 时, 返回值以简化形式 (数组); 当取值为 FALSE 时, 返回值以列表形式出现.

因此, 因子 rdata 在各水平下的平均值命令和计算结果为

```
> tapply(value, rdata, FUN=mean)
    I    II   III
20.50 21.25 26.50
```

1.4 矩 阵

除向量外, 矩阵是数据输入和计算的最简单形式.

1.4.1 矩阵的生成

1. matrix() 函数

生成矩阵最简单的方法是使用 matrix() 函数, 其使用格式为

```
matrix(data = NA, nrow = 1, ncol = 1, byrow = FALSE,
       dimnames = NULL)
```

参数 data 为数据向量, 默认值为 NA, 当不输入该数据时, 可生成一个初始矩阵. nrow 为矩阵的行数, 默认值为 1. ncol 为矩阵的列数, 默认值为 1. byrow 为逻辑变量, 当取值是 TRUE 时, 将 data 中的数据按行放置; 当取值是 FALSE(默认值) 时, 将 data 中的数据按列放置. dimnames 为矩阵的行和列的名称, 用列表形式输入, 默认值为空.

例如

```
> mdat <- matrix(c(1,2,3, 11,12,13),
                 nrow = 2, ncol=3, byrow=TRUE,
                 dimnames = list(c("row1", "row2"),
                                 c("C.1", "C.2", "C.3")))
> mdat
     C.1 C.2 C.3
row1   1   2   3
row2  11  12  13
> A<-matrix(1:15, nrow=3,ncol=5); A
     [,1] [,2] [,3] [,4] [,5]
[1,]    1    4    7   10   13
[2,]    2    5    8   11   14
[3,]    3    6    9   12   15
```

注意, 下面两种格式与前面的格式是等价的:

```
> A<-matrix(1:15, nrow=3)
> A<-matrix(1:15, ncol=5)
```

还可以生成一个初始空矩阵, 随后再赋值, 例如

```
> B<-matrix(nr=2, nc=3)
> B[1,1]<-1; B[1,3]<-0; B[2,2]<-3; B
     [,1] [,2] [,3]
```

```
[1,]    1   NA    0
[2,]   NA    3   NA
```

这里 nr 是 nrow 的缩写, nc 是 ncol 的缩写. 第一行的命令构成一个 2×3 的空矩阵, 第二行对矩阵相应的位置赋值, 如果没有第一行的命令, 第二行的命令将视为错误.

与 matrix() 有关的函数有

```
as.matrix()        将对象强制转换成矩阵
is.matrix()        判断对象是否为矩阵
```

2. dim() 函数

dim() 的功能是设置或取对象 (如矩阵, 数组等) 的维数, 其使用格式为

```
dim(x)
dim(x) <- value
```

参数 x 为一对象 (矩阵、数组或数据框), value 为表示维数的向量. 例如

```
> dim(A)
[1] 3 5
```

表示 A 为 3×5 的矩阵.

```
> X<-1:12; dim(X)<-c(3,4); X
     [,1] [,2] [,3] [,4]
[1,]    1    4    7   10
[2,]    2    5    8   11
[3,]    3    6    9   12
```

表示将向量 1:12 转换成 3×4 的矩阵, 其中元素按列排列.

1.4.2 与矩阵运算有关的函数

1. 取矩阵的维数

除 dim() 函数可以提取矩阵的维数外, nrow() 函数提取矩阵的行数, ncol() 函数提取矩阵的列数. 例如

```
> nrow(A)
[1] 3
> ncol(A)
[1] 5
```

上述两个函数对向量运算无效. 如果要对向量作运算, 只需将函数名称改成大写字母即可.

2. 矩阵的合并

rbind() 函数将向量或矩阵按行合并, 在对矩阵作合并时, 每个子矩阵需要有相同的列数. 在对向量合并时, 向量的长度可以不相同, 此时短向量会重复使用. cbind() 函数将向量或矩阵按列合并, 在对矩阵作合并时, 每个子矩阵需要有相同的行数. 在对向量合并时, 向量的长度可以不相同, 此时短向量会重复使用.

```
> X1 <- rbind(1:2, 101:102); X1
     [,1] [,2]
[1,]    1    2
[2,]  101  102
> X2 <- cbind(1:2, 101:102); X2
     [,1] [,2]
```

```
[1,]    1  101
[2,]    2  102
> cbind(X1, X2)
     [,1] [,2] [,3] [,4]
[1,]    1    2    1  101
[2,]  101  102    2  102
> rbind(X1, X2)
     [,1] [,2]
[1,]    1    2
[2,]  101  102
[3,]    1  101
[4,]    2  102
```

3. 矩阵的拉直

在构造向量时, 提到 as.vector() 函数, 这里可以用它将矩阵强行转换成向量, 形象地说, 就是将矩阵按列拉直. 例如

```
> as.vector(A)
[1]  1  2  3  4  5  6  7  8  9 10 11 12 13 14 15
```

4. 矩阵行与列的命名

在前面介绍的 matrix() 函数中, 可以通过参数 dimnames 为矩阵的行和列命名. 这里介绍 dimnames() 函数提取矩阵行和列的名称, 或为矩阵的行和列命名, 其使用格式为

```
dimnames(x)
dimnames(x) <- value
```

参数 x 为一对象, 如矩阵、数组或数据框, value 为矩阵行和列的名称, 由列表形式输入[1]. 例如

```
> X <- matrix(1:6, ncol=2, byrow=T)
> dimnames(X) <- list(c("one", "two", "three"),
                      c("First", "Second"))
> X
      First Second
one       1      2
two       3      4
three     5      6
```

类似的函数还有:

```
rownames()        提取矩阵行的名称, 或为矩阵的行命名
colnames()        提取矩阵列的名称, 或为矩阵的列命名
```

例如, 上面的命令也可以改为

```
> X <- matrix(1:6, ncol=2, byrow=T)
> colnames(X) <- c("First", "Second")
> rownames(X) <- c("one", "two", "three")
```

[1] 有关列表的知识将在后面介绍.

1.4.3 矩阵下标

要访问矩阵的某个元素或为该元素赋值, 只要写出矩阵名和方括号中用逗号分开的两个下标. 例如

```
> A[1,2]
[1] 4
> A[1,2] <- 102
```

矩阵下标可以取正整数 (不能超过矩阵的维数), 其内容为矩阵下标对应的内容, 例如

```
> A[c(1,3), 2:4]
     [,1] [,2] [,3]
[1,]  102    7   10
[2,]    6    9   12
```

也可以取负整数 (正数不能超过矩阵的维数), 其意义是去掉矩阵中相应的行和 (或) 列, 例如

```
> A[-3,-2]
     [,1] [,2] [,3] [,4]
[1,]    1    7   10   13
[2,]  201  203  204  205

> A[-1,]
     [,1] [,2] [,3] [,4] [,5]
[1,]  201  202  203  204  205
[2,]    3    6    9   12   15

> A[,-2]
     [,1] [,2] [,3] [,4]
[1,]    1    7   10   13
[2,]  201  203  204  205
[3,]    3    9   12   15
```

也可以使用逻辑下标和字符串下标 (如果定义了矩阵维的名称), 关于这两种下标的使用就不列举了.

如果打算访问矩阵的行, 或对矩阵的行赋值, 则标出行的下标, 而列下标缺省. 同样, 如果打算访问矩阵的列, 或对矩阵的列赋值, 则标出列的下标, 而行下标缺省. 例如

```
> A[c(1,3),]
     [,1] [,2] [,3] [,4] [,5]
[1,]    1  102    7   10   13
[2,]    3    6    9   12   15

> A[2,]<-201:205; A
     [,1] [,2] [,3] [,4] [,5]
[1,]    1  102    7   10   13
[2,]  201  202  203  204  205
[3,]    3    6    9   12   15
```

1.5 数 组

数组对大家来说并不陌生, 实际上, 向量是一维数组, 矩阵是二维数组, 这里所说的数组是指多维数组, 当然所介绍的内容也适用于向量和矩阵.

1.5.1 数组的生成

用 array() 函数生成数组, 其使用格式为

```
array(data = NA, dim = length(data), dimnames = NULL)
```

参数 data 为数据向量, 默认值为 NA. dim 为整数向量, 表示数组各维的长度, 默认值为 data 的长度. dimnames 为数组各维的名称, 用列表的形式表示, 默认值为空. 例如

```
> X <- array(1:20, dim=c(4,5)); X
     [,1] [,2] [,3] [,4] [,5]
[1,]    1    5    9   13   17
[2,]    2    6   10   14   18
[3,]    3    7   11   15   19
[4,]    4    8   12   16   20

> Y <- array(1:24, dim=c(3, 4, 2)); Y
, , 1
     [,1] [,2] [,3] [,4]
[1,]    1    4    7   10
[2,]    2    5    8   11
[3,]    3    6    9   12


, , 2
     [,1] [,2] [,3] [,4]
[1,]   13   16   19   22
[2,]   14   17   20   23
[3,]   15   18   21   24
```

也可以用 dim() 构造数组, 例如

```
> Y <- 1:24
> dim(Y) <- c(3,4,2)
```

与刚才命令的结果是相同的.

除用参数 dimnames 为数组的各维命名, 与矩阵类似, 也可以用 dimnames() 函数为数组的各维命名, 其命名方法是相同的.

1.5.2 数组下标

数组与向量和矩阵一样, 可以对数组中的某些元素进行访问或进行运算.

1. 数组下标

要访问数组的某个元素, 只要写出数组名和方括号内的用逗号分开的下标即可, 如 a[2,1, 2]. 例如

```
> a <- 1:24
```

```
> dim(a) <- c(2,3,4)
> a[2, 1, 2]
[1] 8
```

更进一步还可以在每一个下标位置写一个下标向量, 表示这一维取出所有指定下标的元素, 如 a[1, 2:3, 2:3] 取出所有第一维的下标为 1, 第二维的下标为 2~3, 第三维的下标为 2~3 的元素. 例如

```
> a[1, 2:3, 2:3]
     [,1] [,2]
[1,]    9   15
[2,]   11   17
```

注意, 因为第一维只有一个下标, 所以数组退化成为一个 2×2 的矩阵.

另外, 如果略写某一维的下标, 则表示该维全选. 例如

```
> a[1, , ]
     [,1] [,2] [,3] [,4]
[1,]    1    7   13   19
[2,]    3    9   15   21
[3,]    5   11   17   23
```

取出所有第一维下标为 1 的元素, 得到一个二维数组 (3×4 的矩阵).

```
> a[ , 2, ]
     [,1] [,2] [,3] [,4]
[1,]    3    9   15   21
[2,]    4   10   16   22
```

取出所有第二维下标为 2 的元素得到一个 2×4 的矩阵

```
> a[1,1, ]
[1]  1  7 13 19
```

则只能得到一个长度为 4 的向量. a[, ,] 或 a[] 都表示整个数组. 例如

```
> a[] <- 0
```

可以在不改变数组维数的条件下把元素都赋成 0.

还有一种特殊下标办法是对于数组只用一个下标向量, 例如

```
> a[3:10]
[1]  3  4  5  6  7  8  9 10
```

这时忽略数组的维数信息把表达式看成是对数组的数据向量取子集.

2. 不规则的数组下标

在 R 中, 甚至可以把数组中任意位置的元素作为数组访问, 其方法是用一个二维数组作为数组的下标, 二维数组的每一行是一个元素的下标, 列数为数组的维数. 例如, 要把上面的形状为 $2 \times 3 \times 4$ 的数组 a 的第 [1,1,1], [2,2,3], [1,3,4], [2,1,4] 号共 4 个元素作为一个整体访问, 先定义一个包含这些下标作为行的二维数组

```
> b <- matrix(c(1,1,1,2,2,3,1,3,4,2,1,4), ncol=3, byrow=T)
> b
     [,1] [,2] [,3]
[1,]    1    1    1
[2,]    2    2    3
```

```
[3,]    1    3    4
[4,]    2    1    4
> a[b]
[1]  1 16 23 20
```

注意取出的是一个向量. 还可以对这几个元素赋值, 例如

```
> a[b] <- c(101,102,103,104)
```

或

```
> a[b] <- 0
```

1.5.3 apply 函数

对于向量, 可以用 sum, mean 等函数对其进行计算. 对于矩阵或数组也可以作这类函数的计算, 但其结果相当于对矩阵或数组全部数据作运算, 例如

```
> A <- matrix(1:6,nrow=2); A
     [,1] [,2] [,3]
[1,]    1    3    5
[2,]    2    4    6
> sum(A)
[1] 21
```

如果使用命令

```
> sum(A[1,])
[1] 9
> sum(A[2,])
[1] 12
```

当然可计算矩阵各行的和, 但这样计算很不方便, 特别是当矩阵的维数较大时.

R 语言提供了 apply() 函数来完成这项工作, 其使用格式为

```
apply(X, MARGIN, FUN, ...)
```

参数 X 为数组 (包括矩阵). MARGIN 为指定数组 (矩阵) 维, 例如, 1 表示行, 2 表示列, c(1,2) 表示行和列. 当数组 (矩阵) 的维已指定名称时, 也可选择维的名称表示行或列. FUN 是用来计算的函数. 例如

```
> apply(A, 1, sum)
[1]  9 12
> apply(A, 2, mean)
[1] 1.5 3.5 5.5
```

1.6 对象和它的模式与属性

R 是一种基于对象的语言, 如矩阵、数组, 以及后面要介绍的列表和数据框, 还有图形都是对象. 另外, 对象中还可以有一些特殊数据称为属性 (attribute), 并规定了一些特定操作 (如打印、绘图). R 对象分为单纯 (atomic) 对象和复合 (recursive) 对象两种, 单纯对象的所有元素都是同一种基本类型 (如数值、字符串), 元素不再是对象; 复合对象的元素可以是不同类型的对象, 每一个元素是一个对象. 向量 (vector) 是单纯对象.

1.6.1 固有属性: mode 和 length

R 对象都有两个基本的属性: mode(类型) 和 length(长度). 例如, 对象的类型可以是 logical(逻辑型), numeric(数值型), complex(复数型), character(字符型). 例如

```
> mode(c(1,3,5) > 5)
[1] "logical"
> mode(A)
[1] "numeric"
```

说明 c(1,3,5) > 5 的属性类型为逻辑型, 矩阵 A 的属性类型为数值型.

mode() 函数的使用格式为

```
mode(x)
mode(x) <- value
```

参数 x 为 R 中的对象, value 为描述属性的字符串, 如 "logical", "numeric", "complex", "character". mode(x) 是取对象的属性, mode(x) <- value 是为对象 x 赋予新的属性. 例如

```
> x <- 1:9
> mode(x) <- "complex"; x
[1] 1+0i 2+0i 3+0i 4+0i 5+0i 6+0i 7+0i 8+0i 9+0i
```

对不同属性的对象, 可以通过 as.XXX() 函数强制转换成需要的类型, 也可以通过 is.XXX() 判断该对象是否为某种类型. 例如

```
> is.numeric(A)
[1] TRUE
> as.character(1:9)
[1] "1" "2" "3" "4" "5" "6" "7" "8" "9"
```

1.6.2 修改对象的长度

对象的长度为任意正整数, 也可以为 0. R 允许对超出对象长度的下标赋值, 这时对象长度自动伸长以包括此下标, 未赋值的元素取缺失值 (NA). 例如

```
> x <- numeric()
> x[3] <- 17; x
[1] NA NA 17
```

要增加对象的长度只需作赋值运算就可以了, 例如

```
> x <- 1:3
> x <- 1:4
[1] 1 2 3 4
```

要缩短对象的长度又怎么办呢? 只要给它赋一个长度短的子集就可以了. 例如

```
> x <- x[1:2]; x
[1] 1 2
> alpha <- 1:10
> alpha <- alpha[2 * 1:5]; alpha
[1]  2  4  6  8 10
```

也可以用 length() 函数为对象的长度赋值, 例如

```
> length(alpha) <- 3; alpha
```

```
[1]  2  4  6
```

length() 函数的另一个功能是提取对象的长度, 例如,

```
> length(x)
[1] 2
> length(A)
[1] 15
```

length() 函数的使用格式为

```
length(x)
length(x) <- value
```

参数 x 为 R 中的对象, value 为整数, 表示向量的长度.

1.6.3 attributes 和 attr 函数

attributes() 函数的功能是对象的属性列表, 其使用格式为

```
attributes(obj)
attributes(obj) <- value
```

参数 obj 为对象, value 为描述对象 obj 属性的列表, 或者为 NULL. 例如

```
> x <- c(apple=2.5, orange=2.1); x
 apple orange
   2.5    2.1
> attributes(x)
$names
[1] "apple"  "orange"
> attributes(x)<-NULL; x
[1] 2.5 2.1
```

与它相关的函数有: attr(), 其使用格式为

```
attr(x, which, exact = FALSE)
attr(x, which) <- value
```

参数 x 为对象, which 为描述属性名称的字符串. exact 为逻辑变量, 表示是否与 which 精确匹配. value 为 which 赋予新的属性. 例如

```
> attr(x, "names")
[1] "apple"  "orange"
> attr(x,"names") <- c("apple","grapes"); x
 apple grapes
   2.5    2.1
> attr(x,"type") <- "fruit"; x
 apple grapes
   2.5    2.1
attr(x,"type")
[1] "fruit"
> attributes(x)
$names
[1] "apple"  "grapes"
```

```
$type
[1] "fruit"
```

1.6.4 对象的 class 属性

在 R 语言中, 可以用特殊的 class 属性来支持面向对象的编程风格, 对象的 class 属性用来区分对象的类, 可以写出通用函数根据对象类的不同进行不同的操作. 例如

```
> class(A)
[1] "matrix"
> class(x)
[1] "integer"
> class(as.character(1:9))
[1] "character"
```

为了暂时去掉一个有类的对象的 class 属性, 可以使用 unclass(object) 函数.

class() 函数的使用格式为

```
class(x)
class(x) <- value
unclass(x)
```

参数 x 为对象, value 为对类命名的字符串, 也可以为 NULL. unclass(x) 解除对象 x 的类.

1.7 列 表

1.7.1 列表的构造

列表 (list) 是一种特别的对象集合, 它的元素也由序号 (下标) 区分, 但是各元素的类型可以是任意对象, 不同元素不必是同一类型. 元素本身允许是其他复杂数据类型, 如列表的一个元素也允许是列表. 下面是如何构造列表的例子.

```
> Lst <- list(name="Fred", wife="Mary", no.children=3,
              child.ages=c(4,7,9))
> Lst
$name
[1] "Fred"
$wife
[1] "Mary"
$no.children
[1] 3
$child.ages
[1] 4 7 9
```

列表元素总可以用 “列表名 [[下标]]” 的格式引用. 例如

```
> Lst[[2]]
[1] "Mary"
> Lst[[4]][2]
[1] 7
```

但是, 列表不同于向量, 每次只能引用一个元素, 如 Lst[[1:2]] 的用法是不允许的.

注意: "列表名 [下标]" 或 "列表名 [下标范围]" 的用法也是合法的, 但其意义与用两重括号的记法完全不同, 两重括号取出列表的一个元素, 结果与该元素类型相同, 如果使用一重括号, 则结果是列表的一个子列表 (结果类型仍为列表).

在定义列表时, 如果指定了元素的名字 (如 Lst 中的 name, wife, no.children, child.ages), 则引用列表元素还可以用它的名字作为下标, 格式为 "列表名 [[" 元素名 "]]", 例如

```
> Lst[["name"]]
[1] "Fred"
> Lst[["child.age"]]
[1] 4 7 9
```

另一种格式是 "列表名 $ 元素名", 例如

```
> Lst$name
[1] "Fred"
> Lst$wife
[1] "Mary"
> Lst$child.ages
[1] 4 7 9
```

与列表有关的函数, 有:

```
as.list()     将对象(如矩阵、数据框)强制转换成列表
is.list()     判断一个对象是否为列表
unlist()      取消列表，将列表转换成向量
```

1.7.2 列表的修改

列表的元素可以修改, 只要把元素引用赋值即可, 如将 Fred 改成 John.

```
> Lst$name <- "John"
```

如果需要增加一项家庭收入, 夫妻的收入分别为 1980 和 1600, 则输入

```
> Lst$income <- c(1980, 1600)
```

如果要删除列表的某一项, 则将该项赋空值 (NULL).

几个列表可以用连接函数 c() 连接起来, 结果仍为一个列表, 其元素为各自变量的列表元素. 例如

```
> list.ABC <- c(list.A, list.B, list.C)
```

1.7.3 返回值为列表的函数

在 R 中, 有许多函数的返回值是列表, 如求特征值特征向量的函数 eigen(), 奇异值分解函数 svd() 和最小二乘函数 lsfit() 等, 这些函数的意义及使用方法将在第 2 章介绍.

1.8 数 据 框

数据框 (data.frame) 是 R 语言的一种数据结构. 它通常是矩阵形式的数据, 但矩阵各列可以是不同类型的. 数据框每列为一个变量, 每行为一个观测样本.

但是, 数据框有更一般的定义. 它是一种特殊的列表对象, 有一个值为 "data .frame" 的 class 属性, 各列表成员必须是向量 (数值型、字符型、逻辑型)、因子、数值型矩阵、列

表或其他数据框. 向量、因子成员为数据框提供一个变量, 非数值型向量会被强制转换为因子, 而矩阵、列表、数据框这样的成员为新数据框提供了和其列数、成员数、变量数相同个数的变量. 作为数据框变量的向量、因子或矩阵必须具有相同的长度 (行数).

尽管如此, 一般还是可以把数据框看成一种推广了的矩阵, 它可以用矩阵形式显示, 可以用对矩阵的下标引用方法来引用其元素或子集.

1.8.1 数据框的生成

数据框可以用 `data.frame()` 函数生成, 其用法与 `list()` 函数相同, 各自变量变成数据框的成分, 自变量可以命名, 成为变量名. 例如

```
> df<-data.frame(
    Name=c("Alice", "Becka", "James", "Jeffrey", "John"),
    Sex=c("F", "F", "M", "M", "M"),
    Age=c(13, 13, 12, 13, 12),
    Height=c(56.5, 65.3, 57.3, 62.5, 59.0),
    Weight=c(84.0, 98.0, 83.0, 84.0, 99.5)
  ); df
     Name Sex Age Height Weight
1   Alice   F  13   56.5   84.0
2   Becka   F  13   65.3   98.0
3   James   M  12   57.3   83.0
4 Jeffrey   M  13   62.5   84.0
5    John   M  12   59.0   99.5
```

与数据框有关的函数, 有

`as.data.frame()`	将对象(如矩阵、列表)强制转换成数据框
`is.data.frame()`	判断一个对象是否为数据框

注意, 如果将列表强制转换成数据框, 该列表的各个成分必须满足数据框成分的要求. 例如

```
> Lst<-list(
    Name=c("Alice", "Becka", "James", "Jeffrey", "John"),
    Sex=c("F", "F", "M", "M", "M"),
    Age=c(13, 13, 12, 13, 12),
    Height=c(56.5, 65.3, 57.3, 62.5, 59.0),
    Weight=c(84.0, 98.0, 83.0, 84.0, 99.5)
  ); Lst
$Name
[1] "Alice"   "Becka"   "James"   "Jeffrey" "John"
$Sex
[1] "F" "F" "M" "M" "M"
$Age
[1] 13 13 12 13 12
$Height
[1] 56.5 65.3 57.3 62.5 59.0
$Weight
[1] 84.0 98.0 83.0 84.0 99.5
```

则 as.data.frame(Lst) 是与 df 相同的数据框.

一个矩阵可以用 data.frame() 转换为一个数据框, 如果它原来有列名, 则其列名被作为数据框的变量名; 否则, 系统会自动为矩阵的各列命名. 例如

```
> X <- array(1:6, c(2,3))
> data.frame(X)
  X1 X2 X3
1  1  3  5
2  2  4  6
```

1.8.2 数据框的引用

引用数据框元素的方法与引用矩阵元素的方法相同, 可以使用下标或下标向量, 也可以使用列名或列名构成的向量. 例如

```
> df[1:2, 3:5]
  Age Height Weight
1  13   56.5     84
2  13   65.3     98
```

数据框的各变量也可以用按列表引用 (即用双括号 [[ ]] 或 $ 符号引用). 例如

```
> df[["Height"]]
[1] 56.5 65.3 57.3 62.5 59.0
> df$Weight
[1] 84.0 98.0 83.0 84.0 99.5
```

数据框的变量名由 names() 函数定义. 数据框的各行也可以定义名字, 可以用 rownames() 函数定义. 例如

```
> names(df)
[1] "Name"   "Sex"    "Age"    "Height" "Weight"
> rownames(df)<-c("one", "two", "three", "four", "five")
> df
         Name Sex Age Height Weight
one     Alice   F  13   56.5   84.0
two     Becka   F  13   65.3   98.0
three   James   M  12   57.3   83.0
four  Jeffrey   M  13   62.5   84.0
five     John   M  12   59.0   99.5
```

1.8.3 attach 函数

数据框的主要用途是保存统计建模的数据. R 语言的统计建模功能都需要以数据框为输入数据. 也可以把数据框当成一种矩阵来处理. 在使用数据框的变量时, 可以用 “数据框名 $ 变量名” 的记法. 但是这样使用比较麻烦, R 语言提供了 attach() 函数, 可以把数据框中的变量 “连接” 到内存中, 这样便于数据框数据的调用. 例如

```
> attach(df)
> r <- Height/Weight; r
[1] 0.6726190 0.6663265 0.6903614 0.7440476 0.5929648
```

后一语句将在当前工作空间建立一个新变量 r, 它不会自动进入数据框 df 中, 要把新变量赋值到数据框中, 可以用

```
> df$r <- Height/Weight
```

这样的格式.

为了取消连接, 只要调用 detach()(无参数即可).

注意: R 语言中名字空间的管理是比较独特的. 它在运行时保持一个变量搜索路径表, 在读取某个变量时, 到这个变量搜索路径表中由前向后查找, 找到最前的一个; 在赋值时, 总是在位置 1 赋值 (除非特别指定在其他位置赋值). attach() 的默认位置是在变量搜索路径表的位置 2, detach() 默认也是去掉位置 2, 所以 R 编程的一个常见问题是当误用了一个自己并没有赋值的变量时有可能不出错, 因为这个变量已在搜索路径中某个位置有定义, 这样不利于程序的调试, 需要留心这样的问题.

attach() 除了可以连接数据框, 也可以连接列表.

1.8.4 with 函数

如果对数据框中的变量只作少量的运算, 也可以不使用 attach() 函数, 而使用 with() 函数, 其使用格式为

```
with(data, expr, ...)
```

参数 data 为数据框, expr 为计算表达式. 例如, 上一句可改为

```
> df$r<-with(df, Height/Weight)
```

1.8.5 列表与数据框的编辑

如果需要对列表或数据框中的数据进行编辑, 也可调用函数 edit() 进行编辑、修改, 其命令格式为

```
> xnew <- edit(xold)
```

其中 xold 为原列表或数据框, xnew 为修改后的列表或数据框. 注意: 原数据 xold 并没有改动, 改动的数据存放在 xnew 中.

函数 edit() 也可以对向量、数组或矩阵类型的数据进行修改或编辑.

1.8.6 lapply 函数和 sapply 函数

前面介绍过, 如果需要作矩阵 (或数组) 各行或各列的某种运算 (如取均值), 需要用到 apply() 函数. 对于列表和数据框, 需要作某种变量的计算就需要用到 lapply() 函数或 sapply() 函数.

lapply() 函数和 sapply() 函数的使用格式为

```
lapply(X, FUN, ...)
sapply(X, FUN, ..., simplify = TRUE, USE.NAMES = TRUE)
```

参数 X 为列表 (或数据框), FUN 为指定的运算函数. 两函数的使用方法相同, 其差别在于: lapply() 的返回值为列表, sapply() 的返回值为数据框.

例如, 如果计算列表 Lst(或数据框 df) 中 Age (年龄), Height (身高) 和 Weight (体重) 的平均值, 其命令和结果如下

```
> lapply(Lst[3:5], mean)
$Age
```

```
[1] 12.6
$Height
[1] 60.12
$Weight
[1] 89.7
> sapply(Lst[3:5], mean)
   Age Height Weight
 12.60  60.12  89.70
```

执行如下命令,

```
> lapply(Lst[c("Age", "Height", "Weight")], mean)
> sapply(Lst[c("Age", "Height", "Weight")], mean)
```

与上面两个命令具有相同的结果.

1.9 读、写数据文件

在应用统计学中, 数据量一般都比较大, 变量也很多. 用上述方法来建立数据集并不可取. 上述方法适用于少量数据、少量变量的分析. 对于大量数据和变量, 一般应在其他软件中输入 (或数据来源是其他软件的输出结果), 再读到 R 中处理. R 语言有多种读数据文件的方法.

另外, 所有的计算结果也不应只在屏幕上输出, 应当保存在文件中, 以备使用. 这里介绍一些 R 软件读、写数据文件的方法.

1.9.1 读纯文本文件

读纯文本文件有两个函数, 一个是 `read.table()` 函数, 另一个是 `scan()` 函数.

1. read.table() 函数

`read.table()` 函数是读取表格形式的文件. 例如, `"houses.data"` 存入某处的住宅数据, 它是一个纯文本文件, 并具有表格形式

```
   Price   Floor  Area  Rooms  Age   Cent.heat
1  52.00  111.0    830    5    6.2      no
2  54.75  128.0    710    5    7.5      no
3  57.50  101.0   1000    5    4.2      no
4  57.50  131.0    690    6    8.8      no
5  59.75   93.0    900    5    1.9      yes
```

其中第一行为变量名称, 也就是表头, 后面的各行记录了每个房屋的数据. 第一列为记录序号, 后面的各列为房屋的各项指标.

`read.table()` 函数可读取数据的格式和结果如下:

```
> rt <- read.table("houses.data"); rt
  Price Floor  Area Rooms  Age   Cent.heat
1 52.00   111   830     5  6.2          no
2 54.75   128   710     5  7.5          no
3 57.50   101  1000     5  4.2          no
```

```
4 57.50   131  690   6  8.8    no
5 59.75    93  900   5  1.9    yes
```

它的形式与文件 "houses.data" 相同. read.table() 函数的返回值为数据框, 也就是说, 变量 rt 为数据框. 可以通过测试函数 is.data.frame() 或 class 属性来确认这一点.

如果数据文件中没有记录序号的列, 如 "houses.data" 文件具有如下形式:

```
Price   Floor  Area  Rooms  Age   Cent.heat
52.00  111.0    830    5    6.2     no
54.75  128.0    710    5    7.5     no
57.50  101.0   1000    5    4.2     no
57.50  131.0    690    6    8.8     no
59.75   93.0    900    5    1.9    yes
```

读取数据的命令需要改为

```
> rt <- read.table("houses.data", header=TRUE)
```

也就是说明数据文件的第一行是表头, 得到的结果与前一个命令相同.

read.table() 函数的使用格式为

```
read.table(file, header = FALSE, sep = "",
    quote = "\"'", dec = ".", row.names, col.names,
    as.is = !stringsAsFactors,
    na.strings = "NA", colClasses = NA, nrows = -1,
    skip = 0, check.names = TRUE,
    fill = !blank.lines.skip,
    strip.white = FALSE, blank.lines.skip = TRUE,
    comment.char = "#",
    allowEscapes = FALSE, flush = FALSE,
    stringsAsFactors = default.stringsAsFactors(),
    fileEncoding = "", encoding = "unknown", text)
```

绝大多数参数的意义可能还不十分清楚, 这里只介绍几个重要的参数.

参数 file 为文件名, 数据以表格形式保存在文件中. header 为逻辑变量, 当数据文件的第一行为表头时, 则取值为 TRUE; 当数据包含表头且第一列的数据为记录序列号, 则取值为 FALSE (默认值). sep 为数据分隔的字符, 通常用空格作为分隔符. row.names 为向量, 表示行名 (也就是样本名). col.names 为向量, 表示列名 (也就是变量名). 如果数据文件中无表头, 则变量名为 "V1", "V2" 的形式. skip 是非负整数, 表示读数据时跳过的行数.

2. scan() 函数

scan() 函数直接读纯文本文件数据. 例如, "weight.data" 文件保存了 15 名学生的体重, 它是一个纯文本文件中, 其格式如下:

```
75.0  64.0  47.4  66.9  62.2  62.2  58.7  63.5
66.6  64.0  57.0  69.0  56.9  50.0  72.0
```

命令 w <- scan("weight.data") 是将文件中的 15 个数据读出, 并为 w 赋值, 此时, 函数的返回值为一向量, 即 w 为向量, 大家可用 is.vector() 函数来验证这一点.

假设数据中有不同的属性, 例如, 纯文本数据文件 "h_w.data" 中的数据如下

```
172.4  75.0  169.3  54.8  169.3  64.0  171.4  64.8  166.5  47.4
```

```
171.4  62.2  168.2  66.9  165.1  52.0  168.8  62.2  167.8  65.0
165.8  62.2  167.8  65.0  164.4  58.7  169.9  57.5  164.9  63.5
 ...    ...   ...   ...    ...   ...    ...   ...    ...   ...
```

为 100 名学生的身高和体重, 其中第 1, 3, 5, 7, 9 列为身高 (单位: cm), 第 2, 4, 6, 8, 10 列为体重 (单位: kg), 命令

```
> inp <- scan("h_w.data", list(height=0, weight=0))
```

将数据读出, 并以列表的方式赋给变量 `inp`, 其中 `height` 和 `weight` 为列表 `inp` 的元素名称.

如果不输入文件名, `scan()` 函数会直接从屏幕上读数据, 例如

```
> x<-scan()
1: 1 3 5 7 9
6:
Read 5 items
> x
[1] 1 3 5 7 9
> names<-scan(what="")
1: ZhangSan LiSi WangWu
4:
Read 3 items
> names
[1] "ZhangSan" "LiSi"     "WangWu"
```

`scan()` 函数读文件的一般格式为

```
scan(file = "", what = double(), nmax = -1, n = -1, sep = "",
   quote = if(identical(sep, "\n")) "" else "'\"", dec = ".",
   skip = 0, nlines = 0, na.strings = "NA",
   flush = FALSE, fill = FALSE, strip.white = FALSE,
   quiet = FALSE, blank.lines.skip = TRUE, multi.line = TRUE,
   comment.char = "", allowEscapes = FALSE,
   fileEncoding = "", encoding = "unknown", text)
```

参数 `file` 为所读文件的文件名. `what` 为函数返回值的类型, 有 numeric (数值型)、logical (逻辑型)、character (字符型) 和 list (列表) 等, 其中数值型的初始值为 0, 字符型的初始值为 `""`. `sep` 为分隔符. `skip` 为跳过文件的开始不读行数. 其余参数就不作介绍了.

1.9.2 读取其他软件格式的数据文件

R 设计了读取其他统计软件数据的函数, 这些软件有: SPSS, SAS, S-PLUS 和 Stata. 但在调用读取这些软件的数据文件的函数之前, 需要先加载 `foreign` 程序包, 其命令格式为 "程序包 -> 加载程序包... -> `foreign`"(见图 1.15 和图 1.16). 或直接使用命令 `library(foreign)` 进行加载.

已知数据 (见表 1.4), 分别保存成 SPSS 的数据文件 (`"educ_scores.sav"`)、SAS 的数据文件 (`"educ_scores.xpt"`)、S-PLUS 的数据文件 (`"educ_scores"`) 和 Stata 的数据文件 (`"educ_scores.dta"`), 读取这些数据文件的函数分别是 `read.spss()`, `read.xport()`, `read.S()` 和 `read.dta()`.

表 1.4 某学院学生数据

学生	语言天赋	类比推理	几何推理	学生性别 (男 $=1$)
A	2	3	15	1
B	6	8	9	1
C	5	2	7	0
D	9	4	3	1
E	11	10	2	0
F	12	15	1	0
G	1	4	12	1
H	7	3	4	0

读取 SPSS 的数据文件的命令是 `read.spss("educ_scores.sav")`, 其返回值为列表, 如果希望得到的返回值是数据框, 需要在命令中增加参数选项 `to.data. frame=TRUE`, 其命令如下:

```
> read.spss("educ_scores.sav", to.data.frame=TRUE)
```

`read.spss()` 函数的使用格式为

```
read.spss(file, use.value.labels = TRUE,
        to.data.frame = FALSE, max.value.labels = Inf,
        trim.factor.names = FALSE, trim_values = TRUE,
        reencode = NA, use.missings = to.data.frame)
```

参数 `file` 为需要读取数据的文件名.

读取 SAS 的数据文件的命令是 `read.xport("educ_scores.xpt")`, 其返回值为数据框. 读取 S-PLUS 的数据文件的命令是 `read.S("educ_scores")`, 其返回值为数据框. 读取 Stata 的数据文件的命令是 `read.dta("educ_scores.dta")`, 其返回值为数据框.

1.9.3 读取 Excel 表格数据

将表 1.4 中的数据保存成 Excel 表格 (`"educ_scores.xls"`), 但 R 无法直接读 Excel 表格, 而需要将 Excel 表格先转化成其他格式, 然后才能被 R 软件读出.

1. 转换成文本文件

第一种转化格式是将 Excel 表转换成 "文本文件 (制表符分隔)" 文件, 其保存过程如图 1.20 所示. 然后调用 `read.delim()` 函数读该文本文件, 其命令为

```
> read.delim("educ_scores.txt")
```

函数的返回值为数据框.

`read.delim()` 函数的一般使用格式为

```
read.delim(file, header = TRUE,
          sep = "\t", quote="\"", dec=".",
          fill = TRUE, comment.char="", ...)
```

参数 `file` 为文件名. `header` 为逻辑变量, 当数据文件的第一行为表头时, 选择 `TRUE` (默认值); 当数据文件无表头时, 选择 `FALSE`, 此时, 返回值将自动增加 `V1, V2, ...` 作为数据的表头. 其他参数的意义略.

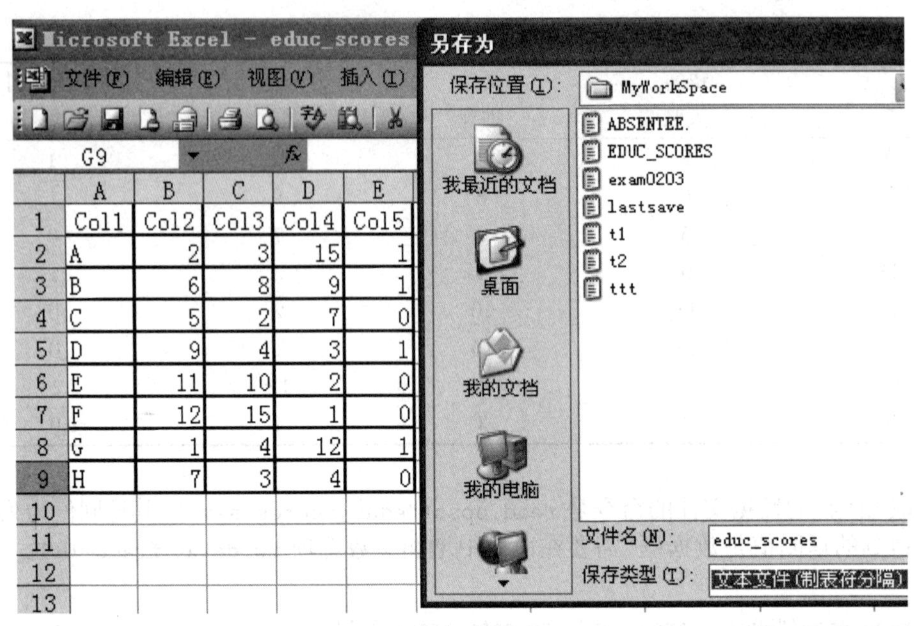

	A	B	C	D	E
1	Col1	Col2	Col3	Col4	Col5
2	A	2	3	15	1
3	B	6	8	9	1
4	C	5	2	7	0
5	D	9	4	3	1
6	E	11	10	2	0
7	F	12	15	1	0
8	G	1	4	12	1
9	H	7	3	4	0

图 1.20 将 Excel 表存为文本文件

2. 转换成 CSV 文件

第二种转化格式是将 Excel 表转换成 “CSV(逗号分隔)” 文件, 其保存过程如图 1.21 所示. 然后调用 read.csv() 函数读该文本文件, 其命令为

```
> read.csv("educ_scores.csv")
```

函数的返回值为数据框.

	A	B	C	D	E
1	Col1	Col2	Col3	Col4	Col5
2	A	2	3	15	1
3	B	6	8	9	1
4	C	5	2	7	0
5	D	9	4	3	1
6	E	11	10	2	0
7	F	12	15	1	0
8	G	1	4	12	1
9	H	7	3	4	0

图 1.21 将 Excel 表存为 CSV 文件

read.csv() 函数的一般使用格式为

```
read.csv(file, header = TRUE,
         sep = ",", quote="\"", dec=".",
         fill = TRUE, comment.char="", ...)
```

参数的意义与 read.delim() 函数相同.

3. 直接读取 Excel 数据表

应用上述方法, 可以说, 已经解决了读取 Excel 表格数据的问题, 但仔细想想, 这个问题还是没有得到根本的解决. 因为在遇到大量的 Excel 表格数据时, 每个表格都要作转换, 这样既不经济也不方便. 因此, 根本解决此问题的方法就是直接读取 Excel 表格数据.

打算直接读取 Excel 表格, 需要到 CRAN 镜像下载程序包, 调用相关函数来读取数据, 其过程如下:

(1) 设定 CRAN 镜像. 其命令格式为 "程序包 -> 设定CRAN 镜像..." (见图 1.17), 选择一个镜像.

(2) 安装程序包. 其命令格式为 "程序包 -> 安装程序包...", 此时弹出程序包窗口, 选择 RODBC 程序包, 按 "确定", 计算机下载并自动更新.

上述两个步骤可由命令

```
> install.packages("RODBC")
```

完成.

(3) 加载程序包. 其命令格式为 "程序包 -> 加载程序包...-> RODBC". 也可由命令

```
> library(RODBC)
```

完成.

(4) 用 odbcConnectExcel() 函数完成 ODBC 库与 Excel 表格的连接, 再用 sqlTables() 函数得到 Excel 表格信息. 其命令格式为

```
> con <- odbcConnectExcel("educ_scores.xls")
> tbls <- sqlTables(con)
```

(5) 读取 Excel 表格中的数据. 这里有两种方式.

方式一

```
> sh1 <-sqlFetch(con, tbls$TABLE_NAME[1])
```

方式二

```
> qry <- paste("select * from [",
          tbls$TABLE_NAME[1], "]", sep="")
> sh2 <- sqlQuery(con, qry); sh2
```

两种方法都可以读取 Excel 表格, 且得到的 sh1 和 sh2 均为数据框.

(6) 最后关闭连接

```
> close(con)
```

1.9.4 数据集的读取

统计计算中, 有一些典型的数据案例, 如 Fisher Iris 数据, 二氧化碳数据, Anscombe 数据等. 为便于大家使用, R 提供了 100 多个这样的数据集 (datasets), 可通过 data() 函数查看或加载这些数据集, 例如, 命令

```
> data()
```

列出在基本程序包 (base) 中所有可利用的数据集. 如果要加载某个数据集, 只需在括号中加入数据集的名称[1]. 例如

```
> data(infert)
```

如果想查看或加载其他程序包的数据集, 其格式为

```
data(package = "pkname")
data(dataname, package = "pkname")
```

`pkname` 为程序包的名称, `dataname` 为数据集的名称. 例如, 如果要显示 `cluster` 程序包中的数据集, 其命令为

```
> data(package = "cluster")
```

要加载 `cluster` 程序包中的 `agriculture` 数据集, 其命令为

```
> data(agriculture, package = "cluster")
```

查看或加载其他程序包数据集的方法还有另一组命令, 其格式为

```
library("pkname")     ##加载程序包
data()                ##查看数据集
data(dataname)        ##加载数据集
```

1.9.5 写数据文件

1. write 函数

`write()` 函数将数据写入纯文本文件, 其使用格式为

```
write(x, file = "data",
      ncolumns = if(is.character(x)) 1 else 5,
      append = FALSE)
```

参数 `x` 是需要写入文件的数据, 通常为矩阵或向量. `file` 为文件名 (默认值为 `"data"`). `ncolumns` 为列数, 如果是字符型数据, 默认值为 1, 如果为数值型数据, 默认值为 5, 可以根据需要更改这些数值. append 是逻辑变量, 当它为 `TRUE` 时, 表示在原有文件上添加数据; 否则 (`FALSE`, 默认值), 写一个新文件. 例如

```
> X <- matrix(1:12, ncol=6); X
     [,1] [,2] [,3] [,4] [,5] [,6]
[1,]    1    3    5    7    9   11
[2,]    2    4    6    8   10   12
> write(X, file = "Xdata.txt")
```

打开 `Xdata.txt` 文件, 文件中的内容为

```
1 2 3 4 5
6 7 8 9 10
11 12
```

这表明在写数据的过程中, 是将数据按列写, 在默认值的情况下, 每行 5 个数据.

2. write.table 函数和 write.csv 函数

`write.table()` 函数将数据写成表格形式的文本文件, `write.csv()` 函数将数据写成 CSV 格式的 Excel 表格, 其使用格式为

---

[1] 在新的版本中, 数据集已自动加载, 不需要此命令.

```
write.table(x, file = "", append = FALSE, quote = TRUE,
            sep = " ", eol = "\n", na = "NA", dec = ".",
            row.names = TRUE, col.names = TRUE,
            qmethod = c("escape", "double"),
            fileEncoding = "")
write.csv(...)
write.csv2(...)
```

参数 x 是需要写入文件的数据, 通常是矩阵或数据框. file 为文件名. append 为逻辑变量, 当取值为 TRUE 时, 则在原文件上添加数据; 否则 (FALSE, 默认值), 写一个新文件. sep 为分离数据的字符, 默认值为空格. 例如

```
> df <- data.frame(
    Name=c("Alice", "Becka", "James", "Jeffrey", "John"),
    Sex=c("F", "F", "M", "M", "M"),
    Age=c(13, 13, 12, 13, 12),
    Height=c(56.5, 65.3, 57.3, 62.5, 59.0),
    Weight=c(84.0, 98.0, 83.0, 84.0, 99.5)
  )
> write.table(df, file="foo.txt")
> write.csv(df, file="foo.csv")
```

1.10 控 制 流

前面介绍的各种命令都是在 R 操作窗口上完成的, 这样做对少量的命令还可以, 但对于大量的命令既不方便, 也不便于重复使用已操作过的命令. 事实上, R 语言也是一种计算机语言, 也可以进行编程和编写自己需要的函数, 将操作过的命令编写成程序, 这既便于保存, 又便于以后使用.

在 R 语言中, 每个命令可以看成一个语句 (或表达式), 语句之间由分号或换行分隔. 语句可以续行, 只要前一行不是完整表达式 (如末尾是加减乘除等运算符, 或有未配对的括号), 则下一行就是上一行的续行.

将若干个语句放在一起组成复合语句, 复合语句的构造方法是将若干个语句放在花括号 "{ }" 中.

R 语言与其他高级语言一样, 有分支、循环等程序控制结构, 这些命令虽然不是 R 语言特有的, 但了解这些控制语句, 对以后的程序编写很有帮助.

1.10.1 分支函数

分支函数有 if / else 和 switch.

1. if / else 函数

if / else 函数多用于两分支, 其使用格式为

```
if(cond) expr
if(cond) cons.expr  else  alt.expr
```

第一种格式表示: 如果条件 cond 成立, 则执行表达式 expr; 否则跳过. 第二种格式表示: 如果条件 cond 成立, 则执行表达式 cons.expr; 否则, 执行表达式 alt.expr.

例如, 如下命令

```
if( any(x <= 0) ) y <- log(1+x) else y <- log(x)
```

表明: 如果 x 的某个分量小于等于 0 时, 对 $1+x$ 取对数并对 y 赋值; 否则直接对 x 取对数再对 y 赋值. 该命令与下面的命令

```
y <- if( any(x <= 0) ) log(1+x) else log(x)
```

等价.

if / else 函数可以嵌套使用, 以下命令是合法的.

```
if ( cond_1 )
    expr_1
else if ( cond_2 )
    expr_2
else if ( cond_3 )
    expr_3
else
    expr_4
```

2. switch 函数

switch 函数多用于多分支情况, 其使用方法为

```
switch (expr, list)
```

参数 expr 为表达式. list 为列表. 如果 expr 的取值在 1~length(list) 之间, 则函数返回列表相应位置的值. 如果 expr 的值超出范围, 则无返回值[1]. 例如

```
> switch(1, 2+3, 2*3, 2/3)
[1] 5
> switch(2, 2+3, 2*3, 2/3)
[1] 6
> switch(3, 2+3, 2*3, 2/3)
[1] 0.6666667
> switch(6, 2+3, 2*3, 2/3)
>
```

如果 list 有元素名, 当 expr 等于元素名时, 返回变量名对应的值; 否则无返回值. 例如

```
> y <- "fruit"
> switch(y,fruit="banana",vegetable="broccoli",meat="beef")
[1] "banana"
```

1.10.2 中止语句与空语句

中止语句是 break, 它的作用是强行中止循环, 使程序跳到循环以外. 空语句是 next, 它表示继续执行, 而不执行任何有实质性的内容. 关于 break 和 next 的用法, 将结合循环语句来说明.

[1] 旧版本返回 NULL.

1.10.3 循环函数

循环函数有 for, while 和 repeat.

1. for 函数

for 函数的使用格式为

```
for(var in seq) expr
```

参数 var 为循环变量, seq 为向量表达式 (通常是个序列, 如 1:20), expr 通常为一组表达式.

例如, 构造一个 4 阶的 Hilbert 矩阵, 可用下面的方式实现.

```
> n<-4; x<-array(0, dim=c(n,n))
> for (i in 1:n){
+     for (j in 1:n){
+         x[i,j] <- 1/(i+j-1)
+     }
+ }
> x
          [,1]      [,2]      [,3]      [,4]
[1,] 1.0000000 0.5000000 0.3333333 0.2500000
[2,] 0.5000000 0.3333333 0.2500000 0.2000000
[3,] 0.3333333 0.2500000 0.2000000 0.1666667
[4,] 0.2500000 0.2000000 0.1666667 0.1428571
```

注意: 第一列中的 + 是计算机自动添加的, 表示本行语句为上一行的续行.

2. while 函数

while 函数的使用格式为

```
while (cond) expr
```

当条件 cond 成立, 则执行表达式 expr. 例如, 编写一个计算 1000 以内的 Fibonacci 数.

```
> f<-c(1,1); i<-1
> while (f[i] + f[i+1] < 1000) {
+       f[i+2] <- f[i] + f[i+1]
+       i <- i + 1;
+ }
> f
 [1]   1   1   2   3   5   8  13  21  34  55  89 144
[13] 233 377 610 987
```

3. repeat 函数

repeat 函数的使用格式为

```
repeat expr
```

repeat 函数依赖中止语句 (break) 跳出循环. 例如, 使用 repeat 编写一个计算 1000 以内的 Fibonacci 数的程序.

```
> f<-c(1,1); i<-1
> repeat {
+     f[i+2] <- f[i] + f[i+1]
+     i <- i + 1
```

```
+     if (f[i] + f[i+1] >= 1000) break
+ }
```

或将条件语句改为

```
if (f[i]+f[i+1]<1000) next else break
```

也有同样的计算结果.

1.11 R 程序设计

R 允许用户根据需要解决的问题, 编写自己的函数, 这一点是 R 与其他统计软件的最大差别, 也是 R 语言的优势. 为了便于用户使用, R 语言已存储了大量的内置函数, 这些函数都是针对相关的统计问题编写的, 并在解决问题时可以调用. 学习编写自己的函数是学习 R 语言的主要任务之一.

事实上, R 语言提供的绝大多数函数 (如 mean(), var(), postscript()) 均是由专业人员编写的, 与自己编写的函数没有本质上的差别.

1.11.1 函数定义

1. 函数定义

函数定义的格式如下

```
funname <- function(arg_1, arg_2, ...) expression
```

其中 funname 为函数名, function 为定义函数的关键词, arg_1, arg_2, ... 表示函数的参数, expression 为表达式 (通常是复合表达式). 放在表达式中最后的对象 (数值、向量、矩阵、数组、列表或数据框等) 为函数的返回值.

调用函数的格式为 funname(expr_1, expr_2, ...), 并且在任何时候调用都是合法的.

函数的编写和调用需要注意以下两个方面:

(1) 不必在操作窗口下编写函数.

在主界面单击 "文件 -> 新建程序脚本", 打开 "R 编辑器", 在窗口下编写程序. 当程序编写完成后, 单击 "文件 -> 保存"(或对应的快捷键), 打开 "保存程序脚本为" 窗口, 在 "文件名 (N)" 窗口输入函数的文件名 (扩展名为 .R), 如 funname.R, 按 "保存 (S)", 这样就将编写好的函数保存在当前目录中.

(2) 在使用时, 需要将函数调到 R 中.

虽然已将写好的函数保存在当前目录中, 但在调用时, 还需要将函数调到 R 的系统中才能运行 (在操作窗口编写的函数除外), 单击 "文件 -> 运行R脚本文件", 选择需要运行函数, 如 funname.R, 或者执行 source(funname.R), 这样就可以使用 funname 函数了.

2. 无参数函数

R 允许编写无参数函数, 在执行时不需要输入参数, 每次执行时, 返回值都相同. 例如, 编写 welcome 函数如下

```
welcome <- function()
print("welcome to use R")
```

程序中的 print() 是显示函数中的内容. 单击"保存 (S)"命令, 将函数保存 (文件名: welcome.R).

调用该函数

```
> source("welcome.R")
> welcome()
[1] "welcome to use R"
```

命令 source("welcome.R") 只需要执行一次, 如果不执行, 系统会显示 “错误: 没有 "welcome" 这个函数”.

3. 带有参数的函数

带有参数的函数是 R 中最基本的函数, 下面举一个简单的例子说明 R 中自编函数的编写与使用.

如果 X 和 Y 分别是来自两个总体的样本, 总体的方差相同且未知, 编写一个计算两样本 t 统计量的函数. 由统计知识知, t 统计量的计算公式为

$$T = \frac{(\overline{X} - \overline{Y})}{S\sqrt{\frac{1}{n_1} + \frac{1}{n_2}}}, \tag{1.1}$$

其中

$$S^2 = \frac{(n_1 - 1)S_1^2 + (n_2 - 1)S_2^2}{n_1 + n_2 - 2}, \tag{1.2}$$

$\overline{X}$ 和 $\overline{Y}$ 分别为两组数据的样本均值, S_1^2 和 S_2^2 分别为两组数据的样本方差, n_1 和 n_2 分别为两组数据样本的个数.

按照式 (1.1) 和式 (1.2) 编写相应的程序 (程序名: t.stat.R)

```
t.stat <- function(x, y) {
    n1 <- length(x); n2 <- length(y)
    xb <- mean(x); yb <- mean(y)
    Sx2 <- var(x); Sy2 <- var(y)
    S <- ((n1-1)*Sx2 + (n2-1)*Sy2)/(n1+n2-2)
    (xb - yb)/sqrt(S*(1/n1 + 1/n2))
}
```

参数 x, y 为来自两个总体的样本, 函数的返回值为 t 统计量.

例 1.3 已知两个样本, 样本 A

```
79.98 80.04 80.02 80.04 80.03 80.03 80.04 79.97
80.05 80.03 80.02 80.00 80.02
```

和样本 B

```
80.02 79.94 79.98 79.97 79.97 80.03 79.95 79.97
```

计算两样本的 t 统计量.

解 输入数据, 并调用函数 t.stat() 计算 t 统计量 (程序名: exam0103.R).

```
X<-scan()
79.98 80.04 80.02 80.04 80.03 80.03 80.04 79.97
80.05 80.03 80.02 80.00 80.02

Y<-scan()
80.02 79.94 79.98 79.97 79.97 80.03 79.95 79.97
```

```
source("t.stat.R")
t.stat(X,Y)
```

计算结果: t 统计量为 3.472245.

1.11.2 定义新的二元运算

R 可以定义二元运算, 其形式为 %anything%. 例如, 设 $\boldsymbol{x}$, $\boldsymbol{y}$ 是两个向量, 定义 $\boldsymbol{x}$ 与 $\boldsymbol{y}$ 的内积为

$$\langle \boldsymbol{x}, \boldsymbol{y} \rangle = \exp(-\|\boldsymbol{x} - \boldsymbol{y}\|^2/2),$$

其运算符号用 %!% 表示, 则二元运算的定义如下:

```
"%!%" <- function(x, y) {exp(-0.5*(x-y) %*% (x-y))}
```

1.11.3 有名参数与默认参数

如果使用 "name = object" 的形式给出被调用函数中的参数, 则这些参数可以按照任何顺序给出. 例如, 定义如下函数:

```
> fun1 <- function(data, data.frame, graph, limit) {
    [function body omitted]
  }
```

则下面的 3 种调用方法:

```
> ans <- fun1(d, df, TRUE, 20)
> ans <- fun1(d, df, graph=TRUE, limit=20)
> ans <- fun1(data=d, limit=20, graph=TRUE, data.frame=df)
```

都是合法的, 其计算结果相同.

例如, 计算例 1.3 的 t 统计量, 以下 3 种方法的计算结果均相同.

```
> t.stat(X, Y)
[1] 3.472245
> t.stat(x=X, y=Y)
[1] 3.472245
> t.stat(y=Y, x=X)
[1] 3.472245
```

在编写 R 函数时, 可以采用默认参数, 这样在调用时, 如果不输入该参数, 则函数自动选择默认参数.

编写一个计算样本原点矩和中心矩的函数 (程序名: moment.R)

```
moment <- function(x, k, mean=0)
sum((x-mean)^k)/length(x)
```

参数 x 为向量, 由样本构成. k 为正整数, 表示矩的阶数. mean 为样本均值, 默认值为 0, 即采用默认值时, 计算样本原点矩.

```
> moment(X, k=2)
[1] 6403.324
> moment(X, k=2, mean=mean(X))
[1] 0.0005301775
```

上述两个命令分别计算样本的 2 阶原点矩和 2 阶中心矩.

1.11.4 递归函数

R 函数是可以递归的, 可以在函数自身内定义函数本身. 使用递归函数可以大大降低编写程序的工作量. 下面以计算 $n!$ 为例介绍递归函数的使用.

如果按照 $n!$ 的定义编写计算函数, 其结果如下

```
fac = function(n) {
    f <- 1
    if (n>0){
       for(i in 1:n)
            f <- f * i
    }
    f
}
```

由于 $n! = n \times (n-1)!$, 这样就可以用递归的方法编写计算函数, 其结果如下

```
fac = function(n)
    if (n <= 1) 1 else n * fac(n - 1)
```

可以看到: 用递归的方法编写函数, 可以使程序更简洁.

事实上, 不必编写计算 $n!$ 的函数, 因为 R 中有许多函数可以计算 $n!$. 例如

```
prod(seq(n))
gamma(n+1)
factorial(n)
```

其中 prod() 为连乘积函数, gamma() 为 Γ 函数, factorial() 为阶乘函数.

1.11.5 程序运行

1. 建立自己的工作目录

为以后更方便地使用 R 进行计算, 最好根据工作需要, 建立自己的工作目录, 如本书使用 D:\R_Programming\chap01, 即表示《R 语言》一书中第 1 章的程序.

可用 "文件 -> 改变工作目录" 命令或用 setwd() 函数来改变工作目录, 在第一次退出时, 要保存工作空间, 这样, 子目录中会出现一个大个蓝色 R 的文件 (后缀为 .RData), 如图 1.22 所示.

以后再运行 R 时, 就双击这个蓝色 R 文件 (见图 1.22 箭头所指的文件), 所在的目录就是当前工作目录.

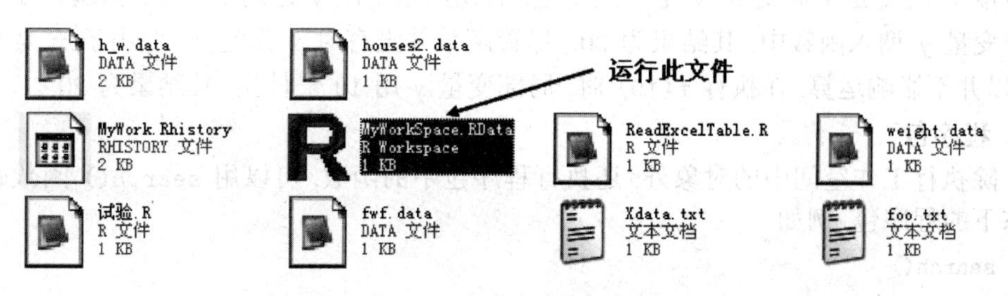

图 1.22 工作目录中的部分文件

在作各种计算时，不必在操作窗口中输入命令，这样既麻烦也不便于保存. 而是将所要执行的命令编写为程序 (后缀为 .R 的文件)，运行时打开该文件，单击 “编辑 -> 运行当前或所选代码”，执行当前所选代码，或者单击 “编辑 -> 运行所有代码”，执行程序中的全部代码. 图 1.23 显示是执行文件 exam0102.R 的情况.

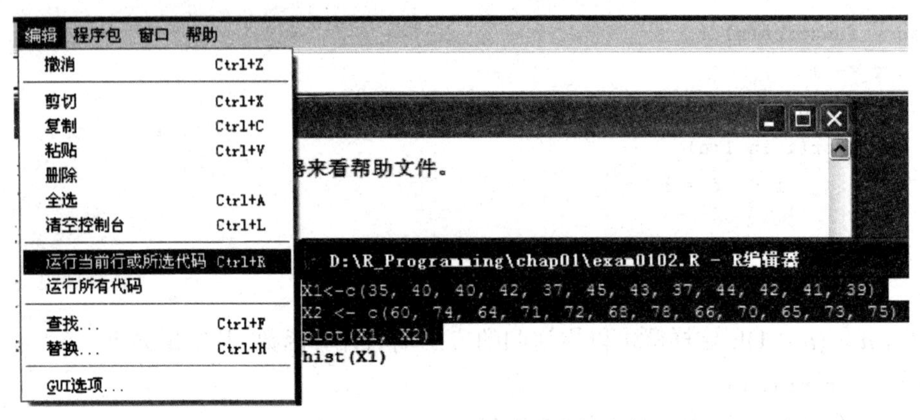

图 1.23　执行 R 编辑窗口中的命令

2. 工作空间

R 操作窗口下运行的任何命令都会生成工作空间的对象. 该对象为全局变量，可在任何情况下使用. 而函数中的对象是局部变量，它只能在函数中使用. 在 R 中，可用 ls() 函数查看工作空间中的对象，例如

```
> ls()
[1] "t.stat" "X"       "X1"      "X2"      "Y"
```

工作空间中的对象越多，程序出错的机会就越大，因此，尽量使用函数的局部变量可以减少工作空间的对象. 或者用 rm() 函数来删除工作空间中的对象，如

```
> rm(Y)
```

或者

```
> rm("Y")
```

删除对象 Y.

3. 作用域

为了说明这个问题，看一段简单的程序

```
x <- 10; y <- 20
f <- function(y)  x+y
```

在上述程序中，x 是全局变量，y 是全局变量，而在函数中的 y 是局部变量. 当运行 f(y) 时，将全部变量 y 调入函数中，其结果为 30. 尽管函数并没有对 x 作定义，但由于 x 是全部变量，所以并不影响运算. 在执行 f(10) 时，局部变量 y 用 10 来替换，其结果为 20.

4. 程序包

R 除执行工作空间中的对象外，还执行程序包中的函数，可以用 search() 函数查看当前状态下的程序包，例如

```
> search()
[1] ".GlobalEnv"        "package:stats"    "package:graphics"
```

```
[4] "package:grDevices" "package:utils"   "package:datasets"
[7] "package:methods"   "Autoloads"       "package:base"
```
显示的是基本程序包, 可以根据计算的需要加载其他程序包.

在编写程序时, 不要使用程序包中已有的函数名来命名, 这样在执行函数时容易引起混淆. 例如, 如果定义 t() 函数为

```
t <- function(x) x+1
```
在运算时会出现

```
> A<-matrix(1:9,3,3)
> t(A)
     [,1] [,2] [,3]
[1,]    2    5    8
[2,]    3    6    9
[3,]    4    7   10
```
不是矩阵的转置, 而是矩阵的每个元素 +1.

尽管已经定义了自己的 t() 函数, 还要运行 R 包中的 t() 函数对矩阵作转置运算, 只需在 t() 函数之前加上包的名称 (如 base) 和双冒号 (::) 即可, 例如

```
> base::t(A)
     [,1] [,2] [,3]
[1,]    1    2    3
[2,]    4    5    6
[3,]    7    8    9
```
执行的就是转置运算.

如果不清楚程序包 (如 base) 中有什么函数, 可用命令

```
> library(help="base")
```
显示该包中的全部函数名称及相关的基本信息.

1.11.6 程序调试

在执行程序时, 如果程序出现错误, R 会直接报错. 例如, 删除对象 x 后, 再执行 f(y) 就会出现 “错误于 f(10) : 找不到对象 'x'”. 如果将程序改为

```
f <- function(x, y)  x + y
```
运行 f(20, 10) 就没有任何问题, 因为此时 x 与 y 都是局部变量.

1. 显示变量 (对象) 内容的函数

在程序调试中, 使用 print() 函数来显示变量在运算过程中的取值, 用它来判断编程的正确性. 例如, 将程序改为

```
f <- function(x, y){
    print(x); print(y); x+y
}
```
其计算结果为

```
> f(10,20)
[1] 10
[1] 20
```

```
[1] 30
```

第一行为 x 的值, 第二行为 y 的值, 第三行为求和之后的值.

如果用 print() 函数不易分辨出哪一个是 x 的值, 哪一个是 y 的值, 使用 cat() 函数, 可以克服这一缺点. 例如, 将程序改为

```
f <- function(x, y){
    cat('x =', x, '\n'); cat('y =', y, '\n')
    x+y
}
```

计算结果为

```
> f(10,20)
x = 10
y = 20
[1] 30
```

2. 跟踪程序的函数

虽然 print() 函数和 cat() 可以显示运行程序中的值, 但使用时还是不很方便. R 提供的 browser() 函数可以克服这些缺点, 例如, 在自定义 t.stat() 函数中加入 browser() 函数

```
t.stat <- function(x, y) {
    browser()
    n1 <- length(x); n2 <- length(y)
    xb <- mean(x); yb <- mean(y)
    Sx2 <- var(x); Sy2 <- var(y)
    S <- ((n1-1)*Sx2 + (n2-1)*Sy2)/(n1+n2-2)
    (xb - yb)/sqrt(S*(1/n1 + 1/n2))
}
```

在计算时, 可以有如下的计算过程

```
> t.stat(X,Y)
Called from: t.stat(X, Y)
Browse[1]> n
debug 在 #3: n1 <- length(x)
Browse[2]>
debug 在 #3: n2 <- length(y)
Browse[2]>
debug 在 #4: xb <- mean(x)
Browse[2]>
debug 在 #4: yb <- mean(y)
Browse[2]>
debug 在 #5: Sx2 <- var(x)
Browse[2]>
debug 在 #5: Sy2 <- var(y)
Browse[2]> ls()
```

```
[1] "n1"   "n2"   "Sx2" "x"   "xb"   "y"   "yb"
Browse[2]> yb
[1] 79.97875
Browse[2]> c
[1] 3.472245
```

程序在遇到 `browser()` 函数调用时进入调试状态, 用 `n` 命令进入单步跟踪运行, 此时显示在哪一行, 执行哪些语句. 在 `Browse[2]>` 命令下, 可以执行其他命令, 如 `ls()`, 显示局部变量 (对象) 的内容, 可以显示这些变量的值, 如 `yb` 为 79.97875, 也可以进行修改, 如赋值. 用 `c` 退出 `Browse` 菜单.

另一个函数 —— `debug()` 函数, 使跟踪更简单. 例如, 在执行 `t.stat()` 函数时, 不需要在程序中加入 `browser()` 函数, 只需在运行前, 增加命令

```
> debug(t.stat)
```

再执行

```
> t.stat(X,Y)
```

命令时, 程序会自动进入单步跟踪状态. 在单步跟踪时, 可以执行各种操作, 用 `c` 退出跟踪. 使用命令

```
> undebug(t.stat)
```

解除跟踪.

习　题　1

1. 到 CRAN 社区下载最新版 R 软件, 并尝试安装、启动和退出.

2. 尝试建立程序脚本. 打开 R 程序编辑窗口, 将例 1.1 命令写入程序, 并将程序保存成名为 `exam0101.R` 的文件.

3. 在 Windows 下建立子目录 `R_Programming`, 然后使用改变工作目录的方法, 将该子目录变为当前工作目录.

4. 加载 `foreign` 程序包.

5. 设定 CRAN 镜像, 下载 `RODBC` 程序包, 并加载.

6. 用帮助窗口 (或命令) 查看 `t.test()` (t 检验) 函数的使用方法.

7. 运行命令 `seq(0, 10, by=3)` 和 `seq(0, 10, length.out=4)` 来体会两个参数 `by` 和 `length.out` 的差别.

8. 构造一个向量 $\boldsymbol{x}$, 向量是由 5 个 1, 3 个 2, 4 个 3 和 2 个 4 构成, 注意用到 `rep()` 函数.

9. 构造 4×5 矩阵 $\boldsymbol{A}$ 和 $\boldsymbol{B}$, 其中 $\boldsymbol{A}$ 是将 $1,2,\cdots,20$ 按列输入, $\boldsymbol{B}$ 是按行输入; 矩阵 $\boldsymbol{C}$ 是由 $\boldsymbol{A}$ 的前 3 行和前 3 列构成的矩阵; 矩阵 $\boldsymbol{D}$ 是由矩阵 $\boldsymbol{B}$ 的各列构成的矩阵, 但不含 $\boldsymbol{B}$ 的第 3 列.

10. 设 $\boldsymbol{x}=(1,3,5,7,9)^{\mathrm{T}}$, 构造 5×3 矩阵 $\boldsymbol{X}$, 其中第 1 列全为 1, 第 2 列为向量 $\boldsymbol{x}$, 第 3 列的元素为 $\boldsymbol{x}^2$, 并给矩阵的 3 列命名, 分别是 `const`, `x` 和 `x^2`.

11. n 阶 Hilbert 矩阵定义如下:

$$\boldsymbol{H} = (h_{ij})_{n\times n}, \quad h_{ij} = \frac{1}{i+j-1}, \qquad i,j = 1,2,\cdots,n.$$

用循环函数生成一个 5 阶的 Hilbert 矩阵.

12. 已知有 5 名学生的数据, 如表 1.5 所示. 用数据框的形式读入数据.

表 1.5 学生数据

	姓名	性别	年龄	身高/cm	体重/kg
1	张三	女	14	156	42.0
2	李四	男	15	165	49.0
3	王五	女	16	157	41.5
4	赵六	男	14	162	52.0
5	丁一	女	15	159	45.5

13. 将习题 12 中的数据表 1.5 的数据写成一个纯文本文件, 用函数 `read. table()` 读该文件, 然后再用函数 `write.csv()` 写成一个能用 Excel 表能打开的文件, 并用 Excel 表打开.

14. 用 `scan()` 函数读下列数据, 并将它们放在列表中.

```
1 dog  3
2 cat  5
3 duck 7
```

15. 将习题 12 中的数据表 1.5 的数据保存成 Excel 文件, 使用直接读取 Excel 数据表格的方法读取相关的数据.

16. 编写一个 R 程序 (函数). 输入一个整数 n, 如果 $n \leqslant 0$, 则中止运算, 并输出一句话: "要求输入一个正整数"; 否则, 如果 n 是偶数, 则将 n 除 2, 并赋给 n; 否则, 将 $3n+1$ 赋给 n. 不断循环, 只到 $n=1$, 才停止计算, 并输出一句话: "运算成功". 这个例子是为了检验数论中的一个简单定理.

第 2 章　数 值 计 算

尽管 R 是一款统计计算软件, 但在计算过程中不可避免地涉及线性代数、数值分析以及最优化等方面的内容, 熟悉 R 语言在这些方面的功能, 对于完成相关的统计计算是很有帮助的.

2.1　向量与矩阵的运算

在第 1 章介绍了向量与矩阵的基本概念, 这里介绍它们的有关计算.

2.1.1　向量的四则运算

对于数值向量可以作加 (+)、减 (−)、乘 (*)、除 (/) 和乘方 (∧) 运算, 其含义是对向量的每一个元素作相应的运算, 其中加、减和数乘运算与通常的向量运算基本相同, 例如

```
> x <- c(-1, 0, 2);  y <- c(3, 8, 2)
> v <- 2*x + y + 1; v
[1] 2 9 7
```

第 1 行输入向量 x 和 y. 第 2 行将向量的计算结果赋给变量 v, 其中 2*x + y 为通常的向量运算, + 1 表示向量的每个分量均加 1. 分号后的 v 是为显示变量的内容[1] , 即计算结果.

对于数值向量的乘法、除法、乘方运算, 其意义是对应向量的每个分量作乘法、除法和乘方运算, 例如

```
> x * y
[1] -3  0  4
> x / y
[1] -0.3333333  0.0000000  1.0000000
> x^2
[1] 1 0 4
> y^x
[1] 0.3333333 1.0000000 4.0000000
```

对于向量 (矩阵、数组), 还可以作一些内置函数的运算, 如 log, exp, cos, tan 和 sqrt 等. 当自变量为向量 (矩阵、数组) 时, 函数的返回值也为向量 (矩阵、数组), 即函数对向量 (矩阵、数组) 的每个分量作相应的运算. 例如

```
> exp(x)
[1] 0.3678794 1.0000000 7.3890561
> sqrt(y)
[1] 1.732051 2.828427 1.414214
```

R 在作向量运算时, 允许长度不相同的向量作四则运算, 在运算时将长度较短的向量重复使用与长向量取齐. 这个原则也适用于矩阵和数组. 请看下面的例子

```
> x1 <- c(100,200)
> x2 <- 1:6
> x1 + x2
[1] 101 202 103 204 105 206
```

---

[1] 加括号 (v <- 2*x + y + 1) 也可以显示 v 中的内容.

```
> x3 <- matrix(11:16, nrow=3)
> x1 + x3
     [,1] [,2]
[1,]  111  214
[2,]  212  115
[3,]  113  216
> x2 + x3
     [,1] [,2]
[1,]   12   18
[2,]   14   20
[3,]   16   22
```

可以看到, 当向量与矩阵共同运算时, 向量按列匹配. 当两个数组不匹配时, R 会提出警告. 例如

```
> x2 <- 1:5
> x1 + x2
[1] 101 202 103 204 105
```

警告信息:

```
In x1 + x2 :  长的对象长度不是短的对象长度的整倍数
```

2.1.2 向量的内积与外积

设 $\boldsymbol{x}$ 与 $\boldsymbol{y}$ 为 n 维数的向量, x %*% y 表示计算 $\boldsymbol{x}$ 与 $\boldsymbol{y}$ 的内积, 即 $\sum\limits_{i=1}^{n} x_i y_i$, 记为 $\boldsymbol{x}^{\mathrm{T}}\boldsymbol{y}$. 例如

```
> x <- 1:5; y <- 2*1:5
> x %*% y
     [,1]
[1,]  110
```

x %o% y 表示计算 $\boldsymbol{x}$ 与 $\boldsymbol{y}$ 的外积, 即得到一个矩阵, 其中 $x_i y_j$ 为矩阵第 i 行第 j 列的元素, 记为 $\boldsymbol{x}\boldsymbol{y}^{\mathrm{T}}$. 例如

```
> x %o% y
     [,1] [,2] [,3] [,4] [,5]
[1,]    2    4    6    8   10
[2,]    4    8   12   16   20
[3,]    6   12   18   24   30
[4,]    8   16   24   32   40
[5,]   10   20   30   40   50
```

crossprod() 函数的意思为交叉相乘, 也就是内积, 所以 crossprod(x,y) 为 $\boldsymbol{x}^{\mathrm{T}}\boldsymbol{y}$, 与 x %*% y 的意义相同. crossprod(x) 表示 $\boldsymbol{x}^{\mathrm{T}}\boldsymbol{x}$, 即 $\|\boldsymbol{x}\|_2^2$.

tcrossprod() 函数的意思为转置交叉相乘, 即外积, 所以 tcrossprod(x,y) 为 $\boldsymbol{x}\boldsymbol{y}^{\mathrm{T}}$, 与 x %o% y 的意义相同. tcrossprod(x) 表示 $\boldsymbol{x}\boldsymbol{x}^{\mathrm{T}}$.

外积运算函数还有 outer() 函数, outer(x,y) 计算向量 $\boldsymbol{x}$ 与 $\boldsymbol{y}$ 的外积, 它等价于 x %o% y.

outer() 函数的一般使用格式为

```
outer(X, Y, fun = "*", ...)
```

参数 X, Y 是矩阵 (或向量). fun 是作外积运算函数, 默认值为乘法运算. 函数 outer() 在绘制三维曲面时非常有用, 它可生成一个 X 和 Y 的网格. 关于它在绘制三维曲面的用法将在第 3 章中讲到.

2.1.3 矩阵的四则运算

与向量运算类似, 矩阵之间也可以进行四则运算 (+, −, ∗, /), 此时运算的本质是矩阵对应的元素作四则运算. 注意: 参加运算的矩阵一般应有相同的行和列 (即 dim 的属性相同). 例如

```
> A <- matrix(1:6, nrow=2, byrow=T); A
     [,1] [,2] [,3]
[1,]    1    2    3
[2,]    4    5    6
> B <- matrix(1:6, nrow=2); B
     [,1] [,2] [,3]
[1,]    1    3    5
[2,]    2    4    6
> C <- matrix(c(1,2,2,3,3,4), nrow=2); C
     [,1] [,2] [,3]
[1,]    1    2    3
[2,]    2    3    4
> D <- 2*C + A/B; D
     [,1]     [,2] [,3]
[1,]    3 4.666667  6.6
[2,]    6 7.250000  9.0
```

与向量一样, R 允许矩阵与数字相加 (或相减), 其意义为矩阵中的每个元素都加上 (或减去) 这个数字. 例如

```
> A + 1
     [,1] [,2] [,3]
[1,]    2    3    4
[2,]    5    6    7
```

R 还允许矩阵与向量相加 (或相减), 其条件是: 矩阵与向量的 length 的属性相同. 例如

```
> x <- 1:6
> A + x
     [,1] [,2] [,3]
[1,]    2    5    8
[2,]    6    9   12
```

其意义为矩阵按列与向量相加.

如果矩阵 $\boldsymbol{A}$ 和 $\boldsymbol{B}$ 满足线性代数中矩阵相乘的性质 (矩阵 $\boldsymbol{A}$ 的列数等于矩阵 $\boldsymbol{B}$ 的行数), A % * % B 表示在线性代数意义下两个矩阵相乘 ($\boldsymbol{AB}$). 例如

```
> A <- array(1:9,dim=c(3,3))
> B <- array(9:1,dim=c(3,3))
> C <- A %*% B; C
     [,1] [,2] [,3]
[1,]   90   54   18
[2,]  114   69   24
[3,]  138   84   30
```

也可以作矩阵与向量相乘, 或向量与矩阵相乘, 例如

```
> x <- 1:3
> A %*% x
     [,1]
[1,]   30
[2,]   36
[3,]   42
> x %*% A
     [,1] [,2] [,3]
[1,]   14   32   50
```

如果 $\boldsymbol{A}$ 为对称矩阵, x % * % A % * % x 为二次型 $\boldsymbol{x}^{\mathrm{T}}\boldsymbol{A}\boldsymbol{x}$.

在矩阵运算中, crossprod(A,B) 表示 $\boldsymbol{A}^{\mathrm{T}}\boldsymbol{B}$, crossprod(A) 表示 $\boldsymbol{A}^{\mathrm{T}}\boldsymbol{A}$. tcrossprod(A,B) 表示 $\boldsymbol{A}\boldsymbol{B}^{\mathrm{T}}$, tcrossprod(A) 表示 $\boldsymbol{A}\boldsymbol{A}^{\mathrm{T}}$.

2.1.4 矩阵的函数运算

这里简单地介绍 R 中与矩阵运算有关的函数.

1. 转置运算

t() 函数为转置函数, 它对矩阵或数据框作转置运算. 若 $\boldsymbol{A}$ 为矩阵, t(A) 表示矩阵 $\boldsymbol{A}$ 的转置, 即 $\boldsymbol{A}^{\mathrm{T}}$. 例如

```
> A <- matrix(c(1:8, 0),nrow=3, ncol=3); A
     [,1] [,2] [,3]
[1,]    1    4    7
[2,]    2    5    8
[3,]    3    6    0
> t(A)
     [,1] [,2] [,3]
[1,]    1    2    3
[2,]    4    5    6
[3,]    7    8    0
```

2. 求矩阵的行列式的值

求矩阵 (方阵) 行列式值的函数是 det() 函数. 例如

```
> det(A)
[1] 27
```

3. 生成对角阵和矩阵取对角运算

diag() 函数的返回值依赖于它的变量, 当 v 是一个向量时, diag(v) 表示以 v 的元素

为对角线元素的对角阵. 当 M 是一个矩阵时, diag(M) 表示的是取 M 对角线上的元素所构成的向量. 例如

```
> v <- c(1,4,5)
> diag(v)
     [,1] [,2] [,3]
[1,]    1    0    0
[2,]    0    4    0
[3,]    0    0    5
> M <- array(1:9, dim=c(3,3))
> diag(M)
[1] 1 5 9
```

4. 下三角阵和上三角阵

在矩阵计算中, 有时需要取矩阵的下三角部分 (下三角阵) 或上三角部分 (上三角阵). R 提供了 lower.tri() 函数和 upper.tri() 函数来处理下三角阵和上三角阵, 这两个函数的使用格式为

```
lower.tri(x, diag = FALSE)
upper.tri(x, diag = FALSE)
```

参数 x 为矩阵. 函数的返回值为与 x 相同的逻辑矩阵, lower.tri() 函数的返回值在下三角部分为 TRUE, upper.tri() 函数的返回值在上三角部分为 TRUE. diag 为逻辑变量, 当取 TRUE 时, 对角元素的返回值也为 TRUE.

例如, 用 lower.tri() 函数 (或 upper.tri() 函数) 构造矩阵 $\boldsymbol{A}$ 的下三角阵和上三角阵.

```
> A<-B<-matrix(1:9, nc=3, byrow=T)
> A[lower.tri(A) == T] <- 0; A
     [,1] [,2] [,3]
[1,]    1    2    3
[2,]    0    5    6
[3,]    0    0    9
> B[lower.tri(B) == F] <- 0; B
     [,1] [,2] [,3]
[1,]    0    0    0
[2,]    4    0    0
[3,]    7    8    0
```

2.1.5 求解线性方程组

1. 求解线性方程组

R 设计了 solve() 函数来求解线性方程组, 函数的使用格式为

```
solve(a, b, ...)
solve(a, b, tol, LINPACK = FALSE, ...)
```

参数 a 为方阵, b 为向量或矩阵, 默认值为单位矩阵. tol 为精度要求, 当小于精度时, 认为矩阵 a 的各列线性相关. LINPACK 为逻辑变量, 判断是否使用 LINPACK 包, 默认值为 FALSE.

例如, 若求解线性方程组 $\boldsymbol{Ax}=\boldsymbol{b}$, 其中

$$\boldsymbol{A}=\begin{bmatrix}1&2&3\\4&5&6\\7&8&0\end{bmatrix},\quad \boldsymbol{b}=\begin{bmatrix}1\\1\\1\end{bmatrix},$$

则命令如下:

```
> A <- matrix(c(1:8, 0), nrow=3, byrow=TRUE)
> x <- solve(A,b); x
[1] -1.000000e+00  1.000000e+00 -4.229593e-17
```

由于 b 的默认值为单位矩阵, 所以 solve(A) 的返回值为矩阵 $\boldsymbol{A}$ 的逆矩阵, 例如

```
> B <- solve(A); B
           [,1]       [,2]       [,3]
[1,] -1.7777778  0.8888889 -0.1111111
[2,]  1.5555556 -0.7777778  0.2222222
[3,] -0.1111111  0.2222222 -0.1111111
> A %*% B
              [,1]         [,2]         [,3]
[1,]  1.000000e+00 1.665335e-16 1.387779e-17
[2,] -8.326673e-16 1.000000e+00 2.775558e-17
[3,]  0.000000e+00 0.000000e+00 1.000000e+00
```

2. 矩阵范数和条件数

在求解线性方程组的过程中, 必然涉及矩阵的范数与条件数的概念. 矩阵的范数通常有

$$\|\boldsymbol{A}\|_1 = \max_{1\leqslant j\leqslant n}\sum_{i=1}^{n}|a_{ij}|, \tag{2.1}$$

$$\|\boldsymbol{A}\|_2 = \sqrt{\lambda_{\max}(\boldsymbol{A}^{\mathrm{T}}\boldsymbol{A})}, \tag{2.2}$$

$$\|\boldsymbol{A}\|_\infty = \max_{1\leqslant i\leqslant n}\sum_{j=1}^{n}|a_{ij}|, \tag{2.3}$$

$$\|\boldsymbol{A}\|_{\mathrm{F}} = \sqrt{\sum_{i=1}^{n}\sum_{j=1}^{n}a_{ij}^2}, \tag{2.4}$$

分别称为 1-范数、2-范数、∞-范数和 Frobenius 范数 (F-范数), 其中 $\lambda_{\max}(\cdot)$ 为矩阵的最大特征值.

在 R 中, 用 norm() 函数[1] 计算矩阵的范数, 其使用格式为

```
norm(x, type = c("O", "I", "F", "M", "2"))
```

参数 x 为矩阵. type 为字符串, 表示计算范数的类型, 其中 "O" 或 "o" 或 "1" 为 1-范数, "I" 或 "i" 为 ∞-范数, "F" 或 "f" 为 F-范数, "M" 或 "m" 为矩阵元素的最大模, "2" 为 2-范数, 默认值为 1-范数. 例如

[1] 较高版本的 R 才有此函数.

```
> A <- matrix(c(1,3,2,4), ncol=2)
> norm(A)
[1] 6
> norm(A, "I")
[1] 7
> norm(A, "F")
[1] 5.477226
> norm(A, "M")
[1] 4
> norm(A, "2")
[1] 5.464986
```

矩阵的条件数定义为

$$\mathrm{cond}(\boldsymbol{A}) = \|\boldsymbol{A}\| \cdot \|\boldsymbol{A}^{-1}\|. \tag{2.5}$$

在 R 中, 与条件数有关的函数有 kappa()—— 计算矩阵的条件数, 和 rcond()—— 计算条件数的倒数, 函数的使用格式为

```
kappa(z, exact = FALSE,
      norm = NULL, method = c("qr", "direct"), ...)
rcond(x, norm = c("O","I","1"), triangular = FALSE, ...)
```

参数 z 或 x 为矩阵. exact 为逻辑变量, 说明是否精确计算条件数, 默认值为 FALSE. norm 为字符串, 说明计算范数的类型. method 为字符串, 说明计算范数的方法, 默认值为 QR 方法. triangular 为逻辑变量, 说明是否只用到下三角阵, 默认值为 FALSE.

kappa() 函数的返回值为 2- 范数的条件数, 当 exact = FALSE(默认值) 时近似计算, 当 exact = TRUE 时精确计算.

rcond() 函数的返回值为 1-范数或 ∞-范数下条件数的倒数, 默认值为 1-范数下条件数的倒数. 例如

```
> kappa(A)
[1] 17.84615
> kappa(A, exact=TRUE)
[1] 14.93303
> rcond(A)
[1] 0.04761905
```

线性方程组系数矩阵 $\boldsymbol{A}$ 的条件数 (或 rcond) 是非常重要的指标, 当矩阵条件数很大 (或 rcond 很小) 时, 表明线性方程组是病态的, 此时对线性方程组的求解可能会产生较大的计算误差.

2.1.6 矩阵分解

本小节介绍一些在数值计算中非常有用的矩阵分解.

1. 列主元 LU 分解

所谓 LU 分解, 是将矩阵 $\boldsymbol{A}$ 分解成一个单位下三角阵与一个上三角阵的乘积. 由于 LU 分解在线性方程组求解中计算效果不好, 通常会选择列主元 LU 分解, 即

$$\boldsymbol{A} = \boldsymbol{PLU}. \tag{2.6}$$

其中 $\boldsymbol{P}$ 为初等交换矩阵的乘积, $\boldsymbol{L}$ 为单位下三角阵, $\boldsymbol{U}$ 为上三角阵.

在 R 中, 没有直接提供 LU 分解的函数, 而是需要由 `lu()` 函数和 `expand()` 函数完成, 这两个函数在 `Matrix` 程序包中, 在使用前需要加载 `lattice` 和 `Matrix` 程序包. 下面用一个例子完成矩阵 LU 分解的过程.

```
> library(lattice); library(Matrix)
> A<-matrix(c(1:8, 0), nc=3, nr=3, byrow=T)
> A.lu<-lu(A); A.lu
'MatrixFactorization' of Formal class 'denseLU'
[package "Matrix"] with 3 slots
  ..@ x    : num [1:9] 7 0.143 0.571 8 0.857 ...
  ..@ perm: int [1:3] 3 3 3
  ..@ Dim : int [1:2] 3 3
> ex<-expand(A.lu); ex
$L
3 x 3 Matrix of class "dtrMatrix" (unitriangular)
     [,1]      [,2]      [,3]
[1,] 1.0000000         .         .
[2,] 0.1428571 1.0000000         .
[3,] 0.5714286 0.5000000 1.0000000
$U
3 x 3 Matrix of class "dtrMatrix"
     [,1]      [,2]      [,3]
[1,] 7.0000000 8.0000000 0.0000000
[2,]         . 0.8571429 3.0000000
[3,]         .         . 4.5000000
$P
3 x 3 sparse Matrix of class "pMatrix"
[1,] . | .
[2,] . . |
[3,] | . .
```

`lu()` 函数对矩阵作分解, `expand()` 函数将分解后的矩阵扩充成通常的表达式, 返回值为列表, `ex$L` 为单位下三角阵, `ex$U` 为上三角阵, `ex$P` 为初等交换矩阵的乘积, 采用稀疏矩阵的表达形式. 3 个矩阵分别为式 (2.6) 中的 $\boldsymbol{L}, \boldsymbol{U}$ 和 $\boldsymbol{P}$.

2. Cholesky 分解

Cholesky 分解也称为平方根分解, 将正定矩阵 $\boldsymbol{A}$ 分解成

$$\boldsymbol{A} = \boldsymbol{L}\boldsymbol{L}^{\mathrm{T}}, \tag{2.7}$$

其中 $\boldsymbol{L}$ 为下三角阵, 其主对角元素均为正.

在 R 中, `chol()` 函数完成 Cholesky 分解, 其分解结果为 $\boldsymbol{A} = \boldsymbol{R}^{\mathrm{T}}\boldsymbol{R}$, 其中 $\boldsymbol{R} = \boldsymbol{L}^{\mathrm{T}}$, 即 $\boldsymbol{R}$ 为上三角阵. 用例子说明 `chol()` 函数的使用方法.

```
> A<-c(4, -1, 1, -1, 4.25, 2.75, 1, 2.75, 3.5)
> dim(A)<-c(3,3)
```

```
> chol(A)
     [,1] [,2] [,3]
[1,]    2 -0.5  0.5
[2,]    0  2.0  1.5
[3,]    0  0.0  1.0
```

3. QR 分解

QR 分解也称为正交三角分解, 即将矩阵 $\boldsymbol{A}$ 分解成正交阵 Q 与上三角阵 $\boldsymbol{R}$ 的乘积, 即

$$\boldsymbol{A} = \boldsymbol{Q}\boldsymbol{R}. \tag{2.8}$$

在 R 中, qr() 函数完成 QR 分解, 但它的返回值并不是矩阵 $\boldsymbol{Q}$ 和矩阵 $\boldsymbol{R}$, 而是一个列表, 如果需要得到矩阵 $\boldsymbol{Q}$ 或矩阵 $\boldsymbol{R}$ 还需要调用 qr.Q() 函数或 qr.R() 函数, qr.X() 函数给出分解前的矩阵. 请看下面的例子

```
> A<-cbind(1, c(1, -1, 1))
> qr.A<-qr(A); qr.A
$qr
           [,1]       [,2]
[1,] -1.7320508 -0.5773503
[2,]  0.5773503  1.6329932
[3,]  0.5773503 -0.2588190
$rank
[1] 2
$qraux
[1] 1.577350 1.965926
$pivot
[1] 1 2
attr(,"class")
[1] "qr"
> qr.Q(qr.A)
           [,1]       [,2]
[1,] -0.5773503  0.4082483
[2,] -0.5773503 -0.8164966
[3,] -0.5773503  0.4082483
> qr.R(qr.A)
          [,1]       [,2]
[1,] -1.732051 -0.5773503
[2,]  0.000000  1.6329932
> qr.X(qr.A)
     [,1] [,2]
[1,]    1    1
[2,]    1   -1
[3,]    1    1
```

4. 奇异值分解

所谓奇异值分解, 就是将矩阵 $\boldsymbol{A}$ 分解成

$$\boldsymbol{A} = \boldsymbol{U}\boldsymbol{D}\boldsymbol{V}^{\mathrm{T}}, \tag{2.9}$$

其中 $\boldsymbol{U}, \boldsymbol{V}$ 为正交阵, $\boldsymbol{D}$ 为对角阵, 称 $\boldsymbol{D}$ 的对角元素为矩阵 $\boldsymbol{A}$ 的奇异值.

在 R 中, `svd()` 函数计算矩阵的奇异值分解, 它的返回值为列表, 有 `d`—— 奇异值, `u`—— 正交矩阵 $\boldsymbol{U}$, `v`—— 正交矩阵 $\boldsymbol{V}$. 请看下面的例子

```
> svd(A)
$d
[1] 2.000000 1.414214
$u
              [,1]          [,2]
[1,] -7.071068e-01 -8.090859e-17
[2,]  5.014435e-18 -1.000000e+00
[3,] -7.071068e-01 -8.090859e-17
$v
           [,1]       [,2]
[1,] -0.7071068 -0.7071068
[2,] -0.7071068  0.7071068
```

5. 矩阵谱分解

所谓矩阵谱分解, 就是求矩阵的特征值和对应特征值的特征向量, 写成矩阵形式为

$$\boldsymbol{A}\boldsymbol{V} = \boldsymbol{V}\boldsymbol{D}, \tag{2.10}$$

其中 $\boldsymbol{D}$ 为对角阵, 对角元素为特征值, $\boldsymbol{V}$ 的各列为对应特征值的特征向量.

在 R 中, `eigen()` 函数计算矩阵的特征值和相应的特征向量, 其使用格式为

```
eigen(x, symmetric, only.values = FALSE, EISPACK = FALSE)
```

参数 `x` 为矩阵, `symmetric` 为逻辑变量, 当取值为 `TRUE` 时, 假定 `x` 为对称矩阵, 计算时只取矩阵的下三角部分 (当然包括对角元素). `only.values` 为逻辑变量, 当取值为 `TRUE` 时, 仅计算特征值, 默认值为 `FALSE`. `EISPACK` 为逻辑变量, 是否应当使用 `EISPACK` 包 (兼容 1.7.0 以前的版本), 默认值为 `FALSE`. 请看下面的例子

```
> A<-matrix(1:9, nc=3, byrow=T)
> eigen(A)
$values
[1]  1.611684e+01 -1.116844e+00 -1.221963e-15
$vectors
           [,1]        [,2]       [,3]
[1,] -0.2319707 -0.78583024  0.4082483
[2,] -0.5253221 -0.08675134 -0.8164966
[3,] -0.8186735  0.61232756  0.4082483
> S<-crossprod(A,A)
> eigen(S)
```

```
$values
[1] 2.838586e+02 1.141413e+00 1.353181e-14
$vectors
           [,1]        [,2]       [,3]
[1,] -0.4796712  0.77669099  0.4082483
[2,] -0.5723678  0.07568647 -0.8164966
[3,] -0.6650644 -0.62531805  0.4082483
```

注意:

(1) 如果使用命令 `eigen(A, only.values = TRUE)`, 则只计算矩阵 $\boldsymbol{A}$ 的特征值.

(2) 命令 `eigen(S, symmetric=TRUE)` 与命令 `eigen(S)` 等价, 因为矩阵 $\boldsymbol{S}$ 是对称的.

2.2 非线性方程 (组) 求根

在统计计算中, 如矩估计、极大似然估计, 常常需要求解非线性方程或者是求解非线性方程组, 本节就介绍非线性方程 (组) 求解的一些方法.

2.2.1 非线性方程求根

设 $f(x)$ 为非线性函数, 若存在 x^*, 使得 $f(x^*) = 0$, 则称 x^* 为非线性方程 $f(x) = 0$ 的根.

1. 二分法

设 $f(x)$ 为连续函数, 且在区间 $[a, b]$ 的端点满足 $f(a) \cdot f(b) < 0$, 由高等数学 (或数学分析) 的介值定理, 则存在 $x^* \in (a, b)$, 使得 $f(x^*) = 0$.

应用上述定理, 得到求解非线性方程根的二分法: 取中点 $x = \dfrac{a+b}{2}$, 若 $f(a) \cdot f(x) < 0$, 则置 $b = x$; 否则, 置 $a = x$. 当区间长度小于指定要求时, 停止计算.

编写二分法求根函数 (程序名: `fzero.R`) 如下:

```
fzero <- function(f, a, b, eps=1e-5){
   if (f(a)*f(b)>0)
      list(fail="finding root is fail!")
   else{
      repeat {
         if (abs(b-a)<eps) break
         x <- (a+b)/2
         if (f(a)*f(x)<0) b<-x  else  a<-x
      }
      list(root=(a+b)/2, fun=f(x))
   }
}
```

在程序中, 参数 `f` 为需求根的非线性函数. `a, b` 为初始区间的端点, 应满足两端点的函数值异号的要求, 否则输出 “finding root is fail!”(求根失败). `eps` 为精度要求, 默认值为 10^{-5}. 函数的返回值为列表, 输出方程根的近似值和相应的函数值.

例 2.1 用二分法求非线性方程

$$x^3 - x - 1 = 0$$

在区间 $[1, 2]$ 内的根, 其中精度要求为 $\varepsilon = 10^{-6}$.

解 建立求根的非线性函数, 调用 `fzero()` 函数求解, 程序 (程序名: `exam0201.R`) 和计算结果如下

```
source("fzero.R")
f <- function(x) x^3-x-1
fzero(f, 1, 2, 1e-6)

$root
[1] 1.324718
$fun
[1] -1.857576e-06
```

2. Newton 法

Newton 法的本质是切线法, 就是用切线近似曲线作迭代, 最终得到方程的根. Newton 法的迭代格式为

$$x_{k+1} = x_k - \frac{f(x_k)}{f'(x_k)}, \quad k = 0, 1, \cdots. \tag{2.11}$$

编写 Newton 法求根函数 (程序名: `newton.R`) 如下:

```
newton <- function (fun, x, ep=1e-5, it_max=100){
    index <- 0; k <- 1
    while (k<=it_max){
        x1 <- x; obj <- fun(x)
        x  <- x - obj$f/obj$g
        if (abs(x-x1)<ep){
            index <- 1; break
        }
        k <- k + 1
    }
    obj <- fun(x);
    list(root=x, it=k, index=index, FunVal= obj$f)
}
```

在程序中, 参数 `fun` 为需求根的函数, 需要提供函数值和导数值. `x` 为初始点. `ep` 是精度要求, 默认值为 10^{-5}. `it_max` 是最大迭代次数, 默认值为 100. 函数的返回值为列表, 有方程根的近似值 (`root`), 迭代次数 (`it`), 求根是否成功指标 (`index`, 1 为成功, 0 为失败), 和在根处的函数值 (`FunVal`).

例 2.2 用 Newton 法求非线性方程

$$x^3 - x - 1 = 0$$

的根, 取初始点 $x_0 = 1.5$, 精度要求为 $\varepsilon = 10^{-6}$.

解 建立求根的非线性函数, 需要计算函数值和导数值. 调用 newton() 函数求解, 程序 (程序名: exam0202.R) 和计算结果如下

```
fun<-function(x){
    f <- x^3-x-1; g <- 3*x^2-1
    list(f=f, g=g)
}
source("newton.R")
newton(fun, x=1.5, ep=1e-6)

$root
[1] 1.324718
$it
[1] 4
$index
[1] 1
$FunVal
[1] 1.865175e-13
```

计算结果表明, 方程的根为 1.324718, 进行了 4 次迭代, 迭代成功.

3. R 中的求根函数

事实上, 大家并不需要自己编写非线性方程的求根函数, 因为 R 已提供了完成此类功能的函数. 编写程序的目的是为了熟悉 R 中的命令, 可以在 R 的基础上完成相关的计算, 这也正是 R 的优势所在.

uniroot() 函数是 R 中的求根函数, 其使用格式为

```
uniroot(f, interval, ...,
        lower = min(interval), upper = max(interval),
        f.lower = f(lower, ...), f.upper = f(upper, ...),
        tol = .Machine$double.eps^0.25, maxiter = 1000)
```

参数 f 为需求根的函数. interval 为包含方程根的初始区间. lower 和 upper 分别为搜索区间的左、右端点, 默认值分别为 interval 的最小和最大值. f.lower 和 f.upper 分别为左右端点的函数值, 默认值由函数计算得到. tol 为精度要求, maxiter 为最大迭代次数, 默认值为 1000.

函数的返回值为列表, 其中 root 为根的近似值, f.root 为近似值处的函数, iter 为迭代次数, estim.prec 为精度的估计值.

例 2.3 用 uniroot() 函数求非线性方程

$$x^3 - x - 1 = 0$$

的根, 取初始区间为 $[1, 2]$.

解 建立求根的非线性函数 (见例 2.1), 直接调用 uniroot() 函数, 两种方式 —— uniroot(f, c(1,2)) 和 uniroot(f, lower=1, upper=2) 等价. 以下是计算结果

```
> uniroot(f, c(1,2))
$root
```

```
[1] 1.324718
$f.root
[1] -5.634261e-07
$iter
[1] 7
$estim.prec
[1] 6.103516e-05
```

对于 n 次多项式, 在复数域上可以求出 n 个根. 在 R 中, polyroot() 函数是专为多项式求根设计的, 其使用格式为

```
polyroot(z)
```

其中 z 为 n 阶向量, 是 $n-1$ 阶多项式

$$p(x) = z_1 + z_2 x + \cdots + z_n x^{n-1}$$

的系数.

例 2.4 用 polyroot() 函数求多项式

$$x^3 - x - 1 = 0$$

的全部根.

解 直接调用 polyroot() 函数, 以下是计算过程和结果

```
> polyroot(c(-1, -1, 0, 1))
[1] -0.662359+0.5622795i -0.662359-0.5622795i
[3]  1.324718+0.0000000i
```

4. 极大似然估计 —— 方程求根的应用

极大似然估计是参数估计的一种方法, 它的本质是求极大似然函数的极大值点. 利用极值的一阶必要条件 —— 在极值点处导数为 0, 导出对数似然方程, 并求该方程的根.

例 2.5 已知以下数据

```
0.16   0.56   1.59   0.84  -1.73   0.65
2.96   1.04   2.41   0.94 192.40  -2.89
```

是来自 Cauchy 分布总体的样本, 其概率密度函数为

$$f(x;\theta) = \frac{1}{\pi[1+(x-\theta)^2]}, \qquad -\infty < x < \infty,$$

其中 θ 为未知参数. 试求 θ 的极大似然估计.

解 Cauchy 分布的似然函数为

$$L(\theta;x) = \prod_{i=1}^{n} f(x_i;\theta) = \frac{1}{\pi^n} \prod_{i=1}^{n} \frac{1}{1+(x_i-\theta)^2},$$

相应的对数似然函数为

$$\ln L(\theta;x) = -n\ln(\pi) - \sum_{i=1}^{n} \ln\left(1+(x_i-\theta)^2\right), \tag{2.12}$$

求导得到对数似然方程为

$$\sum_{i=1}^{n}\frac{x_i-\theta}{1+(x_i-\theta)^2}=0. \tag{2.13}$$

读取数据, 编写对数似然方程对应的函数, 调用 `uniroot()` 函数求解, 程序 (程序名: exam0205.R) 如下

```
x<-scan()
0.16   0.56   1.59   0.84  -1.73   0.65
2.96   1.04   2.41   0.94 192.40  -2.89

f <- function(p)  sum((x-p)/(1+(x-p)^2))
uniroot(f, lower=0, upper=2)
```

计算结果为

```
$root
[1] 0.8661256
$f.root
[1] -7.869933e-05
$iter
[1] 5
$estim.prec
[1] 6.103516e-05
```

即 θ 的估计值为 $\widehat{\theta}=0.8661256$.

2.2.2 求解非线性方程组

除非线性方程求根外, 有时还需要求解非线性方程组, 如矩估计本质上就是求解非线性方程组. 很遗憾, R 没有直接提供求解非线性方程组的函数 (下载程序包除外). 这里介绍使用 Newton 法求解非线性方程组, 其原理与方法与一元函数求根的 Newton 法类似.

1. 求解非线性方程组的 Newton 法

设 $\boldsymbol{F}(\boldsymbol{x})(\boldsymbol{F}=(f_1,f_2,\cdots,f_n)^{\mathrm{T}}\in\mathbb{R}^n)$ 为 n 元向量函数, 求解非线性方程组

$$\boldsymbol{F}(\boldsymbol{x})=\mathbf{0}$$

的 Newton 法的迭代格式为

$$\boldsymbol{x}^{(k+1)}=\boldsymbol{x}^{(k)}-[\boldsymbol{J}(\boldsymbol{x}^{(k)})]^{-1}\boldsymbol{F}(\boldsymbol{x}^{(k)}),\qquad k=0,1,\cdots,$$

其中 $\boldsymbol{J}(\boldsymbol{x})$ 为函数 $\boldsymbol{F}(\boldsymbol{x})$ 的 Jacobi 矩阵, 即

$$\boldsymbol{J}(\boldsymbol{x})=\begin{bmatrix}\dfrac{\partial f_1}{\partial x_1} & \dfrac{\partial f_1}{\partial x_2} & \cdots & \dfrac{\partial f_1}{\partial x_n}\\ \dfrac{\partial f_2}{\partial x_1} & \dfrac{\partial f_2}{\partial x_2} & \cdots & \dfrac{\partial f_2}{\partial x_n}\\ \vdots & \vdots & & \vdots\\ \dfrac{\partial f_n}{\partial x_1} & \dfrac{\partial f_n}{\partial x_2} & \cdots & \dfrac{\partial f_n}{\partial x_n}\end{bmatrix}.$$

相应的 R 程序（程序名：Newtons.R）为

```
Newtons<-function (funs, x, ep=1e-5, it_max=100){
    index<-0; k<-1
    while (k<=it_max){
        x1 <- x; obj <- funs(x);
        x  <- x - solve(obj$J, obj$f);
        norm <- sqrt((x-x1) %*% (x-x1))
        if (norm<ep){
            index<-1; break
        }
        k<-k+1
    }
    obj <- funs(x);
    list(root=x, it=k, index=index, FunVal= obj$f)
}
```

在程序中, 参数 funs 为非线性函数, 需要提供函数和相应的 Jacobi 矩阵. x 为初始向量. ep 是精度要求, 默认值为 10^{-5}. it_max 是最大迭代次数, 默认值为 100. 返回值为列表, 有方程组解的近似值 (root), 迭代次数 (it), 求解是否成功的指标 (index, 1 为成功, 0 为失败), 和在解处的函数值 (FunVal).

例 2.6 用 Newton 法求非线性方程组

$$\begin{cases} x_1^2 + x_2^2 - 5 = 0, \\ (x_1 + 1)x_2 - (3x_1 + 1) = 0. \end{cases}$$

取初始点 $\boldsymbol{x}^{(0)} = (0, 1)^{\mathrm{T}}$, 精度要求 $\varepsilon = 10^{-5}$.

解 先编写与方程对应的非线性函数, 再调用 Newtons()求解, 程序(程序名:exam0206.R)如下:

```
funs<-function(x){
    f<-c(x[1]^2+x[2]^2-5, (x[1]+1)*x[2]-(3*x[1]+1))
    J<-matrix(c(2*x[1], 2*x[2], x[2]-3, x[1]+1),
              nrow=2, byrow=T)
    list(f=f, J=J)
}
source("Newtons.R")
Newtons(funs, x=c(0,1))
```

在这里, 重要的是非线性函数 funs() 函数, 参数 x 为对应函数的初始变量, 返回值为列表. 提供函数值 f, 和 Jacobi 矩阵 J. 以下为计算结果

```
$root
[1] 1 2
$it
[1] 6
$index
[1] 1
```

```
$FunVal
[1] 1.598721e-14 6.217249e-15
```

即 $\boldsymbol{x}^* = (1,2)^{\mathrm{T}}$, 迭代 6 次, 并且迭代成功.

2. 矩估计 —— 求解非线性方程组的应用

所谓矩估计就是令总体矩等于样本矩, 然后求解相应的非线性方程组, 得到相应的估计值.

例 2.7 已知以下数据

```
 3.23  3.90  4.75 13.41 15.94
18.65 18.99  5.66  2.80  9.05
```

是来自均匀分布总体的样本, 其概率密度函数为

$$f(x;a,b) = \begin{cases} \dfrac{1}{b-a}, & a \leqslant x \leqslant b, \\ 0, & \text{其他}. \end{cases}$$

用矩估计方法估计参数 a, b.

解 计算总体的原点矩

$$\begin{aligned} \alpha_1 &= \frac{1}{b-a}\int_a^b x\mathrm{d}x = \frac{1}{2}(a+b), \\ \alpha_2 &= \frac{1}{b-a}\int_a^b x^2\mathrm{d}x = \frac{1}{3}(a^2+ab+b^2). \end{aligned}$$

令总体的原点矩等于样本的原点矩, 得到非线性方程组

$$a+b = \frac{2}{n}\sum_{i=1}^n X_i, \tag{2.14}$$

$$a^2+ab+b^2 = \frac{3}{n}\sum_{i=1}^n X_i^2. \tag{2.15}$$

用 Newton 法求解方程组 (2.14)-(2.15), 其程序 (程序名:`exam0207.R`) 如下:

```
z<-scan()
 3.23  3.90  4.75 13.41 15.94
18.65 18.99  5.66  2.80  9.05

fun<-function(p){
    X1<-mean(z); X2<-sum(z^2)/length(z)
    f<-c(p[1]+p[2]-2*X1, p[1]^2+p[1]*p[2]+p[2]^2-3*X2)
    J<-matrix(c(1, 1, 2*p[1]+p[2], p[1]+2*p[2]),
              2, 2, byrow=T)
    list(f=f, J=J)
}
source("Newtons.R")
Newtons(fun, c(1,2))
```

计算结果为

```
$root
[1] -1.08712 20.36312
$it
[1] 10
$index
[1] 1
$FunVal
[1] 0.000000e+00 2.273737e-13
```

估计值 $\hat{a} = -1.087, \hat{b} = 20.36$.

方程组 (2.14)~(2.15) 为二元二次方程组, 是可以得到解析表达式的, 这里仅以它为例说明求解非线性方程组在矩估计中的应用.

2.3　求函数极值

在统计计算中, 常常会遇到求函数极值的问题, 如极大似然估计就需要求似然函数的极大值.

类似上一节, 可以自己编写求极值函数, 但求极值的算法相对复杂, 况且 R 语言已提供了求极值函数, 所以也没有必要编写了. 本节主要介绍两个函数 —— 一元求极值函数和多元求极值函数.

2.3.1　一元函数极值

1. 求一元极值的函数

在 R 中, optimize() 函数 (或 optimise() 函数) 为一元求极值函数, 其使用格式为

```
optimize(f = , interval = ,  ..., lower = min(interval),
      upper = max(interval), maximum = FALSE,
      tol = .Machine$double.eps^0.25)
optimise(f = , interval = ,  ..., lower = min(interval),
      upper = max(interval), maximum = FALSE,
      tol = .Machine$double.eps^0.25)
```

参数 f 为求极值的函数. interval 为向量, 表示初始区间. ... 提供目标函数 f 的附加参数. lower 和 upper 分别为搜索极值的左端点和右端点, 默认值由参数 interval 提供. maximum 为逻辑变量, 取值为 FALSE (默认值) 表示求极小, 取值为 TRUE 表示求极大. tol 为精度要求.

返回值为列表, 有极小点 (minimum) 和目标函数值 (objective).

例 2.8　用 optimize() 函数求一维函数 $f(x) = x^3 - 2x - 3$ 在区间 $[0, 2]$ 上的极小点.

解　编写目标函数, 用 optimize() 函数求解, 程序 (程序名:exam0208.R) 和计算结果如下:

```
> f<-function(x) x^3-2*x-5
> optimize(f, lower=0, upper=2)
$minimum
```

```
[1] 0.8164968
$objective
[1] -6.088662
```

如果目标函数中有附加参数, 可直接在 optimize() 函数中输入附加参数, 例如, 求 $f(x)=(x-a)^2$ 的极小点, 其中 $a=\dfrac{1}{3}$. 相应的命令为

```
> f<-function(x, a) (x-a)^2
> optimize(f, interval=c(0,1), a=1/3)
$minimum
[1] 0.3333333
$objective
[1] 0
```

2. 极大似然估计 —— 一元极值函数的应用

例 2.9 直接用 optimize() 函数作例 2.5 中 θ 的极大似然估计.

解 读取数据, 编写极大似然函数 (由于求极小, 这里的函数与对数似然函数 (2.12) 相差一个负号和一个常数), 调用 optimize() 函数求解, 程序 (程序名: exam0209.R) 如下:

```
x<-scan()
0.16   0.56   1.59   0.84  -1.73   0.65
2.96   1.04   2.41   0.94 192.40  -2.89

loglike <- function(p) sum(log(1+(x-p)^2))
optimize(loglike, lower=0, upper=2)
```

计算结果为

```
$minimum
[1] 0.8660923
$objective
[1] 19.17123
```

对比例 2.5, 其结果是相同的.

2.3.2 多元函数极值

R 提供了多个求多元极值的函数 —— nlm() 函数, optim() 函数, nlminb() 函数和 constrOptim() 函数, 下面分别介绍这些函数的用法.

1. nlm 函数

nlm() 函数的名称是 Non-Linear Minimization 的缩写, 即求非线性函数极小. 该函数采用的是 Newton 型算法, 其使用格式为

```
nlm(f, p, ..., hessian = FALSE, typsize = rep(1, length(p)),
    fscale = 1, print.level = 0, ndigit = 12, gradtol = 1e-6,
    stepmax = max(1000 * sqrt(sum((p/typsize)^2)), 1000),
    steptol = 1e-6, iterlim = 100, check.analyticals = TRUE)
```

参数 f 为求极值的目标函数, 如果 f 的属性包含 'gradient'(梯度) 或 'gradient' 和 'hessian'(梯度和 Hesse 矩阵), 则在算法求极小时会直接用到梯度或 Hesse 矩阵; 否则用数值的方法计算导数. p 为初始参数. ... 提供目标函数的附加参数. hessian 为逻辑变量, 当

取值为 TRUE 时, 返回值中包括最优点处的 Hesse 矩阵 (默认值为 FALSE). gradtol 为很小的正数, 默认值为 10^{-6}, 表示梯度的精度要求. steptol 为很小的正数, 默认值为 10^{-6}, 表示步长的精度要求. iterlim 为正整数, 默认值为 100, 表示最大迭代次数. 其他的参数就不介绍了, 大家使用默认值即可.

函数的返回值是一个列表, 包含 minimum(极小值), estimate(极小点的估计值), gradient(极小点处的梯度值), hessian(Hesse 矩阵, 如果 hessian=TRUE), code(编码) 和 iterations(迭代次数). 编码 code 是一个整数, 表示算法终止时的情况, 简单地说, 其值为 1 或 2 时, 表示当前点为最优点, 其值为 3,4,5 时, 当前点很可能不是最优点.

例 2.10 用 nlm() 函数求无约束优化问题

$$\min \quad f(x) = 100(x_2 - x_1^2)^2 + (1 - x_1)^2 \tag{2.16}$$

的极小点, 取初始点 $\boldsymbol{x}^{(0)} = (-1.2, 1)^{\mathrm{T}}$. 称函数 (2.16) 为 Rosenbrock 函数, 或香蕉函数.

解 编写目标函数, 再调用 nlm() 函数求解, 其程序 (程序名:exam0210.R) 如下:

```
obj<-function(x){
    F<-c(10*(x[2]-x[1]^2), 1-x[1])
    sum(F^2)
}
nlm(obj,c(-1.2,1))
```

计算结果为

```
$minimum
[1] 3.973766e-12
$estimate
[1] 0.999998 0.999996
$gradient
[1] -6.539256e-07  3.335987e-07
$code
[1] 1
$iterations
[1] 23
```

下面编写 Rosenbrock 函数, 并在目标函数中添加梯度 (程序名:Rosenbrock.R), 为后面的求解作准备.

```
obj<-function(x){
    F<-c(10*(x[2]-x[1]^2), 1-x[1])
    g <- function(x, F){
      J<-matrix(c(-20*x[1], 10, -1, 0), 2, 2, byrow=T)
      2*t(J)%*% F
    }
    f<- t(F) %*% F
    attr(f, "gradient")<-g(x, F)
    f
}
```

直接调用就可得到计算结果

```
> source("Rosenbrock.R")
> nlm(obj, c(-1.2, 1))
$minimum
[1] 1.182096e-20
$estimate
[1] 1 1
$gradient
[1]  2.583521e-09 -1.201128e-09
$code
[1] 1
$iterations
[1] 24
```

对比计算结果发现, 带有梯度的目标函数计算效果会好一些, 这一结论对一般函数也适用.

2. optim 函数

optim() 函数是求解无约束优化问题 min $f(\boldsymbol{x})$ 的函数, 它基于 Nelder-Mead 算法 (直接方法), 拟 Newton 法和共轭梯度法等算法编写的, 其使用格式为

```
optim(par, fn, gr = NULL, ...,
      method = c("Nelder-Mead", "BFGS", "CG",
                 "L-BFGS-B", "SANN", "Brent"),
      lower = -Inf, upper = Inf,
      control = list(), hessian = FALSE)
optimHess(par, fn, gr = NULL, ..., control = list())
```

参数 par 为参数的初始值. fn 为目标函数. gr 为目标函数的梯度函数, 当 method = "BFGS", "CG" 和 "L-BFGS-B" 时会用到, 默认值为 NULL, 梯度由均差近似. ... 为目标函数或梯度的附加参数. method 为求解最优化问题的算法, 默认值为 "Nelder-Mead"(一种不需要导数的直接方法). lower 和 upper 为变量的下界和上界, 只能用于 method = "L-BFGS-B" 或 method ="Brent" (一维求极值算法). 其他参数使用默认值.

函数的返回值为列表, 有 par(最优点), value(最优函数值), counts (目标函数和梯度的调用次数), convergence(0 收敛, 非 0 不收敛), message (附加信息), hessian(Hesse 矩阵, 当 hessian=TRUE 时才输出).

optimHess() 返回值为目标函数的 Hesse 矩阵.

例 2.11 用 optim() 函数求 Rosenbrock 函数的极小点, 取初始点 $\boldsymbol{x}^{(0)} = (-1.2, 1)^{\mathrm{T}}$.

解 编写目标函数、梯度函数, 再调用 optim() 函数, 程序 (程序名: exam0211.R)

```
fn<-function(x){
    F<-c(10*(x[2]-x[1]^2), 1-x[1])
    t(F) %*% F
}
gr <- function(x){
    F<-c(10*(x[2]-x[1]^2), 1-x[1])
    J<-matrix(c(-20*x[1], 10, -1, 0), 2, 2, byrow=T)
```

```
    2*t(J)%*% F
}
optim(c(-1.2,1), fn, gr, method="BFGS")
```

计算结果为

```
$par
[1] 1 1
$value
[1] 9.594955e-18
$counts
function gradient
     110       43
$convergence
[1] 0
$message
NULL
```

3. nlminb 函数

nlminb() 函数是用于求解无约束问题和箱式 (box) 约束问题的函数, 其使用格式为

```
nlminb(start, objective, gradient = NULL,
       hessian = NULL, ..., scale = 1, control = list(),
       lower = -Inf, upper = Inf)
```

参数 start 为初始点. objective 为目标函数. gradient 为梯度函数. hessian 为 Hesse 矩阵. ... 为目标函数的附加参数. lower 和 upper 分别为箱式约束的下界和上界, 默认值分别为 $-\infty$ 和 ∞, 即无约束问题. 其他参数使用默认值.

函数的返回值为列表, 有 par(最优点), objective(目标函数值), convergence (收敛指标, 0 表示收敛), iterations(迭代次数), evaluations(目标函数和梯度函数的调用次数) 和 message 附加信息.

例 2.12 用 nlminb() 函数求 Rosenbrock 函数的极小点, 并增加箱式约束 $-2 \leqslant x_1 \leqslant 2$, $-2 \leqslant x_2 \leqslant 2$, 取初始点 $\boldsymbol{x}^{(0)} = (-1.2, 1)^{\mathrm{T}}$.

解 调用 nlminb() 函数, 命令和计算结果如下:

```
> nlminb(c(-1.2,1), fn, gr,
+        lower=c(-2,-2), upper=c(2,2))
$par
[1] 1 1
$objective
[1] 1.973692e-21
$convergence
[1] 0
$iterations
[1] 35
$evaluations
function gradient
```

```
     44          36
$message
[1] "X-convergence (3)"
```

4. constrOptim 函数

constrOptim() 函数是求解线性不等式约束问题的函数, 它是基于障碍罚函数方法编写的.

```
constrOptim(theta, f, grad, ui, ci, mu = 1e-04,
            control = list(),
            method = if(is.null(grad)) "Nelder-Mead"
                     else "BFGS",
            outer.iterations = 100, outer.eps = 1e-05,
            ..., hessian = FALSE)
```

参数 theta 为初始点, 必须是约束问题的可行点. f 为目标函数. grad 为目标函数的梯度. ui 和 ci 分别为线性约束的系数矩阵和右端项, 约束为 $\geqslant$. mu 为罚函数的控制参数, 通常是一个较小的值, 默认值为 10^{-4}. 其他参数使用默认值.

返回值与 optim() 相同, 只是增加了 barrier.value(障碍罚函数值).

例 2.13 用 constrOptim() 函数求解无约束问题

$$
\begin{aligned}
\min \quad & -x_1x_2x_3 \\
\text{s.t.} \quad & x_1+2x_2+2x_3 \geqslant 0, \\
& 72-x_1-2x_2-2x_3 \geqslant 0, \\
& 0 \leqslant x_1 \leqslant 20, \\
& 0 \leqslant x_2 \leqslant 11, \\
& 0 \leqslant x_3 \leqslant 42,
\end{aligned}
$$

取初始点 $\boldsymbol{x}^{(0)} = (10,10,10)^{\mathrm{T}}$.

解 编写目标函数、梯度函数、约束的系数矩阵和右端项, 调用 constrOptim() 函数求解, 程序 (程序名:exam0213.R) 如下:

```
fn<-function(x)
    -x[1]*x[2]*x[3]
gr <- function(x)
    c(-x[2]*x[3], -x[1]*x[3], -x[1]*x[2])
z <- c(1, 2, 2, -1, -2, -2, 1, 0, 0, 0, 1, 0, 0, 0, 1,
       -1, 0, 0, 0, -1, 0, 0, 0, -1)
A <- matrix(z, nc=3, byrow=T)
b <- c(0, -72, 0, 0, 0, -20, -11, -42)
constrOptim(rep(10,3), fn, gr, ui=A, ci=b)
```

计算结果为

```
$par
[1] 20 11 15
$value
```

```
[1] -3300
$counts
function gradient
     649       94
$convergence
[1] 0
$message
NULL
$outer.iterations
[1] 3
$barrier.value
[1] -0.05238197
```

5. 最小一乘估计 —— 多元极值函数的应用

例 2.14 有关部门希望研究车速与制动距离的关系,

$$y = \beta_0 + \beta_1 x,$$

其中 x 为车速 (mile/h), y 为制动距离 (ft). 现测得 50 组数据 (x_i, y_i) $(i = 1, 2, \cdots, 50)$ (见表 2.1), 试用绝对偏差最小的方法估计方程的系数 β_0 和 β_1. 1mile = 1.609344km, 1ft = 0.3048m.

表 2.1 汽车数据

	速度	距离		速度	距离		速度	距离
1	4	2	18	13	34	35	18	84
2	4	10	19	13	46	36	19	36
3	7	4	20	14	26	37	19	46
4	7	22	21	14	36	38	19	68
5	8	16	22	14	60	39	20	32
6	9	10	23	14	80	40	20	48
7	10	18	24	15	20	41	20	52
8	10	26	25	15	26	42	20	56
9	10	34	26	15	54	43	20	64
10	11	17	27	16	32	44	22	66
11	11	28	28	16	40	45	23	54
12	12	14	29	17	32	46	24	70
13	12	20	30	17	40	47	24	92
14	12	24	31	17	50	48	24	93
15	12	28	32	18	42	49	24	120
16	13	26	33	18	56	50	25	85
17	13	34	34	18	76			

解 最小绝对偏差回归的最优化问题为

$$\min_{\beta_0, \beta_1} \sum_{i=1}^{n} |\beta_0 + \beta_1 x_i - y_i|, \tag{2.17}$$

因此也称为最小一乘估计.

R 中的数据集 cars 已提供了相关数据 (不必录入), 注意到最优化问题 (2.17) 属于不可微优化问题, 所以应选择直接方法求解. 前面介绍的 optim() 函数, 其默认方法 ——Nelder-Mead 方法就是一种直接方法.

编写目标函数, 调用 optim() 函数求解, 程序 (程序名:exam0214.R) 如下

```
Q <- function(beta, data)
     sum(abs(data[,2] - beta[1] - beta[2] * data[,1]))
z <- optim(c(0, 4), Q, data=cars); z
```

参数 beta 为方程的系数, data 为数据框, 提供相关的数据. 计算结果为

```
$par
[1] -11.60001   3.40000
$value
[1] 563.8
$counts
function gradient
     185       NA
$convergence
[1] 0
$message
NULL
```

即线性回归方程为

$$y = -11.6 + 3.4x.$$

2.4 插 值

所谓插值, 就是用已知点 $x_0, x_1, \cdots, x_n$ 处的函数值 $y_0, y_1, \cdots, y_n$, 构造一个简单函数 $\phi(x)$, 满足

$$\phi(x_k) = y_k, \quad k = 0, 1, \cdots, n, \tag{2.18}$$

称 x_k $(k = 0, 1, \cdots, n)$ 为插值节点, 式 (2.18) 为插值条件.

2.4.1 多项式插值

最简单的多项插值可以算是 Lagrange 插值, 已知 $n+1$ 个点, 可以很容易地构造一个次数不超过 n 的多项式, 其表达式为

$$L_n(x) = \sum_{k=0}^{n} y_k l_k(x), \tag{2.19}$$

其中

$$l_k(x) = \frac{(x-x_0)\cdots(x-x_{k-1})(x-x_{k+1})\cdots(x-x_n)}{(x_k-x_0)\cdots(x_k-x_{k-1})(x_k-x_{k+1})\cdots(x_k-x_n)}, \tag{2.20}$$

称为插值基函数.

按式 (2.19)~(2.20) 编写 Lagrange 插值程序 (程序名: Lagrange.R)

```
Lagrange <- function(x, y, xout=x){
    n <- length(x); m <- length(xout)
    p <- matrix(0, nr=n, nc=m)
    for (k in 1 : n){
        t <- matrix(1, nr=n, nc=m)
        for (j in 1 : n){
            if (j != k)
                t[j,] <- (xout-x[j])/(x[k]-x[j]);
        }
        p[k,] <- apply(t, 2, prod)
    }
    list(x=xout, y=as.vector(y%*%p))
}
```

参数 x 为插值节点, y 为相应的函数值, 以向量的形式输入. xout 为需要计算的点. 返回值为列表, 其中 x 为自变量, y 为对应于 x 处的 Lagrange 插值函数的值.

例 2.15 已知 $\sqrt{1}=1, \sqrt{4}=2, \sqrt{9}=3$, 用 Lagrange 插值公式求 $\sqrt{5}$ 和 $\sqrt{6}$ 的近似值.

解 输入,

```
> source("Lagrange.R")
> x<-c(1,4,9); y<-c(1,2,3)
> Lagrange(x, y, xout=c(5,6))
```

得到

```
$x
[1] 5 6
$y
[1] 2.266667 2.500000
```

2.4.2 分段线性插值

高阶多项式插值会出现 Runge 现象, 也就是插值多项式的次数越高, 反而距被插值函数越远. 克服 Runge 现象的一种方法是分段插值, 可以证明: 当插值节点的个数趋于无穷时, 分段线性插值趋于被插值函数.

在 R 中, approx() 函数和 approxfun() 函数完成分段线性插值工作, 其使用格式为

```
approx(x, y = NULL, xout, method = "linear", n=50,
       yleft, yright, rule = 1, f = 0, ties = mean)
approxfun(x, y = NULL, method  ="linear",
       yleft, yright, rule = 1, f = 0, ties = mean)
```

参数 x 和 y 为数值向量, 提供插值节点和节点处的函数值. xout 为纯量或向量, 表示需要计算的点. method 为插值方法, 取 "linear" 表示计算分段线性插值, 取 "constant" 表示计算分段常数插值. n 为需要计算插值点的个数, 默认值为 50. ties 表示对 "结" 的处理方式, 默认值为取均值, 所谓 "结" 就是出现相同的插值节点. 其余参数使用默认值.

approx() 函数的返回值为列表, 其中 x 为自变量, y 为对应于 x 处的插值.

approxfun() 函数的返回值为分段线性插值函数, 如果需要计算若干点处的函数值, 再由函数计算.

例 2.16 在区间 $[0,10]$ 画出 $\sin(x)$ 的曲线, 取插值节点 $x_k = k, k = 0,1,\cdots,10$ 和节点处的函数值 $y_k = \sin(x_k)$, 作分段线性插值、分段常数插值, 并画出这些条曲线.

解 编写相应的程序 (程序名:exam0216.R)

```
x <- 0:10; y<-sin(x);
xout<-seq(0, 10, by=0.2)
interp1<-approxfun(x,y)
interp2<-approxfun(x,y, method="constant")
par(mai=c(.8,.8,.2,.2))
plot(x, y, pch=19, cex=1.2, xlab='X', ylab='Y')
lines(xout, sin(xout), lty=1,lwd=1, col=1, )
lines(xout, interp1(xout), lwd=2, col=4)
lines(xout, interp2(xout), lwd=2, lty=4, col=2)
legend(.5, -0.55, c("sin", "linear", "const"),
       lty=c(1,1,4), lwd=c(1,2, 2), col=c(1, 4, 2))
legend(8.3, -0.7, "point", pch=19)
```

在程序中, x 为插值节点, y 为对应的正弦值. interp1 为分段线性函数, interp2 为分段常数函数. 后面的是绘图命令, 这里暂不讨论[1], 得到图形如图 2.1 所示. 在图形中, 细实线为 $y = \sin x$ 的曲线, 粗实线为分段线性插值曲线, 粗虚线为分段常数插值曲线.

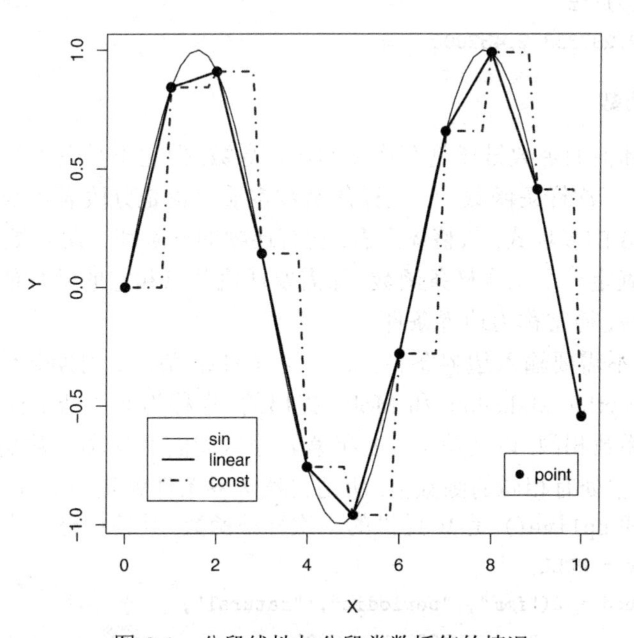

图 2.1 分段线性与分段常数插值的情况

[1] 相关的绘图函数将在第 3 章中讨论.

2.4.3 分段 Hermite 插值

分段线性插值虽然克服了多项式插值不收敛的缺点, 但分段线性插值的缺点是不光滑. 如果要求分段插值函数具有光滑曲线, 就需要用到分段 Hermite 插值. 所谓 Hermite 插值, 就是在构造插值函数时, 不但用到函数值, 还要用到函数的导数值.

分段 Hermite 插值的原理就不介绍了, 这里介绍 R 中分段 Hermite 插值的函数 —— `splinefunH()` 函数, 其使用格式为

```
splinefunH(x, y, m)
```

参数 `x`, `y` 为数值向量, 表示插值节点和节点处的函数值. `m` 为数值向量, 表示插值节点处的导数值. 函数的返回值为分段 Hermite 插值函数.

例 2.17 已知函数表(见表2.2), 利用 `splinefunH()` 函数求分段 Hermite 插值在 $x = 3, 5, 6$ 处的值.

表 2.2 数据表

x	y	y'
1	1	1/2
4	2	1/4
9	3	1/6

解 命令及计算结果如下:

```
> x<-c(1,4,9); y<-c(1,2,3); m<-c(1/2, 1/4, 1/6)
> h<-splinefunH(x, y, m)
> z<-h(c(3,5,6)); z
[1] 1.740741 2.237333 2.452000
```

2.4.4 三次样条函数

分段 Hermite 插值的函数虽然具有连续的一阶导数, 但它不具有连续的二阶导数. 若要做到这一点, 需要作三次样条函数. 三次样条函数本质上也是分段表示函数, 它在每一小区间都是次数不超过 3 的多项式, 从整体上看, 它有连续的一阶和二阶导数.

如果要完整地确定一个三次样条函数, 除需要插值节点和它的函数值外, 还需要输入插值区间端点处的条件, 通常称为边界条件.

R 提供的函数不需要输入边界条件, 而采用 FMM 条件、周期条件和自然边界条件. FMM 条件是由 Forsythe, Malcolme 和 Moler 提出的, 也称为非扭结条件, 即限定第 1 和第 2 小区间的 3 次项系数相同, 以及第 $n-1$ 和第 n 小区间的 3 次项系数相同. 周期条件就是在起点 x_0 和终点 x_n 处有相同的函数值. 所谓自然边界条件就是端点处的二阶导数为 0.

`splinefun()` 和 `spline()` 是 R 提供的三次样条函数, 其使用格式为

```
splinefun(x, y = NULL,
          method = c("fmm", "periodic", "natural",
                     "monoH.FC", "hyman"),
          ties = mean)
spline(x, y = NULL, n = 3*length(x), method = "fmm",
       xmin = min(x), xmax = max(x), xout, ties = mean)
```

参数 x 和 y 为数值向量, 提供插值节点和节点处的函数值. method 为边界条件的方法, 取 "fmm" 表示使用 FMM 边界条件, 取 "periodic" 表示使用周期边界条件, 取 "natural" 表示使用自然边界条件. n 为正整数, 默认值为 3*length(x), 表示需要计算点的个数. xout 为需要计算的点. ties 表示对 "结" 的处理方式, 默认值为取均值. 其余参数使用默认值.

splinefun() 函数的返回值为三次样条函数, 如果需要计算若干点处的函数值, 再由函数计算.

spline() 函数的返回值为列表, 其中 x 为自变量, y 为对应 x 处三次样条值.

例 2.18 用三次样条函数逼近车门曲线, 插值节点如表 2.3 所示.

表 2.3　车门曲线数据

x	y	x	y	x	y	x	y
0	2.51	3	4.70	6	5.78	9	5.70
1	3.30	4	5.22	7	5.40	10	5.58
2	4.04	5	5.54	8	5.57		

解　输入数据, 编写绘图命令 (程序名: exam0218.R)

```
x <- 0:10
y <- c(2.51, 3.30, 4.04, 4.70, 5.22, 5.54,
       5.78, 5.40, 5.57, 5.70, 5.58)
s <- spline(x, y, xout=seq(0, 10, .1))
par(mai = c(0.8, 0.8, 0.2, 0.2))
plot(x, y, pch=19, cex=1.2, col=2)
lines(s$x, s$y, lwd=2, col=4)
```

关于边界条件这里使用的是默认值, 即 FMM 方法, 也就是非扭结条件. 得到图形如图 2.2 所示.

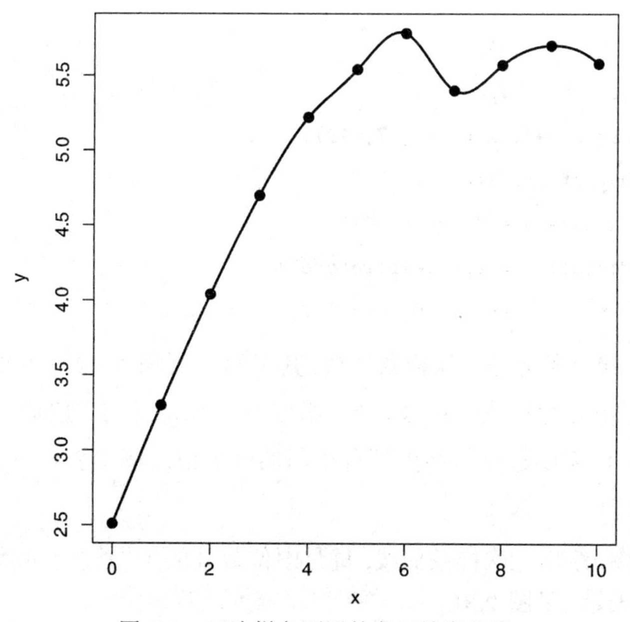

图 2.2　三次样条逼近的车门轮廓曲线

例 2.19 已知某地区的月平均气温 (见表 2.4), 试用三次样条插值估计全年每天的平均气温.

表 2.4 某地区一年中各月的平均气温

月份	气温/℃	月份	气温/℃	月份	气温/℃	月份	气温/℃
1	4.7	4	13.2	7	26.0	10	12.5
2	−2.3	5	20.2	8	24.6	11	4.0
3	4.4	6	24.2	9	19.5	12	−2.8

解 假想每月的平均气温是每月中位数那天的气温, 然后用三次样条插值估计出全年各天的平均气温. 注意到: 每年的气温应该是周期变化的, 所以在使用 `spline()` 或 `splinefun()` 函数时, 应该采用周期边界条件. 以下为程序 (程序名: `exam0219.R`)

```
mt <- c(-4.7, -2.3, 4.4, 13.2, 20.2, 24.2,
        26.0, 24.6, 19.5, 12.5, 4.0, -2.8)
monthlen <- c(31, 28, 31, 30, 31, 30,
              31, 31, 30, 31, 30, 31)
month = rep(1:12, monthlen)
midmonth <- tapply(1:365, month, median)
x <- c(midmonth, midmonth[1] + 365)
y <- mt[c(1:12, 1)]
s = splinefun(x, y, method = "periodic")

par(mai=c(.9, .9, .6, .2))
plot(1:365, s(1:365), type = "l",
     lwd=2, col="blue", lab=c(7, 7, 12),
     xlab = "Day of the Year",
     ylab = "Temperature (Degrees C)",
     main = "Monthly Average Temperature")
points(x[-13], y[-13], pch = 19, cex=1.2, col="red")
```

程序由两部分组成, 第一部分是三次样条插值, 其中第 1 行输入 12 个月的月平均气温, 第 2 行输入每月的天数, 第 3 行构成一年 365 天, 第 4 行计算每月的中位数, 用它代表每月的平均温度. 由于周期条件需要起点与终点具有相同的函数值, 所以在 x 与 y 中都增加一个点 (即第 13 个月的温度).

第二部分是绘图, 绘出三次样条曲线, 每月中位数处的平均气温, 其绘图细节不作介绍, 所得到结果用图形表示 (见图 2.3).

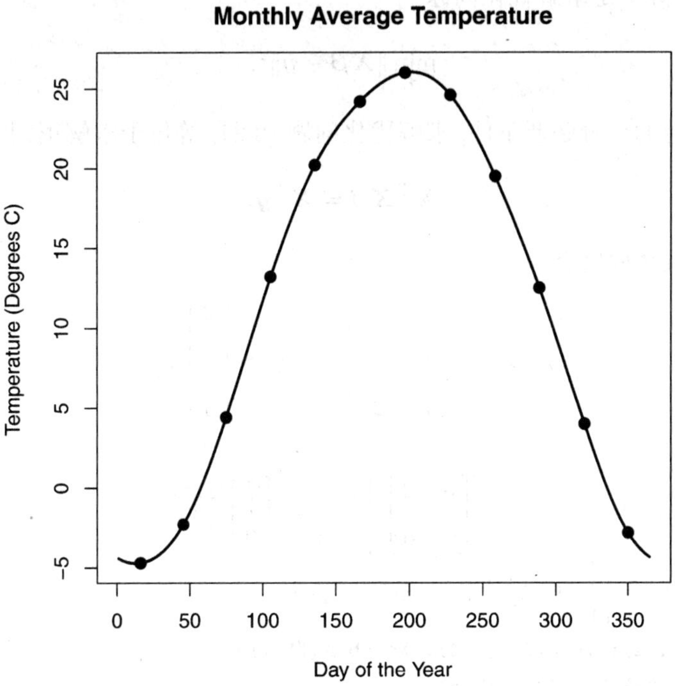

图 2.3 三次样条函数描述全年平均气温

2.5 数据拟合

拟合与插值是计算未知点处函数值的两个方面, 插值曲线会经过所有的已知点, 但在有些情况下这样做并不合适, 特别当数据包含 “噪声” 时更是如此.

2.5.1 最小二乘原理

数据拟合的思想是构成的曲线并不经过已知点, 而是距这些点都较近, 这就是最小二乘方法. 例如, 当 $\boldsymbol{x} = (1, -1, 2)^{\mathrm{T}}$ 时, $\boldsymbol{y} = (2, 1, 4)^{\mathrm{T}}$, 用一条直线

$$y = \beta_0 + \beta_1 x \tag{2.21}$$

来拟合这三个点. 将 $\boldsymbol{x}$ 与 $\boldsymbol{y}$ 代入直线方程 (2.21) 时会发现, 得到一个超定线性方程组

$$\begin{cases} \beta_0 + \beta_1 = 2, \\ \beta_0 - \beta_1 = 1, \\ \beta_0 + 2\beta_1 = 4. \end{cases} \tag{2.22}$$

该方程组根本就无解, 需要求方程组 (2.22) 的最小二乘解.

讨论一般情况. 若求超定线性方程组

$$\boldsymbol{X\beta} = \boldsymbol{y} \tag{2.23}$$

的最小二乘解, 实际上是求解优化问题

$$\min_{\boldsymbol{\beta}} \|\boldsymbol{X}\boldsymbol{\beta} - \boldsymbol{y}\|^2. \tag{2.24}$$

由无约束优化问题的一阶必要条件, 求解优化问题 (2.24) 等价于求解正则方程组

$$\boldsymbol{X}^{\mathrm{T}}\boldsymbol{X}\boldsymbol{\beta} = \boldsymbol{X}^{\mathrm{T}}\boldsymbol{y}. \tag{2.25}$$

对于刚才的具体问题有

$$\boldsymbol{X} = \begin{bmatrix} 1 & 1 \\ 1 & -1 \\ 1 & 2 \end{bmatrix}, \quad \boldsymbol{y} = \begin{bmatrix} 2 \\ 1 \\ 4 \end{bmatrix},$$

正则方程组为

$$\begin{bmatrix} 3 & 2 \\ 2 & 6 \end{bmatrix} \begin{bmatrix} \beta_0 \\ \beta_1 \end{bmatrix} = \begin{bmatrix} 7 \\ 9 \end{bmatrix},$$

其解为 $\beta_0 = \dfrac{12}{7}$, $\beta_1 = \dfrac{13}{14}$. 相应 R 命令和结果如下

```
> x<-c(1, -1, 2); y<-c(2, 1, 4); X<-cbind(1,x)
> solve(t(X) %*% X, t(X) %*% y)
       [,1]
  1.7142857
x 0.9285714
```

2.5.2 求解超定线性方程组的 QR 分解方法

在实际计算中, 求解超定线性方程组 (2.23) 的最小二乘解的最好方法并不是求解正则方程组 (2.25), 因为当矩阵 $\boldsymbol{X}$ 各列接近线性相关时, 矩阵 $\boldsymbol{X}^{\mathrm{T}}\boldsymbol{X}$ 的条件数可能非常大, 这样正则方程组的解会有很大的误差.

一种有效克服条件数增大的方法是对矩阵 $\boldsymbol{X}$ 作 QR 分解

$$\boldsymbol{X} = \boldsymbol{Q}\boldsymbol{R} = [\boldsymbol{Q}_1\ \boldsymbol{Q}_2] \begin{bmatrix} \boldsymbol{R}_1 \\ \boldsymbol{0} \end{bmatrix} = \boldsymbol{Q}_1\boldsymbol{R}_1,$$

其中 $\boldsymbol{Q}$ 为 m 阶正交矩阵, $\boldsymbol{Q} = [\boldsymbol{Q}_1\ \boldsymbol{Q}_2]$, $\boldsymbol{Q}_1 \in \mathbb{R}^{m\times n}$, $\boldsymbol{Q}_2 \in \mathbb{R}^{m\times(m-n)}$, $\boldsymbol{R} \in \mathbb{R}^{m\times n}$, $\boldsymbol{R}_1 \in \mathbb{R}^{n\times n}$ 为上三角阵. 很显然, QR 分解不是唯一的. 事实上, 矩阵 $\boldsymbol{Q}$ 的某些列和对应 $\boldsymbol{R}$ 的某些行都加上负号, 其结果仍然是 QR 分解.

当矩阵 $\boldsymbol{X}$ 为列满秩时, 则 $\boldsymbol{R}_1$ 中对角元素均非零, $\boldsymbol{R}_1^{-1}$ 存在. 由正规方程组 (2.25) 得到

$$(\boldsymbol{Q}_1\boldsymbol{R}_1)^{\mathrm{T}}(\boldsymbol{Q}_1\boldsymbol{R}_1)\boldsymbol{\beta} = (\boldsymbol{Q}_1\boldsymbol{R}_1)^{\mathrm{T}}\boldsymbol{y},$$

即

$$\boldsymbol{R}_1^{\mathrm{T}}(\boldsymbol{R}_1\boldsymbol{\beta}) = \boldsymbol{R}_1^{\mathrm{T}}(\boldsymbol{Q}_1^{\mathrm{T}}\boldsymbol{y}).$$

整理得到

$$\mathrm{R}_1\boldsymbol{\beta} = \boldsymbol{Q}_1^{\mathrm{T}}\boldsymbol{y}. \tag{2.26}$$

求解三角方程组 (2.26) 就得到超定线性方程组 (2.25) 的最小二乘解.

还是以刚才的例子为例, 对矩阵 $\boldsymbol{X}$ 作 QR 分解

$$\begin{aligned}\boldsymbol{X} &= \begin{bmatrix} \frac{1}{\sqrt{3}} & \frac{1}{\sqrt{42}} & \frac{3}{\sqrt{14}} \\ \frac{1}{\sqrt{3}} & -\frac{5}{\sqrt{42}} & -\frac{1}{\sqrt{14}} \\ \frac{1}{\sqrt{3}} & \frac{4}{\sqrt{42}} & -\frac{2}{\sqrt{14}} \end{bmatrix} \begin{bmatrix} \sqrt{3} & \frac{2}{\sqrt{3}} \\ 0 & \frac{\sqrt{42}}{3} \\ 0 & 0 \end{bmatrix} = \begin{bmatrix} \frac{1}{\sqrt{3}} & \frac{1}{\sqrt{42}} \\ \frac{1}{\sqrt{3}} & -\frac{5}{\sqrt{42}} \\ \frac{1}{\sqrt{3}} & \frac{4}{\sqrt{42}} \end{bmatrix} \begin{bmatrix} \sqrt{3} & \frac{2}{\sqrt{3}} \\ 0 & \frac{\sqrt{42}}{3} \end{bmatrix} \\ &= \boldsymbol{Q}_1\boldsymbol{R}_1,\end{aligned}$$

所以

$$\boldsymbol{Q}_1^{\mathrm{T}}\boldsymbol{y} = \begin{bmatrix} \frac{1}{\sqrt{3}} & \frac{1}{\sqrt{3}} & \frac{1}{\sqrt{3}} \\ \frac{1}{\sqrt{42}} & -\frac{5}{\sqrt{42}} & \frac{4}{\sqrt{42}} \end{bmatrix} \begin{bmatrix} 2 \\ 1 \\ 4 \end{bmatrix} = \begin{bmatrix} \frac{7}{\sqrt{3}} \\ \frac{12}{\sqrt{42}} \end{bmatrix}.$$

解线性方程组

$$\begin{bmatrix} \sqrt{3} & \frac{2}{\sqrt{3}} \\ 0 & \frac{\sqrt{42}}{3} \end{bmatrix} \begin{bmatrix} \beta_0 \\ \beta_1 \end{bmatrix} = \begin{bmatrix} \frac{7}{\sqrt{3}} \\ \frac{12}{\sqrt{42}} \end{bmatrix}$$

得到 $\beta_0 = \frac{12}{7}$, $\beta_1 = \frac{13}{14}$. 对应的 R 命令和结果如下

```
> X.qr <- qr(X)
> Q <- qr.Q(X.qr); Q
           [,1]       [,2]
[1,] -0.5773503  0.1543033
[2,] -0.5773503 -0.7715167
[3,] -0.5773503  0.6172134
> R <- qr.R(X.qr); R
                        x
[1,] -1.732051 -1.154701
[2,]  0.000000  2.160247
> solve(R, t(Q)%*%y)
       [,1]
  1.7142857
x 0.9285714
```

两种方法的计算结果是相同的, 从表面上看, 第 2 种方法还比较复杂. 但在实际应用中, 特别是矩阵 $\boldsymbol{X}$ 的各列接近线性相关时, 第 2 种方法会显示出它的优势.

与 QR 分解有关的函数还有

```
qr.coef(qr, y)
qr.qy(qr, y)
qr.qty(qr, y)
qr.resid(qr, y)
qr.fitted(qr, y, k = qr$rank)
qr.solve(a, b, tol = 1e-7)
```

参数 qr 是由 qr() 函数产生的对象. qr.qy() 和 qr.qty() 函数的返回值分别为 $\boldsymbol{Q}\boldsymbol{y}$ 和 $\boldsymbol{Q}^{\mathrm{T}}\boldsymbol{y}$, 这里的 $\boldsymbol{Q}$ 是完整的正交阵. qr.coef(), qr.fitted() 和 qr.resid() 函数的返回值分别为系数的估计值 $\widehat{\boldsymbol{\beta}}$, 拟合值 $\boldsymbol{X}\widehat{\boldsymbol{\beta}}$ 和残差 $\boldsymbol{y}-\boldsymbol{X}\widehat{\boldsymbol{\beta}}$.

qr.solve() 函数是直接用 QR 分解求解超定线性方程组 (2.23) 的函数, 参数 a 为矩阵 $\boldsymbol{X}$, b 为右端项 $\boldsymbol{y}$, tol 为求解方程组设定的精度, 默认值为 10^{-7}.

有了这些函数, 求解超定线性方程组的命令简化为

```
> qr.coef(X.qr, y)
                   x
1.7142857 0.9285714
> qr.solve(X, y)
                   x
1.7142857 0.9285714
```

与数据拟合有关的函数还有 lsfit() 函数, 其使用格式为

```
lsfit(x, y, wt = NULL, intercept = TRUE,
      tolerance = 1e-07, yname = NULL)
```

参数 x 为矩阵, 表示方程的自变量. y 为向量, 表示方程的响应变量. wt 为向量, 表示 y 的权重. intercept 为逻辑变量, 取 TRUE 时 (默认值), 系统自动增加常数项. tolerance 为求解方程设定的精度, 默认值为 10^{-7}. yname 为字符型变量, 响应变量的名称.

函数的返回值为列表, 有系数、残差和 QR 分解等. 看一下例子

```
> z <- lsfit(x,y); z
$coefficients
Intercept         X
1.7142857 0.9285714
$residuals
[1] -0.6428571  0.2142857  0.4285714
$intercept
[1] TRUE
$qr
$qt
[1] -4.0414519  2.0059435  0.8017837
$qr
      Intercept          X
[1,] -1.7320508 -1.1547005
[2,]  0.5773503  2.1602469
[3,]  0.5773503 -0.5607345
```

```
$qraux
[1] 1.577350 1.827996
$rank
[1] 2
$pivot
[1] 1 2
$tol
[1] 1e-07
attr(,"class")
[1] "qr"
```

2.5.3 多项式拟合

多项式拟合非常简单, 只需将 1, x, $\cdots$, x^n 合并成矩阵作线性最小二乘拟合即可, 请看下面的例子.

例 2.20 已知数据

x	y	x	y	x	y	x	y
1	10	5	2	7	1	9	3
3	5	6	1	8	2	10	4

求拟合这组数据的二次曲线.

解 构造矩阵 $\boldsymbol{X}$ 和响应向量 $\boldsymbol{y}$, 调用 qr.solve() 函数求解 (程序:exam0220.R)

```
x <- c(1, 3, 5, 6, 7, 8, 9, 10)
y <- c(10, 5, 2, 1, 1, 2, 3, 4)
X <- cbind(1, x, x^2)
colnames(X) <- c("Intercept", "X", "X^2")
qr.solve(X,y)
```

计算结果为

```
 Intercept          X        X^2
13.4319907 -3.6800204  0.2763427
```

于是最优二次拟合多项式为

$$y = 13.432 - 3.68x + 0.2763x^2.$$

2.6 数值积分

在统计中, 很多统计量都与积分有关, 如数学期望、方差都是某种函数积分的结果. 本节主要介绍数值积分的方法.

2.6.1 梯形求积公式

在数值积分中, 最简单的求积公式是梯形公式. 梯形求积公式的直观思想就是在小区间上用梯形面积近似曲边梯形面积, 如果计算数度达不到要求, 再将每个小区间一分为二.

梯形求积公式的递推公式为

$$T_1 = \frac{h_1}{2}[f(a)+f(b)], \quad h_1 = b-a, \tag{2.27}$$

$$T_{2N} = \frac{1}{2}T_N + h_{2N}\sum_{k=1}^{N} f(a+(2k-1)h_{2N}), \quad h_{2N} = \frac{1}{2}h_N. \tag{2.28}$$

这里的 T_N 是将区间 N 等分后, 梯形求积公式得到的值, 也称为梯形值. 算法的终止条件为

$$|T_{2N} - T_N| \leqslant \varepsilon,$$

即两次梯形值很小后, 就认为达到计算精度.

编写梯形求积公式程序 (程序名: trape.R) 如下:

```
trape<-function(fun, a, b, tol=1e-6){
    N <- 1; h <- b-a
    T <- h/2 * (fun(a) + fun(b))
    repeat {
        h <- h/2; x<-a+(2*1:N-1)*h
        I <- T/2 + h * sum(fun(x))
        if(abs(I-T) < tol)  break
        N <- 2 * N; T = I
    }
    I
}
```

例 2.21 用梯形求积公式计算积分 $\int_{-1}^{1} \mathrm{e}^{-x^2}\mathrm{d}x$, 取精度要求 $\varepsilon = 10^{-6}$.

解 将编写好的 trape() 函数调入内存, 构造被积函数, 并计算. 以下是程序和计算结果

```
> source("trape.R")
> f <- function(x) exp(-x^2)
> trape(f, -1, 1)
[1] 1.493648
```

精度采用默认值, 即 10^{-6}.

2.6.2 Simpson 求积公式

梯形求积公式的效率相对较低, 而 Simpson 求积公式相对于梯形公式来讲, 效率会有很大提高. Simpson 求积公式的工作原理是在每个小区间用抛物线近似被积函数曲线, 从而得到积分的近似值.

Simpson 求积公式可以由梯形公式导出

$$S_N = \frac{4T_{2N} - T_N}{4-1}, \tag{2.29}$$

这里的 S_N 是将区间 N 等分后, Simpson 求积公式得到的值, 也称为 Simpson 值. 算法的终止条件为

$$|S_{2N} - S_N| \leqslant \varepsilon.$$

编写 Simpson 求积公式程序 (程序名: Simpson.R) 如下:

```
Simpson<-function(fun, a, b, tol=1e-6){
    N <- 1; h <- b-a
    T1 <- h/2 * (fun(a) + fun(b)); S <- T1
    repeat {
        h <- h/2; x<-a+(2*1:N-1)*h
        T2 <- T1/2 + h * sum(fun(x))
        I <- (4*T2 - T1)/3
        if (abs(I-S) < tol)  break
        N <- 2 * N; T1 <- T2; S <- I
    }
    I
}
```

例 2.22 用 Simpson 求积公式计算积分 $\int_{-1}^{1} \mathrm{e}^{-x^2}\mathrm{d}x$, 取精度要求 $\varepsilon = 10^{-6}$.

解 将编写好的 Simpson() 函数调入内存, 构造被积函数, 并计算. 以下是程序和计算结果

```
> source("Simpson.R")
> f <- function(x) exp(-x^2)
> Simpson(f, -1, 1)
[1] 1.493648
```

精度采用默认值, 即 10^{-6}.

2.6.3 integrate 函数

在 R 中, 已经提供了计算数值积分的函数 —— integrate() 函数, 其使用格式为

```
integrate(f, lower, upper, ..., subdivisions=100,
    rel.tol = .Machine$double.eps^0.25, abs.tol = rel.tol,
    stop.on.error = TRUE, keep.xy = FALSE, aux = NULL)
```

参数 f 为被积函数. lower 和 upper 分别为积分的下限和上限, 积分限可以为 Inf(∞). ... 为被积函数的附加参数. subdivisions 为正整数, 表示子区间的最大数目, 默认值为 100. rel.tol 为所需的相对精度. abs.tol 为所需的绝对精度. 其他参数使用默认值.

考虑被积函数 $f(x) = \mathrm{e}^{-x^2}$, 积分区间分别为 $[0, 1]$, $[0, 10]$, $[0, 100]$, $[0, 10000]$ 和 $[0, \infty)$, 其命令与结果如下

```
f <- function(x) exp(-x^2)
> integrate(f, 0, 1)
0.7468241 with absolute error < 8.3e-15
> integrate(f, 0, 10)
0.8862269 with absolute error < 9e-07
> integrate(f, 0, 100)
0.8862269 with absolute error < 9.9e-11
> integrate(f, 0, 10000)
1.874271e-50 with absolute error < 3.7e-50
```

```
> integrate(f, 0, Inf)
0.8862269 with absolute error < 2.2e-06
```

从上述结果可以看到, 当积分上限大到一定时候, 计算会出现错误. 所以要选择 Inf 作为积分的上限.

计算大区间或包含 Inf 限的数值积分时, 可用变量置换, 将无穷区间变成有限区间, 例如

$$t=\frac{x}{1+x}\qquad\left(x=\frac{t}{1-t},\ \ \mathrm{d}x=\frac{1}{(1-t)^2}\mathrm{d}t\right),\tag{2.30}$$

或

$$t=\mathrm{e}^{-x}\qquad\left(x=-\ln t,\ \ \mathrm{d}x=-\frac{1}{t}\mathrm{d}t\right),\tag{2.31}$$

可以将区间 $[0,\infty)$ 变换的到区间 $[0,1]$(或 $[1,0]$).

例 2.23 用变量置换方法计算积分 $\int_0^\infty \mathrm{e}^{-x^2}\mathrm{d}x$.

解 利用变量置换式 (2.30), 则有

$$\int_0^\infty \mathrm{e}^{-x^2}\mathrm{d}x=\int_0^1 \mathrm{e}^{-(\frac{t}{1-t})^2}\frac{1}{(1-t)^2}\mathrm{d}t,$$

其命令和结果如下

```
> f <- function(t) exp(-(t/(1-t))^2) / (1-t)^2
> integrate(f, 0, 1)
0.8862269 with absolute error < 5.4e-09
```

习 题 2

1. 设 $\boldsymbol{x}=(1,2,3)^{\mathrm{T}}$, $\boldsymbol{y}=(4,5,6)^{\mathrm{T}}$, 作如下运算: (1) 计算 $\boldsymbol{z}=2\boldsymbol{x}+\boldsymbol{y}+\boldsymbol{e}$, 其中 $\boldsymbol{e}=(1,1,1)^{\mathrm{T}}$; (2) 计算 $\boldsymbol{x}$ 与 $\boldsymbol{y}$ 的内积; (3) 计算 $\boldsymbol{x}$ 与 $\boldsymbol{y}$ 的外积.

2. 设

$$\boldsymbol{A}=\begin{bmatrix}1 & 2 & 0\\ 2 & 5 & -1\\ 4 & 10 & -1\end{bmatrix}.$$

计算: (1) $\boldsymbol{B}=\boldsymbol{A}^{\mathrm{T}}$; (2) $\boldsymbol{C}=\boldsymbol{A}+\boldsymbol{B}$; (3) $\boldsymbol{D}=\boldsymbol{A}\boldsymbol{B}$; (4) $\boldsymbol{E}=(e_{ij})_{n\times n}$, 其中 $e_{ij}=a_{ij}b_{ij}$, $i,j=1,2,3$.

3. 设

$$\boldsymbol{A}=\begin{bmatrix}1 & 2 & 0\\ 2 & 5 & -1\\ 4 & 10 & -1\end{bmatrix},\quad \boldsymbol{b}=\begin{bmatrix}1\\ -1\\ 1\end{bmatrix}.$$

作如下运算: (1) 求矩阵 $\boldsymbol{A}$ 的行列式; (2) 求解线性方程组 $\boldsymbol{A}\boldsymbol{x}=\boldsymbol{b}$; (3) 求矩阵 $\boldsymbol{A}$ 的逆 $\boldsymbol{A}^{-1}$, 并计算 $\boldsymbol{A}^{-1}\boldsymbol{b}$.

4. 设

$$\boldsymbol{A}=\begin{bmatrix}1 & 2 & 0\\ 2 & 5 & -1\\ 4 & 10 & -1\end{bmatrix}.$$

作如下运算: (1) 列主元 LU 分解, 即求 $\boldsymbol{P}, \boldsymbol{L}$ 和 $\boldsymbol{U}$, 使得 $\boldsymbol{A}=\boldsymbol{PLU}$; (2) QR 分解, 即求正交阵 $\boldsymbol{Q}$ 和上三角阵 $\boldsymbol{R}$, 使得 $\boldsymbol{A}=\boldsymbol{QR}$; (3) 奇异值分解, 即求正交阵 $\boldsymbol{U},\boldsymbol{V}$ 和对角阵 $\boldsymbol{D}$, 使得 $\boldsymbol{A}=\boldsymbol{UDV}^{\mathrm{T}}$; (4) 谱分解, 求矩阵 $\boldsymbol{A}$ 的特征值和对应特征值的特征向量.

5. 加载 `lattice` 程序包和 `Matrix` 程序包, 由 `Hilbert()` 函数直接生成一个 5 阶 Hilbert 矩阵 $\boldsymbol{H}$, 作如下运算: (1) 对 $\boldsymbol{H}$ 作 Cholesky 分解, 即求下三角阵 $\boldsymbol{L}$, 使得 $\boldsymbol{H}=\boldsymbol{LL}^{\mathrm{T}}$; (2) 计算 $\boldsymbol{H}$ 的条件数 (关于 2-范数条件数, 用 `kappa()` 函数精确计算) 和条件数的倒数 (用 `rcond()` 函数计算).

6. 求方程 $2x^3-6x-1=0$ 在区间 $[1,2]$ 内的根.

7. 求方程

$$54x^6+45x^5-102x^4-69x^3+35x^2+16x-4=0$$

的全部实根.

8. 求解非线性方程组

$$\begin{cases}-13+x_1+((15-x_2)x_2-2)x_2=0,\\ -29+x_1+((x_2+1)x_2-14)x_2=0,\end{cases}$$

取初始点 $\boldsymbol{x}^{(0)}=(0.5,-2)^{\mathrm{T}}$, 精度要求 $\varepsilon=10^{-5}$.

9. 求一元函数 $f(x)=\mathrm{e}^x-3x$ 在区间 $[0,2]$ 内的极小点.

10. 用 `nlm()` 函数求解无约束问题

$$\min \quad f(x)=(x_1+10x_2)^2+5(x_3-x_4)^2+(x_2-2x_3)^4+10(x_1-x_4)^4,$$

取初始点 $\boldsymbol{x}^0=(3,-1,0,1)^{\mathrm{T}}$, 并为 `nlm()` 函数提供目标函数的梯度.

11. 用 `optim()` 函数求解问题 10, 并指定使用 BFGS 算法.

12. 用 `nlminb()` 函数求解约束问题

$$\begin{aligned}\min \quad & f(x)=-x_1x_2(x_3-x_1-2x_2)\\ \text{s.t.} \quad & 0\leqslant x_1\leqslant 42,\\ & 0\leqslant x_2\leqslant 36,\\ & 0\leqslant x_3\leqslant 72,\end{aligned}$$

取初始点 $\boldsymbol{x}^0=(10,10,10)^{\mathrm{T}}$.

13. 用 `constrOptim()` 函数求解约束问题

$$\begin{aligned}\min \quad & f(x)=2x_1^2+2x_1x_2+2x_1x_3+2x_2^2+x_3^2-8x_1-6x_2-4x_3\\ \text{s.t.} \quad & x_1+x_2+2x_3\leqslant 3,\\ & x_1\geqslant 0,\ x_2\geqslant 0,\ x_3\geqslant 0,\end{aligned}$$

取初始点 $\boldsymbol{x}^0=(0.1,0.1,0.1)^{\mathrm{T}}$.

14. 已知某大型工件轮廓数据如表 2.5 所示, 加工时需要 x 每改变 0.1m 时的 y 值, 试用三次样条插值估计 y 的值, 并画出轮廓曲线.

表 2.5 某大型工件轮廓数据 单位: m

	x	y		x	y
1	0	0.0	6	11	2.0
2	3	1.2	7	12	1.8
3	5	1.7	8	13	1.2
4	7	2.0	9	14	1.0
5	9	2.1	10	15	1.6

15. 已知某地区在不同月份的平均日照时间的观测数据如表 2.6 所示, 试用三次样条插值函数分析日照时间的变化规律.

表 2.6 某地区的平均日照时间 单位：小时/月

月份	日照	月份	日照	月份	日照
1	80.9	5	32.0	9	52.3
2	67.2	6	33.6	10	62.0
3	67.1	7	36.6	11	64.1
4	50.5	8	46.8	12	71.2

16. 研究 QR 分解对减少计算误差的作用. 令

```
x <- seq(from=2, to=4, by=0.2)
y <- 1+x+x^2+x^3+x^4+x^5+x^6
X <- cbind(1, x, x^2, x^3, x^4, x^5, x^6)
```

(1) 求解正规方程组 $\left(\boldsymbol{X}^{\mathrm{T}}\boldsymbol{X}\right)\boldsymbol{\beta}=\boldsymbol{X}^{\mathrm{T}}\boldsymbol{y}$;

(2) 用 `qr.solve()` 函数计算 $\boldsymbol{\beta}$.

17. 计算积分 $\int_0^{\infty}\mathrm{e}^x\sqrt{x}\,\mathrm{d}x$.

第 3 章 R 语言绘图

R 有强大的绘图功能, 从所绘图形的类型来看, 可以分成两类, 一类是所谓的一般图形, 如散点图、二维曲线、三维曲面和二维等值线等. 另一类图形与统计内容有关, 如饼图、直方图、箱线图和 QQ 图, 以及回归诊断图等.

从绘图函数来看, 共有三种基本类型: 高水平绘图函数 (high-level plotting functions), 低水平绘图函数 (low-level plotting functions) 和交互式绘图函数 (interactive graphics functions). 可用绘图参数 (graphical parameters) 控制绘图选项, 也可以使用默认值或者用 `par()` 函数对绘图参数进行修改.

R 提供了多种绘图函数, 它们可以完成各种类型的图形绘制, 可用以下命令

```
> demo(graphics)
> demo(image)
> demo(persp)
```

演示常用绘图函数的功能以及相应的使用方法.

3.1 高水平绘图函数

高水平绘图函数是一类能够直接创建新图形的函数, 并可自动生成坐标轴、坐标刻度和标题等附属图形元素. 相对于高水平绘图函数, 低水平绘图函数本身不能生成图形, 而只能在现有图上添加元素, 如点、线、坐标和文字等. 关于低水平绘图函数的使用方法将在 3.3 节中介绍.

3.1.1 基本绘图函数 —— plot 函数

在高水平绘图函数中, 最常用的函数当属 `plot()` 函数, 它可以绘制数据的散点图、曲线图等, 用途非常广泛, 其使用格式为

```
plot(x, y, ...)
```

参数 `x` 和 `y` 分别表示所绘图形横坐标和纵坐标构成的对象. `...` 为附加参数. 函数的默认使用格式为

```
plot(x, y = NULL, type = "p",  xlim = NULL, ylim = NULL,
     log = "", main = NULL, sub = NULL,
     xlab = NULL, ylab = NULL,
     ann = par("ann"), axes = TRUE, frame.plot = axes,
     panel.first = NULL, panel.last = NULL, asp = NA, ...)
```

1. 图形类型

参数 `type` 为所绘图形的类型, 其取值和类型如下:

`"p"` 绘点 (默认值);

`"l"` 画线;

`"b"` 同时绘点和画线, 而线不穿过点;

`"c"` 仅画参数 `"b"` 所示的线;

`"o"` 同时绘点和画线, 且线穿过点;

"h" 绘出点到横轴的竖线;

"s" 绘出阶梯图 (先横再纵);

"S" 绘出阶梯图 (先纵再横);

"n" 作一幅空图, 不绘任何图形.

2. 图形范围

用参数 xlim 和 ylim 来控制图形的范围, log 是对数据取对数, 其取值及意义如下:

xlim 二维向量, 表示所绘图形 x 轴的范围;

ylim 二维向量, 表示所绘图形 y 轴的范围;

log "x" 或 "y", 表示对 x 轴或对 y 轴的数据取对数;

"xy" 或 "yx", 表示对 x 轴与对 y 轴的数据同时取对数.

3. 图题及坐标轴

可通过设置下列参数来补充图形的说明, 如图的标题、副标题、x 轴和 y 轴的说明等.

main 字符串, 描述图形的标题;

sub 字符串, 描述图形的副标题;

xlab 字符串, 描述 x 轴的标签, 默认值为对象名;

ylab 字符串, 描述 y 轴的标签, 默认值为对象名.

4. 示例

例 3.1 *以例 2.14 车速与制动距离的数据为例, 绘出 type 的 9 种类型的图形.*

解 编写绘图程序 (程序名:exam0301.R)

```
data(cars)
attach(cars)
par(mai=c(0.9, 0.9, 0.6, 0.3))
for (i in c("p", "l", "b", "c", "o", "h",
     "s", "S", "n")){
    plot(speed, dist, type = i,
         main = paste("type = \"", i, "\"", sep = ""))
    if (i == "S") i="s2"
    fileName = paste("carPlot_", i, sep = "")
    savePlot(filename = fileName, type = "eps")
}
detach()
```

在上述的程序中, data() 为调取程序包中的数据集. par() 为图形参数设置[1], 规定图形边缘空白的宽度. 在 paste() 函数中的 \" 表示双引号 ("). savePlot() 为保存图形文件函数, 其使用格式为

```
savePlot(filename = "Rplot",
      type = c("wmf", "emf", "png", "jpg", "jpeg", "bmp",
               "tif", "tiff", "ps", "eps", "pdf"),
```

[1] 关于图形参数的内容请见 3.2 节.

```
        device = dev.cur(),
        restoreConsole = TRUE)
```

其中 filename 为图形的文件名, type 为图形的类型.

程序所绘图形如图 3.1 所示.

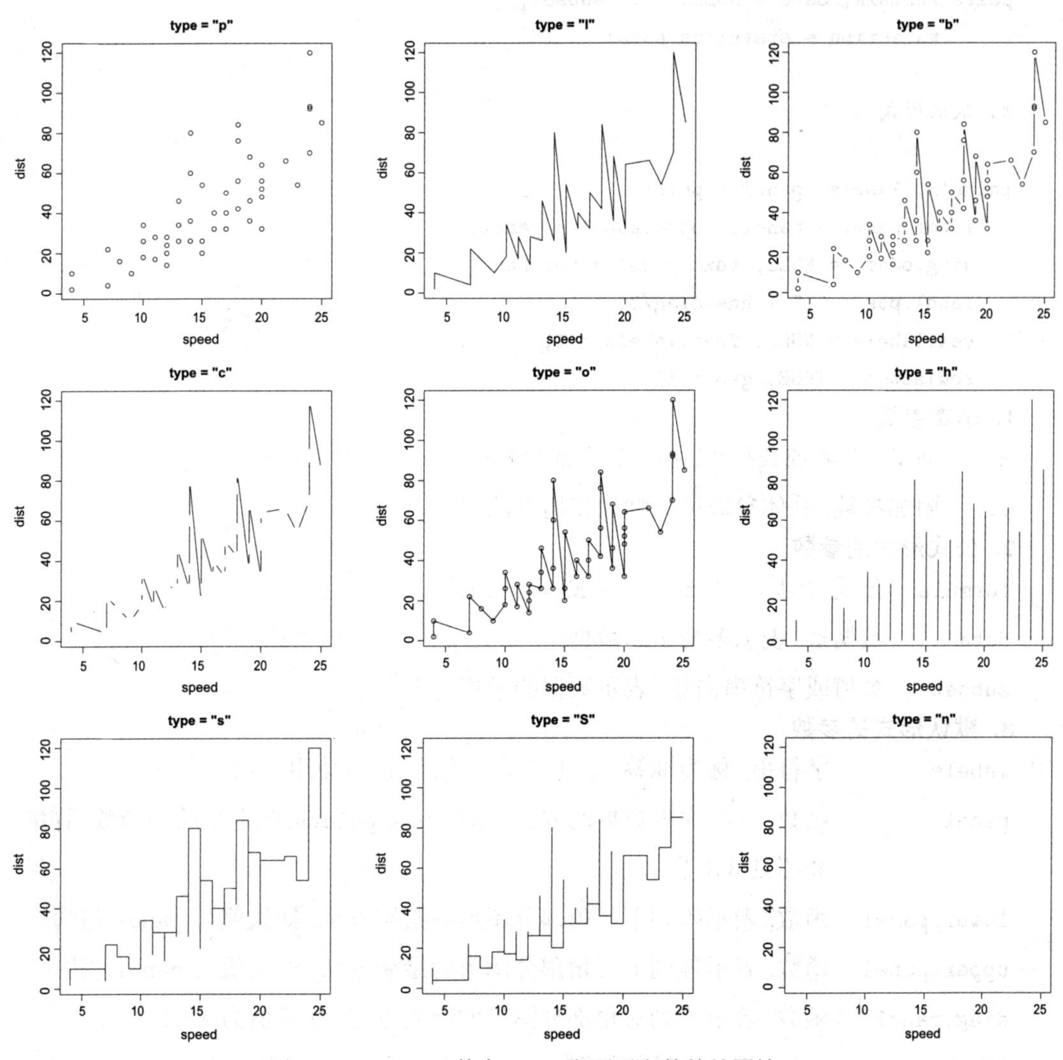

图 3.1 plot()函数中 type 取不同参数的绘图情况

plot() 可以直接读取数据框, 将上述语句中的 plot 语句改为

```
plot(df, type = i,
     main = paste("type = \"", i, "\"", sep = ""))
```

绘出相同样式的图形. 此时, 可以省略程序 exam0301.R 中的 attach() 和 detach() 语句.

3.1.2 多组图 —— pairs 函数

前面的 plot() 函数绘出两个变量的散点图或曲线, pairs() 函数可以绘出多组图, 也就是多个变量的散点图, 并且以阵列形式排列, 其使用格式为

```
pairs(x, ...)

## 公式形式

pairs(formula, data = NULL, ..., subset,
      na.action = stats::na.pass)

## 默认形式

pairs(x, labels, panel = points, ...,
   lower.panel = panel, upper.panel = panel,
   diag.panel = NULL, text.panel = textPanel,
   label.pos = 0.5 + has.diag/3,
   cex.labels = NULL, font.labels = 1,
   row1attop = TRUE, gap = 1)
```

1. 基本参数

x	向量、矩阵或数据框, 描述数据的坐标;
...	附加参数, 具体参数可见默认使用方法.

2. 公式形式的参数

formula	公式, 形如 "~ x + y + z" 形式的公式;
data	数据框, 表示多变量的数据;
subset	数值或字符串向量, 表示数据的子集.

3. 默认形式的参数

labels	字符串, 称为标签, 描述变量名称, 默认值使用对象的名称;
panel	函数, 绘制面板数据的方法, 默认值为 points(低水平绘图函数, 详细介绍见 3.3 节);
lower.panel	函数, 表示阵列下三角部分图形的绘制方法, 默认值与 panel 相同;
upper.panel	函数, 表示阵列上三角部分图形的绘制方法, 默认值与 panel 相同;
diag.panel	函数, 表示阵列对角部分图形的绘制方法, 默认值为 NULL(空);
label.pos	数值, 描述标签的位置;
cex.labels	数值, 描述标签的大小, 默认值为 NULL;
font.labels	数值, 描述标签的字体的类型, 默认值为 1.

cex.labels 和 font.labels 取值的意义与 3.2 节中参数 cex 和 font 取值的意义相同.

4. 示例

例 3.2 已知 19 名学生的年龄、身高和体重如表 3.1 所示, 画出这些数据的阵列式散点图.

表 3.1 19 名学生的年龄、身高和体重数据

	年龄	身高/cm	体重/kg		年龄	身高/cm	体重/kg
1	13	144	38.1	11	14	161	46.5
2	13	166	44.5	12	15	170	60.3
3	14	163	40.8	13	12	146	37.7
4	12	143	34.9	14	13	159	38.1
5	12	152	38.3	15	12	150	45.1
6	15	169	50.8	16	16	183	68.0
7	11	130	22.9	17	12	165	58.1
8	15	159	51.0	18	11	146	38.6
9	14	160	46.5	19	15	169	50.8
10	14	175	51.0				

解 利用数据框录入数据, 然后用 pairs() 函数绘出年龄、身高和体重的散点图 (程序名: exam0302.R).

```
df<-data.frame(
   Age=c(13, 13, 14, 12, 12, 15, 11, 15, 14, 14, 14, 15, 12,
         13, 12, 16, 12, 11, 15 ),
   Height=c(144, 166, 163, 143, 152, 169, 130, 159, 160, 175,
            161, 170, 146, 159, 150, 183, 165, 146, 169),
   Weight=c(38.1, 44.5, 40.8, 34.9, 38.3, 50.8, 22.9, 51.0,
            46.5, 51.0, 46.5, 60.3, 37.7, 38.1, 45.1, 68.0,
            58.1, 38.6, 50.8)
)
pairs(df)
```

另一种命令格式为

```
pairs(~ Age + Height + Weight, data=df)
```

画出同样的图形 (图形留给读者完成).

增加参数, 画出稍复杂一些的图形. 首先编写两个函数 — panel.hist() 函数和 panel.cor() 函数 (程序名分别为: panel.hist.R 和 panel.cor.R).

```
panel.hist <- function(x, ...){
    usr <- par("usr"); on.exit(par(usr))
    par(usr = c(usr[1:2], 0, 1.5) )
    h <- hist(x, plot = FALSE)
    breaks <- h$breaks; nB <- length(breaks)
    y <- h$counts; y <- y/max(y)
    rect(breaks[-nB], 0, breaks[-1], y, col="cyan", ...)
}

panel.cor <- function(x, y, digits=2, prefix="",
```

```
    cex.cor, ...){
    usr <- par("usr"); on.exit(par(usr))
    par(usr = c(0, 1, 0, 1))
    r <- abs(cor(x, y))
    txt <- format(c(r, 0.123456789), digits=digits)[1]
    txt <- paste(prefix, txt, sep="")
    if(missing(cex.cor)) cex.cor <- 0.8/strwidth(txt)
    text(0.5, 0.5, txt, cex = cex.cor * r)
}
```

panel.hist() 函数的功能是绘制数据的直方图, panel.cor() 函数的功能是计算两个样本的 Pearson 相关系数. 函数的细节可能并不清楚, 但这并不影响这两函数的使用, 只需运行 R 脚本文件即可.

以下程序绘制出稍微复杂一些的多组图, 所绘图形如图 3.2 所示.

```
source("panel.hist.R"); source("panel.cor.R")
pairs(df, diag.panel = panel.hist,
      upper.panel = panel.smooth, lower.panel = panel.cor,
      cex = 1.5, pch = 21, bg = "light blue",
      cex.labels = 2, font.labels = 2, cex.text=2)
```

在程序中, panel.smooth 表示在图形中添加光滑曲线. cex 表示所绘点的大小, pch 表示所画点的形状, bg 表示所画点空白部分的颜色.

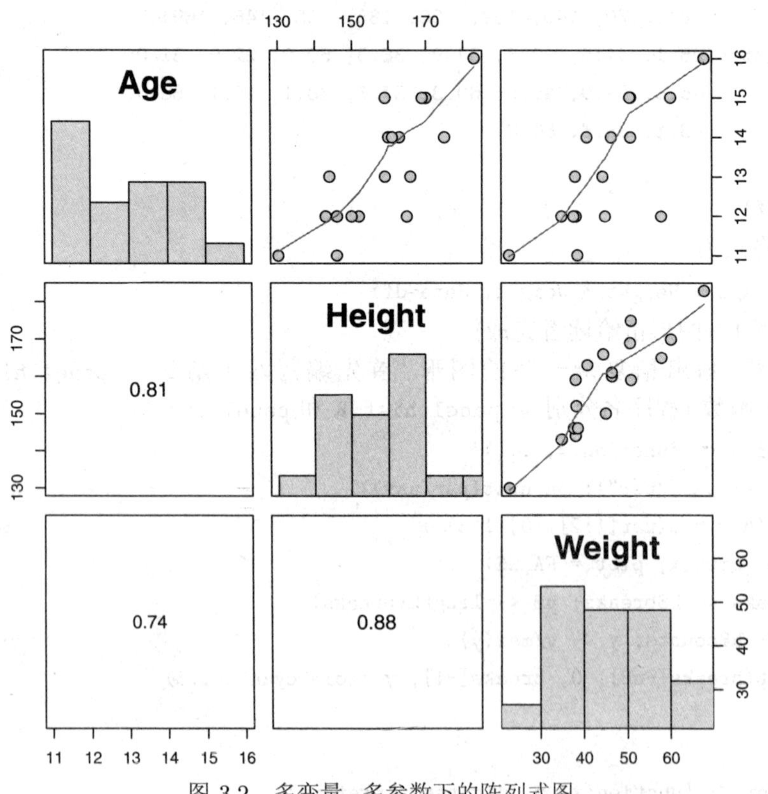

图 3.2 多变量、多参数下的阵列式图

在图 3.2 中, 对角线部分为直方图. 上三角部分为散点图, 同时增加了光滑曲线. 下三角部分给出了两组数据的 Pearson 相关系数. 与单纯的 `pairs(df)` 命令相比较, 所绘图形既好看又增加了数据的相关信息.

3.1.3 协同图 —— coplot 函数

`pairs()` 函数只能显示双向关系, 但有时需要考虑三向关系, 甚至是四向关系, 这种类型的图形被称为条件图或协同图.

在 R 中, 用 `coplot()` 函数绘制数据的协同图, 其使用格式为

```
coplot(formula, data, given.values, panel = points,
       rows, columns, show.given = TRUE,
       col = par("fg"), pch = par("pch"),
       bar.bg = c(num = gray(0.8), fac = gray(0.95)),
       xlab = c(x.name, paste("Given :", a.name)),
       ylab = c(y.name, paste("Given :", b.name)),
       subscripts = FALSE,
       axlabels = function(f) abbreviate(levels(f)),
       number = 6, overlap = 0.5, xlim, ylim, ...)
```

1. 参数的取值及意义

`formula` 公式,
形如 "`y ~ x | a`" 表示单个条件变量,
形如 "`y ~ x | a * b`" 表示两个条件变量;

`data` 数据框;

`panel` 函数, 绘制面板数据的方法, 默认值为 `points`.

2. 示例

仍以例 3.2 中的学生数据为例, 绘出年龄条件下的协同图, 其命令为

```
> coplot(Weight ~ Height | Age, data = df)
```

(图形略).

与多组图一样, 可以在协同图中增加内容, 譬如, 在协同图上增加回归直线. 编写面板数据绘图函数 (程序名: `panel.lm.R`)

```
panel.lm <- function(x, y, ...){
    tmp <- lm(y ~ x, na.action = na.omit)
    abline(tmp)
    points(x, y, ...)
}
```

相应的绘图命令改成

```
source("panel.lm.R")
coplot(Weight ~ Height | Age, data = df,
       panel = panel.lm, cex = 1.5, pch = 21,
       bg = "light blue")
```

所绘图形如图 3.3 所示.

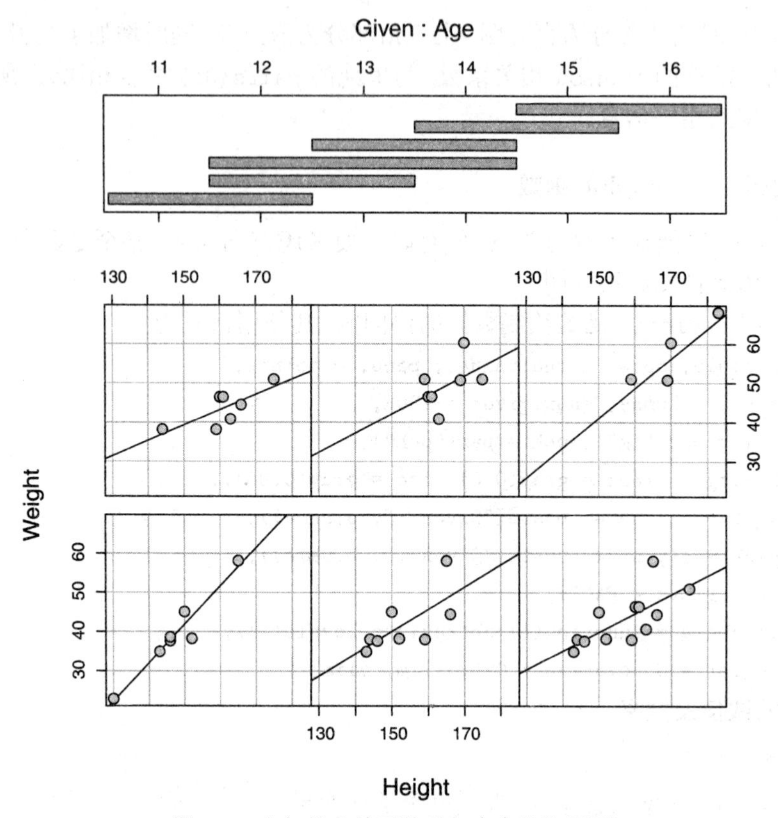

图 3.3 在年龄条件下体重与身高的协同图

上述示例是单一条件下的协同图, 下面演示两个条件下的协同图. 为减少数据的输入, 这里采用 R 中的数据集 quakes, 它共有 1000 个样本, 描述斐济周边自 1964 年以来震级大于 4 的地震记录, 共有 5 项指标, 分别是纬度 (lat)、经度 (long)、深度 (depth)、震级 (mag) 和地震台站的记录次数 (stations).

绘出在震级和深度条件下的纬度与经度的协同图, 其命令为

```
> coplot(lat ~ long | depth * mag, data = quakes)
```

所绘图形如图 3.4 所示.

3.1.4 点图 —— dotchart 函数

点图, 也称为 Cleveland (克里夫兰) 点图, 是检测离群值的优秀工具. 绘制 Cleveland 点图的函数是 dotchart() 函数, 其使用格式为

```
dotchart(x, labels = NULL, groups = NULL, gdata = NULL,
    cex = par("cex"), pch = 21, gpch = 21, bg = par("bg"),
    color = par("fg"), gcolor = par("fg"), lcolor = "gray",
    xlim = range(x[is.finite(x)]),
    main = NULL, xlab = NULL, ylab = NULL, ...)
```

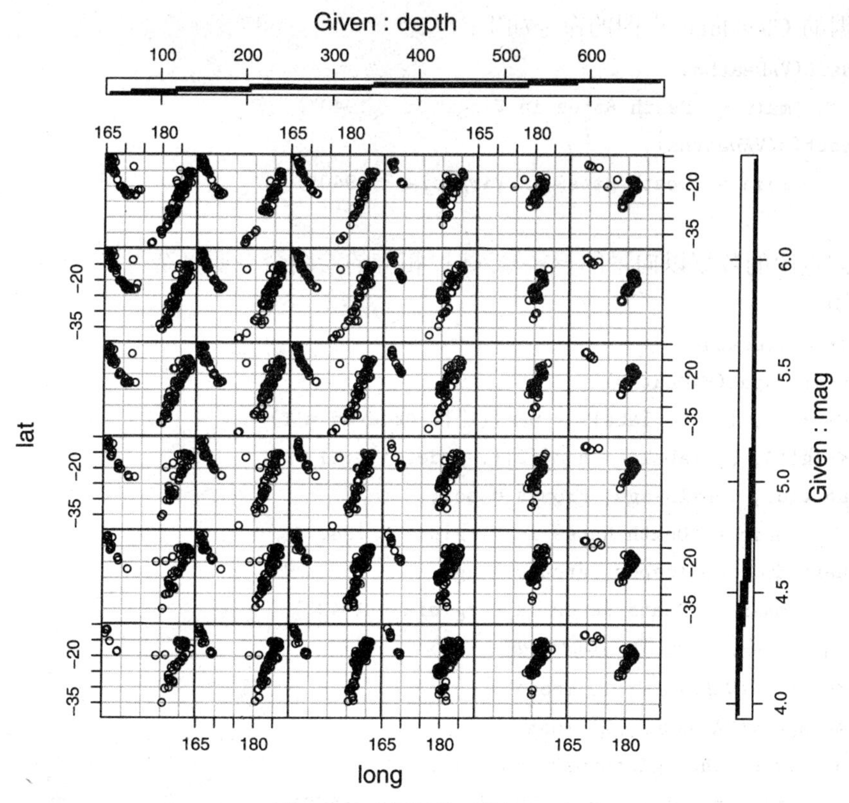

图 3.4 两个条件下的协同图

1. 参数的取值及意义

x 向量或矩阵, 绘制 Cleveland 点图的数据;

labels 向量, 每个点的标签.

当 x 为向量时, 默认值为 'names(x)'.

当 x 为矩阵时, 默认值为 'dimnames(x)[[1]]';

groups 因子向量, 描述 x 的分组情况.

当 x 为矩阵时, 默认值按 x 的列分组;

gdata 数值向量, 最典型数值是各组的均值或是各组的中位数.

2. 示例

数据集 VADeaths 给出了 Virginia (弗吉尼亚) 州在 1940 年的人口死亡率 (1/1000), 该数据集为一个 5×4 的矩阵, 其内容与形式为

	Rural Male	Rural Female	Urban Male	Urban Female
50-54	11.7	8.7	15.4	8.4
55-59	18.1	11.7	24.3	13.6
60-64	26.9	20.3	37.0	19.3
65-69	41.0	30.9	54.6	35.1
70-74	66.0	54.3	71.1	50.0

画出该数据的 Cleveland 点图的命令如下:

```
dotchart(VADeaths,
         main = "Death Rates in Virginia - 1940")
dotchart(t(VADeaths),
         main = "Death Rates in Virginia - 1940")
```

(图形略).

当绘制点图的数据以向量的形式输入时, 相应的绘图命令要复杂得多, 如下命令可给出相同的点图.

```
dr  <- c(VADeaths)
nam <-dimnames(VADeaths)
age <- gl(5, 1, 20, labels = nam[[1]], ordered = T)
pos <- gl(4, 5, labels = nam[[2]], ordered = T)
dotchart(dr, labels=age, groups = pos,
         main = "Death Rates in Virginia - 1940")
dotchart(dr, labels=pos, groups = age,
         main = "Death Rates in Virginia - 1940")
```

在点图增加各组的均值, 其命令如下

```
me1 <- apply(VADeaths, 1, mean)
me2 <- apply(VADeaths, 2, mean)
dotchart(VADeaths, gdata=me2, gpch=19,
         main = "Death Rates in Virginia - 1940")
dotchart(t(VADeaths), gdata=me1, gpch=19,
         main = "Death Rates in Virginia - 1940")
```

其图形如图 3.5 所示, 其中图 (a) 为第一个命令, 图 (b) 为第二个命令.

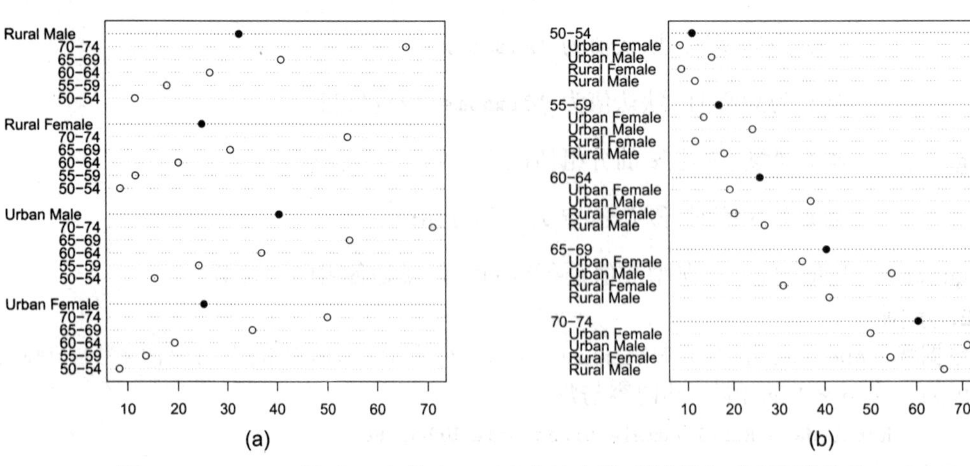

图 3.5　Virginia 州 1940 年的人口死亡率的点图, 图中增加了各组的均值

对于向量描述的情况, 增加均值的命令如下:

```
dotchart(dr, labels = age, groups = pos,
         gdata = tapply(dr, pos, mean), gpch=19,
```

```
        main = "Death Rates in Virginia - 1940")
dotchart(dr, labels=pos, groups = age,
        gdata = tapply(dr, age, mean), gpch=19,
        main = "Death Rates in Virginia - 1940")
```

上述全部程序均在文件名为 plot.dotchart.R 的程序中.

3.1.5 饼图 —— pie 函数

饼图是将圆形划分为几个扇形的统计图表, 用于描述量、频率或百分比之间的关系. 在 R 中, pie() 函数绘制饼图, 其使用格式为

```
pie(x, labels = names(x), edges = 200,
    radius = 0.8, clockwise = FALSE,
    init.angle = if(clockwise) 90 else 0,
    density = NULL, angle = 45, col = NULL,
    border = NULL, lty = NULL, main = NULL, ...)
```

1. 参数的取值及意义

x	向量, 分量为非负值, 描述饼图中的扇形面积或者扇形面积的比例;
labels	表达式或字符串, 描述图中扇形的名称, 默认值为 'names(x)';
edges	正整数, 描述近似圆的多边形的边数;
radius	数值, 饼图的半径, 默认值为 0.8;
clockwise	逻辑变量, FALSE (默认值) 为逆时针, TRUE 为顺时针;
init.angle	数值, 描述饼图开始的角度. 逆时针的默认值为 0 度 (即 3 点位置), 顺时针的默认值为 90 度 (即 12 点位置);
density	正整数, 阴影线条的密度, 表示每英寸的线条的个数;
angle	数值或向量, 描述扇形阴影线条倾斜的角度.

2. 示例

以下数据是 2004 年欧洲议会选举的初步结果

EUL	PES	EFA	EDD	ELDR	EPP	UNE	other
39	200	42	15	67	276	27	66

绘出这组数据的饼图. 其命令如下 (程序名: plot.pie.R)

```
pie.sales <-c(39, 200, 42, 15, 67, 276, 27, 66)
names(pie.sales) <- c("EUL", "PES", "EFA", "EDD",
                      "ELDR", "EPP", "UNE", "other")
## figure 1
pie(pie.sales, radius = 0.9, main = "Ordinary chart")
## figure 2
pie(pie.sales, radius = 0.9, col = rainbow(8),
    clockwise = TRUE, main = "Rainbow colours")
## figure 3
pie(pie.sales, radius = 0.9, clockwise = TRUE,
    col = gray(seq(0.4, 1.0, length = 8)),
```

```
    main = "Grey colours")
## figure 4
pie(pie.sales, radius = 0.9,
    density = 10, angle = 15 + 15 * 1:8,
    main = "The density of shading lines")
```

在上述程序中, 第 1 个绘饼图命令采用的是默认色彩. 第 2 个命令使用 rainbow 函数定义各扇形的颜色, 并且按顺时针方向绘图. 第 3 个命令用灰度描述色彩, 也是顺时针方向. 第 4 个命令用线条作为阴影描述色彩. 所绘图形如图 3.6 所示.

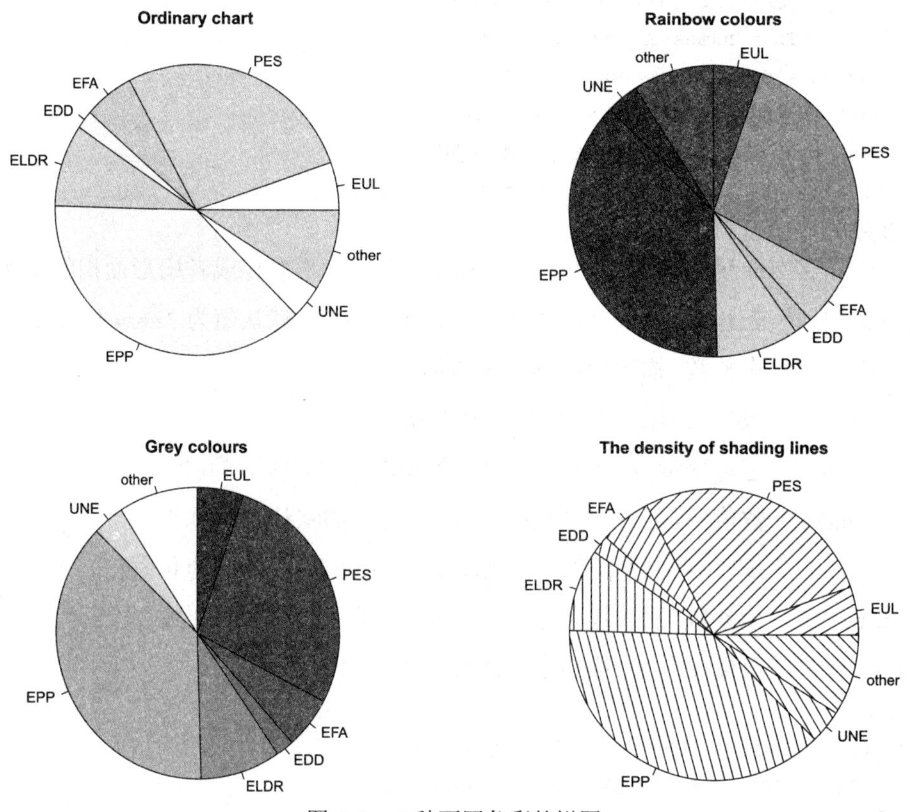

图 3.6 4 种不同色彩的饼图

3.1.6 条形图 —— parplot 函数

条形图是一种以长方形的长度为变量的统计图表, 它在统计图形中是应用最广泛的, 但所能展示的统计量比较贫乏, 因为它只能以矩形条的长度展示原始数据.

在 R 中, 使用 parplot() 函数绘制条形图, 其使用格式为

```
barplot(height, width = 1, space = NULL,
    names.arg = NULL, legend.text = NULL, beside = FALSE,
    horiz = FALSE, density = NULL, angle = 45,
    col = NULL, border = par("fg"),
    main = NULL, sub = NULL, xlab = NULL, ylab = NULL,
    xlim = NULL, ylim = NULL, xpd = TRUE, log = "",
```

```
    axes = TRUE, axisnames = TRUE,
    cex.axis = par("cex.axis"), cex.names = par("cex.axis"),
    inside = TRUE, plot = TRUE, axis.lty = 0, offset = 0,
    add = FALSE, args.legend = NULL, ...)
```

1. 参数的取值及意义

height	向量或矩阵, 描述条形的长度;
width	数值或向量, 描述条形的宽度, 默认值为 1;
space	数值, 描述条形之间的空白的宽度, 默认值为 NULL;
legend.text	字符串, 图例说明. 当 height 为矩阵时, 较为有用;
beside	逻辑变量, FALSE (默认值) 为重叠, TRUE 为平行排列;
horiz	逻辑变量, FALSE (默认值) 为竖条, TRUE 为横条.

2. 示例

在本例中, 所用的数据分别为 2004 年欧洲议会选举的初步结果和 1940 年 Virginia 州的人口死亡率. 相应的命令 (程序名: plot.barplot.R) 如下

```
## figure 1
r<-barplot(pie.sales, space=1, col=rainbow(8))
lines(r, pie.sales, type='h', col=1, lwd=2)
## figure 2
mp <- barplot(VADeaths)
tot <- colMeans(VADeaths)
text(mp, tot + 3, format(tot), xpd = TRUE, col = "blue")
## figure 3
barplot(VADeaths, space = 0.5,
        col = c("lightblue", "mistyrose", "lightcyan",
                "lavender", "cornsilk"))
## figure 4
barplot(VADeaths, beside = TRUE,
        col = c("lightblue", "mistyrose", "lightcyan",
                "lavender", "cornsilk"),
        legend = rownames(VADeaths), ylim = c(0, 100))
```

在上述程序中, 第 1 幅图选择的数据为欧洲议会选举的初步结果, 即用向量作为数据输入, 并且用 lines() 函数在条形中间添加一条线. 第 2~4 幅图使用 Virginia 州的人口死亡率的数据, 即用矩阵作为数据输入. 第 2 幅图采用默认参数, 用 text() 函数添加死亡率的平均值. 第 3 幅图添加了条形的颜色, 第 4 幅图使用了参数 beside = TRUE, 条形平行排列. 所绘图形如图 3.7 所示.

3.1.7 直方图 —— hist 函数

直方图 (histogram) 又称柱状图, 或质量分布图, 是一种统计报告图, 由一系列高度不等的纵条纹或线段表示数据的分布情况. 直方图是用来展示连续数据分布的常用工具, 用来估计数据的概率分布.

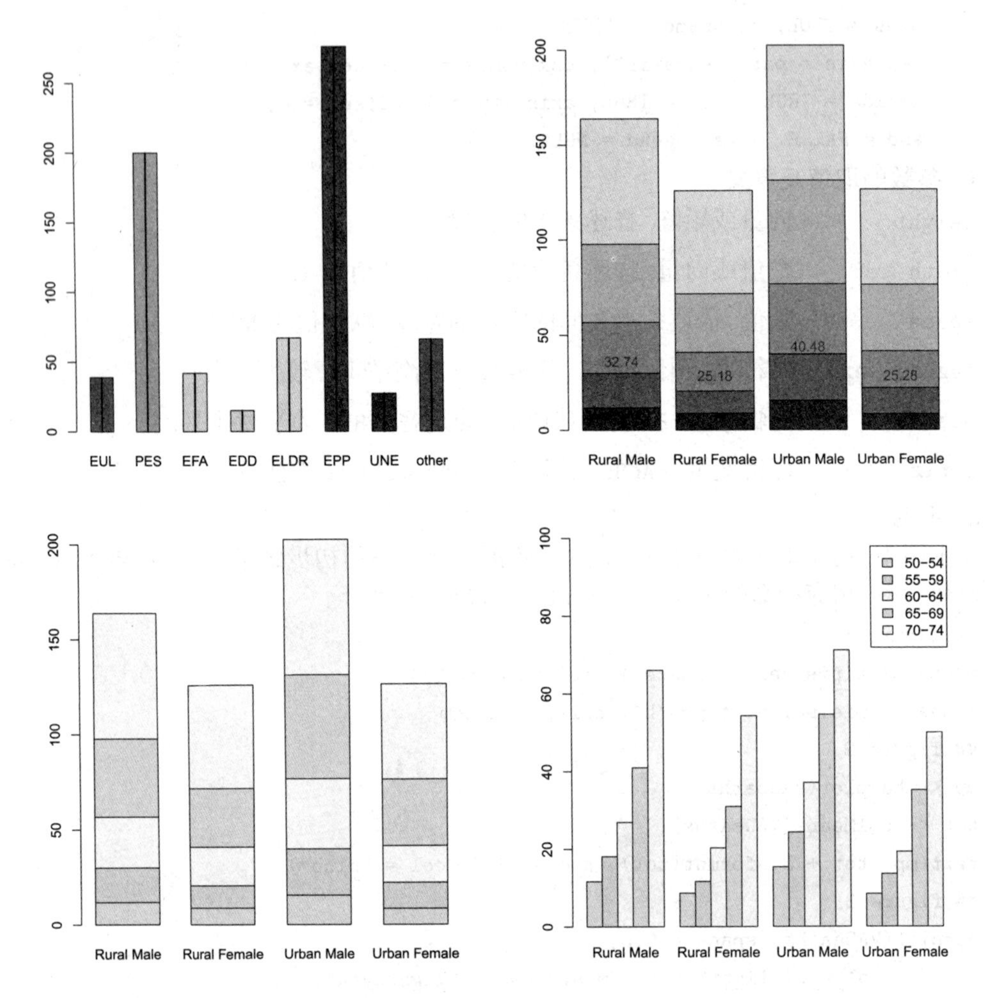

图 3.7 4 种情况的条形图

在 R 中, hist() 函数绘制数据的直方图, 其使用格式为

```
hist(x, breaks = "Sturges",
     freq = NULL, probability = !freq,
     include.lowest = TRUE, right = TRUE,
     density = NULL, angle = 45, col = NULL, border = NULL,
     main = paste("Histogram of" , xname),
     xlim = range(breaks), ylim = NULL,
     xlab = xname, ylab,
     axes = TRUE, plot = TRUE, labels = FALSE,
     nclass = NULL, warn.unused = TRUE, ...)
```

1. 参数的取值及意义

x	向量, 直方图的数据;
breaks	数值, 向量或字符串, 描述直方图的断点;
freq	逻辑变量, TRUE 为频数, FALSE 为密度;

border　数字或字符串, 描述直方外框的颜色;

labels　逻辑变量, 默认值为 FALSE. 当取值为 TRUE 时, 表示标出频数或密度.

2. 示例

采用例 3.2 中学生身高的数据作直方图. R 命令 (程序名: plot.hist.R) 如下

```
attach(df)
## figure 1
hist(Height, col="lightblue", border="red",
     labels = TRUE, ylim=c(0, 7.2))
## figure 2
r <- hist(Height, breaks = 12, freq = FALSE,
          density = 10, angle = 15+30*1:6)
text(r$mids, 0, r$counts, adj=c(.5, -.5), cex=1.2 )
lines(density(Height), col = "blue", lwd=2)
x <- seq(from = 130, to = 190, by = 0.5)
lines(x, dnorm(x, mean(Height), sd(Height)),
      col="red", lwd=2)
detach()
```

第 1 幅图绘出的是频数直方图, 增加了直方图和外框的颜色, 以及相应的频数. 第 2 幅图使用了线条阴影, 并利用 text() 函数标出频数, 用 lines() 绘出数据的密度曲线和正态分布密度曲线. 所绘图形如图 3.8 所示.

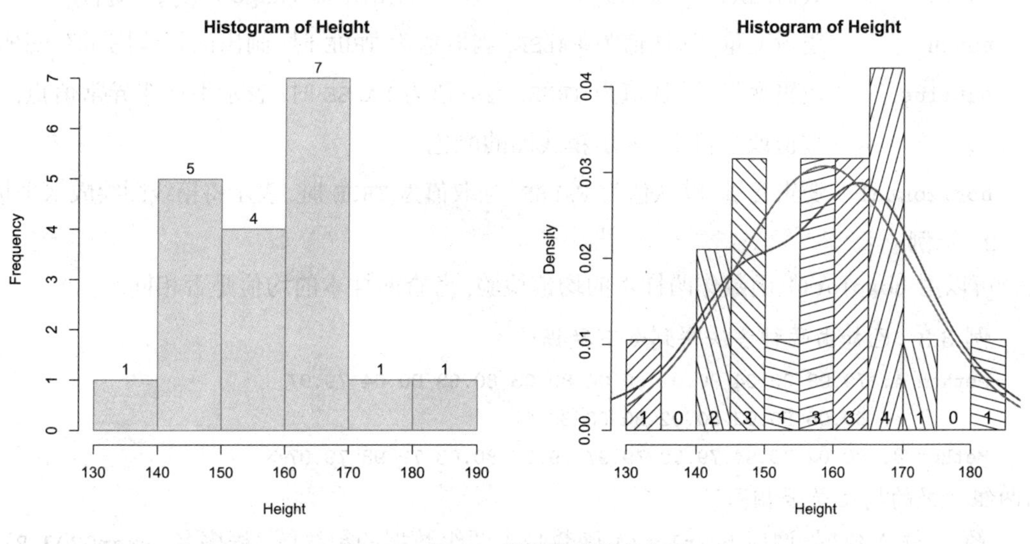

图 3.8　例 3.2 学生体重的直方图

3.1.8　箱线图 —— boxplot 函数

箱线图又称为箱形图或盒须图, 主要是从四分位数的角度来描述数据的分布, 它通过上边缘、上四分位数 (Q_3)、中位数 (Q_2)、下四分位数 (Q_1) 和下边缘组成, 可能还包括异常值点 (超过上下边缘的点) 来描绘数据.

在 R 中, 用 boxplot() 函数来绘制箱线图, 其使用格式为

```
#### 基本方法
boxplot(x, ...)

#### 公式形式

boxplot(formula, data = NULL, ..., subset,
        na.action = NULL)

#### 默认用法

boxplot(x, ..., range = 1.5, width = NULL, varwidth = FALSE,
    notch = FALSE, outline = TRUE, names, plot = TRUE,
    border = par("fg"), col = NULL, log = "",
    pars = list(boxwex = 0.8, staplewex = 0.5, outwex = 0.5),
    horizontal = FALSE, add = FALSE, at = NULL)
```

1. 参数的取值及意义

x	向量, 列表, 或数据框;
formula	公式, 形如 y ~ grp, 其中 y 为向量, grp 是数据的分组, 通常为因子;
data	数据框, 提供数据;
range	数值, 默认值为 1.5, 表示 “触须” 的范围, 即 range $\times (Q_3 - Q_1)$;
notch	逻辑变量, 默认值为 FALSE, 当取值为 TRUE 时, 画出的箱线图带有凹槽;
outline	逻辑变量, 默认值为 TRUE, 当取值为 FALSE 时, 表示不标明异常值点;
col	数值或字符串, 表示箱线图的颜色;
horizontal	逻辑变量, 默认值为 FALSE, 当取值为 TRUE 时, 表示将箱线图绘成水平状.

2. 示例

可以用 boxplot() 函数作两样本的均值检验, 考查两样本的均值是否相同.

例 3.3 已知由两种方法得到如下数据:

```
Method A: 79.98 80.04 80.02 80.04 80.03 80.03 80.04 79.97
          80.05 80.03 80.02 80.00 80.02
Method B: 80.02 79.94 79.98 79.97 79.97 80.03 79.95 79.97
```

问两组数据的均值是否相同?

解 输入数据, 调用 boxplot() 函数画出两组数据的箱线图 (程序名: exam0303.R),

```
A<-c(79.98, 80.04, 80.02, 80.04, 80.03, 80.03, 80.04,
     79.97, 80.05, 80.03, 80.02, 80.00, 80.02)
B<-c(80.02, 79.94, 79.98, 79.97, 79.97, 80.03, 79.95,
     79.97)
boxplot(A, B, names=c('A', 'B'), col=c(2,3))
```

得到箱线图, 如图 3.9 所示.

从图形可以看出,两组数据的均值是不相同的,第一组值高于第二组. 参数 `col = c(2,3)` 表示箱线图的颜色,2 表示红色,3 表示绿色. 也可以将参数改写成 `col = c('red', 'green')`.

`InsectSprays` 是 R 中的数据集, 描述杀虫剂的效果, 其结构为数据框, 共有两列, 一列称为 count, 描述昆虫的数目, 另一列称为 spray, 描述杀虫剂的类型, 共 6 种, 分别为 A, B, C, D, E, F. 现用公式形式画出昆虫数目在这 6 种类型下的箱线图, 其命令如下:

```
boxplot(count ~ spray, data = InsectSprays,
        col = "lightgray")
boxplot(count ~ spray, data = InsectSprays,
        notch = TRUE, col = 2:7, add = TRUE)
```

第一个命令画出矩形的箱线图, 图中的颜色为浅灰 (`col = "lightgray"`). 第二个命令画出的箱线图带有切口 (`notch = TRUE`), 而且每一个箱线图用一种颜色 (`col = 2:7`) 画出, 并将本次画的图叠加到上一张图上 (`add = TRUE`), 其图形如图 3.10 所示. 由于凹槽的宽度为 $Q_2 \pm 1.58(Q_3 - Q_1)/\sqrt{n}$, 所以有时凹槽会出现在盒子之外, 在这种情况下, 计算机会给出警告性提示.

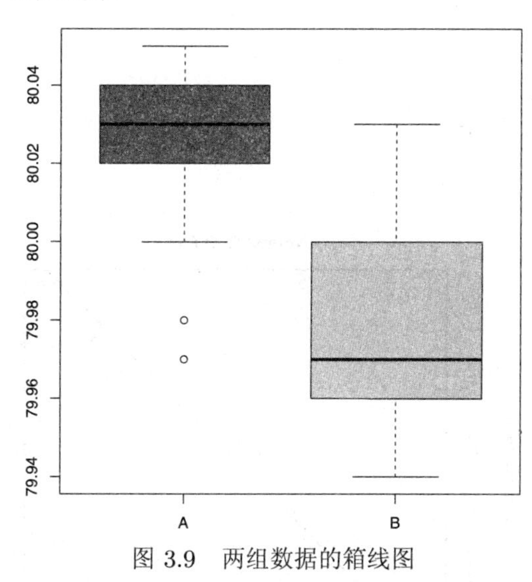

图 3.9 两组数据的箱线图

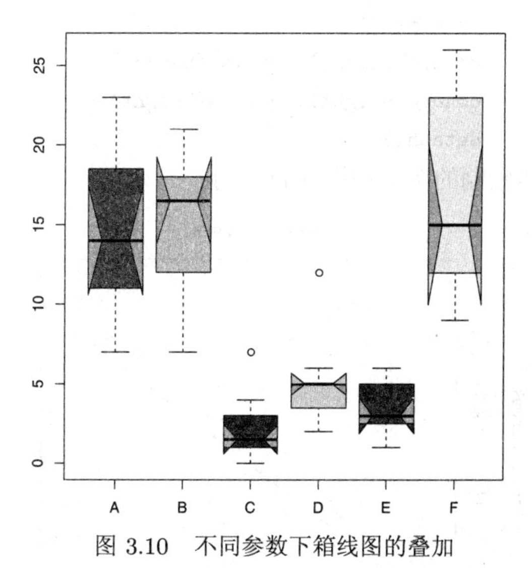

图 3.10 不同参数下箱线图的叠加

3.1.9 Q-Q 图 —— qqnorm 函数

Q-Q 图是一种散点图, 对应于正态分布的散点 Q-Q 图, 就是由标准正态分布的分位数为横坐标, 样本值为纵坐标的散点图. 利用 Q-Q 图可以鉴别样本数据是否近似于正态分布.

在 R 中, `qqnorm()` 函数的功能是绘出数据的正态 Q-Q 图, `qqline()` 函数是在 Q-Q 图上增加一条理论直线, `qqplot()` 函数画出数据集的 Q-Q 图, 它们的使用格式如下:

```
qqnorm(y, ylim, main = "Normal Q-Q Plot",
       xlab = "Theoretical Quantiles",
       ylab = "Sample Quantiles",
       plot.it = TRUE, datax = FALSE, ...)

qqline(y, datax = FALSE, distribution = qnorm,
       probs = c(0.25, 0.75), qtype = 7, ...)
```

```
qqplot(x, y, plot.it = TRUE, xlab = deparse(substitute(x)),
    ylab = deparse(substitute(y)), ...)
```

1. 参数的取值及意义

x	向量, 表示第 1 组样本的数据, 仅用于 qqplot() 函数;
y	向量, 表示第 2 组样本的数据, 或仅表示样本数据;
main	字符串, 表示图题;
xlab, ylab	字符串, 分别表示 x 轴和 y 轴的标签;
plot.it	逻辑变量, TRUE(默认值) 为绘图, FLASE 为不绘图.

2. 示例

例 3.4 画出例 3.2 的数据中身高和体重的正态 Q-Q 图.

解 写出 R 命令 (程序名: exam0304.R) 如下:

```
attach(df)
qqnorm(Weight); qqline(Weight)
qqnorm(Height); qqline(Height)
detach()
```

所绘制的图形如图 3.11 所示.

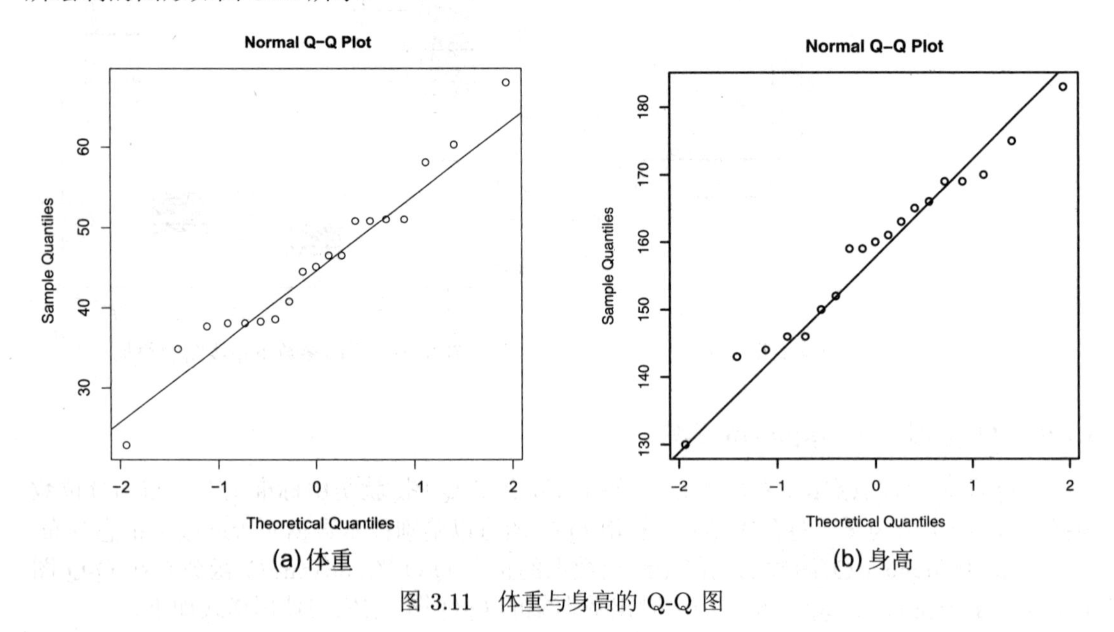

(a) 体重 (b) 身高

图 3.11 体重与身高的 Q-Q 图

从图 3.11 可以看出, 学生体重基本上服从正态分布, 但学生的身高有可能不服从正态分布.

3.1.10 三维透视图 —— persp 函数

前面所绘的图形均为二维图形, 相对于二维图形来讲, 三维透视图可能在视觉上更具有吸引力.

在 R 中, persp() 函数的功能是绘出三维透视图, 其使用格式为

```
persp(x = seq(0, 1, length.out = nrow(z)),
      y = seq(0, 1, length.out = ncol(z)),
      z, xlim = range(x), ylim = range(y),
      zlim = range(z, na.rm = TRUE),
      xlab = NULL, ylab = NULL, zlab = NULL,
      main = NULL, sub = NULL,
      theta = 0, phi = 15, r = sqrt(3), d = 1,
      scale = TRUE, expand = 1,
      col = "white", border = NULL, ltheta = -135, lphi = 0,
      shade = NA, box = TRUE, axes = TRUE, nticks = 5,
      ticktype = "simple", ...)
```

1. 参数的取值及意义

x, y	数值型向量, 分别表示 x 轴和 y 轴的取值范围;
z	矩阵, 由 x 和 y 根据所绘图形函数关系生成;
theta, phi	数值, 分别表示图形的观察角度 θ 和 ϕ;
expand	数值, 扩展或缩小的比例, 默认值为 1.

2. 示例

例 3.5 在 $[-7.5,7.5]\times[-7.5,7.5]$ 的正方形区域内出绘函数 $z=\dfrac{\sin\sqrt{x^2+y^2}}{\sqrt{x^2+y^2}}$ 的三维透视图.

解 三维透视图的 R 命令 (程序名: exam0305.R) 如下:

```
y <- x <- seq(-7.5, 7.5, by = 0.5)
f <- function(x,y) {
    r <- sqrt(x^2+y^2) + 2^{-52}
    z <- sin(r)/r
}
z <- outer(x, y, f)
persp(x, y, z, theta = 30, phi = 15,
     expand = .7, col = "lightblue",
     xlab = "X", ylab = "Y", zlab = "Z")
```

程序的第 1 行是输入变量 x 和 y 的取值范围, 这里间隔取 0.5. 第 2~5 行定义一个描述变量之间关系式的函数, 在变量 r 上加一个很小的量 (2^{-52}) 是为了避免在下一行运算时分母为 0.

注意, 在绘制三维图形时, z 并不是简单的关于 x 与 y 的某种运算, 而是需要在函数 f 的关系下作外积运算 (outer(x, y, f)), 形成网格, 这样才能绘出三维透视图, 请初学者特别注意这一点. 所绘图形如图 3.12 所示.

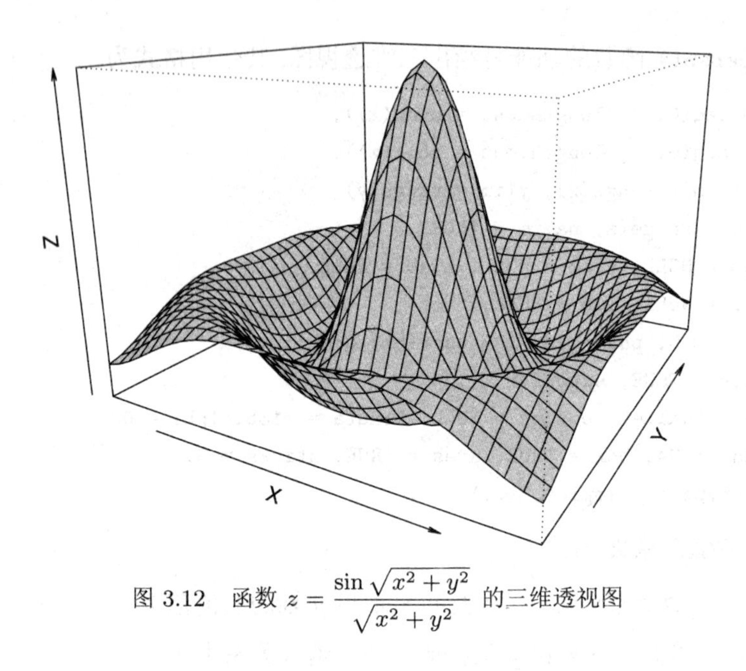

图 3.12 函数 $z = \dfrac{\sin\sqrt{x^2+y^2}}{\sqrt{x^2+y^2}}$ 的三维透视图

3.1.11 等值线 —— contour 函数

等值线虽然是二维曲线, 但它本质上反映的是三维数据的情况, 因为三维图形会受到视角等因素的影响, 有时不能真正反映数据的真实情况.

在 R 中, contour() 函数的功能是绘出三维图形的等值线, 其使用格式为

```
contour(x = seq(0, 1, length.out = nrow(z)),
        y = seq(0, 1, length.out = ncol(z)),
        z,
        nlevels = 10, levels = pretty(zlim, nlevels),
        labels = NULL,
        xlim = range(x, finite = TRUE),
        ylim = range(y, finite = TRUE),
        zlim = range(z, finite = TRUE),
        labcex = 0.6, drawlabels = TRUE,
        method = "flattest",
        vfont, axes = TRUE, frame.plot = axes,
        col = par("fg"), lty = par("lty"),
        lwd = par("lwd"), add = FALSE, ...)
```

1. 参数的取值及意义

`x, y` 数值型向量, 分别表示 x 轴和 y 轴的取值范围;

`z` 矩阵, 由 x 和 y 根据所绘图形函数关系生成;

`nlevels` 整数, 表示等值线的条数;

`levels` 数值向量, 描述所绘等值线的值.

2. 示例

例 3.6 在 $[-3,3]\times[-3,3]$ 的正方形区域内绘出函数

$$z = 3(1-x)^2\mathrm{e}^{-x^2-(y+1)^2} - 10\left(\frac{x}{5} - x^3 - y^5\right)\mathrm{e}^{-x^2-y^2} - \frac{1}{3}\mathrm{e}^{-(x+1)^2-y^2}$$

的等值线图, 该函数也称为 Peaks 函数, 其中等值线的值分别为 $-6.50, -5.75, \cdots, 7.75$, 共 20 条等值线.

解 写出相应的 R 程序 (程序名: exam0306.R) 如下:

```
y <- x <- seq(-3, 3, by = 0.125)
f <- function(x,y) {
    z <- 3*(1-x)^2*exp(-x^2 - (y+1)^2) -
      10*(x/5 - x^3 - y^5)*exp(-x^2-y^2) -
     1/3*exp(-(x+1)^2 - y^2)
}
z <- outer(x, y, f)
contour(x, y, z,
        levels = seq(-6.5, 7.5, by = 0.75),
        xlab = "X", ylab = "Y", col = "blue")
```

所绘出的图形如图 3.13 所示.

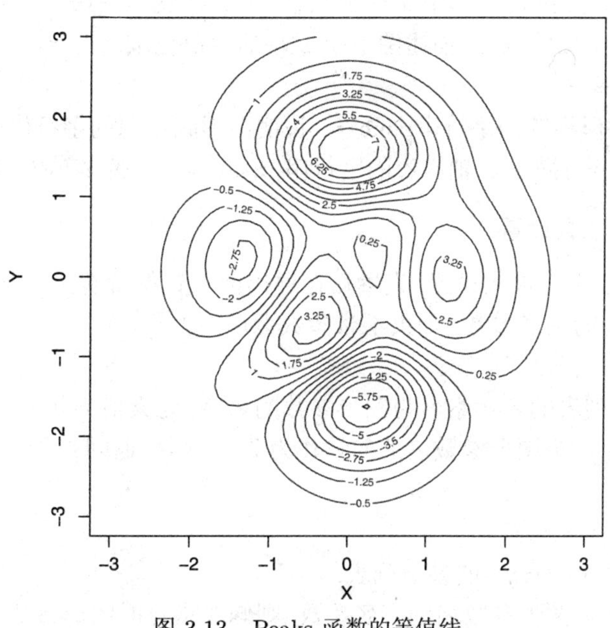

图 3.13 Peaks 函数的等值线

3.2 图形参数

前面已经看到了如何用 `main = , xlab =` 等参数来规定高级图形函数的一些设置. 在实际绘图中, 特别是绘制用于演示或出版的图形时, R 软件用默认设置绘制的图形往往不能

满足实际要求. 因此, R 软件还提供了一系列图形参数, 通过使用图形参数可以修改图形显示的所有各方面的设置. 图形参数包括关于线型、颜色、图形排列、文本对齐方式等各种设置. 每个图形参数都有一个名字, 如 `col` 代表颜色, 取一个值, 如 `col = "red"` 表示为红色. 每个图形设备都有一套单独的图形参数.

3.2.1　高水平绘图函数中的参数

在前面介绍的高水平绘图函数中, 很多参数是大多数函数共有的, 有些参数介绍过, 甚至使用过, 有些没有介绍, 在这里作统一介绍. 在高水平绘图函数中, 增加这些参数可以不断完善图形的内容, 或增加一些图形的说明.

1. 图中的逻辑参数

`add = TRUE` 表示新绘图形与已有图形叠加, `add = FALSE` (默认值) 表示用新绘图形替换已有图形.

`axes = TRUE` (默认值) 表示在绘图形中添加坐标轴, `axes = FALSE` 表示所绘图形中没有坐标轴.

2. 对数据取对数

`log = "x"` 表示对 x 轴的数据取对数, `log = "y"` 表示对 y 轴的数据取对数, `xy` 或 `yx` 表示对 x 轴和 y 轴的数据同时取对数.

3. 绘图范围

`xlim = c(x1, x2)`, 描述图形中 x 轴的取值范围, `ylim = c(y1, y2)`, 描述图形中 y 轴的取值范围, `zlim = c(z1, z2)`, 描述图形中 z 轴的取值范围.

4. 图中的字符串

`main =` 说明图形标题的字符串; `sub =` 说明图形副标题的字符串; `xlab =` 描述 x 轴内容的字符串; `ylab =` 描述 y 轴内容的字符串, `zlab =` 描述 z 轴内容的字符串.

3.2.2　图形参数的永久设置

使用函数 `par()` 进行永久设置, 设置后在退出前一直保持有效. 函数 `par()` 用来访问或修改当前图形设备的图形参数. 如果不带参数调用, 如

```
> par()
```

其结果是一个列表, 列表的各元素名为图形参数的名字, 元素值为相应图形参数的取值.

如果调用时指定一个图形参数名的向量作为参数, 则只返回被指定的图形参数的列表, 如

```
> par(c("col", "lty"))
```

则只返回参数 `"col"` 和 `"lty"` 的参数列表.

调用时指定名字为图形参数名的有名参数, 则修改指定的图形参数, 并返回原值的列表

```
> oldpar <- par(col=4, lty=2)
```

因为用函数 `par()` 修改图形参数保持到退出之前有效, 而且即使是在函数内, 此修改仍是全局的, 所以可以利用如下方法, 在完成任务后恢复原来的图形参数

```
> oldpar <- par(col=4, lty=2)
......(需要修改图形参数的绘图任务)
> par(oldpar) # 恢复原始的图形参数
```

3.2.3 图形参数的临时设置

除了像上面那样用函数 par() 永久地修改图形参数外, 还可以在几乎任何图形函数中指定图形参数作为有名参数, 这样的修改是临时的, 只对此函数起作用. 例如

```
> text(x, y, "Normal density", adj = 0)
```

中的参数 adj=0 就是临时设置. 又如

```
> plot(x, y, pch = "+")
```

就用图形参数 pch 指定了绘制散点的符号为加号. 这个设定只对这一幅图有效, 对以后的图形没有影响.

3.2.4 图形元素控制

图形由点、线、文本、多边形等元素构成, 在默认情况下, 点由空心圆, 线由实线构成. 但对于复杂的图形, 需要用不同的形式画点, 如点的形状、大小和颜色, 也可能需要有不同风格的曲线, 如实线、虚线、颜色和粗细等. 下面介绍改变这些图形元素的参数.

1. 规定图中点的形状

在默认情况下, 图形中的点都是由空心圆组成, 如果打算改变点的形状, 可用参数 pch (plotting character 的缩写) 来完成, 其使用格式为

```
pch = k
```

其中 k 或者是 0~25 中的某个数字, 或者是某个特定的字符, 数字和字符是用来表示点的形状, 其意义如图 3.14 所示.

图 3.14 pch 参数及对应点的形状

2. 规定图中线的类型

可用参数 lty 规定图中线的类型, 其使用格式为

```
lty = k
```

其中 k 为数字, 表示线的类型, 1 (默认值) 表示实线, 从 2 开始表示各种类型的虚线, 数字的意义如图 3.15 所示.

3. 规定图中线的宽度

可用参数 lwd 规定线的宽度, 其使用格式为

```
lwd = k
```

其中 k 为数值, 表示线的宽度, 1 (默认值) 表示 “标准” 宽度, 其他值表示标准宽度的倍数. 这个参数影响 `lines()` 函数所绘线的宽度, 以及坐标轴的线宽. 数值的意义如图 3.15 所示.

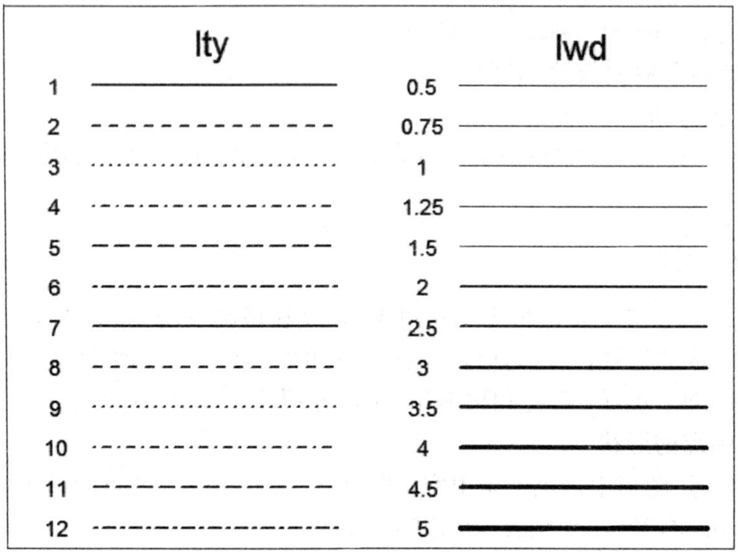

图 3.15 lty和 lwd 参数以及线的类型和宽度

4. 规定图中点、线、文本和填充区域的颜色

可用参数 `col` 规定图中点、线或者文本的颜色, 可用参数 `bg` 规定图中填充区域的颜色, 其使用格式为

```
col = k, bg = k
```

其中 k 是数值或者是描述颜色的字符串. 例如, 1~8 分别表示黑、红、绿、蓝、青、深红、黄和灰, 也可以用字符串表示, 如 `"black"`, `"red"`, `"green"`, `"blue"`, `"cyan"`, `"magenta"`, `"yellow"` 和 `"gray"`. 可用 `palette()` 函数给出颜色的数值, 用 `colors()` 函数给出颜色的名称.

可用参数 `col.axis`, `col.lab`, `col.main` 和 `col.sub` 来规定坐标轴的注释、x 轴与 y 轴的标记、标题和副标题中的文字或字符的颜色.

5. 规定图中字体的类型

可用参数 `font` 规定图中字体的类型, 其使用格式为

```
font = k
```

其中 k 为数字, 表示字体的类型. 1, 2, 3, 4 分别表示正体、黑体、斜体和黑斜体.

可用参数 `font.axis`, `font.lab`, `font.main` 和 `font.sub` 分别规定坐标刻度、坐标轴标签、标题和副标题所用的字体的类型.

6. 图中文本对齐的方式

可用参数 `adj` 规定图中文本对齐的方式, 其使用格式为

```
adj = k
```

其中 k 为数值, 表示对齐的方式. 0 表示左对齐, 1 表示右对齐, 0.5 表示居中. 此参数的值实际代表的是出现在给定坐标左边的文本的比例, 所以 `adj = -0.1` 的效果是文本出现在给定坐标位置的右边, 并空出相当于文本 10% 长度的距离.

7. 图中字符的放大倍数

可用参数 cex 规定图中字符的放大倍数, 其使用格式为

```
cex = k
```

其中 k 为数值, 表示字符的放大倍数. 例如, cex = 1.5 表示放大成原字符大小的 1.5 倍.

可用参数 cex.axis, cex.lab, cex.main 和 cex.sub 分别规定坐标轴的注释、x 轴与 y 轴的标记、标题和副标题中指定字符放大倍数.

3.3 低水平图形函数

高水平绘图函数可以迅速简便地绘制常见类型的图形, 但在某些情况下可能需要绘制一些有特殊要求的图形. 比如, 希望坐标轴按照自己的设计绘制, 或者在已有的图上增加另一组数据, 或者在图中加入一行文本注释, 或者绘出多个曲线代表的数据的标签等. 低水平绘图函数是在已有图形的基础上进行添加.

3.3.1 添加点、线、文字、符号或数学表达式

1. 添加点

在已绘图上添加点的函数为 points(), 其使用格式为

```
points(x, y = NULL, type = "p", ...)
```

参数的意义如下:

x, y　数值向量, 表示点的坐标;

type　字符串, 表示类型;

...　附加参数.

2. 添加线

在已绘图上添加线的函数为 lines(), 其使用格式为

```
lines(x, y = NULL, type = "l", ...)
```

参数的意义如下:

x, y　数值向量, 表示线段的坐标;

type　字符串, 表示类型;

...　附加参数.

3. 添加文字或符号

在已绘图上添加文字或符号的函数为 text(), 其使用格式为

```
text(x, y = NULL, labels = seq_along(x), adj = NULL,
     pos = NULL, offset = 0.5, vfont = NULL,
     cex = 1, col = NULL, font = NULL, ...)
```

参数的意义如下:

x, y　数值向量, 表示添加文字处的坐标;

labels　数值型或字符型向量, 表示需要添加的文字或符号;

adj　[0, 1] 区间的值, 一个或两个, 描述文字调整的位置;

`pos` 数字或 NULL(默认值), 1, 2, 3, 4 分别表示原始位置的下、左、上、右位置;

`cex` 数值, 默认值为 1, 表示字体大小.

4. 数学符号或数学表达式

在一些情况下, 需要在图形中加一些数学符号或者数学公式. 这些数学符号或数学表达式可用函数 `expression()` 来引导, 作为字符串可以在 `text()`, `mtext()`, `axis()` 或 `title()` 的任意一个函数中使用, 来表达图中图像的意义. 例如, 下面的代码表示的是二项概率密度函数的表达式

```
text(x, y, expression(paste(bgroup("(", atop(n,x), ")"),
                      p^x, q^{n-x})))
```

表 3.2 列出一些常用的数学符号和数学表达式, 更多的数学表达式的信息或者数学表达式的例子可通过如下命令得到.

```
> help(plotmath)
> example(plotmath)
> demo(plotmath)
```

表 3.2 常用的数学绘图符号

语法	数学符号	语法	数学符号
`x + y`	$x+y$	`x - y`	$x-y$
`x * y`	xy	`x/y`	x/y
`x %+-% y`	$x \pm y$	`x %*% y`	$x \times y$
`x %.% y`	$x \cdot y$	`x %/% y`	$x \div y$
`x[i]`	x_i	`x^2`	x^2
`sqrt(x)`	$\sqrt{x}$	`sqrt(x, y)`	$\sqrt[y]{x}$
`hat(x)`	$\hat{x}$	`tilde(x)`	$\tilde{x}$
`widehat(xy)`	$\widehat{xy}$	`widetilde(xy)`	$\widetilde{xy}$
`dot(x)`	$\dot{x}$	`...`	$\cdots$
`cdots`	$\cdots$	`ldots`	$\ldots$
`frac(x, y)`	$\frac{x}{y}$	`over(x, y)`	$\dfrac{x}{y}$
`sum(x[i], i==1, n)`	$\sum_{i=1}^{n} x_i$	`prod(x[i], i==1, n)`	$\prod_{i=1}^{n} x_i$
`x == y`	$x=y$	`x != y`	$x \neq y$
`x < y`	$x<y$	`x <= y`	$x \leqslant y$
`x > y`	$x>y$	`x >= y`	$x \geqslant y$
`x %~~% y`	$x \approx y$	`x %=~% y`	$x \cong y$
`x %==% y`	$x \equiv y$	`x %prop% y`	$x \propto y$
`x %subset% y`	$x \subset y$	`x %subseteq% y`	$x \subseteq y$
`x %notsubset% y`	$x \not\subset y$	`x %supset% y`	$x \supset y$
`x %supseteq% y`	$x \supseteq y$	`x %in% y`	$x \in y$
`x %notin% y`	$x \notin y$	`paste(x, y, z)`	xyz
`alpha - omega`	$\alpha - \omega$	`Alpha - Omega`	$A - \Omega$

5. 示例

在 iris 数据集中, 给出了鸢尾属的 3 种植物, 分别为 setosa, versicolor 和 virginica. 现要绘出这 3 种植物关于花瓣的长度和宽度的散点图. 在图中, 不同植物的散点图, 用不同形状、不同颜色来描述, 并配有相应的文字说明, 其程序 (程序名: plot_iris.R) 如下:

```
data(iris)
op <- par(mai = c(1, 1, 0.3, 0.3), cex = 1.1)
x <- iris$Petal.Length; y <- iris$Petal.Width
plot(x, y, type="n",
     xlab="Petal Length", ylab="Petal Width",
     cex.lab=1.3)
Species <- c("setosa", "versicolor", "virginica")
pch <- c(24, 22, 25)
for (i in 1:3){
     index <- iris$Species==Species[i]
     points(x[index], y[index], pch = pch[i],
     col = i+1, bg = i+1)
}
par(op)
text(c(3, 2.5, 4),c(0.25, 1.5, 2.25), labels = Species,
     font = 2, col = c(2, 3, 4), cex = 1.5)
```

在上述程序中, 用 plot(..., type="n") 绘出图的结构, 坐标轴的说明, 再用 points() 添加点, 在函数中规定点的形状、颜色和背景颜色. 用 text() 函数给出文字说明. 所绘图形如图 3.16 所示.

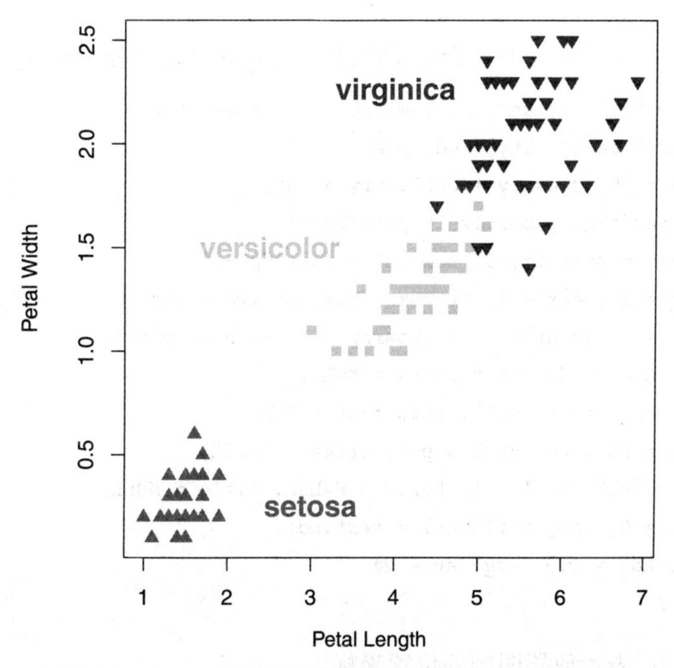

图 3.16 iris 数据集关于花瓣的长度与宽度的散点图

3.3.2 添加直线、线段和图例

1. 添加直线

在已绘图形上添加直线的函数为 abline(), 其使用格式为

```
abline(a = NULL, b = NULL, h = NULL, v = NULL,
       reg = NULL, coef = NULL, untf = FALSE, ...)
```

参数的意义如下:

a, b	数值, a 表示截距, b 表示斜率;
h	数值或数值型向量, 表示水平直线;
v	数值或数值型向量, 表示竖直直线;
coef	二维向量, 分别表示截距和斜率;
reg	由 lm() 生成的对象, 描述回归方程.

2. 添加线段

在已绘图形上添加线段的函数为 segments(), 其使用格式为

```
segments(x0, y0, x1 = x0, y1 = y0,
         col = par("fg"), lty = par("lty"),
         lwd = par("lwd"),
```

参数的意义如下:

x0, y0	数值向量, 表示线段的起点坐标;
x1, y1	数值向量, 表示线段的终点坐标.

3. 添加图例

在已绘图形上添加图形说明 (图例) 的函数为 legend(), 其使用格式为

```
legend(x, y = NULL, legend, fill = NULL, col = par("col"),
       border="black", lty, lwd, pch,
       angle = 45, density = NULL, bty = "o",
       bg = par("bg"), box.lwd = par("lwd"),
       box.lty = par("lty"), box.col = par("fg"),
       pt.bg = NA, cex = 1, pt.cex = cex, pt.lwd = lwd,
       xjust = 0, yjust = 1, x.intersp = 1, y.intersp = 1,
       adj = c(0, 0.5), text.width = NULL,
       text.col = par("col"), text.font = NULL,
       merge = do.lines && has.pch, trace = FALSE,
       plot = TRUE, ncol = 1, horiz = FALSE, title = NULL,
       inset = 0, xpd, title.col = text.col,
       title.adj = 0.5, seg.len = 2)
```

参数的意义如下:

x, y	数值, 表示放置图例的位置坐标;
legend	字符串或者是表达式, 表示图例的内容;

col	描述颜色的数字或字符串, 表示点或线的颜色;
border	描述颜色的数字或字符串, 表示边界的颜色;
lty, lwd	数字, 描述图例中线的类型与宽度;
pch	数字, 描述图例中符号的类型.

注意, legend 中的内容也可以是由 expression() 函数引导的数学符号或数学表达式.

4. 示例

在例 2.14 中, 提供了车速与制动距离的数据, 讨论以下 3 种情况的估计值, 并将计算结果与散点图都画在一张图上.

(1) 偏差的平方和最小, 即最优化问题

$$\min_{\beta_0,\beta_1} \sum_{i=1}^{n} (\beta_0 + \beta_1 x_i - y_i)^2 ; \tag{3.1}$$

(2) 偏差的绝对值和最小, 即最优化问题

$$\min_{\beta_0,\beta_1} \sum_{i=1}^{n} |\beta_0 + \beta_1 x_i - y_i| ; \tag{3.2}$$

(3) 最大偏差的绝对值最小, 即最优化问题

$$\min_{\beta_0,\beta_1} \max_{1\leqslant i\leqslant n} |\beta_0 + \beta_1 x_i - y_i| . \tag{3.3}$$

可以不考虑问题 (3.1) 的求解方法, 因为 lm() 函数已直接绘出相应的计算结果. 对于问题 (3.2), 其求解方法已在第 2 章讨论过了, 这里就不再重复了. 对于问题 (3.3), 只需对求解问题 (3.2) 的程序作微小改动就可以了. 具体的计算和绘图程序 (程序名: plot_cars.R) 如下

```
#### 求解最优化问题

data(cars)
Q1 <- function(beta, data)
     sum(abs(data[,2] - beta[1] - beta[2] * data[,1]))
Qinf <- function(beta, data)
     max(abs(data[,2] - beta[1] - beta[2] * data[,1]))
z1 <- optim(c(-17, 4), Q1, data = cars)
zinf <- optim(c(-17, 4), Qinf, data = cars)
lm.sol<-lm(dist ~ speed, data = cars)

#### 绘图

op <- par(mai=c(0.9, 0.9, 0.3, 0.1), cex = 1.1)
plot(cars, main = "Stopping Distance versus Speed",
     ylim=c(0, 140),
     xlab = "Speed /(mile/h)", ylab = "Distance /ft",
     pch = 19, col = "magenta", cex.lab = 1.2)
```

```
#### 加线

abline(lm.sol, lwd = 2, col = "blue")
abline(a = z1$par[1], b = z1$par[2], lty = 4,
       lwd = 2, col = "red")
abline(a = zinf$par[1], b = zinf$par[2], lty = 5,
       lwd = 2, col = "green")

#### 加线段和符号

pre<-predict(lm.sol)
x0 <- cars$speed[23]; y0 <- cars$dist[23]
segments(x0, y0, x1 = x0, y1 = pre[23], col = 1, lwd = 2)
expr<-expression(paste("(", x[i],",", y[i], ")"))
text(x0+1.5, y0, expr)

#### 加图例

expr1<-expression(min==sum((beta[0]+beta[1]*x[i]-y[i])^2,
                  i==1,n))
expr2<-expression(min==sum(abs(beta[0]+beta[1]*x[i]-y[i]),
                  i==1,n))
expr3<-expression(min==max(abs(beta[0]+beta[1]*x[i]-y[i]),i))
legend(4, 140, legend = c(expr1, expr2, expr3),
       col=c("blue", "red", "green"), lty=c(1,4, 5), lwd=2)
par(op)
```

在上述程序中, `Q1` 为偏差的绝对值和的函数, `Qinf` 为最大偏差绝对值的函数. `z1` 为问题 (3.2) 的最优解, `zinf` 为问题 (3.3) 的最优解. 最小二乘问题 (3.1) 的最优解由 `lm()` 函数得到.

用 `plot()` 函数绘制图形的基本结构, 用 `abline()` 函数添加 3 个函数得到的回归直线. 用 `segments()` 函数添加线段, 该线段为点与回归直线的偏差. 用 `legend()` 函数添加图例, 在图例中用数学表达式的形式描述回归直线的情况. 所绘图形如图 3.17 所示.

3.3.3 添加图题、边与盒子

1. 添加图题

在已绘图形上添加图题的函数为 `title()`, 其使用格式为

```
title(main = NULL, sub = NULL, xlab = NULL, ylab = NULL,
      line = NA, outer = FALSE, ...)
```

参数的意义如下:

`main` 字符串, 描述标题的内容, 加在图的顶部;

`sub` 字符串, 描述副标题的内容, 加在图的底部;

xlab 字符串, 描述 x 轴的内容;

ylab 字符串, 描述 y 轴的内容;

outer 逻辑变量, TRUE 表示将标题放在图形空白处的外侧, FALSE (默认值) 表示将标题放在图形空白处.

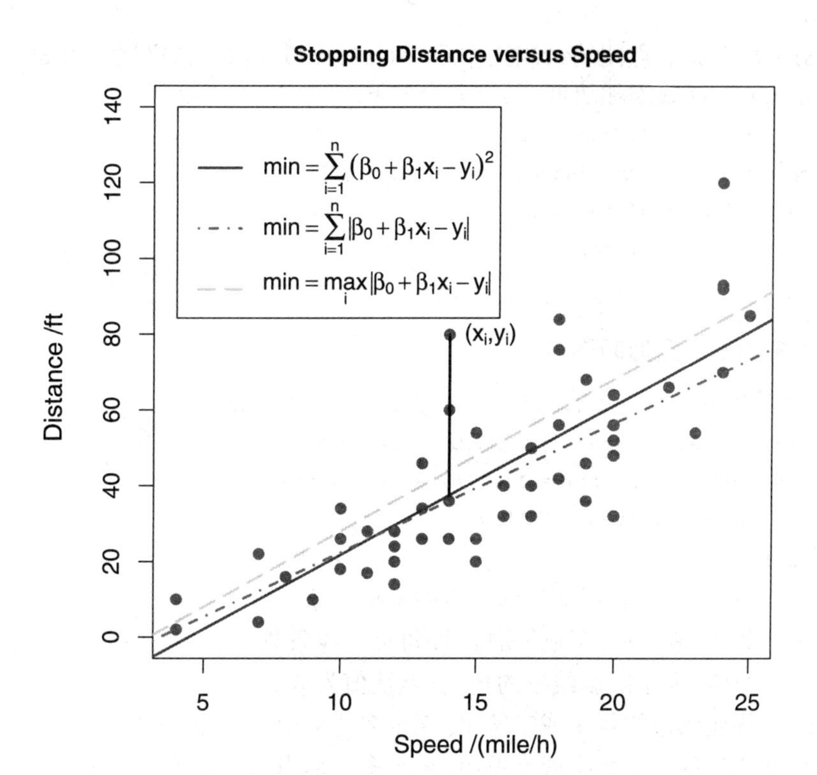

图 3.17 三种优化问题得到的回归直线

2. 添加边

在已绘图形上添加边或其他标记的函数为 axis(), 其使用格式为

```
axis(side, at = NULL, labels = TRUE, tick = TRUE,
     line = NA, pos = NA, outer = FALSE, font = NA,
     lty = "solid", lwd = 1, lwd.ticks = lwd,
     col = NULL, col.ticks = NULL,
     hadj = NA, padj = NA, ...)
```

参数的意义如下:

side 数字, 描述添加哪些位置的边. 1, 2, 3, 4 分别表示底部、左侧、顶部和右侧;

at 向量, 描述添加标记的位置;

labels 逻辑变量, TRUE (默认值) 表示在标记位置添加 at 的值, FALSE 表示不添加标记.

字符串或表达式构成的向量, 表示在标记位置添加的内容.

3. 添加盒子

在已绘图形上添加盒子的函数为 box(), 其使用格式为

```
box(which = "plot", lty = "solid", ...)
```

参数的意义如下:

which 字符串, "plot", "figure", "inner" 和 "outer" 之一;

lty 数字或字符串, 描述盒子线的类型.

4. 示例

完成 cars 数据集散点图的绘制工作后, 用 title() 函数添加图题, 用 axis() 函数添加坐标轴, 用 box() 函数添加边框, 具体命令如下:

```
plot(cars, main = "", axes = F)
title(main = "Stopping Distance versus Speed")
axis(side = 1); axis(side = 2)
box(lty = 2, lwd = 2, col = 2)
```

图形略.

3.3.4 添加多边形或图形阴影

在已绘图形上添加多边形的函数为 polygon(), 其使用格式为

```
polygon(x, y = NULL, density = NULL, angle = 45,
        border = NULL, col = NA, lty = par("lty"),
        ..., fillOddEven = FALSE)
```

参数的意义如下:

x, y 数值向量, 表示多边形折点的坐标;

density 数值, 表示阴影线的密度, 即每英寸线条数;

angle 数值, 表示阴影线条的角度, 默认值为 45;

border 描述颜色的数字或字符串, 表示多边形边界的颜色;

col 描述颜色的数字或字符串, 表示多边形内部的颜色.

下面这段程序 (程序名: plot_polygon.R) 是用 polygon() 添加多边形

```
x <- c(1, 15, 20, 30, 15)
y <- c(10, 1, 20, 15, 30)
plot(x, y, type="n", main = "Polygon")
polygon(x, y, density=5, angle=15,
        lwd=2, border="red", lty=2, col="yellow2")
```

在程序中, 用 plot() 绘出图的基本结构, polygon() 函数绘出多边形的区域, 用斜线 (每英寸 5 条线, 倾斜角度为 15°) 表示该区域, 区域的边界为红色虚线, 阴影为黄色虚线, 其图形如图 3.18 所示.

用这种方法可以绘制某一区域的阴影. 例如, 打算绘出标准正态分布的上 α 分位数, 其程序 (程序名: plot_polygon.R) 如下:

```
x <- seq(-4, 4, by=0.1)
plot(x, dnorm(x), type="l", lwd=2, col=4,
     xlim=c(-3, 3), ylim=c(-0.01, 0.4),
     ylab = "Normal Density",
     main = "Shadow")
abline(h=0, v=0)
```

```
z <- qnorm(1-0.05)
xx <- seq(z, 4, by=0.1)
polygon(c(xx, z), c(dnorm(xx), dnorm(4)), col="yellow1")
text(z, -0.015, expression(Z[alpha]), adj=0.4, cex=1.1)
text(2, 0.02, expression(alpha), adj=0.5, cex=1.5)
legend(-3, 0.4, expression(alpha==0.05), adj=0.2)
```

由于多边形的长度都很小, 所以它画出一个曲线的阴影 (见图 3.19).

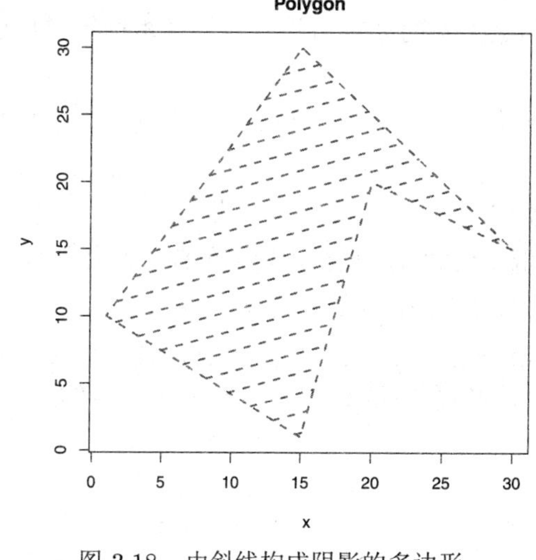

图 3.18　由斜线构成阴影的多边形

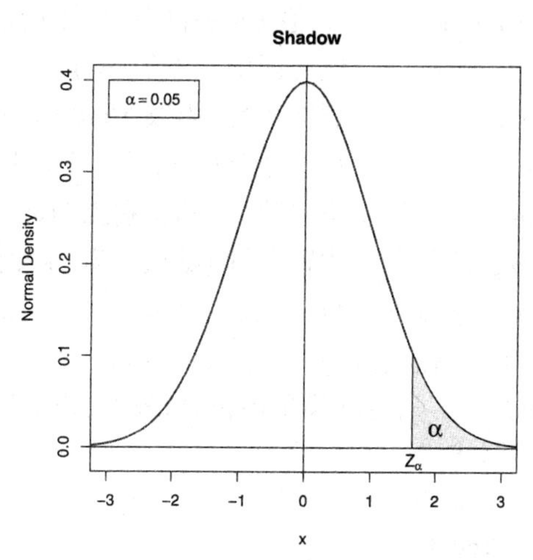

图 3.19　标准正态分布的上 α 分位数

3.3.5　交互图形函数

R 的低水平图形函数可以在已有图形的基础上添加新内容, 另外, R 还提供了两个函数 —— `locator()` 和 `identify()`, 可以让用户通过单击鼠标来确定图中的位置, 增加或提取某些信息.

1. locator( ) 函数

`locator()` 函数的功能是图形输入, 使用格式为

```
locator(n = 512, type = "n", ...)
```

参数的意义如下:

`n`　正整数 (默认值为 512), 增加信息的最多点数;

`type`　字符串, 表示绘图的类型, 取 `"n"`, `"p"`, `"l"` 或 `"o"` 之一. `"p"` 表示添加点, `"l"` 表示添加线, `"o"` 表示添加点与线.

在运行过程中当执行到函数 `locator(n, type)` 时会停下来等待用户用鼠标左键在当前图上选择位置, 增加相应的信息 (点、线等). 这项工作可持续 `n` 次, 或者单击鼠标右键, 选择结束. 当 `locator()` 命令结束后, 函数返回一个列表, 有两个变量 `x` 和 `y`, 分别保存鼠标单击位置的横坐标和纵坐标.

例如, 为了在已经绘制的曲线图中找一个空地方标上一行文本, 只要使用如下程序

```
> text(locator(1), "Normal density", adj=0)
```

即可.

2. identify( ) 函数

identify() 函数的功能是在散点图中为点加标签, 使用格式为

```
identify(x, y = NULL, labels = seq_along(x), pos = FALSE,
         n = length(x), plot = TRUE, atpen = FALSE,
         offset = 0.5, tolerance = 0.25, ...)
```

参数的意义如下:

x, y	向量, 描述散点图点的坐标;
labels	数值型或字符型向量, 指定单击某个点时要在旁边绘制的文本标签, 默认值为标出此点的序号;
pos	逻辑变量, 当取 TRUE 时, 在返回值增加一个表示标签位置的分量, 1, 2, 3, 4 分别代表下、左、上、右;
n	正整数, 表示识别点的最大个数;
plot	逻辑变量 (默认值为 TRUE), 当取 FALSE 时, 只给出返回值而不画任何标记;
tolerance	数值, 表示单击点时, 与图中点的最大距离 (单位英寸).

注意, identify() 与 locator() 不同, locator() 返回图中任意单击位置的坐标, 而 identify() 只返回离单击位置最近的点的序号. 例如, 在向量 x 和 y 中有若干个点的坐标, 运行如下程序:

```
> plot(x, y)
> identify(x, y)
```

这时显示转移到图形窗口, 进入等待状态, 用户可以单击图中特别的点, 该点的序号就会在旁边标出. 可以单击 n 次, 或者单击鼠标右键, 选择结束. 函数的返回值是已标记过点的序号.

3.4 图形参数 (续)

本节进一步介绍图形参数的使用.

3.4.1 坐标轴与坐标刻度

许多高级图形带有坐标轴, 还可以先不画坐标轴, 然后用 axis() 单独加. 函数 box() 用来画坐标区域四周的框线.

坐标轴包括三个部件：轴线（用 lty 可以控制线型）、刻度线和刻度标签. 它们可以用如下的图形参数来控制.

1. 设置坐标轴刻度线的数目

用形如

```
lab = c(5, 7, 12)
```

的命令来设置坐标轴刻度线的数目, 第 1 个数表示 x 轴刻度线的数目, 第 2 个数表示 y 轴刻度线的数目, 这两个数是建议性的; 第 3 个数表示坐标刻度标签的宽度为多少个字符, 包括小数点, 这个数太小会使刻度标签四舍五入成一样的值.

2. 设置坐标轴刻度标签的方向

用形如

```
las = 1
```

的命令来设置坐标轴刻度标签的方向. 0 表示总是平行于坐标轴, 1 表示总是水平, 2 表示总是垂直于坐标轴.

3. 设置坐标轴各部件的位置

用形如

```
mgp = c(3, 1, 0)
```

的命令来设置坐标轴各部件的位置. 第 1 个元素表示坐标轴位置到坐标轴标签的距离, 以文本行高为单位. 第 2 个元素表示坐标轴位置到坐标刻度标签的距离. 第 3 个元素表示坐标轴位置到实际画的坐标轴的距离, 通常为 0.

4. 设置坐标轴刻度线的长度

用形如

```
tck = 0.01
```

的命令来设置坐标轴刻度线的长度, 单位是绘图区域大小, 值是占绘图区域的比例. 当 `tck` 的值小于 0.5 时, x 轴和 y 轴的刻度线将统一到相同的长度. 取 1 时即画格子线. 取负值时, 刻度线画在绘图区域的外面.

5. 设置坐标轴标签的类型

用形如

```
xaxs = r
```

的命令来设置画 x 轴和 y 轴标签的类型, 类型 `i` (即 internal) 或类型 `r` (默认值) 表示坐标轴标签始终在数据区域内, 不过类型 `r` 会在边界留出少量空白.

3.4.2 图形边空

R 中一个单独的图由绘图区域 (绘图的点、线等画在这个区域中) 和包围绘图区域的边空组成, 边空中可以包含坐标轴标签、坐标轴刻度标签、标题和副标题等, 绘图区域一般被坐标轴包围. 一个典型的图形如图 3.20 所示.

边空的大小由参数 `mai` 或参数 `mar` 控制, 它们都是由 4 个元素构成的向量, 分别规定下方、左方、上方、右方的边空大小, 其中 `mai` 的取值单位为英寸, 而 `mar` 的取值单位为文本行高度. 例如

```
> par(mai=c(1, 0.5, 0.5, 0))
> par(mar=c(4, 2, 2, 1))
```

这两个图形参数不是独立的, 设定一个会影响另一个. R 默认的图形边空常常太大, 以至于有时图形窗口较小时边空占了整个图形的很大一部分. 通常可以取消右边空, 并且在不用标题时可以大大缩小上边空. 例如, 以下命令可以生成十分紧凑的图形

```
> oldpar <- par(mar = c(2, 2, 1, 0.2))
> plot(x, y)
```

在一个页面上画多个图时, 边空自动减半, 但通常还需要进一步减小边空, 才能使多个图有意义.

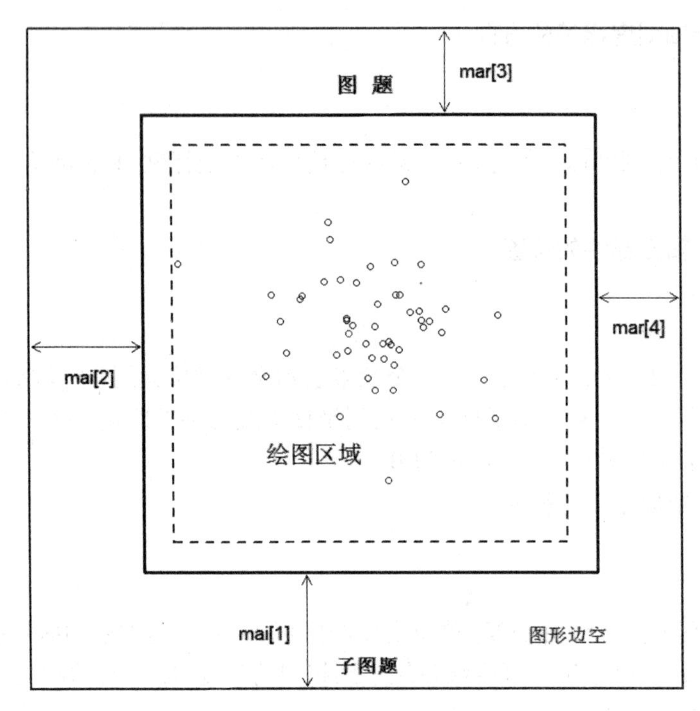

图 3.20 图形边空与参数的关系

3.4.3 多图环境

R 允许在一页面上创建一个 $n \times m$ 的图形阵列. 每个图形有自己的边空, 图形阵列还有一个可选的外部边空, 如图 3.21 所示.

1. 用参数设置多图环境

多图环境用参数 mfrow 或参数 mfcol 规定, 如

```
> par(mfrow = c(3, 2))
```

表示同一页面有 3 行 2 列共 6 个图, 而且次序为按行填放 (见图 3.21). 类似地

```
> par(mfcol = c(3, 2))
```

规定相同的窗格结构, 但是次序为按列填放, 即先填满第 1 列的 3 个, 再填第 2 列. 要取消一页多图只要再运行

```
> par(mfrow = c(1, 1))
```

即可.

为了规定外边空大小 (默认时无外边空), 可以使用参数 omi 或参数 oma, 其意义见图 3.21. 参数 omi 以英寸为单位, 参数 oma 以文本行高为单位, 两个参数均为 4 个元素的向量, 分别给出下、左、上、右方的边空大小. 例如

```
> par(oma = c(2, 0, 3, 0))
> par(omi = c(0, 0, 0.8, 0))
```

函数 mtext 用来在外边空加文字标注, 其用法为

```
mtext(text, side = 3, line = 0, outer = TRUE)
```

参数 text 是要加的文本内容. side 是在哪一边写（1 为下, 2 为左, 3 为上, 4 为右）. line 是边空从里向外数的第几行, 最里面的一行是第 0 号. outer 是逻辑变量, 当它为 TRUE 时使

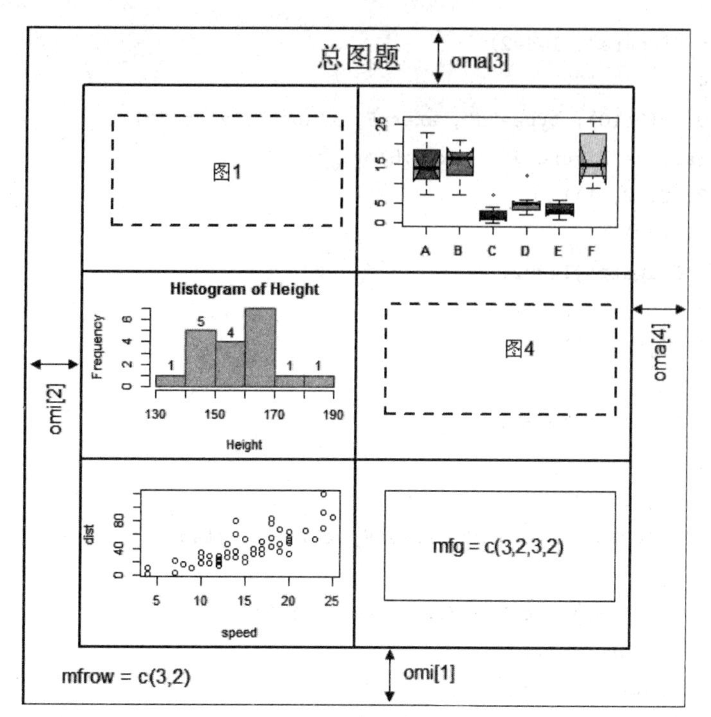

图 3.21 多图环境与参数的关系

用外边空; 否则 (默认值), 会使用当前图的边空. 例如, 以下程序 (程序名: plot_box2.R) 可绘出图 3.21.

```
par(omi = c(.5, .5, .5, .5)); par(mfrow = c(3, 2))
## figrue 1
par(mar=c(3, 2, 2, 1))
plot(c(0,10),c(0,10), type="n", axes=F, xlab="", ylab="")
text(5,5, labels="Figure 1", cex=1.5)
box(which = "figure", lwd=2)
box(lwd=2, lty=2)
## figrue 2
par(mar=c(3, 3, 2, 1))
boxplot(count ~ spray, data = InsectSprays,
        col = "lightgray")
boxplot(count ~ spray, data = InsectSprays,
        notch = TRUE, col = 2:7, add = TRUE)
box(which = "figure", lwd=2)
## figrue 3
Height<-c(144, 166, 163, 143, 152, 169, 130, 159, 160, 175,
          161, 170, 146, 159, 150, 183, 165, 146, 169)
par(mar=c(4.5, 4.5, 2, 1))
hist(Height, col="lightblue", border="red",
     labels = TRUE, ylim=c(0, 7.2))
```

```
box(which = "figure", lwd=2)
## figrue 4
plot(c(0,10),c(0,10), type="n", axes=F, xlab="", ylab="")
text(5,5, labels="Figure 4", cex=1.5)
par(mar=c(3, 2, 2, 1))
box(lwd=2, lty=2)
box(which = "figure",lwd=2)
## figrue 5
par(mar=c(3, 3, 2, 1))
plot(cars)
box(which = "figure",lwd=2)
## figrue 6
par(mar=c(2, 2, 1, 1))
plot(c(0,10),c(0,10), type="n", axes=F, xlab="", ylab="")
box()
text(5,5, labels="mfg = c(3,2,3,2)", cex = 1.5)
box(which = "figure", lwd=2)
box(which = "outer", lwd=2)
mtext("总图题", line = 1, outer = TRUE, cex = 1.5)
```

在多图环境中还可以用参数 mfg 来直接跳到某一个窗格. 例如

```
> par(mfg = c(2, 2, 3, 2))
```

表示在 3 行 2 列的多图环境中直接跳到第 2 行第 2 列的位置. 参数 mfg 的后两个值表示多图环境的行、列数, 前两个值表示要跳到的位置.

可以不使用多图环境而直接在页面中的任意位置产生一个窗格来绘图, 参数为 fig, 例如

```
> par(fig = c(4, 9, 1, 4)/10)
```

此参数为一个向量, 分别给出窗格的左、右、下、上边缘的位置, 取值为占全页面的比例, 如上面的例子在页面的右下方开一个窗格作图.

2. 用函数设置复杂的多图环境

除用 mfrow 或 mfcol 设置多图环境外, 还可以用 layout() 函数设置更复杂的多图环境, 其使用格式为

```
layout(mat, widths = rep(1, ncol(mat)),
       heights = rep(1, nrow(mat)), respect = FALSE)
layout.show(n = 1)
```

参数的意义如下:

mat	矩阵, 描述多图环境;
widths	向量, 描述宽度;
heights	向量, 描述高度;
n	正整数, 描述多图的个数.

以下程序给出复杂的多图环境, 如图 3.22 所示.

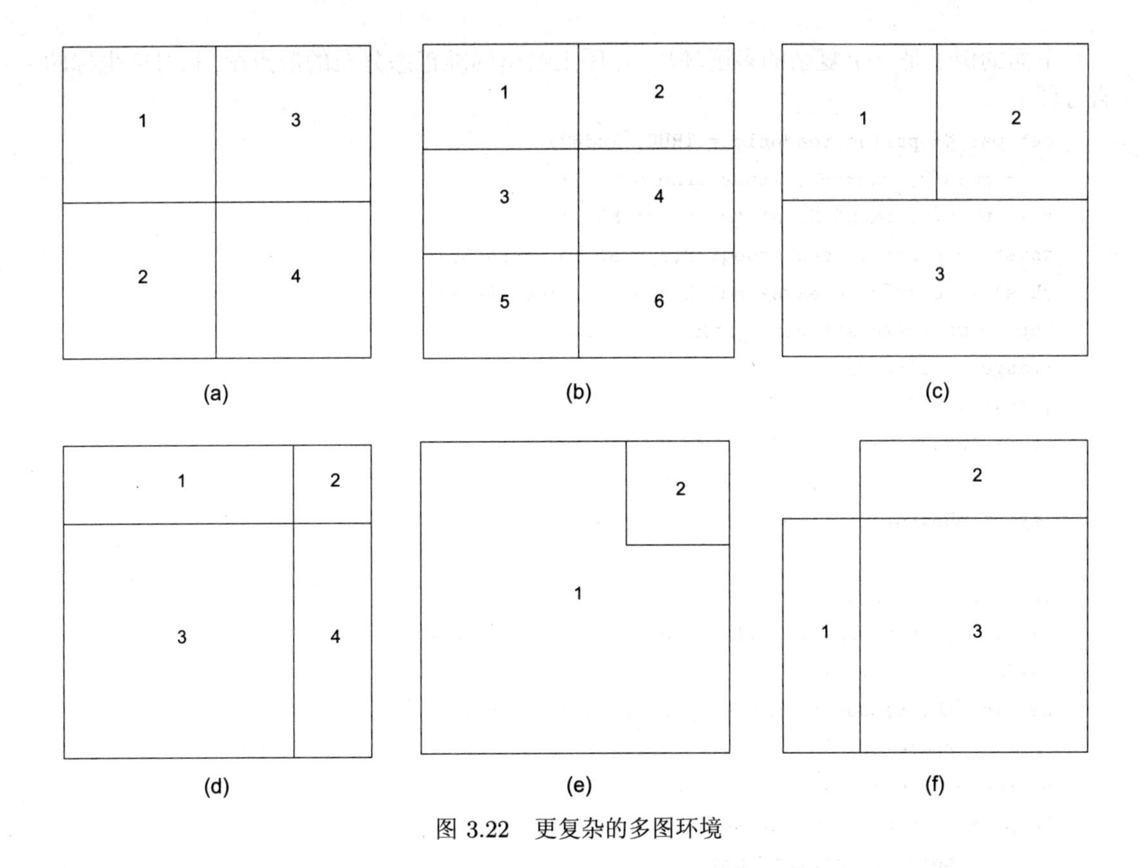

图 3.22 更复杂的多图环境

```
# a
layout(matrix(1:4, 2, 2))
layout.show(4)
# b
layout(matrix(1:6, 3, 2, byrow=TRUE))
layout.show(6)
# c
layout(matrix(c(1,2,3,3), 2, 2, byrow=TRUE))
layout.show(3)
# d
layout(matrix(1:4, 2, 2, byrow=TRUE),
       widths=c(3,1), heights=c(1,3))
layout.show(4)
# e
layout(matrix(c(1,1,2,1), 2, 2),
       widths=c(2,1), heights=c(1,2))
layout.show(2)
# f
layout(matrix(c(0,1,2,3), 2, 2),
       widths=c(1,3), heights=c(1,3))
layout.show(3)
```

下面的例子是一个复杂的多图环境, 在图上绘出标准正态分布的散点图, 和对应坐标的直方图.

```
def.par <- par(no.readonly = TRUE, lwd=2)
x <- pmin(3, pmax(-3, stats::rnorm(50)))
y <- pmin(3, pmax(-3, stats::rnorm(50)))
xhist <- hist(x, breaks=seq(-3,3,0.5), plot=FALSE)
yhist <- hist(y, breaks=seq(-3,3,0.5), plot=FALSE)
top <- max(c(xhist$counts, yhist$counts))
xrange <- c(-3,3)
yrange <- c(-3,3)
nf <- layout(matrix(c(2,0,1,3),2,2,byrow=TRUE),
             c(3,1), c(1,3), TRUE)
layout.show(nf)

par(mar=c(3,3,1,1))
plot(x, y, xlim=xrange, ylim=yrange, xlab="", ylab="")
par(mar=c(0,3,1,1))
barplot(xhist$counts, axes=FALSE, ylim=c(0, top),
        space=0)
par(mar=c(3,0,1,1))
barplot(yhist$counts, axes=FALSE, xlim=c(0, top),
        space=0, horiz=TRUE)
par(def.par)
```

所绘图形如图 3.23 所示.

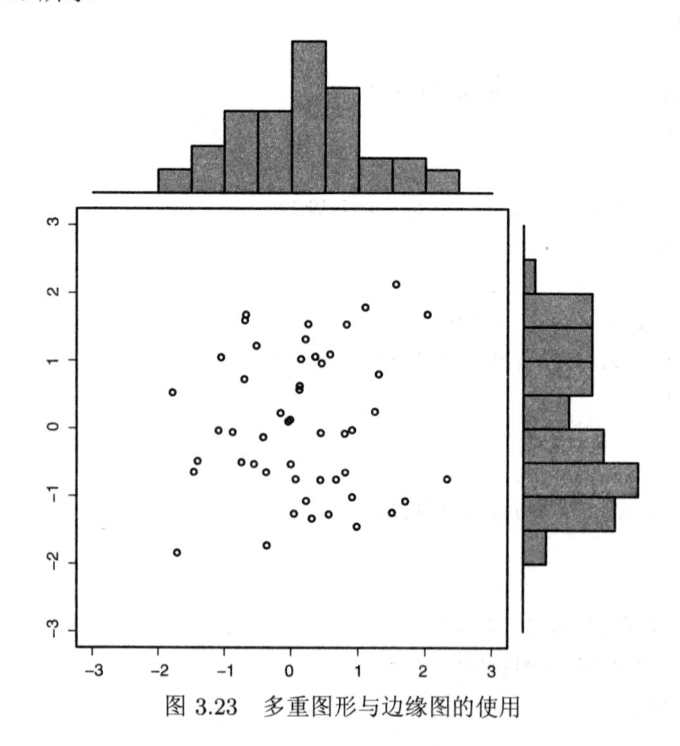

图 3.23　多重图形与边缘图的使用

3.5 图形设备

当绘图函数开始执行时, 如果没有打开绘图设备, R 将打开一个绘图窗口来展示这个图形. 当然, 也可以使用适当的函数打开绘图设备, 所谓绘图设备是指图形的显示设备, 或者是形成图形的文件格式, 如 PostScript, png, bmp, jpeg 和 pdf 等. 表 3.3 列出部分图形设备, 更多的绘图设备列表可以用

```
> ? device
```

来查看.

表 3.3 图形设备

函数名称	设备	描述
X11() 或 x11()	屏幕显示	X 窗口
windows()	屏幕显示	Windows 窗口
postscript()	文件设备	PS 格式文件
pdf()	文件设备	PDF 格式文件
pictex()	文件设备	LaTeX/PicTeX 文件
png()	文件设备	png 格式文件
jpeg()	文件设备	jpeg 格式文件
bmp()	文件设备	bmp 格式文件

可以用 `X11()` 或 `windows()` 函数打开多个窗口. 用 `postscript()` 函数打开 PS 格式文件设备, 也就是说, 将所绘图形都保存在一个 PostScript 文件中, 用 `pdf()` 函数打开 PDF 格式文件设备, 用 `dev.off()` 函数关闭图形设备. 例如

```
postscript(file = "myplot.ps")
plot(pressure)
dev.off()
```

在通常情况下, PDF 文件中不能插入中文, 如果打算插入中文需要增加参数 `family = "GB1"`. 例如

```
pdf(file = "myplot.pdf", family = "GB1")
plot(pressure, xlab = " 温度 ", ylab = " 压力 ")"
dev.off()
```

除刚才使用的 `dev.off()` 函数外, 与图形设备有关的函数还有

`dev.list()`	列出已打开图形的设备号;
`dev.cur()`	列出当前图形的设备号;
`dev.next(which = dev.cur())`	列出下一个图形的设备号;
`dev.prev(which = dev.cur())`	列出前一个图形的设备号;
`dev.off(which = dev.cur())`	关闭当前的图形设备;
`dev.set(which = dev.next())`	设置图形设备.

习　题　3

1. 数据集 `pressure` 给出了水蒸气温度与压力的观测数据, (1) 绘出散点图; (2) 只画线不画点; (3) 同时绘点和画线, 而线不穿过点; (4) 仅画 (3) 中的线; (5) 同时绘点和画线, 且线穿过点; (6) 绘出点到横轴的竖线; (7) 绘出阶梯图 (先横再纵); (8) 绘出阶梯图 (先纵再横); (9) 作一幅空图, 不绘任何图形. 在这些图形中, 横坐标为温度, 纵坐标为压力, 并将 “温度” 和 “压力” 标在坐标轴上.

2. 数据集 `iris` 给出鸢尾属三种植物萼片的长度和宽度, 花瓣的长度和宽度, 绘出数据的阵列式散点图. 进一步, 在绘图命令中增加 `panel.hist` 函数, `panel.cor` 函数和 `panel.smooth` 函数, 使上三角部分的散点图中包含光滑曲线, 对角线部分为直方图, 下三角部分为相关系数.

3. 数据集 `trees` 给出樱桃树的数据, 共有三项指标, 分别是直径 (单位: in), 高度 (单位: ft) 和体积 (单位: ft^3). 绘出在直径条件下, 体积与高度的协同图. 进一步, 在协同函数中, 增加 `panel.lm.R` 函数, 目的是在协同图中增加回归直线. 1in=2.54cm, 1ft=0.3048m.

4. 数据集 `rock` 给出 48 个岩石数据, 共有 4 项指标, 分别是: 岩石气空的面积、周长、形状和渗透性. 绘出在周长与面积双条件下, 渗透性与形状的协同图.

5. 数据集 `VADeaths` 给出了 Virginia (弗吉尼亚) 州在 1940 年的人口死亡率 (1/1000). (1) 绘出按年龄分组死亡率的饼图; (2) 绘出按人口性质分组死亡率的饼图.

6. 为测试某种药物是否有效, 共有 84 位患者服用了此药, 其中 42 人无效, 14 人病情有所好转, 28 人治愈. 画出数据的条形图, 并在每个条上画一种颜色, 分别为红色、黄色和绿色.

7. 为测试某种药物是否有效, 作对照试验. 在治疗组中, 无效、好转和治愈的人数分别为 13, 7 和 21. 在对照组中, 无效、好转和治愈的人数分别为 29, 7 和 7. 画出两种形式的条形图: (1) 重叠形式; (2) 平行排列形式. 在两张图中, 分别标明主题: “重叠形式的条形图” 和 “平行排列形式的条形图”. 并针对三种情况用三种不同的颜色表示.

8. 数据集 `mtcars` 给出了一组汽车测试数据, 其中指标 `mpg` 为每加仑汽油行驶的英里数. (1) 画出该数据的直方图; (2) 选择 12 个断点, 直方图的颜色为淡蓝色, 边框为红色; (3) 在图上增加核密度估计曲线 (蓝色).

9. 继续使用数据集 `mtcars`. (1) 画出每加仑汽油行驶的英里数的箱线图; (2) 数据集中指标 `cyl` 为气缸数, 画出不同气缸数下, 行驶里程的箱线图; (3) 在箱线图上增加切口和颜色.

10. 继续使用数据集 `mtcars`. (1) 画出每种车型每加仑汽油行驶英里数的点图; (2) 画出每种车型依照气缸数分组的每加仑汽油行驶英里数的点图.

11. 继续使用数据集 `mtcars`. 画出每种车型每加仑汽油行驶英里数的正态 Q-Q 散点图.

12. 在 $[-2\pi, 2\pi] \times [-2\pi, 2\pi]$ 的正方形区域内绘出函数 $z = \sin x \cdot \sin y$ 的三维曲面图和二维等值线.

13. 数据集 `volcano` 为某火山的高度数据, 这些数据的网络宽度为 10m. (1) 画出火山数据的三维曲面图; (2) 画火山数据的二维等值线, 等值线的数值是从最小至最大, 间隔为 8m.

14. 继续使用数据集 `iris`. 绘出三种植物关于萼片的长度和宽度的散点图. 在图中, 不同植物用不同形状、不同颜色来描述, 并配有相应的文字说明或图例.

15. 已知一个量 y 依赖于另一个量 x. 现收集数据如下:

```
x  0.0  0.5  1.0  1.5  1.9  2.5  3.0  3.5   4.0  4.5
   5.0  5.5  6.0  6.6  7.0  7.6  8.5  9.0  10.0
y  1.0  0.9  0.7  1.5  2.0  2.4  3.2  2.0   2.7  3.5
   1.0  4.0  3.6  2.7  5.7  4.6  6.0  6.8   7.3
```

求拟合以上数据的直线 $y = \beta_0 + \beta_1 x$, 分别考虑 3 种情况: (1) 偏差的平方和最小; (2) 偏差的绝对值和最小; (3) 最大偏差的绝对值最小. 将点、3 条拟合直线 (不同的线, 用不同的颜色和形式) 画在同一张图上, 并在图上标注图例.

16. 画出标准正态分布的 2σ 阴影面积, 并在图上标明 2σ 的概率.

17. 设置一个 2×2 的多图窗口, 分别画 $y = \sin x$, $y = \cos x$, $y = 2\sin x\cos x$ 和 $y = \tan x$ 的图像, 定义域取为 $[-\pi, \pi]$.

18. 设置多窗口绘图, 将 $y = \sin x$, $y = \cos x$ 和 $y = \tan x$ 曲线分别绘制在各自的窗口中, 定义域取为 $[-\pi, \pi]$.

19. 将 13 题火山数据绘制的三维曲面图和二维等值线保存成 PDF 文件和 bmp 文件, 或将图像直接生成 PDF 文件和 bmp 文件.

第 4 章　概率、分布与随机模拟

本章介绍如何使用 R 作概率计算、绘出分布函数图和作随机模拟等方面的内容.

4.1　组合数与概率计算

本节介绍如何使用 R 计算组合数及古典概型中概率的计算.

4.1.1　生成组合方案

在古典概型中, 常常会有各种组合情况出现, 在 R 中可用 `combn()` 函数生成组合方案, 其使用格式为

```
combn(x, m, FUN = NULL, simplify = TRUE, ...)
```

参数 `x` 为向量, 或正整数, 表示抽样的总体. `m` 为正整数, 表示从 `x` 中选出元素的个数. `FUN` 为函数, 它是产生组合方案后的运算函数. `simplify` 为逻辑变量, 当取值为 `TRUE`(默认值) 时, 函数的返回值为矩阵 (或数组); 当取值为 `FALSE` 时, 函数的返回值为列表.

例如, 从 1~5 个数中, 随机取 3 个的全部组合

```
> combn(1:5, 3)
     [,1] [,2] [,3] [,4] [,5] [,6] [,7] [,8] [,9] [,10]
[1,]    1    1    1    1    1    1    2    2    2     3
[2,]    2    2    2    3    3    4    3    3    4     4
[3,]    3    4    5    4    5    5    4    5    5     5
```

如果需要对全部组合情况作运算, 例如, 求均值, 其命令和结果如下:

```
> combn(1:5, 3, FUN = mean)
[1] 2.000000 2.333333 2.666667 2.666667 3.000000 3.333333
[7] 3.000000 3.333333 3.666667 4.000000
```

对于大集合, 组合方案会非常多, 因此, 应当先考虑相应的组合数目.

4.1.2　生成组合数

在 R 中, 可以用 `choose()` 函数计算组合数目, 其使用格式为

```
choose(n, k)
```

参数 `n` 为正整数, 表示总集合的数目. `k` 为正整数, 表示抽取子集合的数目. 返回值为

$$\binom{n}{k} = \frac{n!}{k!(n-k)!}.$$

例如

```
> choose(5, 3)
[1] 10
> choose(50, 3)
[1] 19600
```

4.1.3　概率计算

用例子说明, 如何使用 R 中的内置函数计算概率.

例 4.1 从一副完全打乱的 52 张扑克中任取 4 张，计算下列事件的概率. (1) 抽取 4 张依次为红心 A，方块 A，黑桃 A 和梅花 A 的概率；(2) 抽取 4 张为红心 A，方块 A，黑桃 A 和梅花 A 的概率.

解 (1) 抽取的 4 张牌是有次序的, 因此使用排列来求解. 所求事件 (记为 A) 的概率为 $P(A)=\dfrac{1}{52\times 51\times 50\times 49}$. 计算中使用 prod() 函数

```
> 1/prod(49:52)
[1] 1.539077e-07
```

(2) 抽取的 4 张牌是没有次序的, 因此使用组合来求解. 所求事件 (记为 B) 的概率为 $P(B)=\dfrac{1}{\binom{52}{4}}$. 计算中使用 choose() 函数

```
> 1/choose(52, 4)
[1] 3.693785e-06
```

4.2 分布函数

本节介绍单一变量的分布情况, 即随机变量在实轴上取值的分布情况.

4.2.1 分布函数

描述一个随机变量 X, 不仅要说明它能够取那些值, 而且还要关心它取这些值的概率. 对任意的实数 x, 令

$$F(x)=P\{X\leqslant x\},\quad x\in(-\infty,+\infty), \tag{4.1}$$

则称 $F(x)$ 为随机变量 X 的分布函数, 也称为累积分布函数.

从直观上看, 分布函数 $F(x)$ 是一个定义在 $(-\infty,+\infty)$ 上的实值函数, $F(x)$ 在点 x 处取值为随机变量 X 落在区间 $(-\infty,x]$ 上的概率.

如果随机变量 X 的全部可能取值只有有限多个或可列无穷多个, 则称 X 为离散型随机变量.

对于离散型随机变量 X 可能取值为 x_k 的概率为

$$P\{X=x_k\}=p_k,\qquad k=1,2,\cdots, \tag{4.2}$$

则称式 (4.2) 为离散型随机变量 X 的分布律.

离散型随机变量的分布函数为

$$F(x)=P\{X\leqslant x\}=\sum_{x_k\leqslant x}P\{X=x_k\}=\sum_{x_k\leqslant x}p_k. \tag{4.3}$$

对于随机变量 X, 如果存在一个定义在 $(-\infty,+\infty)$ 上的非负函数 $f(x)$, 使得对于任意实数 x，总有

$$F(x)=P\{X\leqslant x\}=\int_{-\infty}^{x}f(t)\,\mathrm{d}t,\qquad -\infty<x<+\infty, \tag{4.4}$$

则称 X 为连续型随机变量, $f(x)$ 为 X 的概率密度函数, 简称概率密度.

例 4.2 设在 15 只同类型的零件中有 2 只是次品，一次任取 3 只，以 X 表示次品的只数，求 X 的分布律.

解　用 1 表示次品, 0 表示正品, 使用 combn() 模拟抽样, 以下是计算程序 (程序名:exam0402.R)

```
x <- c(1, 1, rep(0, 13) )
X <- combn(x, 3, FUN = sum)
p <- numeric(3)
for (i in 1:3)
    p[i] <- sum(X==i-1)/length(X)
p
```

和计算结果

```
[1] 0.62857143 0.34285714 0.02857143
```

即 0, 1, 2 只次品的概率分别为 0.629, 0.343 和 0.029.

4.2.2　分位数

设 X 为随机变量, 对任给的 $0<\alpha<1$, 若存在 x_α, 使得

$$P\{X \leqslant x_\alpha\} \geqslant 1-\alpha, \quad P\{X > x_\alpha\} \geqslant \alpha, \tag{4.5}$$

则称 x_α 为 X 的上 α 分位数 (或上 α 分位点). 对任给的 $0<p<1$, 若存在 x_p, 使得

$$P\{X \leqslant x_p\} \geqslant p, \quad P\{X > x_p\} \geqslant 1-p, \tag{4.6}$$

则称点 x_p 为 X 的下 p 分位数 (或下 p 分位点). 由式 (4.5) 和式 (4.6) 可以得到上、下分位数之间的关系: 上 α 分位数就是下 $1-\alpha$ 分位数.

由分位数的关系式 (4.5)(或式 (4.6)) 可知, 分位数不是唯一的. 但对于连续型随机变量, 分位数确是唯一的, 此时, 可将式 (4.6) 改写成

$$F(x_p) = p,$$

其中 $F(x)$ 为随机变量 X 的分布函数. 对于连续型随机变量, 分布函数是严格单调递增的, 所以可将下 p 分位数表示为逆分布函数, 即

$$x_p = F^{-1}(p). \tag{4.7}$$

由上、下分位数之间关系式, 上 α 分位数表示为

$$x_\alpha = F^{-1}(1-\alpha). \tag{4.8}$$

4.3　常用的分布函数

本节介绍常用的分布函数.

4.3.1　正态分布

若随机变量 X 的概率密度函数为

$$f(x) = \frac{1}{\sqrt{2\pi}\sigma} \exp\left\{-\frac{(x-\mu)^2}{2\sigma^2}\right\}, \quad -\infty < x < +\infty, \tag{4.9}$$

其中 μ 和 $\sigma(\sigma > 0)$ 为两个常数, 则称 X 服从参数为 μ 和 σ^2 的正态分布, 也称为 Gauss 分布, 记作 $X \sim N(\mu, \sigma^2)$. 若 $X \sim N(\mu, \sigma^2)$, 则

$$F(x) = \int_{-\infty}^{x} \frac{1}{\sqrt{2\pi}\sigma} \mathrm{e}^{-\frac{(t-\mu)^2}{2\sigma^2}} \mathrm{d}t, \quad -\infty < x < +\infty. \tag{4.10}$$

在 R 中, 正态分布基本名称为 `norm`, 加上不同的前缀表示不同的函数, 如 `dnorm` 表示概率密度函数, `pnorm` 表示分布函数, `qnorm` 表示分位函数. 函数的使用格式为

```
dnorm(x, mean = 0, sd = 1, log = FALSE)
pnorm(q, mean = 0, sd = 1, lower.tail = TRUE, log.p = FALSE)
qnorm(p, mean = 0, sd = 1, lower.tail = TRUE, log.p = FALSE)
```

参数 `x` 或 `q` 为向量, 表示概率密度函数或分布函数的自变量. `p` 为向量, 表示分位点的概率. `mean` 为数值向量, 表示均值, 即参数 μ, 默认值为 0. `sd` 为数值向量, 表示标准差, 即参数 σ, 默认值为 1. `log`, `log.p` 为逻辑变量, 当取值为 `TRUE` 时, 表示所有函数是对应于对数正态分布而言的, 默认值为 `FALSE`. `lower.tail` 为逻辑变量, 当取值为 `TRUE`(默认值) 时, 分布函数为概率 $P\{X \leqslant x\}$, 对应的分位数为下分位数; 当取值为 `FALSE` 时, 分布函数为概率 $P\{X > x\}$, 对应的分位数为上分位数.

图 4.1 描绘的是不同参数的正态分布的概率密度函数图, 分别是 $\mu = 0$, $\sigma = 0.5$; $\mu = 2$, $\sigma = 0.5$ 和 $\mu = 0$, $\sigma = 1$.

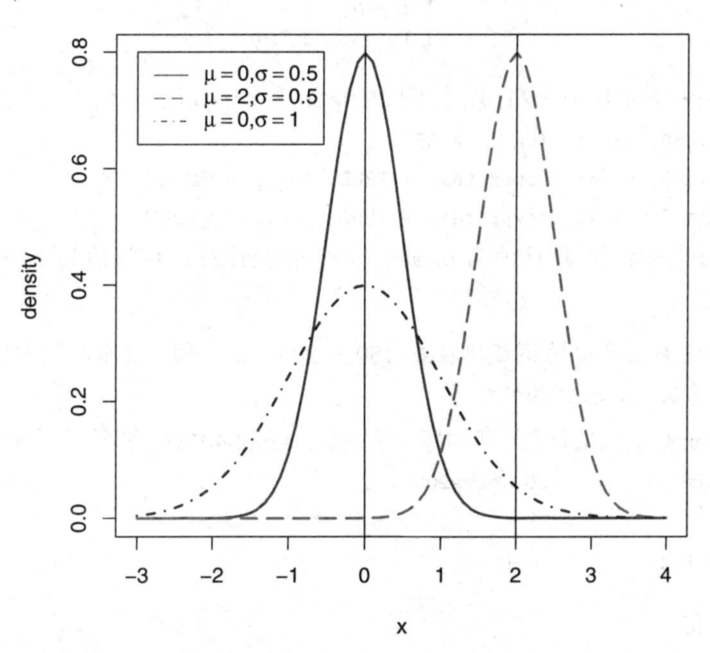

图 4.1 正态分布的概率密度函数

例 4.3 设 $X \sim N(\mu, \sigma^2)$, 分别计算 $P\{|X-\mu| \leqslant \sigma\}$, $P\{|X-\mu| \leqslant 2\sigma\}$ 和 $P\{|X-\mu| \leqslant 3\sigma\}$.

解 当 $X \sim N(\mu, \sigma^2)$ 时, $Z = \dfrac{X-\mu}{\sigma} \sim N(0,1)$, 所以用标准正态分布计算即可. 调用 pnorm() 函数, 其程序 (程序名: exam0403.R) 和计算结果如下:

```
> x <- 1:3; p <- pnorm(x) - pnorm(-x); p
[1] 0.6826895 0.9544997 0.9973002
```

这就是通常所说的 3σ 原则, 即在 1σ, 2σ 和 3σ 区间内的概率分别为 68.3%, 95.5% 和 99.7%.

例 4.4 令 $\alpha = 0.025$, 计算上 α 分位点 Z_α.

解 用 qnorm 函数计算分位点, 其程序 (程序名: exam0404.R) 和计算结果如下:

```
> alpha <- 0.025; z <- qnorm(1-alpha); z
[1] 1.959964
```

即 $z_{0.025} = 1.96$.

4.3.2 均匀分布

若随机变量 X 的概率密度函数为

$$f(x) = \begin{cases} \dfrac{1}{b-a}, & a \leqslant x \leqslant b, \\ 0, & \text{其他}, \end{cases} \tag{4.11}$$

则称 X 服从区间 $[a,b]$ 上的均匀分布, 记为 $X \sim U[a,b]$, 其分布函数为

$$F(x) = \begin{cases} 0, & x < a, \\ \dfrac{x-a}{b-a}, & a \leqslant x < b, \\ 1, & x \geqslant b. \end{cases} \tag{4.12}$$

在 R 中, unif 表示均匀分布, 加上不同的前缀表示不同的函数, 其使用格式为

```
dunif(x, min=0, max=1, log = FALSE)
punif(q, min=0, max=1, lower.tail = TRUE, log.p = FALSE)
qunif(p, min=0, max=1, lower.tail = TRUE, log.p = FALSE)
```

参数 min 为区间的左端点, 默认值为 0, max 为区间的右端点, 默认值为 1. 其他参数的意义与正态分布相同.

例 4.5 某设备生产出的钢板厚度在 $150 \sim 200$mm 之间，且服从均匀分布，钢板厚度在 160mm 以下为次品，求次品的概率.

解 用 punif() 函数计算, 其程序 (程序名: exam0405.R) 和计算结果如下:

```
> p <- punif(160, min=150, max=200); p
[1] 0.2
```

即次品的概率为 0.2.

4.3.3 指数分布

若随机变量 X 的概率密度函数为

$$f(x) = \begin{cases} \lambda \mathrm{e}^{-\lambda x}, & x \geqslant 0, \\ 0, & x < 0, \end{cases} \tag{4.13}$$

其中 $\lambda > 0$ 为常数, 则称 X 服从参数为 λ 的指数分布, 其分布函数为

$$F(x) = \begin{cases} 1 - \mathrm{e}^{-\lambda x}, & x \geqslant 0, \\ 0, & x < 0. \end{cases} \tag{4.14}$$

特别指出, $\mathrm{E}(X) = \dfrac{1}{\lambda}$, 即 λ^{-1} 为指数分布的数学期望.

在 R 中, exp 表示均匀分布, 加上不同的前缀表示不同的函数, 其使用格式为

```
dexp(x, rate = 1, log = FALSE)
pexp(q, rate = 1, lower.tail = TRUE, log.p = FALSE)
qexp(p, rate = 1, lower.tail = TRUE, log.p = FALSE)
```

参数 rate 为指数分布的参数 λ, 默认值为 1. 其他参数的意义与正态分布相同.

例 4.6 研究英格兰在 1875 年至 1951 年期间, 矿山发生导致不少于 10 人死亡的事故的频繁程度, 得知相继两次事故之间的时间 T (日) 服从指数分布, 其平均值为 241 天, 求概率 $P\{50 < T \leqslant 100\}$.

解 用 pexp() 函数计算, 其程序 (程序名: exam0406.R) 和计算结果如下:

```
> p <- pexp(100, rate=1/241) - pexp(50, rate=1/241); p
[1] 0.1522571
```

即 $P\{50 < T \leqslant 100\} = 0.152$.

4.3.4 二项分布

若随机变量 X 的分布律为

$$P\{X = k\} = \binom{n}{k} p^k (1-p)^{n-k}, \quad k = 0, 1, \cdots, n, \tag{4.15}$$

则称 X 服从参数为 n, p 的二项分布, 记为 $X \sim B(n, p)$, 其中 $\binom{n}{k} p^k (1-p)^{n-k}$ 是 n 重 Bernoulli 试验中事件 A 恰好发生 k 次的概率, 其分布函数为

$$F(x) = \sum_{k=0}^{\lfloor x \rfloor} \binom{n}{k} p^k (1-p)^{n-k}, \tag{4.16}$$

其中 $\lfloor x \rfloor$ 表示下取整, 即不超过 x 的最大整数, 下同.

在 R 中, binom 表示二项分布, 加上不同的前缀表示不同的函数, 其使用格式为

```
dbinom(x, size, prob, log = FALSE)
pbinom(q, size, prob, lower.tail = TRUE, log.p = FALSE)
qbinom(p, size, prob, lower.tail = TRUE, log.p = FALSE)
```

参数 size 为实验次数, 即二项分布中的参数 n, prob 为实验成功的概率, 即二项分布中的参数 p. 其他参数的意义与正态分布相同.

图 4.2 给出二项分布的分布律, 其参数分别为 $n = 10, p = 0.3$ 和 $n = 10, p = 0.7$.

例 4.7 现有 80 台同类型的设备, 各台设备的工作是相互独立的, 发生故障的概率是 0.01, 且一台设备的故障能由一人处理, 配备维修工人的方法有两种, 一种是 4 人分开维护, 每人负责 20 台, 另一种是由 3 人共同维护 80 台, 试比较两种方法在设备发生故障时不能及时维修的概率的大小.

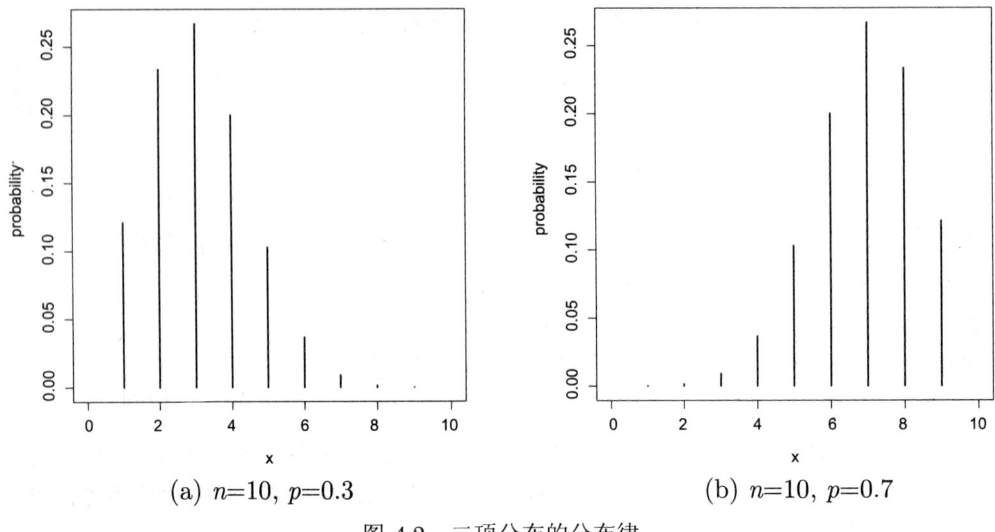

(a) n=10, p=0.3　　　　(b) n=10, p=0.7

图 4.2　二项分布的分布律

解　设 X 为同一时刻发生故障的台数. 第一种情况是计算概率 $P\{X \geqslant 2\}$; 第二情况是计算概率 $P\{X \geqslant 4\}$. 计算程序 (程序名: `exam0407.R`) 与计算结果如下:

```
> p1 <- 1-pbinom(1, size=20, prob=0.01); p1
[1] 0.01685934
> p2 <- 1-pbinom(3, size=80, prob=0.01); p2
[1] 0.008659189
```

$p_2 < p_1$, 第二种方法更合算.

例 4.8　为保证设备的正常运行, 必须配备一定数量的设备维修人员. 现有同类设备 180 台, 且各台工作相互独立, 每台设备任一时刻发生故障的概率都是 0.01. 假设一台设备的故障由一人进行修理, 问至少配备多少名修理人员, 才能保证设备发生故障后能得到及时修理的概率不小于 0.95?

解　设随机变量 X 为发生故障的设备数, k 为配备修理工的个数, 由题意 $X \sim B(n,p)$, 其中 $n=180, p=0.01$, 并且 X, k 应满足 $P\{X \leqslant k\} \geqslant 0.95$. 计算程序 (程序名: `exam0408.R`) 与计算结果如下

```
n <- 180; p <- 0.01; k <- qbinom(.95, n, p); k
[1] 4
```

即至少需要 4 名修理人员.

4.3.5　Poisson 分布

若随机变量 X 的分布律为

$$P\{X=k\} = \frac{\lambda^k \mathrm{e}^{-\lambda}}{k!}, \quad k=0,1,2,\cdots, \tag{4.17}$$

则称 X 服从参数为 λ 的 Poisson (泊松) 分布 (Poisson distribution), 记作 $X \sim P(\lambda)$ 或 $X \sim \pi(\lambda)$, 其中 $\lambda > 0$ 为常数, 其分布函数为

$$F(x) = \sum_{k=0}^{\lfloor x \rfloor} \frac{\lambda^k \mathrm{e}^{-\lambda}}{k!}. \tag{4.18}$$

在 R 中, `pois` 表示 Poisson 分布, 加上不同的前缀表示不同的函数, 其使用格式为

```
dpois(x, lambda, log = FALSE)
ppois(q, lambda, lower.tail = TRUE, log.p = FALSE)
qpois(p, lambda, lower.tail = TRUE, log.p = FALSE)
```

参数 `lambda` 为 Poisson 分布中的参数 λ, 其他参数的意义与正态分布相同.

图 4.3 给出 Poisson 分布的分布律, 其参数 $\lambda = 4$.

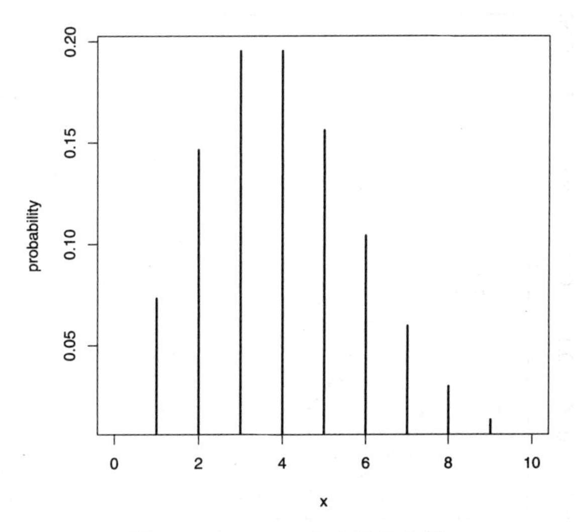

图 4.3 Poisson 分布的分布律

对于 Poisson 分布, 有一个重要定理, 就是当 n 较大时, 可以用 Poisson 分布近似二项分布, 其中 $\lambda = np_n$.

例 4.9 计算机硬件公司制造某种型号的芯片, 其次品率为 0.1%, 各芯片成为次品相互独立. 求 1000 只芯片中至少有 2 只次品的概率.

解 设 X 为次品的个数, 计算概率 $P\{X \geqslant 2\}$. 现选择两种计算方法, 第一种用二项分布精确计算, 第二种用 Poisson 分布近似计算. 计算程序 (程序名: `exam0409.R`) 与计算结果如下:

```
> p1 <- 1-pbinom(1, size=1000, prob=0.001); p1
[1] 0.2642411
> p2 <- 1-ppois(1, lambda=1000*0.001); p2
[1] 0.2642411
```

两种方法的计算结果是相同的.

4.3.6　χ^2 分布

如果 $Z_i \sim N(0,1)$ $(i=1,2,\cdots,n)$, 且 Z_i 相互独立, 则称

$$X = Z_1^2 + Z_2^2 + \cdots + Z_n^2 \tag{4.19}$$

为自由度为 n 的 χ^2 分布, 记为 $X \sim \chi^2(n)$. 如果 $Z_i \sim N(\delta,1)$, 则称 X 为非中心化的 χ^2 分布, 记 $X \sim \chi^2(n,\delta)$, 称 δ 为非中心化参数.

在 R 软件中, 用 chisq 表示 χ^2 分布, 其调用格式如下:

```
dchisq(x, df, ncp=0, log = FALSE)
pchisq(q, df, ncp=0, lower.tail = TRUE, log.p = FALSE)
qchisq(p, df, ncp=0, lower.tail = TRUE, log.p = FALSE)
```

参数 df 为自由度, ncp 为非中心化参数, 其余参数的意义与正态分布相同.

图 4.4 描绘的是 χ^2 分布的概率密度函数在不同参数下的图形.

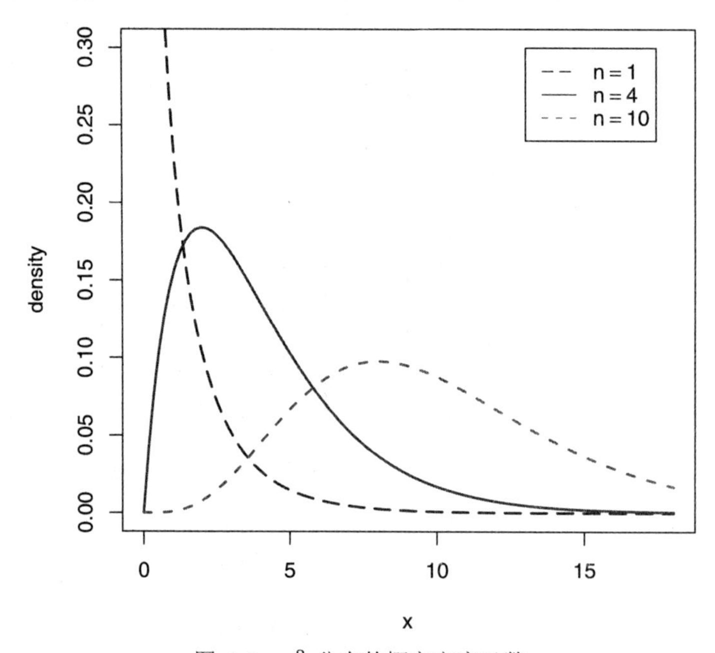

图 4.4　χ^2 分布的概率密度函数

4.3.7　t 分布

如果随机变量 $Z \sim N(0,1)$, $X \sim \chi^2(n)$ 且 X 与 Z 相互独立, 则称

$$T = \frac{Z}{\sqrt{X/n}} \tag{4.20}$$

为自由度为 n 的 t 分布, 记为 $T \sim t(n)$. 如果 $Z \sim N(\delta,1)$, 则称 T 为非中心化 t 分布, 记为 $T \sim t(n,\delta)$, 称 δ 为非中心化参数.

在 R 中, t 分布的使用格式是

```
dt(x, df, ncp = 0, log = FALSE)
pt(q, df, ncp = 0, lower.tail = TRUE, log.p = FALSE)
qt(p, df, ncp = 0, lower.tail = TRUE, log.p = FALSE)
```

参数 df 为自由度, ncp 为非中心化参数, 其余参数的意义与正态分布相同.

图 4.5 描绘的是 t 分布的概率密度函数在不同参数下的图形.

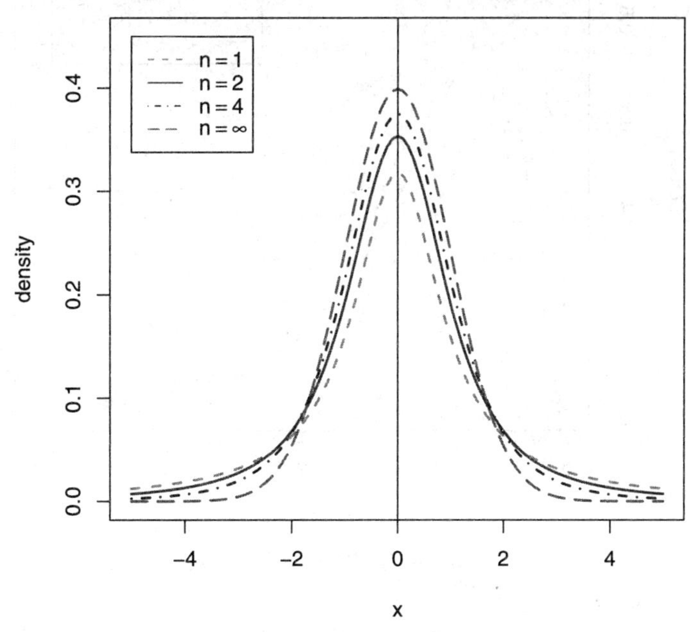

图 4.5 t 分布的概率密度函数

4.3.8 *F* 分布

如果随机变量 $X \sim \chi^2(n_1)$, $Y \sim \chi^2(n_2)$ 且相互独立, 则称

$$F = \frac{X/n_1}{Y/n_2}, \tag{4.21}$$

为第 1 个自由度为 n_1、第 2 个自由度为 n_2 的 F 分布, 记为 $F \sim F(n_1, n_2)$. 如果 $X \sim \chi^2(n_1, \delta)$, 则称 F 为非中心化 F 分布, 记为 $F \sim F(n_1, n_2; \delta)$, 称 δ 为非中心化参数.

在 R 中, F 分布的使用格式为

```
df(x, df1, df2, ncp = 0, log = FALSE)
pf(q, df1, df2, ncp = 0, lower.tail = TRUE, log.p = FALSE)
qf(p, df1, df2, ncp = 0, lower.tail = TRUE, log.p = FALSE)
```

参数 df1 为第 1 个自由度, df2 为第 2 个自由度, ncp 为非中心化参数, 其余参数的意义与正态分布相同.

图 4.6 描绘的是 F 分布的概率密度函数在不同参数下的图形.

4.3.9 R 的内置函数

表 4.1 列出了 R 中的内置函数, 用于计算各种标准分布的分布函数、概率密度函数, 以及分位数等.

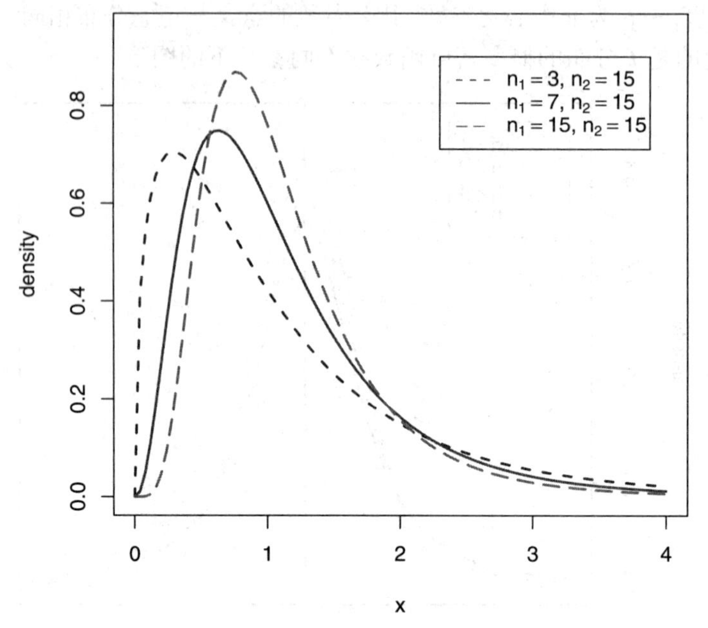

图 4.6 F 分布的概率密度函数

表 4.1 分布函数

分布名称	R 中的名称	附加参数
β 分布	beta	shape1, shape2, ncp
二项分布	binom	size, prob
Cauchy 分布	cauchy	location, scale
χ^2 分布	chisq	df, ncp
指数分布	exp	rate
F 分布	f	df1, df2, ncp
Γ 分布	gamma	shape, scale
几何分布	geom	prob
超几何分布	hyper	m, n, k
对数正态分布	lnorm	meanlog, sdlog
logistic 分布	logis	location, scale
负二项分布	nbinom	size, prob
正态分布	norm	mean, sd
Poisson 分布	pois	lambda
t 分布	t	df, ncp
均匀分布	unif	min, max
Weibull 分布	weibull	shape, scale
Wilcoxon 分布	wilcox	m, n

4.4 样本统计量

这里讨论几种常用的样本统计量.

4.4.1 样本均值

设 $X_1, X_2, \cdots, X_n$ 是总体 X 的一个简单随机样本, 称

$$\overline{X} = \frac{1}{n}\sum_{i=1}^{n} X_i \tag{4.22}$$

为样本均值.

在 R 中, mean() 函数用于计算样本均值, 其使用格式为

```
mean(x, trim = 0, na.rm = FALSE, ...)
```

参数 x 为需要计算均值的对象 (如向量、矩阵、数组或数据框), trim 为 $(0, 0.5)$ 之间的数 (默认值为 0), 表示在计算均值之前, 去掉两端数据的百分比, 即计算截尾均值. na.rm 为逻辑变量, 当取 TRUE 时, 允许样本中有缺失数据. ... 为附加参数. 例如

```
> x <- c(0:10, 50); xm <- mean(x)
> c(xm, mean(x, trim = 0.10))
[1] 8.75 5.50
```

假设总体满足 $X \sim N(\mu, \sigma^2)$, $X_1, X_2, \cdots, X_n$ 为来自总体 X 的一个样本, 样本均值 $\overline{X}$ 满足 $\overline{X} \sim N\left(\mu, \dfrac{\sigma^2}{n}\right)$, 所以

$$Z = \frac{\overline{X} - \mu}{\sigma/\sqrt{n}} \sim N(0, 1), \tag{4.23}$$

即随机变量 Z 为标准正态分布.

4.4.2 样本方差

设 $X_1, X_2, \cdots, X_n$ 是总体 X 的一个简单随机样本, $\overline{X}$ 为样本均值, 称

$$S^2 = \frac{1}{n-1}\sum_{i=1}^{n}\left(X_i - \overline{X}\right)^2 \tag{4.24}$$

为样本方差.

在 R 中, 可用 var() 函数计算样本方差, 其使用格式为

```
var(x, y = NULL, na.rm = FALSE, use)
```

参数 x 为数值向量、矩阵或数据框. y 为 NULL(默认值), 此时计算样本方差, 或者为数值向量、矩阵或数据框, 此时计算样本协方差. na.rm 为逻辑变量, 当取值为 TRUE 时, 可处理缺失数据.

另外两个函数 —— cov() 和 cor(), 分别计算样本的协方差矩阵和相关系数矩阵, 其使用方法与 var() 函数相同.

样本方差的开方称为样本标准差. 在 R 中, sd() 函数计算样本的标准差, 其使用格式为

```
sd(x, na.rm = FALSE)
```

参数 x 为数值向量. na.rm 为逻辑变量, 当取值为 TRUE 时, 可处理缺失数据. 例如

```
> x<-c(12, 9, 11, 5, 1, 4, 8, 3, 2, 10, 6, 7)
> var(x)
[1] 13
> sd(x)
[1] 3.605551
```

假设总体满足 $X \sim N(\mu, \sigma^2)$, $X_1, X_2, \cdots, X_n$ 为来自总体 X 的一个样本, 样本方差 S^2 满足

$$\frac{(n-1)S^2}{\sigma^2} \sim \chi^2(n-1). \tag{4.25}$$

如果 $\overline{X}$ 与 S^2 相互独立, 则由式 (4.23)、式 (4.25) 和 t 分布的定义, 得到

$$T = \frac{\dfrac{\overline{X}-\mu}{\sigma/\sqrt{n}}}{\sqrt{\dfrac{(n-1)S^2}{\sigma^2}/(n-1)}} = \frac{\overline{X}-\mu}{S/\sqrt{n}} \sim t(n-1), \tag{4.26}$$

即随机变量 T 为具有自由度 $n-1$ 的 t 分布.

例 4.10 已知如下数据

$$14.6, \quad 15.1, \quad 14.9, \quad 14.8, \quad 15.2, \quad 15.1$$

是来自总体 $X \sim N(\mu, \sigma^2)$ 的样本, 且 μ 和 σ 未知. 设 $\overline{X}$ 为样本均值, 计算 $P\left\{|\overline{X}-\mu| < 0.16\right\}$.

解

$$P\left\{|\overline{X}-\mu| < 0.16\right\} = P\left\{\left|\frac{\overline{X}-\mu}{S/\sqrt{n}}\right| < \frac{0.16}{S/\sqrt{n}}\right\} = F\left(\frac{0.16}{S/\sqrt{n}}\right) - F\left(-\frac{0.16}{S/\sqrt{n}}\right).$$

由式 (4.26) 知, F 为 t 分布的分布函数, 且自由度为 $n-1$. 编写 R 程序 (程序名: exam0410.R)

```
X <- c(14.6, 15.1, 14.9, 14.8, 15.2, 15.1)
n <- length(X); S <- sd(X)
t <- 0.16*sqrt(n)/S
pt(t, df = n-1) - pt(-t, df = n-1)
```

计算结果如下

```
[1] 0.8568167
```

4.4.3 顺序统计量

设 $X_1, X_2, \cdots, X_n$ 是抽自总体 X 的样本, $x_1, x_2, \cdots, x_n$ 为样本观测值, 将 $x_1, x_2, \cdots, x_n$ 按照从小到大的顺序排列为

$$x_{(1)} \leqslant x_{(2)} \leqslant \cdots \leqslant x_{(n)},$$

当样本 $X_1, X_2, \cdots, X_n$ 取值为 $x_1, x_2, \cdots, x_n$ 时, 定义 $X_{(k)}$ 取值为 $x_{(k)}$ $(k=1,2,\cdots,n)$, 称 $X_{(1)}, X_{(2)}, \cdots, X_{(n)}$ 为 $X_1, X_2, \cdots, X_n$ 的顺序统计量.

显然, $X_{(1)} = \min\limits_{1\leqslant i\leqslant n}\{X_i\}$ 是样本观测中取值最小的一个, 称为最小顺序统计量. $X_{(n)} =$

$\max\limits_{1\leqslant i\leqslant n}\{X_i\}$ 是样本观测中取值最大的一个, 称为最大顺序统计量. 称 $X_{(r)}$ 为第 r 个顺序统计量.

在 R 中, 可用 sort() 函数得到样本的顺序统计量, 其使用格式为

```
sort(x, decreasing = FALSE, na.last = NA, ...)
```

参数 x 为需要排序的对象 (如数值型、复数型、字符型或逻辑型向量). decreasing 为逻辑变量, 取值为 TRUE 时, 返回值按降序排列; 当取值为 FALSE(默认值) 时, 返回值按升序排列. na.last 为控制缺失数据的参数, 当取值为 NA(默认值) 时, 不处理缺失数据; 当取值为 TRUE 时, 缺失数据排在最后; 当取值为 FALSE 时, 缺失数据排在最前面. ... 为附加参数, 如 partial 为 NULL 或者是表示部分排序的向量. 例如

```
> x<-c(12, 9, 11, 5, 1, 4, 8, 3, 2, 10, 6, 7, NA)
> sort(x)
[1]  1  2  3  4  5  6  7  8  9 10 11 12
> sort(x, decreasing = TRUE)
[1] 12 11 10  9  8  7  6  5  4  3  2  1
> sort(x, na.last = TRUE)
[1]  1  2  3  4  5  6  7  8  9 10 11 12 NA
> sort(x, decreasing = TRUE, na.last = FALSE)
[1] NA 12 11 10  9  8  7  6  5  4  3  2  1
```

4.4.4 中位数

中位数就是数据排序位于中间位置的值. 如果数据按顺序排列, 对于奇数个数据, 中位数就是中间位置的数据; 对于偶数个数据, 中位数就是中间两个数据的平均值.

在 R 中, 可用 median() 函数计算样本的中位数, 其使用格式为

```
median(x, na.rm = FALSE)
```

参数 x 为需要计算中位数的数值型向量. na.rm 为逻辑变量, 当取值为 TRUE 时, 函数可以处理带有缺失数据的向量; 否则 (FALSE, 默认值) 不能处理带有缺失数据的向量. 例如

```
> x<-c(12, 9, 11, 5, 1, 4, 8, 3, 2, 10, 6, 7, NA)
> median(x)
[1] NA
> median(x, na.rm = TRUE)
[1] 6.5
```

4.4.5 分位数

分位数可以看成中位数的推广, 如中位数就是 0.5 分位数. 常用的还 $\frac{1}{4}$ 分位数和 $\frac{3}{4}$ 分位数, 分别称为下四分位数和上四分位数. p 分位数又可称为第 $100p$ 百分位数, 如中位数可称为第 50 百分位数, 下四分位数可称为第 25 百分位数, 上分位数可称为第 75 百分位数.

在 R 中, quantile() 函数计算样本的分位数, 其使用格式为

```
quantile(x, probs = seq(0, 1, 0.25), na.rm = FALSE,
         names = TRUE, type = 7, ...)
```

参数 x 为样本构成的数值向量. probs 为数值向量, 表示需要计算的分位数, 默认值为 0, 0.25, 0.50, 0.75 和 1. na.rm 为逻辑变量, 当取值为 TRUE 时, 可处理缺失数据. names 为逻辑

变量, 当取值为 TRUE(默认值) 时, 返回值有百分位数作为变量的属性. type 为 1~9 之间任何一个整数, 表示计算分位数的算法, 默认值为 7. 例如

```
> quantile(1:10)
   0%   25%   50%   75%  100%
 1.00  3.25  5.50  7.75 10.00
```

4.4.6 样本的 k 阶矩

设 $X_1, X_2, \cdots, X_n$ 是总体 X 的一个简单随机样本, 称

$$A_k = \frac{1}{n}\sum_{i=1}^{n} X_i^k \tag{4.27}$$

为样本的 k 阶原点矩. 称

$$M_k = \frac{1}{n}\sum_{i=1}^{n} \left(X_i - \overline{X}\right)^k \tag{4.28}$$

为样本的 k 阶中心矩, 其中 $\overline{X}$ 为样本均值.

虽然 R 没有给出样本矩的函数, 但它的编写很简单, 在 1.11.3 节中, 已给出计算样本矩的函数.

4.4.7 偏度系数与峰度系数

偏度 (skewness) 系数反映单峰分布的对称性, 总体 X 的偏度系数定义为

$$\beta_s = \frac{\mu_3}{\sigma^3}, \tag{4.29}$$

其中 $\mu_3 = E(X-\mu)^3$, μ 为总体均值, σ 为总体的标准差. 当 X 为对称分布时, $\beta_s = 0$.

如果 $X_1, X_2, \cdots, X_n$ 为来自总体 X 的样本, 样本的偏度系数可以定义为

$$C_s = \frac{M_3}{M_2^{\frac{3}{2}}}, \tag{4.30}$$

其中 M_2 和 M_3 为样本的 2 阶中心矩和 3 阶中心矩. 如果希望定义的偏度系数具有无偏性, 样本的偏度系数定义为

$$C_s = \frac{n}{(n-1)(n-2)} \frac{\sum\limits_{i=1}^{n}\left(X_i - \overline{X}\right)^3}{S^3}, \tag{4.31}$$

其中 S 为样本的标准差.

编写计算样本偏度系数的函数, 在默认状态下, 用式 (4.30) 计算偏度系数; 否则用式 (4.31) 计算偏度系数, 其函数 (程序名: skew.R) 如下:

```
source("..\\chap01\\moment.R")
skew <- function(x, flag = 1){
    mu <- mean(x)
    if (flag == 1){
        m2 <- moment(x, 2, mean=mu)
        m3 <- moment(x, 3, mean=mu)
```

```
        Cs <- m3/sqrt(m2^3)
    }
    else{
        n <- length(x); S <- sd(x)
        Cs<-n/(n-1)/(n-2)*sum((x-mu)^3)/S^3
    }
    Cs
}
```

峰度 (kurtosis) 系数反映分布峰的尖峭程度, 总体 X 的峰度系数定义为

$$\beta_k = \frac{\mu_4}{\sigma^4} - 3\ [1], \tag{4.32}$$

其中 $\mu_4 = E(X-\mu)^4$.

如果 $X_1, X_2, \cdots, X_n$ 为来自总体 X 的样本, 样本的峰度系数可以定义为

$$C_k = \frac{M_4}{M_2^2} - 3, \tag{4.33}$$

其中 M_4 为 4 阶中心矩. 同样, 为保证无偏性, 将峰度系数定义为

$$C_k = \frac{n(n+1)}{(n-1)(n-2)(n-3)} \frac{\sum\limits_{i=1}^{n}\left(X_i - \overline{X}\right)^4}{S^4} - \frac{3(n-1)^2}{(n-2)(n-3)}. \tag{4.34}$$

编写计算样本峰度系数的函数, 在默认状态下, 用式 (4.33) 计算峰度系数; 否则用式 (4.34) 计算峰度系数 (留作习题).

4.4.8 经验分布函数

设 $X_1, X_2, \cdots, X_n$ 是抽自总体 X 的样本, $X \sim F(x)$, 则称

$$F_n(x) = \frac{1}{n}K(x), \quad -\infty < x < \infty \tag{4.35}$$

为经验分布函数 (empirical distribution), 其中 $K(x)$ 表示 $X_1, X_2, \cdots, X_n$ 中不大于 x 的个数. 经验分布函数也可以表示成

$$F_n(x) = \begin{cases} 0, & x < X_{(1)}, \\ \frac{k}{n}, & X_{(k)} \leqslant x < X_{(k+1)}, \\ 1, & x \geqslant X_{(n)} \end{cases} \tag{4.36}$$

$F_n(x)$ 是一个跳跃函数, 其跳跃点是样本观测值. 在每个跳跃点处跳跃度均为 $1/n$.

在 R 中, 用 `ecdf()` 函数得到样本的经验分布函数, 其使用格式为

```
ecdf(x)
```

参数 `x` 为样本构成的向量. 在通常情况下, 还需要用 `plot()` 函数绘出经验分布图, 其使用格式为

[1] 由于正态分布 $\mu_4 = 3\sigma^4$, 所以这里减 3.

```
plot(x, ..., ylab="Fn(x)", verticals = FALSE,
     col.01line = "gray70", pch = 19)
```

参数 x 为 ecdf() 函数生成的对象. verticals 为逻辑变量, 当取值为 TRUE 时, 表示在经验分布图中画竖线; 否则 (FALSE, 默认值) 不画竖线.

例如, 如下命令

```
x <- rnorm(12)
Fn <- ecdf(x)
op <- par(mfrow=c(3,1), mgp=c(1.5, 0.8,0),
          mar= .1+c(3,3,2,1))
plot(Fn)
plot(Fn, verticals= TRUE)
plot(Fn, verticals= TRUE, do.points = FALSE)
par(op)
```

得到的图形如图 4.7 所示. 在程序中, 第 1 个画图命令采用默认参数, 所以不画竖线; 在第 2 个画图命令中, 参数为 verticals= TRUE, 所以有竖线; 第 3 个绘图命令采用 do.points = FALSE, 所以不画点.

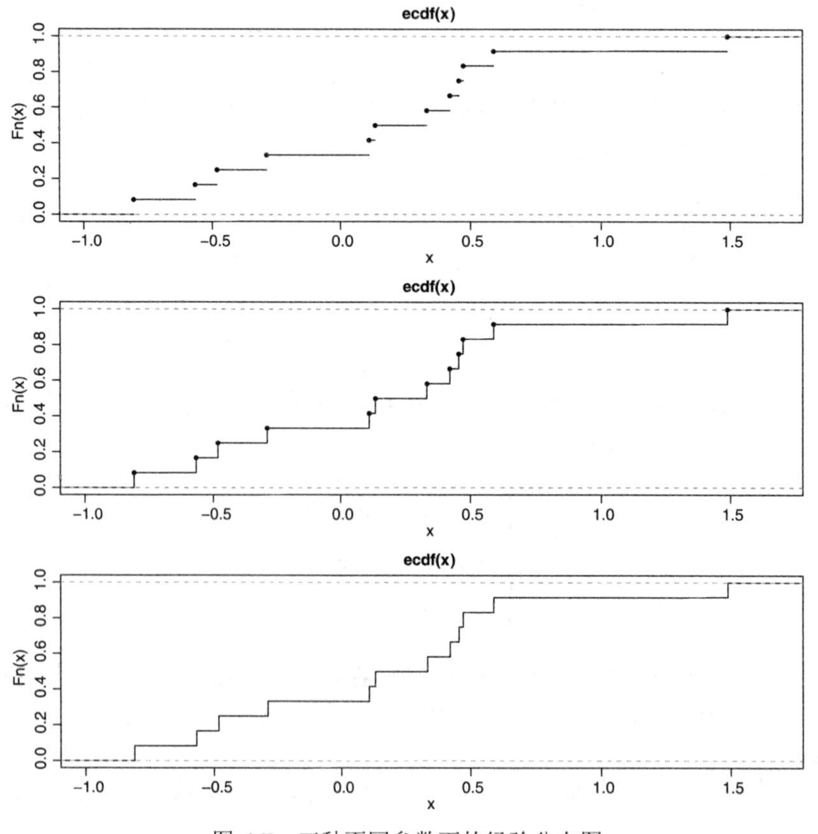

图 4.7 三种不同参数下的经验分布图

4.5 随机抽样与随机模拟

本节讨论用 R 作随机抽样和随机模拟的方法.

4.5.1 随机数的生成

1. 生成随机数

在许多情况下, 需要生成各种分布的随机数. 用 R 产生随机数的方法非常简单, 只需在前面介绍的分布函数的前面加上前缀 r 即可. 例如, 产生正态分布随机数的函数就是

```
rnorm(n, mean = 0, sd = 1)
```

参数 n 为产生随机数的个数. mean 为均值 μ, 默认值为 0. sd 为标准差 σ, 默认值为 1.

例如, 产生 100 个正态分布随机数, 作它们的概率直方图, 然后再添加正态分布的密度函数线, 其程序 (程序名: produce_normal.R) 如下:

```
x <- rnorm(100)
par(mai=c(0.9, 0.9, 0.6, 0.2))
hist(x, prob = TRUE, col = "lightblue",
     main="Normal Distribution")
curve(dnorm(x), add = TRUE, col="red", lwd=2)
expr<-expression(paste(mu==0, ",", sigma==1))
legend(1, 0.35, legend = expr, col="red", lwd=2)
```

所绘图形如图 4.8 所示.

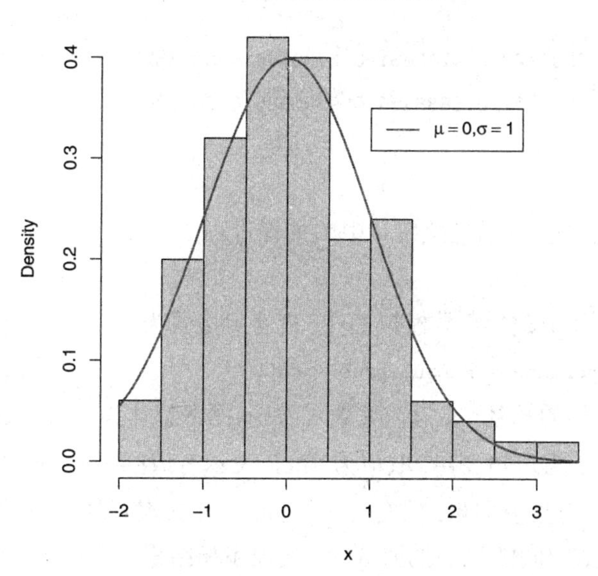

图 4.8 正态分布随机数产生的直方图和对应的概率密度曲线

在上述程序中, curve() 函数也是高水平函数, 可以直接画曲线, 其使用格式为

```
curve(expr, from = NULL, to = NULL, n = 101, add = FALSE,
      type = "l", xname = "x", xlab = xname, ylab = NULL,
      log = NULL, xlim = NULL, ...)
```

在仿真实验中, 用得比较多的是均匀分布的随机数. 产生均匀分布随机数的函数为

```
runif(n, min=0, max=1)
```

参数 n 为整数, 产生随机数的个数, min 和 max 分别为均匀分布区间的左右端点, 默认值分别为 0 和 1.

2. 生成可再生的随机数

有些时候, 需要使用相同的一种随机数, 以比较不同方法的计算结果. 但由于随机数是随机产生的, 因此, 每次生成的随机数是不同的, 这种现象会给使用者带来困扰. 为解决这一问题, 可使用可再生随机数的方法.

在运行生成随机数的代码之前, 先调用 set.seed() 函数, 该函数的使用格式为

```
set.seed(seed, kind = NULL, normal.kind = NULL)
```

参数 seed 为整数, 其目的是设置产生随机数的种子. 当随机数的种子相同时, 就产生相同的随机数.

例如, 生成 10 个随机数, 且每次的运算的结果均相同.

```
> set.seed(166)
> runif(10)
 [1] 0.2263542 0.7509773 0.4245961 0.6400944 0.5377327
 [6] 0.6184361 0.2587091 0.6838454 0.9350985 0.6049308
> set.seed(166)
> runif(10)
 [1] 0.2263542 0.7509773 0.4245961 0.6400944 0.5377327
 [6] 0.6184361 0.2587091 0.6838454 0.9350985 0.6049308
```

4.5.2 随机抽样

用 R 的随机抽样函数, 可以模拟统计中的抽样过程.

1. 抽样

在 R 中, 可以用 sample() 函数模拟抽样, 其使用格式为

```
sample(x, size, replace = FALSE, prob = NULL)
```

参数 x 为向量, 表示抽样的总体; 或为正整数 n, 表示样本总体为 1:n. size 为非负整数, 表示抽样的个数. replace 为逻辑变量, 取值为 TRUE 表示有放回抽样; 取值为 FALSE(默认值) 表示无放回抽样. prob 为数值向量, 长度与 x 相同, 其元素表示 x 中元素出现的概率.

例如, 从 1~10 个数中间随机的抽取 3 个, 其程序和结果如下:

```
> sample(1:10, 3)
[1] 1 2 5
```

程序 sample(10, 3) 具有相同的效果.

在历史上, 有人 (如蒲丰、皮乐逊等人) 做过抛硬币试验, 这里用 smaple() 函数作模拟, 会使试验变得非常的简单. 例如, 做 10 次抛硬币试验的程序和结果为

```
> sample(c("H", "T"), 10, replace = TRUE)
[1] "T" "T" "H" "T" "T" "T" "T" "T" "H" "T"
```

还可以用 sample() 模拟 n 重伯努利试验, 例如,

```
> sample(c("S", "F"), 10, re = T, prob = c(0.7, 0.3))
[1] "S" "F" "S" "S" "S" "S" "S" "S" "S" "F"
```

2. Bootstrap 方法

Bootstrap 方法, 也称为自助法, 是由布雷德利 · 埃夫朗 (Bradley Efron) 在 20 世纪 70 年代末提出来的. 它是一种有放回的抽样, 即从原始样本数据中, 有放回地重复抽取容量为 n 的样本, 然后作这 n 个样本的估计, 如均值、中位数. 再将这一过程重复 $B(> 1000)$ 次, 作相应的估计, 如标准差、均方误差和置信区间[1].

例 4.11 设金属元素铂的升华热是具有函数 F 的连续随机变量, F 的中位数 θ 是未知参数, 现测得以下数据 (单位: kcal/mol)

```
136.3  136.6  135.8  135.4  134.7  135.0  134.1
143.3  147.8  148.8  134.8  135.2  134.9  146.5
141.2  135.4  134.8  135.8  135.0  133.7  134.4
134.9  134.8  134.5  134.3  135.2
```

以样本中位数作为总体中位数 θ 的置信水平为 0.95 的 Bootstrap 置信区间.

解 编写 bootstrap 置信区间函数 (程序名: bootstrap.ci.R)

```
bootstrap.ci <- function(x, B, alpha=0.05){
    medians <- numeric(B)
    for(i in 1:B){
        sam <- sample(x, replace=TRUE)
        medians[i] <- median(sam)
    }
    quantile(medians, c(alpha/2, 1-alpha/2))
}
```

在程序中, sample(x, replace=TRUE) 为有放回抽样, quantile() 为百分位数函数, 计算置信水平为 $1-\alpha$ 的置信区间.

输入数据, 调用 bootstrap.ci() 函数计算, 计算程序 (程序名: exam0411.R)

```
x<-c(136.3, 136.6, 135.8, 135.4, 134.7, 135.0, 134.1,
     143.3, 147.8, 148.8, 134.8, 135.2, 134.9, 146.5,
     141.2, 135.4, 134.8, 135.8, 135.0, 133.7, 134.4,
     134.9, 134.8, 134.5, 134.3, 135.2)
source("bootstrap.ci.R")
```

[1] 有关置信区间的概念将在第 5 章中介绍.

```
bootstrap.ci(x, B=1000, alpha=0.05)
```

和结果

```
 2.5% 97.5%
134.8 135.8
```

即 95% 的置信区间为 [134.8, 135.8].

4.5.3 随机模拟

随机模拟又称为 Monte Carlo 模拟, 或 Monte Carlo 方法, 或统计试验方法等. 所谓模拟就是把某一现实的或抽象的系统的部分状态或特征, 用另一个系统 (称为模型) 来代替或模仿. 在模型上做实验称为模拟实验, 所构造的模型为模拟模型.

1. 概率分析

利用模拟的方法计算概率.

例 4.12 一列火车从 A 站开往 B 站, 某人每天赶往 B 站上火车. 他已了解到火车从 A 站到 B 站的运行时间是服从均值为 30min, 标准差为 2min 的正态随机变量. 火车大约 13 : 00 离开 A 站, 此人大约 13 : 30 达到 B 站. 火车离开 A 站的时刻及概率如下:

火车离站时刻	13 : 00	13 : 05	13 : 10
概率	0.7	0.2	0.1

此人到达 B 站的时刻及概率如下:

人到站时刻	13 : 28	13 : 30	13 : 32	13 : 34
概率	0.3	0.4	0.2	0.1

问他能赶上火车的概率是多少?

解 记 T_1 为火车从 A 站出发的时刻, T_2 为火车从 A 站到达 B 站运行的时间, T_3 为此人到达 B 站的时刻. 因此, T_1、T_2 和 T_3 均是随机变量, 且 $T_2 \sim N(30, 2^2)$, T_1 和 T_3 的分布律如表 4.2 和表 4.3 所示. 在表 4.2 和表 4.3 中, 记 13:00 为时刻 $t = 0$.

表 4.2 T_1 的分布律

T_1	0	5	10
p	0.7	0.2	0.1

表 4.3 T_3 的分布律

T_3	28	30	32	34
p	0.3	0.4	0.2	0.1

通过分析可知, 此人能及时赶上火车的充分必要条件是: $T_1 + T_2 > T_3$. 由此得到, 此人赶上火车的概率为 $P\{T_1 + T_2 > T_3\}$.

令 t_2 为正态分布 $N(30, 2^2)$ 的随机数, 将 t_2 看成火车运行时间 T_2 的一个观察值. 因此, t_2 用 `rnorm()` 函数产生. t_1 和 t_3 是 T_1 和 T_3 的观察值, 它们可由 `sample()` 函数产生.

当 $t_1 + t_2 > t_3$, 认为试验成功 (能够赶上火车). 若在 n 次试验中, 有 k 次成功, 则用频率 k/n 作为此人赶上火车的概率. 当 n 很大时, 频率值与概率值近似相等.

以下是求解过程的 R 程序 (程序名: train.R).

```
train<-function(n){
   t1 <- sample(c(0, 5, 10), size=n, replace=T,
            prob=c(0.7, 0.2, 0.1))
   t2 <- rnorm(n, mean=30, sd=2)
   t3 <- sample(c(28, 30, 32, 34), size=n, replace=T,
              prob=c(0.3, 0.4, 0.2, 0.1))
   sum( t1+t2 > t3)/n
}
```

作 10000 次试验，得到

```
> source("train.R"); train(10000)
[1] 0.6306
```

此人赶上火车的概率大约是 0.63.

2. 计算积分

可以用模拟的方法计算定积分. 考虑积分 $\int_a^b f(x)\mathrm{d}x$, 其中积分区间 $[a,b]$ 有限, 被积函数满足 $0 \leqslant f(x) \leqslant M$. 如果上述条件不满足, 可以作适当的变换, 使之满足.

由几何意义可知, 定积分是曲边梯形的面积. 使用 Monte Carlo 方法计算积分的原理很简单, 就是计算曲边梯形的面积占整个矩形面积的比.

设 x 为区间 $[a,b]$ 上均匀分布的随机数, y 为区间 $[0,M]$ 上均匀分布的随机数. 若 $y < f(x)$, 则点 (x,y) 落在曲边梯形内; 否则落在曲边梯形外. 如果产生 n 对随机数, 有 k 对数在曲边梯形内, 则 $\frac{k}{n}$ 可以近似地表示曲边梯形面占整个矩形面积的比. 因此, 可用 $\frac{k}{n}M(b-a)$ 近似地表示曲边梯形的面积, 即定积分的值.

编写 Monte Carlo 方法计算定积分的函数 (程序名: quad1.R)

```
quad1<-function(fun, a, b, M=1, n=1e6){
    x<-runif(n, min=a, max=b)
    y<-runif(n, min=0, max=M)
    k<-sum(y<fun(x))
    k/n*M*(b-a)
}
```

例 4.13 用 Monte Carlo 方法计算定积分 $\int_{-1}^1 \mathrm{e}^{-x^2}\mathrm{d}x$.

解 编写被积函数, 调用 quad1() 函数求解, 程序和计算结果如下:

```
> fun <- function(x) exp(-x^2)
> source("quad1.R")
> quad1(fun, a=-1, b=1)
[1] 1.49379
```

运用相同的原理, 可用 Monte Carlo 方法计算二重积分, 这里假设积分区域为 $[a,b]\times[c,d]$ 且有界, 被积函数满足 $0 \leqslant f(x,y) \leqslant M$. 给出计算二重积分的函数 (程序名: quad2.R)

```
quad2<-function(fun, a, b, c, d, M=1, n=1e6){
    x<-runif(n, min=a, max=b)
    y<-runif(n, min=c, max=d)
    z<-runif(n, min=0, max=M)
    k<-sum(z<fun(x,y))
    k/n*M*(b-a)*(d-c)
}
```

例 4.14 用 Monte Carlo 方法计算二重积分

$$\iint_D \sqrt{1-x^2-y^2}\,\mathrm{d}x\,\mathrm{d}y, \qquad D=\{(x,y)\mid x^2+y^2\leqslant 1\}.$$

解　首先需要将函数扩充到整个矩形区域, 在定义域内目标函数值不变, 在定义域外, 目标函数值为 0. 编写被积函数, 调用 quad2() 函数求解, 程序和计算结果如下:

```
> fun <- function(x,y) sqrt((x^2+y^2<1)*(1-x^2-y^2))
> source("quad2.R")
> quad2(fun, a=-1, b=1, c=-1, d=1)
[1] 2.093512
```

利用逻辑变量扩充被积函数, 当 $x^2+y^2<1$ 成立时, 返回值为 TRUE, 即 1; 否则返回值为 FALSE, 即 0. 这样就达到我们的目的.

有兴趣的读者, 可尝试编写计算三重积分的函数 (留作习题).

用 Monte Carlo 方法计算积分的优点是计算方法简单, 缺点是计算精度差, 模拟 10^6 次, 计算精度也只在 10^{-3} 的数量级上. 例如, 例 4.14 积分的精确值为 $\frac{2}{3}\pi$ $(=2.094395\cdots)$. 如果增加模拟次数, 又受到计算时间和计算机内存等因素的影响.

3. 二维随机游动

下面模拟二维随机游动. 在一个 $[0,100]\times[0,100]$ 的正方形区域内, 假设某人的初始位置在点 $(50,50)$ 处, 他周围 (前、后、左、右) 包括他所站的位置, 共有 9 个格子, 每一步随机地移动到一个格子处, 也可以保持原地不动. 现用 Monte Carlo 方法模拟他的行走路线, 当他行走到 10000 步, 或者出界, 则停止模拟.

编写随机游动程序 (程序名: RandomWalk.R)

```
RandomWalk<-function(n=10000){
    par(mai = c(.9, .9, 0.5, 0.2))
    plot(c(0, 100), c(0, 100), type="n",
         xlab = "X", ylab = "Y",
         main = "Random Walk in Two Dimensions")
    x <- y <- 50
    points(50, 50, pch=16, col="red", cex=1.5)
```

```
    for (i in 1:n){
        xi <- sample(c(1, 0, -1), 1)
        yi <- sample(c(1, 0, -1), 1)
        lines(c(x, x+xi), c(y, y+yi))
        x <- x + xi; y <- y + yi
        if (x>100 | x<0 | y>100 | y<0) break
    }
}
```

调用程序模拟

```
> source("RandomWalk.R"); RandomWalk()
```

行走路线如图 4.9 所示.

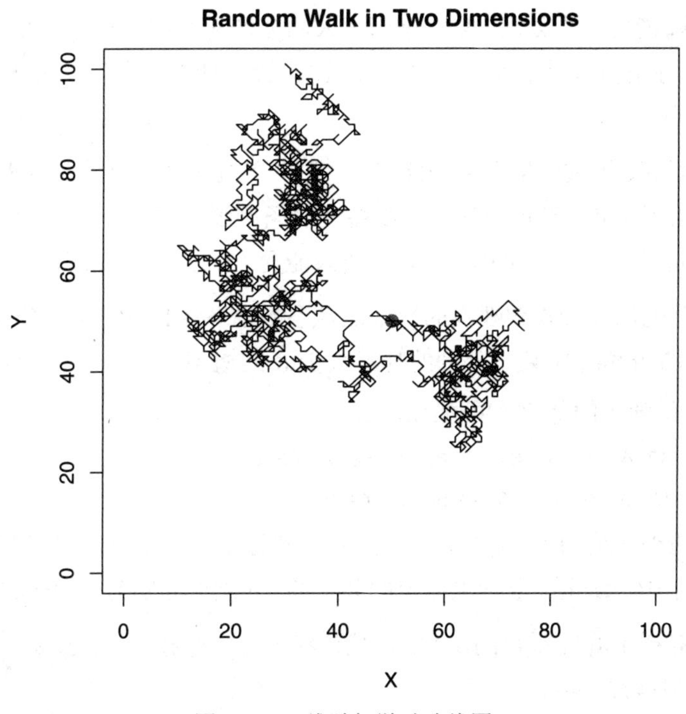

图 4.9 二维随机游动路线图

习 题 4

1. 给出从 A, B, C, D 和 E 共 5 个字母, 列出任意抽取 3 个字母的全部组合.

2. 一批产品共有 20 件, 其中有 5 件次品, 其余为正品. 现抽取 3 件, 求恰好有 1 件次品的概率.

3. (生日问题) 计算 n 个同班同学至少有两人同一天过生日的概率. 编写一个函数, 分别计算 $n = 20, 30, 40, 50, 60, 70, 80, 90$ 时至少有两人同一天过生日的概率.

4. 一袋中装有 5 只球, 编号为 $1 \sim 5$, 在袋中任取 3 只, 以 X 表示取出的 3 只球中的最大号码, 求 X 的分布律.

5. 假定某地区成年男子的身高 (单位: cm) 服从正态分布 $X \sim N(170, 7.69^2)$, 求该地区成年男子身高超过 175cm 的概率. 如果希望有 95% 以上的人在过门时不低头, 门的高度至少应为多少?

6. 设电阻值 R 是一个随机变量, 服从均匀分布 $U[900, 1100]$(单位: Ω), 计算 R 落在 $950 \sim 1050\ \Omega$ 的概率.

7. 设电视机的寿命 X(单位: 年) 服从指数分布, 且平均寿命为 12 年, 求: (1) 电视机寿命最多为 6 年的概率; (2) 寿命为 15 年或更多的概率; (3) 寿命在 5 年到 10 年之间的概率.

8. 现有 90 台同类型的设备, 各台设备的工作是相互独立的, 发生故障的概率为 0.01, 且一台设备的故障能由一人处理. 配备维修工人的方法有两种, 一种是 3 人分开维护, 每人负责 30 台, 另一种是由 3 人共同维护 90 台, 试比较两种方法在设备发生故障时不能及时维修的概率的大小.

9. 设某机场每天有 200 架飞机在此降落, 任一飞机在某时刻降落的概率为 0.02, 且设各飞机降落是相互独立的. 试问该机场需配备多少条跑道, 才能保证某一时刻飞机需立即降落而没有空闲跑道的概率小于 0.01 (每条跑道只能允许一架飞机降落)?

10. 一电话总机每分钟收到呼唤的次数服从参数 $\lambda = 4$ 的 Poisson 分布. 求 (1) 某一分钟恰有 8 次呼唤的概率; (2) 某一分钟的呼唤大于 3 的概率.

11. 已知 15 位学生的体重（单位：kg）

```
75.0  64.0  47.4  66.9  62.2  62.2  58.7  63.5
66.6  64.0  57.0  69.0  56.9  50.0  72.0
```

(1) 求学生体重的平均值; (2) 求学生体重的方差和标准差; (3) 将学生体重由小到大排序; (4) 求学生体重的中位数; (5) 求学生体重的分位数, 分位点分别为 0, 0.25, 0.5, 0.75 和 1.

12. 编写计算样本峰度系数的函数, 在默认状态下, 使用式 (4.33) 计算峰度系数; 否则使用式 (4.34) 计算峰度系数.

13. 计算 11 题中 15 名学生体重的偏度系数和峰度系数.

14. 绘出 11 题中 15 名学生体重的经验分布函数图形, 并将正态分位函数图形叠加在经验分布函数图上, 参数取样本均值和样本标准差.

15. 设在总体 $N(\mu, \sigma^2)$ 中抽取一容量为 n 的样本, 这里 μ 和 σ^2 均为未知. 当 $n = 16$ 时, 求 $P\left\{S^2/\sigma^2 \leqslant 2.04\right\}$.

16. 已知以下 10 个数据

```
12.8372    6.6721   15.6267   16.4384    9.2676
20.9546   20.9458   14.8118   16.6365   15.8732
```

来自正态总体, 设 $\overline{X}$ 为样本均值, μ 为总体均值, 求 $P\{|\overline{X} - \mu| > 2.85\}$.

17. 用模拟的方法 (使用 `sample()` 函数) 计算 2 题中的概率, 并与 2 题的结果作比较, 研究模拟次数与计算精度之间的关系.

18. (Buffon 投针问题) 设平面上画有等距为 a 的一簇平行线. 取一枚长为 $l(l < a)$ 的针随意扔到平面上, 求针与平行线相交的概率. 取 $a = 1$, $l = 0.8$, 用模拟的方法计算此概率, 模拟次数至少 10000 次.

19. 编写一个用 Monte Carlo 方法计算三重积分的的程序, 被积区域分别为 $[a, b]$, $[c, d]$ 和 $[e, f]$, 被积函数满足 $0 \leqslant f(x, y, z) \leqslant M$. 使用编写好的程序计算三重积分 $\iiint\limits_{\Omega} yz\sin(x)\mathrm{d}x\mathrm{d}y\mathrm{d}z$, $\Omega = [0, \pi] \times [0, 1] \times [0, 1]$, 并与积分的精确值作比较.

20. 游客参观电视高塔, 到达服从指数分布, 平均的到达间隔为 3min, 在下面排队等候电梯, 电梯容量 8 人, 至少有 3 人乘电梯时才开动, 电梯运行时间为常数. 在塔顶, 游客停留时间服从均值为 5min, 标准差为 3min 的正态分布, 然后下塔. 在下塔人中, 有 20% 的人步行下塔, 有 80% 的人乘电梯. 若塔顶的游客全部要下塔, 虽不足 3 人电梯也开动, 而且最后 1 人下塔总是乘电梯. 试模拟 10h 内游客上、下塔的平均等待时间.

第5章　假设检验

假设检验是统计推断中的一个重要内容，它是利用样本数据对某个事先作出的统计假设按照某种设计好的方法进行检验，判断此假设是否正确.

5.1　假设检验的基本思想

假设检验方法通常分为两类：参数性假设检验，即总体分布已知时通过样本检验关于未知参数的某个假设；非参数性检验，即总体分布未知时的检验问题.

5.1.1　基本概念

例 5.1　设某工厂生产的一批产品，其次品率 p 是未知的. 按规定，若 $p \leqslant 0.01$，则这批产品为可接受的；否则为不可接受的. 这里 "$p \leqslant 0.01$" 便是一个需要的假设，记为 H. 假定从这批数据很大的产品中随机地抽取 100 件样品，发现其中有 3 件次品，这一抽样结果便成为判断假设 H 是否成立的依据. 显然，样品中次品个数越多对假设 H 越不利；反之则对 H 越有利. 记样品中次品个数为 X，问题是：X 大到什么程度就应该拒绝 H?

由于否定了 H 就等于否定了一大批产品，这个问题应该慎重处理. 统计学上常用的作法是：先假定 H 成立，来计算 $X \geqslant 3$ 的概率有多大? 由于 X 服从二项分布 $B(n,p)$，其中 $n=100$，容易计算出 $P_{p=0.01}\{X \geqslant 3\} \approx 0.08$. 显然，对 $p<0.01$，这个概率值还要小，也就是说，当假设 $H(p \leqslant 0.01)$ 成立时，100 个样品中有 3 个或 3 个以上次品的概率不超过 0.08. 这可以看作是一个 "小概率" 事件. 而在一次试验中就发生了一个小概率事件是不大可能的. 因此，事先作出的假设 "$p \leqslant 0.01$" 是非常可疑的. 在需要作出最终判决时，就应该否定这个假设，而认定这批产品不可接受 (即认为 $p>0.01$).

上述例子中包含了假设检验的一些重要的基本概念. 在统计假设检验中，首先要有一个作为检验的对象的假设，通常称为原假设或零假设 (记为 H_0). 与之相应，为使问题表述得更明确，还常提出一个与之对应的假设，称为备择假设 (记为 H_1).

5.1.2　基本思想

假设检验使用了反证法的思想. 为了检验一个 "假设" 是否成立，就先假定这个 "假设" 是成立的，而看由此会产生的后果. 如果导致一个不合理现象的出现，那么就表明原先的假定不正确，也就是说，"假设" 不成立. 因此，就拒绝这个 "假设". 如果由此没有导出不合理的现象发生，则不能拒绝原来这个 "假设"，称原假设是相容的.

注意：上述方法又区别于纯数学中的反证法. 因为这里所谓的 "不合理"，并不是形式逻辑中的绝对矛盾，而是基于人们实践中广泛采用的一个原则：小概率事件在一次观察中可以认为基本上不会发生.

5.1.3 两类错误

在根据假设检验作出统计决断时, 可能犯两类错误. 第一类错误是否定了真实的原假设. 犯第一类错误的概率定义为 $P\{否定H_0 \,|\, H_0为真\}$. 第二类错误是接受了错误的原假设. 犯第二类错误的概率定义为 $P\{接受H_0 \,|\, H_0为假\}$.

通常来讲, 在给定样本容量的情况下, 如果减少犯第一类错误的概率, 就会增加犯第二类错误的概率. 而减少犯第二类错误的概率, 也会增加犯第一类错误的概率. 如果希望同时减少犯第一类和犯第二类错误的概率, 就需要增加样本容量, 但样本容量的增加, 是需要增加抽样成本, 这有时是不可行的.

5.1.4 *P* 值

在通常的教科书中, 用拒绝域来否定 H_0, 即在计算完统计量后, 需要使用查表的方法得到临界值. 这种方法在计算机软件中使用是行不通的, 所以通常采用计算 P 值的方法来解决这一问题. 所谓 P 值, 就是犯第一类错误的概率, 即

$$P值 = P\{否定H_0 \mid H_0为真\}.$$

当 P 值 $< \alpha$(如 $\alpha = 0.05$) 时, 则拒绝原假设; 否则, 接受原假设. 容易证明: 使用 P 值的方法与使用拒绝域的方法是等价的.

5.2 重要的参数检验

本节介绍几种重要的参数检验.

5.2.1 *t* 检验

若 $X_1, X_2, \cdots, X_n$ 是来自正态总体 $X \sim N(\mu, \sigma^2)$ 的样本, 且 σ^2 未知, 则有

$$T = \frac{\overline{X} - \mu}{S/\sqrt{n}} \sim t(n-1), \tag{5.1}$$

其中 $\overline{X}$ 为样本均值, S 为样本标准差.

若 $X_1, X_2, \cdots, X_{n_1}$ 是来自总体 $X \sim N(\mu_1, \sigma_1^2)$ 的样本, $Y_1, Y_2, \cdots, Y_{n_2}$ 是来自总体 $Y \sim N(\mu_2, \sigma_2^2)$ 的样本, 并且两样本独立.

当 $\sigma_1^2 = \sigma_2^2 = \sigma^2$(未知) 时, 有

$$T = \frac{\overline{X} - \overline{Y} - (\mu_1 - \mu_2)}{S_w\sqrt{\dfrac{1}{n_1} + \dfrac{1}{n_2}}} \sim t(n_1 + n_2 - 2), \tag{5.2}$$

其中

$$S_w = \sqrt{\frac{(n_1-1)S_1^2 + (n_2-1)S_2^2}{n_1+n_2-2}}. \tag{5.3}$$

当 $\sigma_1^2 \neq \sigma_2^2$(未知) 时, 有

$$T = \frac{\overline{X} - \overline{Y} - (\mu_1 - \mu_2)}{\sqrt{\frac{S_1^2}{n_1} + \frac{S_2^2}{n_2}}} \sim t(\widehat{\nu}) \tag{5.4}$$

近似成立, 其中

$$\widehat{\nu} = \left(\frac{S_1^2}{n_1} + \frac{S_2^2}{n_2}\right)^2 \Bigg/ \left(\frac{(S_1^2)^2}{n_1^2(n_1-1)} + \frac{(S_2^2)^2}{n_2^2(n_2-1)}\right). \tag{5.5}$$

t 检验, 也称为学生 t 检验, 就是根据 t 统计量完成单个总体均值 μ 的检验

$$H_0: \ \mu = \mu_0, \qquad H_1: \ \mu \neq \mu_0 \quad (\text{双侧检验}) \tag{5.6}$$

$$H_0: \ \mu \geqslant \mu_0, \qquad H_1: \ \mu < \mu_0 \quad (\text{单侧检验}) \tag{5.7}$$

$$H_0: \ \mu \leqslant \mu_0, \qquad H_1: \ \mu > \mu_0 \quad (\text{单侧检验}) \tag{5.8}$$

或者根据 t 统计量完成两个总体均值差 $\mu_1 - \mu_2$ 的检验

$$H_0: \ \mu_1 - \mu_2 = \mu_0, \qquad H_1: \ \mu_1 - \mu_2 \neq \mu_0 \quad (\text{双侧检验}) \tag{5.9}$$

$$H_0: \ \mu_1 - \mu_2 \geqslant \mu_0, \qquad H_1: \ \mu_1 - \mu_2 < \mu_0 \quad (\text{单侧检验}) \tag{5.10}$$

$$H_0: \ \mu_1 - \mu_2 \leqslant \mu_0, \qquad H_1: \ \mu_1 - \mu_2 > \mu_0 \quad (\text{单侧检验}) \tag{5.11}$$

在作 t 检验的同时, 可以根据式 (5.1) 得到单个总体均值 μ 的置信区间, 或者根据式 (5.2) 和式 (5.4) 得到两个总体均值差 $\mu_1 - \mu_2$ 的置信区间.

在 R 中, 用 `t.test()` 函数完成 t 检验的工作, 并给出相应的置信区间, 其使用格式为

```
t.test(x, y = NULL,
       alternative = c("two.sided", "less", "greater"),
       mu = 0, paired = FALSE, var.equal = FALSE,
       conf.level = 0.95, ...)
```

参数 `x` 为样本构成的数值向量. `y` 亦为样本构成的数值向量, 对于单个总体的样本, `y` 为 `NULL` (默认值). `alternative` 为备择假设选项, 取 `"two.sided"` (默认值) 表示双侧检验; 取 `"less"` 表示备择假设为 “<” 的单侧检验; 取 `"greater"` 表示备择假设为 “>” 的单侧检验. `mu` 为数值, 表示原假设 μ_0, 默认值为 0. `paired` 为逻辑变量, 用以说明是否完成配对 (或成对) 数据的 t 检验. 当数据是成对数据时, 此参数取 `TRUE`; 否则取 `FALSE` (默认值). `var.equal` 为逻辑变量, 用以说明两个样本的总体的方差是否相同. 当两总体的方差相同时, 此参数取 `TRUE`, 否则取 `FALSE` (默认值). `conf.level` 为 $0 \sim 1$ 之间的数值 (默认值为 0.95), 表示置信水平, 它将用于计算均值 μ 的置信区间. `...` 为附加参数.

另一种使用格式是公式形式, 其使用格式为

```
t.test(formula, data, subset, na.action, ...)
```

用于两个总体样本的检验, 参数 `formula` 为形如 `value ~group` 的公式, 其中 `value` 为数据, `group` 为数据的分组情况, 通常是因子向量. `data` 为矩阵或数据框. `subset` 为可选向量, 表示使用样本的子集. `na.action` 为函数, 表示样本中出现缺失数据 (`NA`) 的处理方法, 默认值为函数 `getOption("na.action")`. `...` 为附加参数.

例 5.2 某种元件的寿命 X (单位: h) 服从正态分布 $N(\mu,\sigma^2)$, 其中 μ 和 σ^2 均未知. 现测得 16 只元件的寿命如下:

```
159  280  101  212  224  379  179  264
222  362  168  250  149  260  485  170
```

问是否有理由认为元件的平均寿命大于 225 (h)?

解 按题意 (注意前面提到的假设检验运用了反证法的思想), 需检验

$$H_0: \quad \mu \leqslant \mu_0 = 225, \qquad H_1: \quad \mu > \mu_0 = 225.$$

也就是说原假设与需要证明的结论相反, 而备择假设与需要证明的结论相一致. 可以从这方面理解为什么 `t.test()` 函数输入参数 `alternative` 的理由.

输入数据, 调用函数 `t.test()`(程序名: `exam0502.R`) 得到

```
> X<-c(159, 280, 101, 212, 224, 379, 179, 264,
       222, 362, 168, 250, 149, 260, 485, 170)
> t.test(X, alternative = "greater", mu = 225)
       One Sample t-test
data:  X
t = 0.6685, df = 15, p-value = 0.257
alternative hypothesis: true mean is greater than 225
95 percent confidence interval:
 198.2321      Inf
sample estimates:
mean of x
    241.5
```

在函数的输出中, 有 T 统计量 (`t`)、自由度 (`df`)、P 值 (`p-value`) 和均值 μ 的置信区间, 以及 μ 的估计值. 由于这里做的是单侧检验, 所以给出的也是单侧置信区间.

由于 P 值 $(= 0.257) > 0.05$, 不能拒绝原假设, 接受 H_0, 即认为平均寿命不大于 225h.

例 5.3 在平炉上进行一项试验以确定改变操作方法的建议是否会增加钢的得率, 试验是在同一个平炉上进行的. 每炼一炉钢时除操作方法外, 其他条件都尽可能做到相同. 先用标准方法炼一炉, 然后用新方法炼一炉, 以后交替进行, 各炼了 10 炉, 其得率如表 5.1 所示. 设这两个样本相互独立, 并且分别来自正态总体 $N(\mu_1,\sigma^2)$ 和 $N(\mu_2,\sigma^2)$, 其中 μ_1,μ_2 和 σ^2 未知. 问新的操作能否提高得率? (取 $\alpha = 0.05$)

表 5.1 两种方法的得率

	标准方法	新方法		标准方法	新方法
1	78.1	79.1	6	78.4	79.1
2	72.4	81.0	7	76.0	79.1
3	76.2	77.3	8	75.5	77.3
4	74.3	79.1	9	76.7	80.2
5	77.4	80.0	10	77.3	82.1

解 根据题意知, $\sigma_1^2=\sigma_2^2=\sigma^2$(即方差相等模型), 检验

$$H_0:\ \mu_1=\mu_2,\quad H_1:\ \mu_1\neq\mu_2.$$

以下是程序 (程序名: exam0503.R) 和计算结果

```
X<-c(78.1, 72.4, 76.2, 74.3, 77.4, 78.4, 76.0, 75.5, 76.7, 77.3)
Y<-c(79.1, 81.0, 77.3, 79.1, 80.0, 79.1, 79.1, 77.3, 80.2, 82.1)
t.test(X, Y, var.equal = TRUE)
        Two Sample t-test
data:  X and Y
t = -4.2957, df = 18, p-value = 0.0004352
alternative hypothesis: true difference in means is not equal to 0
95 percent confidence interval:
 -4.765026 -1.634974
sample estimates:
mean of x mean of y
    76.23     79.43
```

在函数的输出中, 有 T 统计量 (t)、自由度 (df)、P 值 (p-value) 和均值差 $\mu_1-\mu_2$ 的置信区间, 以及 μ_1 和 μ_2 的估计值.

由于 P 值 $(=0.0004352)\ll 0.05$, 所以拒绝原假设, 即 $\mu_1\neq\mu_2$. 再利用 $\mu_1-\mu_2$ 的置信区间 $[-4.765,-1.635]<0$, 可以说明新操作方能够提高得率.

如果采用公式形式计算 t 检验, 需要将数据写成数据框的形式, 然后再计算, 如

```
obtain<-data.frame(
    value = c(78.1, 72.4, 76.2, 74.3, 77.4, 78.4, 76.0,
              75.5, 76.7, 77.3, 79.1, 81.0, 77.3, 79.1,
              80.0, 79.1, 79.1, 77.3, 80.2, 82.1),
    group = gl(2, 10)
)
t.test(value ~ group, data = obtain, var.equal = TRUE)
```

计算结果是相同的.

此问题可以作单侧检验, 达到同样的检验结果.

5.2.2 F 检验

设 $X_1, X_2, \cdots, X_{n_1}$ 是来自总体 $X\sim N(\mu_1,\sigma_1^2)$ 的样本, $Y_1, Y_2, \cdots, Y_{n_2}$ 是来自总体 $Y\sim N(\mu_2,\sigma_2^2)$ 的样本, 且两样本独立, 则有

$$F=\frac{S_1^2/\sigma_1^2}{S_2^2/\sigma_2^2}=\frac{S_1^2/S_2^2}{\sigma_1^2/\sigma_2^2}\sim F(n_1-1,n_2-1). \tag{5.12}$$

F 检验, 又叫方差齐性检验, 是根据 F 统计量完成两个总体方差比 σ_1^2/σ_2^2 的检验

$$H_0:\ \sigma_1^2/\sigma_2^2=r,\qquad H_1:\ \sigma_1^2/\sigma_2^2\neq r\quad (\text{双侧检验}) \tag{5.13}$$

$$H_0:\ \sigma_1^2/\sigma_2^2\geqslant r,\qquad H_1:\ \sigma_1^2/\sigma_2^2< r\quad (\text{单侧检验}) \tag{5.14}$$

$$H_0:\ \sigma_1^2/\sigma_2^2\leqslant r,\qquad H_1:\ \sigma_1^2/\sigma_2^2> r\quad (\text{单侧检验}) \tag{5.15}$$

除检验外, 还可根据式 (5.12) 给出两个总体方差比 σ_1^2/σ_2^2 的置信区间.

在 R 中, 用 var.test() 函数作 F 检验, 其使用格式为

```
var.test(x, y, ratio = 1,
     alternative = c("two.sided", "less", "greater"),
     conf.level = 0.95, ...)
```

参数 x 和 y 分别为两个样本构成的数值向量. ratio 为两个总体的方差比, 默认值为 1. alternative 为备择假设选项, 取 "two.sided" (默认值) 表示双侧检验; 取 "less" 表示备择假设为 "<" 的单侧检验; 取 "greater" 表示备择假设为 ">" 的单侧检验. conf.level 为 $0\sim1$ 之间的数值 (默认值为 0.95), 表示置信水平, 它将用于计算方差比 σ_1^2/σ_2^2 的置信区间.

另一种使用格式是公式形式, 其使用格式为

```
var.test(formula, data, subset, na.action, ...)
```

参数 formula 为形如 value ~ group 的公式, 其中 value 为数据, group 为数据的分组情况, 通常是因子向量. data 为矩阵或数据框. subset 为可选向量, 表示使用样本的子集. na.action 为函数, 表示样本中出现缺失数据 (NA) 的处理方法, 默认值为函数 getOption ("na.action"). ... 为附加参数.

例 5.4 试对例 5.3 中的数据假设检验

$$H_0:\ \sigma_1^2=\sigma_2^2\ (\sigma_1^2/\sigma_2^2=1),\qquad H_1:\ \sigma_1^2\neq\sigma_2^2\ (\sigma_1^2/\sigma_2^2\neq1).$$

解 输入数据, 调用 var.test() 函数, 其程序 (程序名: exam0504.R) 和计算结果如下:

```
> X<-c(78.1, 72.4, 76.2, 74.3, 77.4, 78.4, 76.0, 75.5, 76.7, 77.3)
> Y<-c(79.1, 81.0, 77.3, 79.1, 80.0, 79.1, 79.1, 77.3, 80.2, 82.1)
> var.test(X, Y)

        F test to compare two variances

data:  X and Y F = 1.4945, num df = 9, denom df = 9, p-value = 0.559
alternative hypothesis: true ratio of variances is not equal to 1
95 percent confidence interval:
 0.3712079 6.0167710
sample estimates:
ratio of variances
          1.494481
```

在函数的输出中, 有 F 统计量 (F)、第 1 个自由度或分子自由度 (num df)、第 2 个自由度或分母自由度 (denom df)、P 值 (p-value) 和方差比 σ_1^2/σ_2^2 的置信区间, 以及 F 比.

由于 P 值 $(=0.559)\gg0.05$, 无法拒绝原假设, 认为两总体的方差是相同的. 从方差比的置信区间 $[0.37,6.02]$ 来看, 它包含 1, 也就是说, 有可能 $\sigma_1^2/\sigma_2^2=1$, 所以认为两总体的方差是相同的. 因此, 在例 5.3 中, 假设两总体方差相同是合理的.

使用命令

```
obtain<-data.frame(
    value = c(78.1, 72.4, 76.2, 74.3, 77.4, 78.4, 76.0,
              75.5, 76.7, 77.3, 79.1, 81.0, 77.3, 79.1,
              80.0, 79.1, 79.1, 77.3, 80.2, 82.1),
```

```
    group = gl(2, 10)
)
var.test(value ~ group, data = obtain)
```

具有相同的计算结果.

5.2.3 二项分布的近似检验

对于单个总体, 如果作 n 次试验, 且成功的概率为 p, 则试验成功的次数 X 服从二项分布, 即 $X \sim B(n,p)$. 如果 n 次试验中有 x 次成功了, 可用 $\hat{p}=\dfrac{x}{n}$ 作为 p 的估计.

当 $np \geqslant 5$ 且 $nq \geqslant 5(q=1-p)$ 时, 可用正态分布近似二项分布, 即

$$\hat{p} \sim N\left(p, \frac{pq}{n}\right) \tag{5.16}$$

近似成立. 所以

$$\frac{\hat{p}-p}{\sqrt{\dfrac{pq}{n}}} \sim N(0,1) \tag{5.17}$$

近似成立. 因此, 可以用标准正态分布作比值 p 的检验

$$H_0: \ p=p_0, \qquad H_1: \ p \neq p_0 \quad (\text{双侧检验}) \tag{5.18}$$

$$H_0: \ p \geqslant p_0, \qquad H_1: \ p < p_0 \quad (\text{单侧检验}) \tag{5.19}$$

$$H_0: \ p \leqslant p_0, \qquad H_1: \ p > p_0 \quad (\text{单侧检验}) \tag{5.20}$$

和 p 的区间估计.

对于两个总体, 如果试验次数分别为 n_1 和 n_2, 成功的次数分别为 x_1 和 x_2, 可用 $\hat{p}_i=\dfrac{x_i}{n_i}$ 作为 $p_i \ (i=1,2)$ 的估计. 当 $n_i p_i \geqslant 5$ 且 $n_i q_i \geqslant 5(q_i=1-p_i, \ i=1,2)$ 时, 可用正态分布近似二项分布, 即

$$\hat{p}_1 \sim N\left(p_1, \frac{p_1 q_1}{n_1}\right), \quad \hat{p}_2 \sim N\left(p_2, \frac{p_2 q_2}{n_2}\right) \tag{5.21}$$

近似成立. 所以当 $p_1=p_2=p \ (q=1-p)$ 时, 有

$$\frac{\hat{p}_1-\hat{p}_2}{\sqrt{pq\left(\dfrac{1}{n_1}+\dfrac{1}{n_2}\right)}} \sim N(0,1) \tag{5.22}$$

近似成立. 因此, 也可以用标准正态分布作比值差 p_1-p_2 的检验

$$H_0: \ p_1-p_2=0, \qquad H_1: \ p_1-p_2 \neq 0 \quad (\text{双侧检验}) \tag{5.23}$$

$$H_0: \ p_1-p_2 \geqslant 0, \qquad H_1: \ p_1-p_2 < 0 \quad (\text{单侧检验}) \tag{5.24}$$

$$H_0: \ p_1-p_2 \leqslant 0, \qquad H_1: \ p_1-p_2 > 0 \quad (\text{单侧检验}) \tag{5.25}$$

和 p_1-p_2 的区间估计.

在 R 中, 用 `prop.test()` 函数来完成二项分布的近似检验, 其使用格式为

```
prop.test(x, n, p = NULL,
      alternative = c("two.sided", "less", "greater"),
      conf.level = 0.95, correct = TRUE)
```

参数 x 为整数向量, 表示试验成功的次数, 或者为一个 2 列的矩阵, 第 1 列表示成功的次数, 第 2 列表示失败的次数. n 为整数向量, 表示试验的次数, 当 x 为矩阵时, 该值无效. p 为向量, 表示试验成功的概率, 必须与 x 有相同的维数, 且值在 0 至 1 之间, 默认值为 NULL. alternative 为备择假设选项, 取 "two.sided" (默认值) 表示双侧检验; 取 "less" 表示备择假设为 "<" 的单侧检验; 取 "greater" 表示备择假设为 ">" 的单侧检验. conf.level 为 $0 \sim 1$ 之间的数值 (默认值为 0.95), 表示置信水平, 它将用于计算比率 p 或比率差 $p_1 - p_2$ 的置信区间. correct 为逻辑变量, 当取值为 TRUE(默认值) 时, 对统计量作连续修正; 否则 (FALSE) 不作连续修正.

当 $Z \sim N(0,1)$ 时, 有 $Z^2 \sim \chi^2(1)$. 所以, prop.test() 函数没有使用正态分布作检验, 而是采用 χ^2 分布作检验, 这样做的优点是, 很容易将两个总体的假设检验方法, 推广到 $m(\geqslant 3)$ 个总体的检验中.

例 5.5 某医院研究乳腺癌家族史对于乳腺癌发病率的影响. 假设调查了 10000 名 $50 \sim 54$ 岁的妇女, 她们的母亲曾有乳腺癌. 发现她们在那个生存期的某个时刻有 400 例乳腺癌, 而全国在该年龄段的妇女乳腺癌的患病率为 2%, 这组数据能否说明乳腺癌的患病率与家族遗传有关.

解 $p_0 = 0.02$, 即检验

$$H_0: \ p = 0.02, \qquad H_1: \ p \neq 0.02.$$

由于是大样本, 所以可以用近似检验, 即可以用 prop.test() 函数.

```
> prop.test(400, 10000, p=0.02)
    1-sample proportions test with continuity correction
data:  400 out of 10000, null probability 0.02
X-squared = 203.0625, df = 1, p-value < 2.2e-16
alternative hypothesis: true p is not equal to 0.02
95 percent confidence interval:
 0.03628490 0.04407297
sample estimates:
   p
0.04
```

在输出中, 有 χ^2 统计量 (X-squared)、自由度 (df)、P 值 (p-value) 和比率 p 的置信区间, 以及比率 p 的估计值.

由于 P 值 $(= 2.2 \times 10^{-16}) \ll 0.05$, 拒绝原假设, 即乳腺癌的患病率不等于 2%. 置信区间 $[0.0363, 0.0441] > 0.02$, 说明 $p > 0.02$, 即乳腺癌的患病率是与家族遗传有关, 而且是正相关的.

也可以作单侧检验

$$H_0: \ p \leqslant 0.02, \qquad H_1: \ p > 0.02.$$

(请作一下尝试), 其结论是拒绝原假设, 即有乳腺癌家族史的人群会增加乳腺癌的患病率.

例 5.6 为节约能源, 某地区政府鼓励人们拼车出行, 采取的措施是在指定的某些高速路段, 载有两人以上的车辆减收道路通行费. 为评价该项措施的效果, 随机选取了未减收路

费路段的车辆 2000 辆，和减收路费路段的车辆 1500 辆，发现分别有 652 辆和 576 辆是两人以上的. 这些数据能否说明这项措施实施后能提高合乘汽车的比率？

解 检验

$$H_0:\ p_1 = p_2, \qquad H_1:\ p_1 \neq p_2.$$

仍然选用 prop.test() 函数.

```
> n<-c(2000, 1500); x<-c(652, 576); prop.test(x, n)
     2-sample test for equality of proportions with
     continuity correction
data:  x out of n
X-squared = 12.4068, df = 1, p-value = 0.0004278
alternative hypothesis: two.sided
95 percent confidence interval:
 -0.09064286 -0.02535714
sample estimates:
prop 1 prop 2
 0.326  0.384
```

在输出中, 有 χ^2 统计量 (X-squared)、自由度 (df)、P 值 (p-value) 和比率差的置信区间, 以及 p_1 和 p_2 的估计值.

P 值 $(= 0.0004278) \ll 0.05$, 拒绝原假设, 即这两组数据的比例不相同. 置信区间 $[-0.0906, -0.0254] < 0$ 说明 $p_1 < p_2$, 即这项措施的实施, 有助于提高合乘汽车的比率.

也可以作单侧检验

$$H_0:\ p_1 \geqslant p_2, \qquad H_1:\ p_1 < p_2,$$

会得到同样的结论.

例 5.7 视频工程师使用时间压缩技术来缩短播放广告节目所要求的时间，但较短的广告是否有效？为回答这个问题，将 200 名大学生随机的分成三组，第 1 组 (57 名学生) 观看一个包含 30s 广告的电视节目录像带；第 2 组 (74 名学生) 观看同样的录像带，但是 24s 时间压缩版的广告；第 3 组 (69 名学生) 观看 20s 时间压缩版的广告. 观看录像带两天之后，询问这三组学生广告中品牌的名称. 表 5.2 给出每组学生回答情况的人数. 试分析三种类型广告的播放效果是否有显著差异？

表 5.2 播放不同类型广告节目的播放效果

回忆品牌名称	广告类型			合计
	正常版本 (30s)	压缩版本1 (24s)	压缩版本2 (20s)	
能	15	32	10	57
否	42	42	59	143
合计	57	74	69	200

解 如果三种类型的广告无显著差异, 那么能回忆品牌名称的比例应该是相同的, 所以检验

$$H_0: p_1 = p_2 = p_3, \qquad H_1: p_1, p_2, p_3\text{不全相同}.$$

程序 (程序名: exam0507.R) 和计算结果如下:

```
X <- matrix(c(15, 32, 10, 42, 42, 59),
            nrow=2, byrow=T)
colnames(X) <- c("30s","24s","20s")
rownames(X) <- c("Yes","No")
X
    30s 24s 20s
Yes  15  32  10
No   42  42  59

X.yes <- X["Yes",]
X.total <- margin.table(X,2)
prop.test(X.yes, X.total)

    3-sample test for equality of proportions
    without continuity correction
data:  X.yes out of X.total
X-squared = 14.6705, df = 2, p-value = 0.0006521
alternative hypothesis: two.sided
sample estimates:
   prop 1    prop 2    prop 3
0.2631579 0.4324324 0.1449275
```

程序将表 5.2 中的数据输入给 X, 再用 margin.table() 计算参加测试的总数, 最后用 prop.test() 函数作检验. P 值 $(= 0.0006521) \ll 0.05$, 拒绝原假设, 说明三种类型的广告播放效果是有差异的. 但从得到的比率来看, 采用压缩版本 1(24s) 的效果最好.

人在拒绝原假设后, 只知道各组的比率有差异, 但并不知道, 谁与谁有显著差异. 使用 pairwise.prop.test() 函数可以完成这项工作, 这种检验称为比率的多重比较. 该函数的使用格式为

```
pairwise.prop.test(x, n,
    p.adjust.method = p.adjust.methods, ...)
```

参数 x 为整数向量, 表示试验成功的次数, 或者为一个 2 列的矩阵, 第 1 列表示成功的次数, 第 2 列表示失败的次数. n 为整数向量, 表示试验的次数, 当 x 为矩阵时, 该值无效. p.adjust.method 为 P 值的调整方法, 详细内容见 7.1.3 节. ... 为附加参数.

对例 5.7 的数据作比率的多重比较, 程序和计算结果如下

```
> pairwise.prop.test(X.yes, X.total)
        Pairwise comparisons using Pairwise
        comparison of proportions
data:  X.yes out of X.total
```

```
     30s    24s
24s 0.138 -
20s 0.152 0.001

P value adjustment method: holm
```

计算结果表明: 正常版本 (30s) 与压缩版本 1(24s)、正常版本与压缩版本 2(20s) 无显著差异, 而压缩版本 1(24s) 与压缩版本 2(20s) 有显著差异.

这里再介绍 R 中与比率检验有关的函数 `prop.trend.test()` 函数 —— 比率趋势的检验. 该函数检验

$$H_0: \ p_1 = p_2 = \cdots = p_k, \quad H_1: \ p_1 \leqslant p_2 \leqslant \cdots \leqslant p_k,$$

或者

$$H_0: \ p_1 = p_2 = \cdots = p_k, \quad H_1: \ p_1 \geqslant p_2 \geqslant \cdots \geqslant p_k.$$

`prop.trend.test()` 函数的使用格式为

```
prop.trend.test(x, n, score = seq_along(x))
```

参数 `x` 为事件数. `n` 为试验次数. `score` 为分组得分, 默认值为自然顺序.

对例 5.7 的数据作比例趋势检验, 程序和计算结果如下:

```
> prop.trend.test(X.yes, X.total)
        Chi-squared Test for Trend in Proportions
data:  X.yes out of X.total,
 using scores: 1 2 3
X-squared = 2.7771, df = 1, p-value = 0.09562

> prop.trend.test(X.yes, X.total, score=c(2,1,3))
        Chi-squared Test for Trend in Proportions
data:  X.yes out of X.total,
 using scores: 2 1 3
X-squared = 14.5403, df = 1, p-value = 0.0001372
```

按自然顺序则无显著差异, 按规定顺序则有显著差异.

5.2.4 二项分布的精确检验

对于小样本数据不能用正态分布作近似检验, 而需要直接用二项分布作精确检验. 例如, 对于双侧检验 (5.18), P 值的计算公式为

$$\begin{aligned} P\text{值} &= \begin{cases} 2P\{X \leqslant x\}, & \hat{p} \leqslant p_0 \\ 2P\{X \geqslant x\}, & \hat{p} > p_0 \end{cases} \\ &= \begin{cases} \min\left\{2\sum_{k=0}^{x}\binom{n}{k}p_0^k(1-p_0)^{n-k}, 1\right\}, & \hat{p} \leqslant p_0, \\ \min\left\{2\sum_{k=x}^{n}\binom{n}{k}p_0^k(1-p_0)^{n-k}, 1\right\}, & \hat{p} > p_0. \end{cases} \end{aligned} \tag{5.26}$$

置信区间 (p_1, p_2) 满足

$$P\{X \geqslant x | p = p_1\} = \frac{\alpha}{2} = \sum_{k=x}^{n} \binom{n}{k} p_1^k (1-p_1)^{n-k}, \tag{5.27}$$

$$P\{X \leqslant x | p = p_2\} = \frac{\alpha}{2} = \sum_{k=0}^{x} \binom{n}{k} p_2^k (1-p_2)^{n-k}. \tag{5.28}$$

在 R 中, 用 binom.test() 函数完成二项分布的精确检验, 其使用格式为

```
binom.test(x, n, p = 0.5,
           alternative = c("two.sided", "less", "greater"),
           conf.level = 0.95)
```

参数 x 为正整数, 表示试验成功的次数, 或者为二维向量, 第 1 个分量表示成功的次数, 第 2 个分量表示失败的次数. n 为正整数, 表示试验次数, 当 x 为向量时, 此值无效. p 为假设中试验成功的概率, 即 p_0, 默认值 0.5. alternative 为备择假设选项, 取 "two.sided"(默认值) 表示双侧检验; 取 "less" 表示备择假设为 “<” 的单侧检验; 取 "greater" 表示备择假设为 “>” 的单侧检验. conf.level 为 $0 \sim 1$ 之间的数值 (默认值为 0.95), 表示置信水平, 它将用于计算比率 p 的置信区间.

例 5.8 用 binom.test() 函数完成例 5.1 的检验.

解 $p_0 = 0.01$, 即检验

$$H_0: \ p = 0.01, \qquad H_1: \ p \neq 0.01.$$

如果使用 prop.test() 函数, 计算机会发出警告, 这是由于此时的数据不满足 $np \geqslant 5$ 的条件, 所以用 binom.test() 函数计算.

```
> binom.test(3, 100, p=0.01)
          Exact binomial test
data:  3 and 100
number of successes = 3, number of trials = 100,  p-value = 0.07937
alternative hypothesis:
       true probability of success is not equal to 0.01
95 percent confidence interval:
 0.006229972 0.085176053
sample estimates:
probability of success
                  0.03
```

在输出中, 有 P 值 (p-value)、比率 p 的置信区间, 以及 p 的估计值.

P 值 $(= 0.07937) > 0.05$, 无法拒绝原假设, 不能认为这批产品不合格. 区间估计包含 0.01, 也说明同样的结论.

如果作单侧检验

$$H_0: \ p \leqslant 0.01, \qquad H_1: \ p > 0.01.$$

也同样不能拒绝原假设, 即这批产品是合格的.

5.2.5 Poisson 检验

对于 Poisson 分布

$$P\{X=k\}=\frac{\mu^k}{k!}\mathrm{e}^{-\mu}, \quad k=0,1,2,\cdots, \tag{5.29}$$

其中 $\mu=\lambda T$, λ 为单位时间内事件发生的期望值, T 为时间长度.

对于大样本数据, 可用正态分布作 Poisson 的近似检验. 但对于小样本数据, 只能用 Poisson 分布的分布律作精确检验

$$H_0:\ \lambda=\lambda_0, \qquad H_1:\ \lambda\neq\lambda_0 \quad (\text{双侧检验}) \tag{5.30}$$

$$H_0:\ \lambda\geqslant\lambda_0, \qquad H_1:\ \lambda<\lambda_0 \quad (\text{单侧检验}) \tag{5.31}$$

$$H_0:\ \lambda\leqslant\lambda_0, \qquad H_1:\ \lambda>\lambda_0 \quad (\text{单侧检验}) \tag{5.32}$$

和 λ 的置信区间. 例如, 对于双侧检验, P 值的计算公式为

$$P\text{值}=\begin{cases}\min\left\{2\displaystyle\sum_{k=0}^{x}\frac{\mu_0^k}{k!}\mathrm{e}^{-\mu_0},1\right\}, & x<\mu_0,\\ \min\left\{2\left(1-\displaystyle\sum_{k=0}^{x-1}\frac{\mu_0^k}{k!}\mathrm{e}^{-\mu_0}\right),1\right\}, & x\geqslant\mu_0,\end{cases} \quad \mu_0=\lambda_0 T. \tag{5.33}$$

参数 λ 的置信区间 $\left[\dfrac{\mu_1}{T},\dfrac{\mu_2}{T}\right]$ 满足

$$P\{X\geqslant x|\mu=\mu_1\} = \frac{\alpha}{2}=1-\sum_{k=0}^{x-1}\frac{\mu_1^k}{k!}\mathrm{e}^{-\mu_1}, \tag{5.34}$$

$$P\{X\leqslant x|\mu=\mu_2\} = \frac{\alpha}{2}=\sum_{k=0}^{x}\frac{\mu_2^k}{k!}\mathrm{e}^{-\mu_2}. \tag{5.35}$$

在 R 中, 用 `poisson.test()` 函数完成 Poisson 分布精确检验, 其使用格式为

```
poisson.test(x, T = 1, r = 1,
    alternative = c("two.sided", "less", "greater"),
    conf.level = 0.95)
```

参数 `x` 为正整数或者为二维正整数向量, 表示事故发生的次数. `T` 为事件记数的基准时间 (或基准数), 向量的长度为 1 或 2, 默认值为 1. `r` 为假设中单位时间事件发生的期望值, 即 λ_0, 默认值为 1. `alternative` 为备择假设选项, 取 `"two.sided"`(默认值) 表示双侧检验; 取 `"less"` 表示备择假设为 "<" 的单侧检验; 取 `"greater"` 表示备择假设为 ">" 的单侧检验. `conf.level` 为 $0\sim1$ 之间的数值 (默认值为 0.95), 表示置信水平, 它将用于计算参数 λ 的置信区间.

注: 当 `x` 和 `T` 为两维向量时, `poisson.test()` 函数完成两组 Poisson 分布的是参数比 λ_1/λ_2 的检验和置信区间.

例 5.9 研究某地区儿童白血病的发病率的情况. 某地区共有 12000 名小于 19 岁的儿童, 在 10 年中, 共诊断出 12 名儿童患有白血病, 而全国白血病的发病率为每年每 10^5 人中有 5 例. 试分析这组数据, 能否说明该地区儿童白血病的发病率高于全国平均水平.

解 记 $X=$ 该地区 10 年中儿童患有白血病的数目. 因为 X 是罕见事件, 可以认为 X 服从 Poisson 分布, 参数为 $\mu=\lambda T$, 其中 λ 为单位时间内事件的发生数, T 为时间.

人年是一种时间单位, 1 个人年表示 1 个人活 1 年. 在随访数据 (纵向数据) 的研究中, 常常使用人年的单位. 该地区有 12000 名儿童, 每人随访观察了 10 年, 因此共累积 $120000=1.2\times10^5$ 个人年. 虽然在 10 年中, 会有儿童迁出, 但也会有儿童迁入, 所以在计算时不考虑这一点.

为简化起见 (不考虑 10^5), 由题意有, $x=12$, $T=1.2$, $\lambda_0=5$, 检验

$$H_0:\ \lambda=5, \qquad H_1:\ \lambda\neq5.$$

以下为程序和计算结果

```
> poisson.test(x=12, T=1.2, r=5)
        Exact Poisson test
data:  12 time base: 1.2
number of events = 12, time base = 1.2, p-value = 0.02257
alternative hypothesis: true event rate is not equal to 5
95 percent confidence interval:
  5.167146 17.467988
sample estimates:
event rate
        10
```

在输出中, 有 P 值 (p-value)、参数 λ 的置信区间, 以及 λ 的估计值.

P 值 $(=0.02257)<0.05$, 拒绝原假设, 且置信区间 $[5.17,17.47]>5$, 说明 $\lambda>5$, 即该地区的儿童白血病发病率高于全国平均水平.

利用单侧检验

$$H_0:\ \lambda\leqslant5, \qquad H_1:\ \lambda>5,$$

也能得到同样的结果.

5.2.6 功效检验

在前面的检验 (如 t 检验) 中, 用 P 值 (也就是犯第 1 类错误的概率) 来决定是否是拒绝或接受原假设. 因此, 在检验中, 能够控制犯第 1 类错误的概率 (记为 α), 但不能控制犯第 2 类错误的概率 (记为 β). 所谓功效 (记为 π) 就是正确地否定错误原假设的概率, 即

$$\pi=1-\beta=P\{\text{否定}H_0\,|\,H_0\text{为假}\}. \tag{5.36}$$

下面用一种简单情况说明功效的意义.

1. 正态分布

设 $X_1, X_2, \cdots, X_n$ 是来自正态总体 $X\sim N(\mu,\sigma^2)$ 的样本, 且 σ 已知. 作单侧检验

$$H_0:\ \mu=\mu_0, \qquad H_1:\ \mu=\mu_1<\mu_0.$$

在假设 H_0 成立的情况下, $\overline{X}\sim N\left(\mu_0,\frac{\sigma^2}{n}\right)$ (见图 5.1 中的虚线). 在假设 H_1 成立的情况下, $\overline{X}\sim N\left(\mu_1,\frac{\sigma^2}{n}\right)$(见图 5.1 中的实线). α 为犯第 1 类错误的概率 (图 5.1 中 α 处的阴影面积), 所以

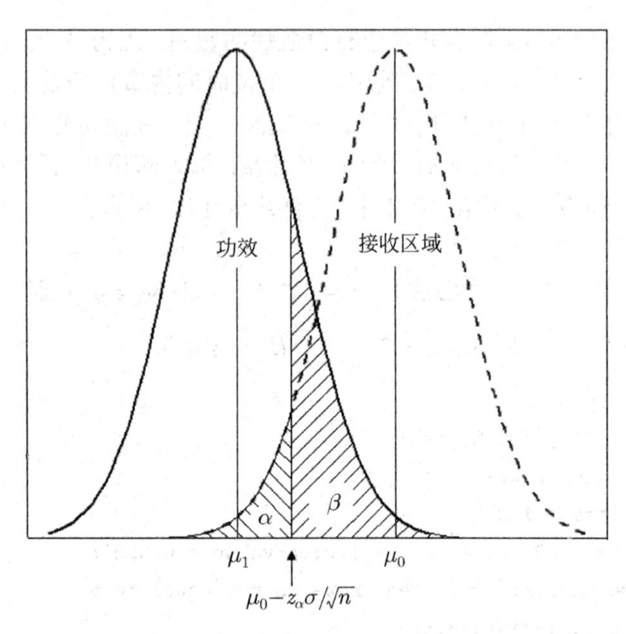

图 5.1 在总体方差已知的情况下功效的说明 ($\mu_1 < \mu_0$)

$$\alpha = P\{\text{拒绝 } H_0|H_0 \text{ 为真}\} = P\left\{\frac{\overline{X}-\mu_0}{\sigma/\sqrt{n}} \leqslant -z_\alpha\right\} = \Phi(-z_\alpha). \tag{5.37}$$

β 为犯第 2 类错误的概率, 即

$$\begin{aligned} \beta &= P\{\text{接受 } H_0|H_0 \text{ 为假}\} = P\{\text{拒绝 } H_1|H_1 \text{ 为真}\} \\ &= P\left\{\frac{\overline{X}-\mu_1}{\sigma/\sqrt{n}} > z_\beta\right\} = 1-\Phi(z_\beta). \end{aligned} \tag{5.38}$$

(β 为图 5.1 中 β 处的阴影面积). 因此, 得到功效的计算公式

$$\pi = 1-\beta = \Phi(z_\beta) = \Phi\left(\frac{\mu_0-\mu_1}{\sigma/\sqrt{n}} - z_\alpha\right), \tag{5.39}$$

并且得到

$$\mu_1 + z_\beta\sigma/\sqrt{n} = \mu_0 - z_\alpha\sigma/\sqrt{n}. \tag{5.40}$$

在给定功效 π 后, 可计算出 z_β ($\beta = 1-\pi$), 由式 (5.40), 得到样本容量数目

$$n = \frac{(z_\alpha + z_\beta)^2\sigma^2}{(\mu_0-\mu_1)^2}. \tag{5.41}$$

对于单侧检验 ($\mu_1 > \mu_0$), 可以得到类似的计算结果, 只是将式 (5.39) 中的 $\mu_0 - \mu_1$ 改为 $\mu_1 - \mu_0$. 因此, 单侧检验功效的计算公式为

$$\pi = \Phi\left(\frac{|\mu_0-\mu_1|}{\sigma/\sqrt{n}} - z_\alpha\right). \tag{5.42}$$

对于双侧检验, 功效的计算公式为

$$\pi = \Phi\left(\frac{\mu_0 - \mu_1}{\sigma/\sqrt{n}} - z_{\alpha/2}\right) + \Phi\left(\frac{\mu_1 - \mu_0}{\sigma/\sqrt{n}} - z_{\alpha/2}\right). \tag{5.43}$$

式 (5.43) 等号右端中的两个 Φ 中的一个接近于 0, 所以功效的近似计算公式为

$$\pi = \Phi\left(\frac{|\mu_0 - \mu_1|}{\sigma/\sqrt{n}} - z_{\alpha/2}\right). \tag{5.44}$$

样本容量的近似公式为

$$n = \frac{(z_{\alpha/2} + z_\beta)^2\sigma^2}{(\mu_0 - \mu_1)^2}. \tag{5.45}$$

对于两个总体的样本, 可以推导出类似的计算公式, 只是较为复杂罢了.

在 R 中, 用 `power.t.test()` 函数完成正态分布功效或样本容量的计算, 其使用格式为

```
power.t.test(n = NULL, delta = NULL, sd = 1,
    sig.level = 0.05, power = NULL,
    type = c("two.sample", "one.sample", "paired"),
    alternative = c("two.sided", "one.sided"),
    strict = FALSE)
```

参数 `n` 为正整数, 表示样本容量的数目. `delta` 为实数, 表示 $|\mu_0 - \mu_1|$ (单个样本) 或者是 $|\mu_1 - \mu_2|$(两个样本) 的值. `sd` 为样本标准差. `sig.level` 为显著性水平, 即 α, 默认值为 0.05. `power` 为功效, 即 π. `type` 为样本的类型, 当数据为两样本时取 `"two.sample"`(默认值); 当数据为单个样本时取 `"one.sample"`; 当数据为成对数据样本时取 `"paired"`. `alternative` 为备择假设, 取 `"two.sided"`(默认值) 表示双侧检验, 取 `"one.sided"` 表示单侧检验. `strict` 为逻辑变量, 取值为 `TRUE` 时, 表示精确 (类似于式 (5.43)) 计算双侧检验; 取值为 `FALSE`(默认值) 时, 表示近似 (类似于式 (5.44)) 计算双侧检验.

在 `n`, `delta` 和 `power` 的三个参数, 给定任意两个, 函数计算出第 3 个参数. 注意: `power.t.test()` 函数是在 σ 未知的情况下计算功效或样本容量的, 需要将上述计算公式中的 z_α(或 $z_{\alpha/2}$) 换成 $t_\alpha(n-1)$(或 $t_{\alpha/2}(n-1)$), z_β 换成 $t_\beta(n-1;\lambda)$, 其中 λ 为非中心参数. 由于 $t_\alpha(n-1)$ 和 $t_\beta(n-1;\lambda)$ 中本身就包括参数 n, 所以在计算样本容量时, 需要求解方程, 在计算过程中需要用到第 2 章中介绍的 `uniroot()` 函数.

例 5.10 从一批产品, 平均寿命大于 1000h 为合格产品, 现检测到 5 件产品, 其寿命如下:

```
1050    960    1120    1250    1280
```

试分析这批产品是否合格.

解 取 $\mu_0 = 1000$, 作单侧假设检验

$$H_0:\ \mu \leqslant 1000, \qquad H_1:\ \mu > 1000.$$

程序 (程序名: `exam0510.R`) 和计算结果如下:

```
> X <- c(1050, 960, 1120, 1250, 1280); mu0 <- 1000
> t.test(X, mu = mu0, al = "g")
```

```
        One Sample t-test
data:  X
t = 2.1957, df = 4, p-value = 0.04655
alternative hypothesis: true mean is greater than 1000
95 percent confidence interval:
 1003.841      Inf
sample estimates:
mean of x
     1132
```

P 值和置信区间均表明, 这批产品是合格的 (即平均寿命大于 1000h).

对于消费者, 希望考虑另一方面, 拒绝 H_0 而 H_0 为假的概率, 即功效. 取 $\mu_1 = \overline{X}$ (样本均值), sd $= S$(样本标准差), 显著性水平为 0.05. 计算在上述条件下的功效

```
> power.t.test(n=length(X), delta=mean(X)-mu0, sd=sd(X),
           type="one.sample", alternative = "one.side")
      One-sample t test power calculation
               n = 5
           delta = 132
              sd = 134.4247
       sig.level = 0.05
           power = 0.5670145
     alternative = one.sided
```

此时功效 (power) = 0.567, 相对偏低.

如果功效在 90% 以上的情况下, 需要做多少次试验呢?

```
> power.t.test(power=0.90, delta=mean(X)-mu0, sd=sd(X),
      type="one.sample", alternative = "one.side")
      One-sample t test power calculation
               n = 10.39337
           delta = 132
              sd = 134.4247
       sig.level = 0.05
           power = 0.9
     alternative = one.sided
```

$n = 10.39$, 至少取 11 个样本作试验.

例 5.11 计算例 5.3 的功效.

解 取 $\mu_1 = \overline{X}$, $\mu_2 = \overline{Y}$, sd $= S_w$(S_w 的计算公式见式 (5.3)).

```
X<-c(78.1, 72.4, 76.2, 74.3, 77.4, 78.4, 76.0, 75.5, 76.7, 77.3)
Y<-c(79.1, 81.0, 77.3, 79.1, 80.0, 79.1, 79.1, 77.3, 80.2, 82.1)
n1<-length(X); n2<-length(Y)
Sw<-((n1-1)*var(X)+(n2-1)*var(Y))/(n1+n2-2); Sw<-sqrt(Sw)
power.t.test(n=min(n1, n2), delta=mean(X)-mean(Y), sd=Sw)
     Two-sample t test power calculation
               n = 10
```

```
            delta = 3.2
               sd = 1.6657
        sig.level = 0.05
            power = 0.982004
      alternative = two.sided

 NOTE: n is number in *each* group
```

功效达到 0.982, 效果还不错.

2. 二项分布

在 R 中, power.prop.test() 函数完成两组数据比率差的功效或样本容量的计算, 其使用格式为

```
power.prop.test(n = NULL, p1 = NULL, p2 = NULL,
    sig.level = 0.05, power = NULL,
    alternative = c("two.sided", "one.sided"),
    strict = FALSE)
```

参数 n 为样本容量的数目. p1 为第 1 组数据的比率, p2 为第 2 组数据的比率. sig.level 为显著性水平, 即 α, 默认值为 0.05. power 为功效, 即 π. alternative 为备择假设, 取 "two.sided"(默认值) 表示双侧检验, 取 "one.sided" 表示单侧检验. strict 为逻辑变量, 取值为 TRUE 时, 表示精确计算双侧检验; 取值为 FALSE (默认值) 时, 表示近似计算双侧检验.

例 5.12 *对于例 5.6, 如果功效达到 0.9, 应选择多少样本.*

解 取比率为样本的估计值, 即 $p_1 = \dfrac{652}{2000}$, $p_2 = \dfrac{576}{1500}$, 选择双侧检验.

```
> power.prop.test(power=0.9, p1 = 652/2000, p2 = 576/1500)

     Two-sample comparison of proportions power calculation

              n = 1428.324
             p1 = 0.326
             p2 = 0.384
      sig.level = 0.05
          power = 0.9
    alternative = two.sided

NOTE: n is number in *each* group
```

$n = 1428.324$, 这说明例 5.6 中的样本数是足够的.

5.3 符号检验与秩检验

在前面的检验中, 所有数据都是数值的, 而且有时还要求这些数据服从正态分布. 在实际中, 有些数据不是数值的, 如好与差、正与负. 既使是数值型数据, 也可能不满足正态分布. 本节介绍的符号检验与秩检验就是处理这些数据使用的检验方法.

5.3.1 符号检验

符号检验本质上就是二项分布检验, 因为样本取好与差、正与负, 就相当于试验成功或

者失败, 而且成功或失败的概率为 $\frac{1}{2}$.

从前面的介绍可知, 大家可根据样本数目, 使用正态近似计算 (`prop.test` 函数), 或者使用二项分布精确计算 (`binom.test` 函数).

例 5.13 某饮料店为了解顾客对饮料的爱好情况, 进一步改进他们的工作, 对顾客喜欢咖啡还是喜欢奶茶, 或者两者同样爱好进行了调查. 该店在某日随机地抽取了 13 名顾客进行了调查, 顾客喜欢咖啡超过奶茶用正号表示, 喜欢奶茶超过咖啡用负号表示, 两者同样爱好用 0 表示. 现将调查的结果列在表 5.3 中. 试分析顾客是喜欢咖啡还是喜欢奶茶.

表 5.3　不同顾客的爱好情况

喜欢咖啡	1		1	1	1	0	1		1	1	1		1
喜欢奶茶		1						1				1	

解　根据题意可检验如下假设:

$$H_0: \text{顾客喜欢咖啡等于喜欢奶茶}; \quad H_1: \text{顾客喜欢咖啡超过奶茶}.$$

以上资料中有 1 人 (即 6 号顾客) 表示对咖啡和奶茶有同样爱好, 用 0 表示, 因而在样本容量中不加计算, 所以实际上 $n = 12$. 由于 n 的值较小, 所以选择精确二项分布检验, 取显著性水平取 $\alpha = 0.10$,

```
> binom.test(3, 12, al="l", conf.level = 0.90)
        Exact binomial test
data:  3 and 12
number of successes = 3, number of trials = 12, p-value = 0.073
alternative hypothesis: true probability of success is less than 0.5
90 percent confidence interval:
 0.0000000 0.4752663
sample estimates:
probability of success
                  0.25
```

P 值 $(= 0.073) < 0.10$, 且区间估计为 $[0, 0.475]$, 因此拒绝原假设, 认为喜欢咖啡的人超过喜欢奶茶的人.

如果显著性水平定在 $\alpha = 0.05$ 时, 则不能拒绝原假设, 只能认为喜欢咖啡和奶茶的人一样多.

可以用符号检验作单个总体的中位数检验, 即

$$H_0:\ M = M_0, \qquad H_1:\ M \neq M_0.$$

用样本观察值中减去总体中位数 M_0, 得出的正、负差额用正 (+)、负 (−) 号加以表示. 如果 H_0 成立, 那么, 样本观察值在中位数上、下的数目应各占一半, 即正号或负号的概率应各占 1/2.

例 5.14 联合国人员在世界上 66 个大城市的生活花费指数 (以纽约市 1996 年 12 月为 100) 按自小至大的次序排列如下 (这里北京的指数为 99):

66	75	78	80	81	81	82	83	83	83	83
84	85	85	86	86	86	86	87	87	88	88
88	88	88	89	89	89	89	90	90	91	91
91	91	92	93	93	96	96	96	97	99	100
101	102	103	103	104	104	104	105	106	109	109
110	110	110	111	113	115	116	117	118	155	192

假设这个样本是从世界许多大城市中随机抽样得到的. 试用符号检验分析，北京是在中位数之上，还是在中位数之下.

解 样本的中位数 (M) 作为城市生活水平的中间值, 因此, 需要检验

$$H_0: M = 99, \quad H_1: M \neq 99.$$

将样本值 > 99 的个数作为成功的个数, 由于总样本量为 66, 可以用正态近似检验, 以下是程序 (程序名: exam0514.R) 和计算结果

```
X<-scan()
 66   75   78   80   81   81   82   83   83   83   83
 84   85   85   86   86   86   86   87   87   88   88
 88   88   88   89   89   89   89   90   90   91   91
 91   91   92   93   93   96   96   96   97   99  100
101  102  103  103  104  104  104  105  106  109  109
110  110  110  111  113  115  116  117  118  155  192

prop.test(sum(X>99), length(X))
        1-sample proportions test with continuity correction
data:  sum(X > 99) out of length(X), null probability 0.5
X-squared = 5.4697, df = 1, p-value = 0.01935
alternative hypothesis: true p is not equal to 0.5
95 percent confidence interval:
 0.2381467 0.4765554
sample estimates:
        p
0.3484848
```

P 值 $(= 0.01935) < 0.05$, 拒绝原假设. 并由置信区间 $[0.238, 0.477] < 0.5$, 说明生活花费指数超过北京的城市数小于 $\dfrac{1}{2}$, 也就是说, 北京是在中位数之上.

5.3.2 秩检验与秩和检验

在前面介绍的 t 检验中, 需要假定样本来自的总体 X 服从正态分布. 当这一假定无法满足时, 采用 t 检验可能会得到错误的结论. 当无法判定样本来自的总体是否是正态分布时, 可能采用 Wilcoxon (威尔柯克逊) 符号秩检验或 Wilcoxon 秩和检验.

1. 秩

所谓秩就是对样本的排序. 设 $X_1, X_2, \cdots, X_n$ 为一组样本（不必取自同一总体），将 $X_1, X_2, \cdots, X_n$ 从小到大排成一列, 用 R_i 记为 X_i $(i = 1, 2, \cdots, n)$ 在上述排列中的位置号,

称 $R_1, R_2, \cdots, R_n$ 为样本 $X_1, X_2, \cdots, X_n$ 产生的秩统计量.

在 R 软件中, `rank()` 函数计算样本的秩, 其使用格式为

```
rank(x, na.last = TRUE, ties.method = c("average",
     "first", "random", "max", "min"))
```

参数 `x` 为数值、复数、字符或逻辑向量. `na.last` 为确定向量中 `NA` 的秩, 如果取 `TRUE`(默认值), 则将 `NA` 排在数据的最后 (即秩数最大); 如果取 `FALSE`, 则将 `NA` 排在数据最前 (即秩数最小); 如果取 `NA`, 则在计算秩时去掉 `NA`; 如果取 `"keep"`, 则在得到秩统计量中保留 `NA`. `ties.method` 为结的处理方法, 所谓 "结", 就是数据中有相同的秩. 如果取 `"average"` (默认值), 则用平均秩作为这些数据的秩; 如果取 `"first"`, 则排在前面数据的秩靠前; 如果取 `"random"`, 则随机地安排秩; 如果取 `"max"`, 则用最大秩作为这些数据的秩; 如果取 `"min"`, 则用最小秩作为这些数据的秩. 例如

```
> x<-c(1.2, 0.8, -3.1, 2.0, 1.2)
> rank(x)
[1] 3.5 2.0 1.0 5.0 3.5
> rank(x, ties.method = "first")
[1] 3 2 1 5 4
> rank(x, ties.method = "random")
[1] 3 2 1 5 4
> rank(x, ties.method = "max")
[1] 4 2 1 5 4
> rank(x, ties.method = "min")
[1] 3 2 1 5 3
```

2. 单个总体的 Wilcoxon 符号秩检验

Wilcoxon 符号秩检验是作单个总体 X 的中位数检验, 即

$$H_0:\ M = M_0, \qquad H_1:\ M \neq M_0 \quad (\text{双侧检验}) \tag{5.46}$$

$$H_0:\ M \geqslant M_0, \qquad H_1:\ M < M_0 \quad (\text{单侧检验}) \tag{5.47}$$

$$H_0:\ M \leqslant M_0, \qquad H_1:\ M > M_0 \quad (\text{单侧检验}) \tag{5.48}$$

设 $X_1, X_2, \cdots, X_n$ 是来自总体 X 的样本, 这里假定 X 的分布是连续的, 且关于中位数 M_0 是对称的. 这样, 将 $|X_i - M_0|$ 得到的差额, 按递增次序排列, 并根据差额的次序给出相应的秩次 R_i. 定义 $X_i - M_0 > 0$ 为正秩次, $X_i - M_0 < 0$ 为负秩次. 然后按照正秩次之和进行检验, 这就是秩次和检验. 这种方法首先由 Wilcoxon 提出的, 所以称为 Wilcoxon 符号秩检验.

如果原观察值的数目为 n', 减去 $X_i = M_0$ 的样本后, 其样本数为 n. 用 $R_i^{(+)}$ 表示正秩次, W 表示正秩次的和, 则 Wilcoxon 统计量为

$$W = \sum_{i=1}^{n} R_i^{(+)}. \tag{5.49}$$

因为 n 个整数 $1, 2, \cdots, n$ 的总和用 $\dfrac{n(n+1)}{2}$ 计算, 而正秩次总和可以在区间 $\left(0, \dfrac{n(n+1)}{2}\right)$ 内变动, 如果观察值来自中位数为 M_0 的某个总体的假设为真, 那么 Wilcoxon 检验统计量

的取值将是秩次和的平均数, 即 $\mu_W = \dfrac{n(n+1)}{4}$ 的左右变动. 如果该假设不成立, 则 W 的取值将向秩次和的两头的数值靠近. 这样, 在一定的显著性水平下, 便可进行秩次和检验.

3. 两个总体的 Wilcoxon 秩和检验

Wilcoxon 秩和检验是作两个总体 X 和 Y 中位数差的检验

$$H_0: M_1 - M_2 = M_0, \qquad H_1: M_1 - M_2 \neq M_0 \quad (双侧检验) \tag{5.50}$$

$$H_0: M_1 - M_2 \geqslant M_0, \qquad H_1: M_1 - M_2 < M_0 \quad (单侧检验) \tag{5.51}$$

$$H_0: M_1 - M_2 \leqslant M_0, \qquad H_1: M_1 - M_2 > M_0 \quad (单侧检验) \tag{5.52}$$

假定 $X_1, X_2, \cdots, X_{n_1}$ 是来自总体 X 的样本, $Y_1, Y_2, \cdots, Y_{n_2}$ 是来自总体 Y 的样本. 将样本的观察值排在一起, $X_1, X_2, \cdots, X_{n_1}, Y_1, Y_2, \cdots, Y_{n_2}$, 仍设 $r_1, r_2, \cdots, r_{n_1}$ 为由 $X_1, X_2, \cdots, X_{n_1}$ 产生的秩统计量, $R_1, R_2, \cdots, R_{n_2}$ 为由 $Y_1, Y_2, \cdots, Y_{n_2}$ 产生的秩统计量, 则 Wilcoxon-Mann-Whitney 统计量定义为

$$U = n_1 n_2 + \frac{n_2(n_2+1)}{2} - \sum_{i=1}^{n_2} R_i. \tag{5.53}$$

类似于单一总体的 Wilcoxon 符号检验, 可以通过统计量 U 进行检验, 该检验称为 Wilcoxon 秩和检验.

4. wilcox.tets 函数

在 R 中, `wilcox.test()` 函数完成 Wilcoxon 符号秩检验与秩和检验, 其使用格式为

```
wilcox.test(x, y = NULL,
    alternative = c("two.sided", "less", "greater"),
    mu = 0, paired = FALSE, exact = NULL, correct = TRUE,
    conf.int = FALSE, conf.level = 0.95, ...)
```

参数 `x` 和 `y` 分别为样本构成的数值向量. 如果只有 `x`, 则完成单个总体样本的 Wilcoxon 符号秩检验; 否则, 完成两个总体样本的 Wilcoxon 秩和检验. `alternative` 为备择假设选项, 取 `"two.sided"` (默认值) 表示双侧检验; 取 `"less"` 表示备择假设为 “<” 的单侧检验; 取 `"greater"` 表示备择假设为 “>” 的单侧检验. `mu` 为参数 M_0, 默认值为 0. `paired` 为逻辑变量, 用以说明是否完成配对 (或成对) 数据的检验. 当数据是成对数据时, 此参数取 `TRUE`; 否则取 `FALSE` (默认值). `exact` 为逻辑变量, 说明是否精确计算 P 值, 此参数只对小样本数据起作用, 当样本量较大时, 软件采用正态分布近似计算 P 值. `correct` 是逻辑变量, 取 `TRUE`(默认值) 表示作连续性修正. `conf.int` 为逻辑变量, 取 `TRUE` 表示计算中位数的置信区间, 默认值为 `FALSE`. `conf.level` 为置信水平, 默认值为 0.95, 它将用于计算中位数 μ 的置信区间. `...` 为附加参数.

另一种使用格式是公式形式, 其使用格式为

```
wilcox.test(formula, data, subset, na.action, ...)
```

用于两总体样本的检验, 参数 `formula` 为形如 `value ~group` 的公式, 其中 `value` 为数据, `group` 为数据的分组情况, 通常是因子向量. `data` 为矩阵或数据框. `subset` 为可选向量, 表示使用样本的子集. `na.action` 为函数, 表示样本中出现缺失数据 (`NA`) 的处理方法, 默认值为函数 `getOption("na.action")`. `...` 为附加参数.

例 5.15 用 Wilcoxon 符号秩检验来检验例 5.2 中的数据，是否有理由认为元件的平均寿命大于 225h？

解 在无法判断数据是否来自正态总体的情况下，用 Wilcoxon 符号秩检验，其假设为

$$H_0: M \leqslant 225 \qquad H_1: M > 225$$

其中 M 为元件寿命的中位数. 程序 (程序名: exam0515.R) 及结果如下

```
X<-c(159, 280, 101, 212, 224, 379, 179, 264,
     222, 362, 168, 250, 149, 260, 485, 170)
wilcox.test(X, alternative = "greater", mu = 225)
Wilcoxon signed rank test with continuity correction
data:  X
V = 68.5, p-value = 0.5
alternative hypothesis: true location is greater than 225

Warning message:

无法精确计算有连结的p-值 in:

wilcox.test.default(X, alternative = "greater", mu = 225)
```

所谓连续性校正就是用某种方法修正 P 值, 使 P 值增加, 这样可减少 “有显著差异” 的错误. 警告信息中的 “连结” 就是前面说到的结, 即数据有相同的秩.

下面的命令是不作精确计算, 不作连续性校正, 并给出置信区间.

```
> wilcox.test(X, alternative = "greater", mu = 225,
              exact=F, correct=F, conf.int = T)
        Wilcoxon signed rank test
data:  X
V = 68.5, p-value = 0.4897
alternative hypothesis: true location is greater than 225
95 percent confidence interval:
 195 Inf
sample estimates:
(pseudo)median
      228.6915
```

在计算结果中, V 表示正秩次和, p-value 为 P 值. 对于大样本数据可以计算置信区间, 但当样本数小于 6 时, 则无法计算置信区间.

对于来自两个总体的样本, 当无法确定总体是否满足正态分布时, 可采用 Wilcoxon 秩和检验. 这里仍然使用函数 wilcox.test().

例 5.16 对例 5.3 的数据作 Wilcoxon 秩和检验，判断新方法是否提高得率.

解 程序 (程序名: exam0516.R) 和计算结果如下:

```
X<-c(78.1,72.4,76.2,74.3,77.4,78.4,76.0,75.5,76.7,77.3)
Y<-c(79.1,81.0,77.3,79.1,80.0,79.1,79.1,77.3,80.2,82.1)
```

```
wilcox.test(X, Y, alternative = "less", exact=F)
      Wilcoxon rank sum test with continuity correction
data:  X and Y
W = 7, p-value = 0.0006195
alternative hypothesis: true location shift is less than 0
```

在计算结果中, W 为 U 统计量, p-value 为 P 值. 该结果与 t 检验的结论是相同的, 即新方法能够提高得率.

如果数据满足正态分布, 则还是用 t 检验更可靠. 这个结论对于一般情况也是正确的. 但如果样本本身就是秩次统计量, 那就只能作 Wilcoxon 秩和检验了.

例 5.17 为了了解新的数学教学方法的效果是否比原来方法的效果有所提高, 从水平相当的 10 名学生中随机地各选 5 名接受新方法和原方法的教学试验. 充分长一段时间后, 由专家通过各种方式(如考试提问等)对 10 名学生的数学能力予以综合评估(为公正起见, 假定专家对各个学生属于哪一组并不知道), 并按其数学能力由弱到强排序, 结果如表 5.4 所示. 对 $\alpha = 0.05$, 检验新方法是否比原方法显著地提高了教学效果.

表 5.4 学生数学能力排序结果

新方法			3		5		7		9	10
原方法	1	2		4		6		8		

解 因为 Wilcoxon 秩和检验本质只需排出样本的秩次, 而且题目中的数据本身就是一个排序, 因此可直接使用.

```
> x <- c(3, 5, 7, 9, 10); y <- c(1, 2, 4, 6, 8)
> wilcox.test(x, y, alternative="greater")
        Wilcoxon rank sum test
data:  x and y
W = 19, p-value = 0.1111
alternative hypothesis: true mu is greater than 0
```

P 值 $(= 0.1111) > 0.05$, 无法拒绝原假设, 并不能认为新的教学效果显著优于原方法.

例 5.18 某医院用某种药物治疗两型慢性支气管炎患者共 216 例, 疗效由表 5.5 所示. 试分析该药物对两型慢性支气管炎的治疗是否相同.

表 5.5 某种药物治疗两型慢性支气管炎疗效结果

疗效	控制	显效	进步	无效
单纯型	62	41	14	11
喘息型	20	37	16	15

解 可以想象, 各病人的疗效用 4 个不同的值表示 (1 表示最好, 4 表示最差), 这样就可以对 216 名病人排序, 因此, 可用 Wilcoxon 秩和检验来分析问题.

```
> x <- rep(1:4, c(62, 41, 14, 11))
> y <- rep(1:4, c(20, 37, 16, 15))
```

```
> wilcox.test(x, y, exact=FALSE)
   Wilcoxon rank sum test with continuity correction
data:  x and y
W = 3994, p-value = 0.0001242
alternative hypothesis: true mu is not equal to 0
```

P 值 $(= 0.0001242) < 0.05$, 拒绝原假设, 即认为该药物对两型慢性支气管炎的治疗是不相同的. 因为数据有 "连结" 存在, 故无法精确计算 P 值, 其参数为 exact=FALSE.

在上述例子中也可以使用公式形式, 例如, 对于例 5.17, 其公式格式的命令为

```
student<-data.frame(
    value = 1:10,
    group = factor(c(2, 2, 1, 2, 1, 2, 1, 2, 1, 1))
)
wilcox.test(value ~ group, data = student,
            alternative="greater")
```

5.3.3 尺度参数检验

对于两个正态总体 $X \sim N(\mu_1, \sigma_1^2)$ 和 $Y \sim N(\mu_2, \sigma_2^2)$, t 检验是均值差的检验, 即检验均值是否相同, F 检验是方差比 σ_1^2/σ_2^2 的检验, 即检验方差是否相同.

对于非正态总体 X 和 Y, Wilcoxon 秩和检验是中位数差的检验, 即检验中位数是否相同, 它相当于正态数据的 t 检验, 而下面介绍的尺度参数检验本质上相当于方差比的检验, 即方差是否相同.

如果 X 与 Y 具有同分布, 记为 $X \overset{d}{=} Y$. 设 $X + a \overset{d}{=} Y$, 则 Wilcoxon 秩和检验的三个备择假设等价于 $a \neq \eta$, $a < \eta$ 和 $a > \eta$. 设 $sX \overset{d}{=} Y$, 尺度参数检验的三个备择假设等价于 $s \neq 1$, $s < 1$ 和 $s > 1$.

对于两个总体的样本, R 提供了两个检验函数, 一个是 ansari.test() 函数 (使用 Ansari-Bradley 检验), 另一个是 mood.test() 函数 (使用 Mood 检验), 其使用格式为

```
ansari.test(x, y,
    alternative = c("two.sided", "less", "greater"),
    exact = NULL, conf.int = FALSE, conf.level = 0.95,
    ...)
mood.test(x, y,
    alternative = c("two.sided", "less", "greater"),
    ...)
```

参数 x 和 y 分别为样本构成的数值向量. alternative 为备择假设选项, 取 "two .sided" (默认值) 表示双侧检验 $s \neq 1$; 取 "less" 表示单侧检验 $s < 1$; 取 "greater" 表示单侧检验 $s > 1$. exact 为逻辑变量, 说明是否精确计算 P 值. conf.int 为逻辑变量, 取 TRUE 表示给出 s 的置信区间, 默认值为 FALSE. conf.level 为置信水平, 默认值为 0.95. ... 为附加参数.

另一种使用格式是公式形式, 其使用格式为

```
ansari.test(formula, data, subset, na.action, ...)
mood.test(formula, data, subset, na.action, ...)
```

参数 formula 为形如 value ~ group 的公式, 其中 value 为数据, group 为数据的分组情况, 通常是因子向量. data 为矩阵或数据框. subset 为可选向量, 表示使用样本的子集. na.action 为函数, 表示样本中出现缺失数据 (NA) 的处理方法, 默认值为函数 getOption ("na.action"). ... 为附加参数.

例 5.19 对例 5.3 的数据作 Ansari-Bradley 检验.

解 程序 (程序名: exam0519.R) 和计算结果如下:

```
X<-c(78.1, 72.4, 76.2, 74.3, 77.4, 78.4, 76.0, 75.5, 76.7, 77.3)
Y<-c(79.1, 81.0, 77.3, 79.1, 80.0, 79.1, 79.1, 77.3, 80.2, 82.1)
ansari.test(X, Y, exact=F)
        Ansari-Bradley test
data:  X and Y
AB = 58, p-value = 0.6418
alternative hypothesis: true ratio of scales is not equal to 1
```

无法拒绝原假设, 说明尺度参数 $s=1$.

5.4 分布检验

本节要介绍的是另一类检验, 其目标不是针对具体的参数, 而是针对分布的类型. 例如, 通常假定总体分布具有正态性, 而 "总体分布为正态" 这一断言本身在一定场合下就是可疑的, 有待于检验.

假设根据某理论、学说甚至假定, 某随机变量应当有分布 F, 现对 X 进行 n 次观察, 得到一个样本 $X_1, X_2, \cdots, X_n$, 要据此检验

$$H_0: X \text{ 具有理论分布 } F.$$

这里虽然没有明确指出对立假设, 但可以说, 对立假设为

$$H_1: X \text{ 不具有理论分布 } F.$$

本问题的真实含义是估计实测数据与该理论或学说符合得怎么样, 而不在于当认为不符合时, X 可能备择的分布如何. 故问题中不明确标出对立假设, 反而使人感到提法更为贴近现实.

5.4.1 Pearson 拟合优度 χ^2 检验

1. 理论分布完全已知的情况

设 $X_1, X_2, \cdots, X_n$ 为来自总体 X 的样本, 将数轴 $(-\infty, \infty)$ 分成 m 个区间

$$I_1 = (-\infty, a_1),\ I_2 = [a_1, a_2),\ \cdots,\ I_m = [a_{m-1}, \infty).$$

记这些区间的理论概率分别为

$$p_1,\ p_2,\ \cdots,\ p_m, \quad p_i = P\{X \in I_i\},\ i = 1, 2, \cdots, m.$$

记 n_i 为 $X_1, X_2, \cdots, X_n$ 中落在区间 I_i 内的个数, 则在原假设成立下, n_i 的期望值为 np_i,

n_i 与 np_i 的差距 $(i=1,2,\cdots,m)$ 可视为理论与观察之间偏离的衡量, 构造统计量

$$K=\sum_{i=1}^{m}\frac{(n_i-np_i)^2}{np_i}, \tag{5.54}$$

称 K 为 Pearson χ^2 统计量. Pearson 证明了, 在原假设成立的条件下, 当 $n\to\infty$ 时, K 依分布收敛于自由度为 $m-1$ 的 χ^2 分布.

在 R 中, 使用 `chisq.test()` 函数计算 Pearson 拟合优度 χ^2 检验, 其使用格式为

```
chisq.test(x, y = NULL, correct = TRUE,
    p = rep(1/length(x), length(x)), rescale.p = FALSE,
    simulate.p.value = FALSE, B = 2000)
```

参数 `x` 为数值向量或矩阵 (用于列联表检验), 或者 `x` 和 `y` 同时为因子. `y` 为数值向量, 当 `x` 为矩阵时, 则 `y` 无效. 如果 `x` 为因子, `y` 必须为同样长度的因子. `correct` 为逻辑变量, 取 `TRUE` (默认值), 表示对 2×2 列联表的 P 值作连续型修正. `p` 为向量, 表示落在每个小区间内的理论概率, 默认值为均匀分布. `rescale.p` 为逻辑变量, 取 `TRUE` 表示对 `p` 重新计算, 使其和为 1, 默认值为 `FALSE`. `simulate.p.value` 为逻辑变量, 取 `TRUE` 表示用 Monte Carlo 方法仿真计算 P 值. `B` 为正整数, 表示 Monte Carlo 仿真的次数.

例 5.20 某消费者协会为了确定市场上消费者对 5 种品牌啤酒的喜好情况, 随机抽取了 1000 名啤酒爱好者作为样本进行如下试验: 每个人得到 5 种品牌的啤酒各一瓶, 但未标明牌子. 这 5 种啤酒按分别写着 A,B,C,D,E 字母的 5 张纸片随机的顺序送给每一个人. 表 5.6 是根据样本资料整理得到的各种品牌啤酒爱好者的频数分布. 试根据这些数据判断消费者对这 5 种品牌啤酒的爱好有无明显差异.

表 5.6　5 种品牌啤酒爱好者的频数

最喜欢的牌子	A	B	C	D	E
人数	210	312	170	85	223

解　如果消费者对 5 种品牌啤酒喜好无显著差异, 那么, 就可以认为喜好这 5 种品牌啤酒的人呈均匀分布, 即 5 种品牌啤酒爱好者人数各占 20%. 因此原假设为

$$H_0: \text{喜好 5 种啤酒的人数分布均匀}.$$

输入数据, 调用 `chisq.test()` 函数, 其程序和计算结果如下

```
> X<-c(210, 312, 170, 85, 223)
> chisq.test(X)
        Chi-squared test for given probabilities
data:  X
X-squared = 136.49, df = 4, p-value < 2.2e-16
```

`X-squared` 为 χ^2 统计量, `df` 为自由度, `p-value` 为 P 值 $(=2.2\times10^{-16})\ll0.05$, 拒绝原假设, 认为消费者对 5 种品牌啤酒的喜好是有显著差异的.

例 5.21 大麦的杂交后代关于芒性的比例应是无芒 : 长芒 : 短芒 $=9:3:4$. 实际观测值为 $335:125:160$. 试检验观测值是否符合理论假设.

解 根据题意,

$$H_0: \ p_1 = \frac{9}{16}, \ p_2 = \frac{3}{16}, \ p_3 = \frac{4}{16}.$$

调用 chisq.test() 函数, 其命令如下:

```
> chisq.test(c(335, 125, 160), p=c(9,3,4)/16)
        Chi-squared test for given probabilities
data:  c(335, 125, 160)
X-squared = 1.362, df = 2, p-value = 0.5061
```

P 值 $(= 0.5061) > 0.05$, 接受原假设, 即大麦的芒性比例符合 $9:3:4$ 的比例.

例 5.22 为研究电话总机在某段时间内接到的呼叫次数是否服从 Poisson 分布, 现收集了 42 个数据, 如表 5.7 所示. 通过对数据的分析, 能否确认在某段时间内接到的呼叫次数服从 Poisson 分布 $(\alpha = 0.1)$.

表 5.7 电话总机在某段时间内接到的呼叫次数的频数

接到呼唤次数	0	1	2	3	4	5	6
出现的频数	7	10	12	8	3	2	0

解 编写相应的计算程序 (程序名: exam0522.R) 如下:

```
X<-0:6; Y<-c(7, 10, 12, 8, 3, 2, 0)
##%% 计算理论分布, 并用样本均值代替理论期望
F<-ppois(X, mean(rep(X,Y))); m<-length(Y)
p<-F[1]; p[m]<- 1-F[m-1]
for (i in 2:(m-1))  p[i]<-F[i]-F[i-1]
##%% 作检验
chisq.test(Y, p=p)
```

但计算结果会出现警告.

```
        Chi-squared test for given probabilities
data:  Y
X-squared = 1.5057, df = 6, p-value = 0.9591
Warning message:

Chi-squared 近似算法有可能不准 in: chisq.test(Y, p = p)
```

为什么会出现这种情况呢? 这是因为 Pearson 拟合优度 χ^2 检验要求: 在分组后, 每个组的理论频数和实际频数都要大于等于 5, 而后三组中出现的频数分别为 3, 2, 0, 均小于 5. 解决问题的方法是将后三组合成一组, 此时的频数为 5, 满足要求. 下面给出相应的 R 程序.

```
##%% 重新分组
Z<-c(7, 10, 12, 8, 5)
##%% 重新计算理论分布
m<-length(Z); p<-p[1:m-1]; p[m]<-1-F[m-1]
##%% 作检验
chisq.test(Z, p=p)
```

计算得到

```
        Chi-squared test for given probabilities
data:  Z
X-squared = 0.5389, df = 4, p-value = 0.9696
```

P 值 $(=0.9696) \gg 0.1$, 因此, 能确认在某段时间内接到的呼叫次数服从 Poisson 分布.

2. 理论分布依赖于若干个未知参数的情况

如果分布族 F 依赖于 r 个参数 $\theta_1, \theta_2, \cdots, \theta_r$, 要根据样本 $X_1, X_2, \cdots, X_n$ 去检验假设

$$H_0: X \text{ 的分布属于分布族 } \{F(x; \theta_1, \theta_2, \cdots, \theta_r)\}.$$

解决这个问题的步骤是, 先通过样本作出 $(\theta_1, \theta_2, \cdots, \theta_r)$ 的极大似然估计 $(\widehat{\theta}_1, \widehat{\theta}_2, \cdots, \widehat{\theta}_r)$, 再检验假设

$$H_0: X \text{ 具有分布 } F(x; \widehat{\theta}_1, \widehat{\theta}_2, \cdots, \widehat{\theta}_r).$$

然后再按理论分布已知的情况进行处理, 所不同的是由式 (5.54) 得到的统计量 K 服从自由度为 $m-1-r$ 的 χ^2 分布, 即自由度减少了 r.

从这种角度来讲, 例 5.22 的计算是有问题的, 因为在计算过程中, 是用样本均值代替总体的期望, 因此, 需要减少一个自由度.

为了便于此类问题的计算, 这里编写一个小程序 (程序名: chi2gof.R) 来完成这项工作.

```
chi2gof <- function(chi2test, nparams){
    df <- chi2test$parameter - nparams;
  Pval <- 1-pchisq(chi2test$statistic, df)
  names(Pval) <- "P-val"
  c(chi2test$statistic, Pval, df)
}
```

在程序中, chi2test 为 chisq.test() 函数生成的对象, nparams 为未知参数的个数. 函数的返回值有三个, 分别是 χ^2 统计量、P 值和自由度.

用 chi2gof() 函数再计算例 5.22, 程序和计算结果如下

```
> source("chi2gof.R")
> chi2gof(chisq.test(Z, p=p), nparams=1)
X-squared     P-val        df
0.5388945 0.9102670 3.0000000
```

此时, 自由度为 3 而不是 4, 虽然 P 值有所减少但结论不变.

5.4.2 Kolmogorov-Smirnov 检验

Kolmogorov (科尔莫戈罗夫) 拟合优度检验是 Kolmogorov 于 1933 年提出的, 它是针对单个总体的检验, 检验样本是否来自指定分布 F_0.

$$H_0: F(x) = F_0(x), \qquad H_1: F(x) \neq F_0(x) \quad (\text{双侧检验}) \tag{5.55}$$

$$H_0: F(x) \geqslant F_0(x), \qquad H_1: F(x) < F_0(x) \quad (\text{单侧检验}) \tag{5.56}$$

$$H_0: F(x) \leqslant F_0(x), \qquad H_1: F(x) > F_0(x) \quad (\text{单侧检验}) \tag{5.57}$$

Smirnov (斯米尔诺夫) 拟合优度检验, 是 Smirnov 于 1939 年提出的, 它是针对两个总体的检验, 检验两个总体的分布是否相同.

$$H_0: F(x) = G(x), \qquad H_1: F(x) \neq G(x) \quad (\text{双侧检验}) \tag{5.58}$$

$$H_0: F(x) \geqslant G(x), \qquad H_1: F(x) < G(x) \quad (\text{单侧检验}) \tag{5.59}$$

$$H_0: F(x) \leqslant G(x), \qquad H_1: F(x) > G(x) \quad (\text{单侧检验}) \tag{5.60}$$

可以将 Smirnov 检验看成 Kolmogorov 检验的两样本情形, 因此, 将两个检验统称为 Kolmogorov - Smirnov 检验, 简称 K-S 检验.

在 R 中, 用 `ks.test()` 函数作 K-S 检验, 其使用格式为

```
ks.test(x, y, ...,
        alternative = c("two.sided", "less", "greater"),
        exact = NULL)
```

参数 `x` 为数值向量. `y` 或者是数值向量 (Smirnov 检验), 或者是描述分布函数的字符串 (Kolmogorov 检验). `...` 描述特定分布参数的字符串. `alternative` 为备择假设选项, 取 `"two.sided"` (默认值) 表示双侧检验; 取 `"less"` 表示备择假设为 "<" 的单侧检验; 取 `"greater"` 表示备择假设为 ">" 的单侧检验. `exact` 为逻辑变量 (默认值为 `NULL`), 表示是否精确计算 P 值.

例 5.23 对一台设备进行寿命检验, 纪录 10 次无故障工作时间, 并按从小到大的次序排列如下: (单位: h)

```
420  500  920  1380  1510  1650  1760  2100  2300  2350
```

试用 Kolmogorov-Smirnov 检验方法检验此设备无故障工作时间的分布是否服从指数分布, 且平均无故障工作时间为 1500h.

解 输入数据, 调用 `ks.test()` 函数, 其命令如下:

```
> X<-c(420, 500, 920, 1380, 1510, 1650,
       1760, 2100, 2300, 2350)
> ks.test(X, "pexp", 1/1500)
        One-sample Kolmogorov-Smirnov test
data:  X
D = 0.3015, p-value = 0.2654
alternative hypothesis: two-sided
```

P 值 $(= 0.2654) > 0.05$, 无法拒绝原假设, 因此, 认为此设备无故障工作时间的分布服从参数 $\lambda = 1/1500$ 的指数分布.

例 5.24 假定从总体 X 和总体 Y 中分别抽出 25 个和 20 个观察值的随机样本, 其数据由表 5.8 所示. 现检验两个总体 X 和 Y 的分布函数是否相同.

表 5.8 抽自两个总体的数据

	X	Y		X	Y		X	Y		X
1	0.61	2.20	8	−0.56	1.56	15	0.37	−0.27	22	−0.32
2	0.29	1.66	9	0.39	0.44	16	1.77	−0.37	23	−0.40
3	0.06	1.38	10	1.64	1.50	17	1.09	0.38	24	1.06
4	0.59	0.20	11	0.05	−0.30	18	−1.28	0.70	25	−2.47
5	−1.73	0.36	12	−0.06	0.66	19	2.36	0.52		
6	−0.74	0.00	13	0.64	2.31	20	1.31	−0.71		
7	0.51	0.96	14	−0.82	3.29	21	1.05			

解 编写相应的计算程序 (程序名: exam0524.R) 如下:

```
X<-scan()
0.61  0.29  0.06  0.59  -1.73 -0.74  0.51 -0.56  0.39
1.64  0.05 -0.06  0.64  -0.82  0.37  1.77  1.09 -1.28
2.36  1.31  1.05 -0.32  -0.40  1.06 -2.47

Y<-scan()
2.20  1.66  1.38  0.20  0.36  0.00  0.96  1.56  0.44
1.50 -0.30  0.66  2.31  3.29 -0.27 -0.37  0.38  0.70
0.52 -0.71

ks.test(X, Y)
```

运行后得到

```
          Two-sample Kolmogorov-Smirnov test
data:  X and Y
D = 0.23, p-value = 0.5286
alternative hypothesis: two-sided
```

P 值 $(= 0.5286) > 0.05$, 故接受原假设 H_0, 即认为两个总体的分布函数是相同的.

Kolmogorov-Smirnov 检验与 Pearson χ^2 检验相比, 不需将样本分组, 少了一个任意性, 这是其优点. 其缺点是只能用在理论分布为一维连续分布且分布完全已知的情形, 适用面比 Pearson χ^2 检验小. 研究也显示: 在 Kolmogorov-Smirnov 检验可用的场合下, 其功效一般来说略优于 Pearson χ^2 检验.

5.4.3 正态性检验

正态性检验是非参数检验中最常用的检验, 除了用前面介绍的两种方法作检验外, 还用许多检验方法, 这里介绍夏皮罗 – 威尔克 (Shapiro-Wilk) 正态性检验, 它是利用来自总体 X 的样本 $X_1, X_2, \cdots, X_n$, 检验

$$H_0 : \text{总体 } X \text{ 具有正态分布.}$$

由于在检验中用 W 统计量作正态性检验, 因此这种检验方法也称为正态 W 检验方法.

在 R 中, `shapiro.test()` 函数完成 Shapiro-Wilk 正态性检验, 其使用格式为

```
shapiro.test(x)
```

参数 x 是由样本构成的向量, 并且向量的长度为 3~5000.

例 5.25 某班有 31 名学生, 某门课的考试成绩如下:

```
25  45  50  54  55  61  64  68  72  75  75
78  79  81  83  84  84  84  85  86  86  86
87  89  89  89  90  91  91  92  100
```

用 Shapiro-Wilk 正态性检验方法检验本次考试的成绩是否服从正态分布.

解 输入数据, 调用 `shapiro.test()` 函数, 其程序 (程序名: exam0525.R) 和计算结果如下:

```
X<-c(25, 45, 50, 54, 55, 61, 64, 68, 72, 75, 75,
     78, 79, 81, 83, 84, 84, 84, 85, 86, 86, 86,
```

```
        87, 89, 89, 89, 90, 91, 91, 92, 100)
shapiro.test(X)
        Shapiro-Wilk normality test
data:  X
W = 0.8633, p-value = 0.0009852
```

P 值 $(= 0.0009852) \ll 0.05$, 拒绝原假设, 即本次考试的成绩不服从正态分布.

5.5 列联表检验

设两个随机变量 X, Y 均为离散型的, X 取值于 $\{a_1, a_2, \cdots, a_I\}$, Y 取值于 $\{b_1, b_2, \cdots, b_J\}$. 设 $(X_1, Y_1), (X_2, Y_2), \cdots, (X_n, Y_n)$ 为简单样本, 记 n_{ij} 为 $(X_1, Y_1), (X_2, Y_2), \cdots, (X_n, Y_n)$ 中等于 (a_i, b_j) 的个数. 在求解问题时, 常把数据列为形如表 5.9 的形式, 称为列联表. 根据列联表数据做的检验称为列联表检验.

表 5.9 列联表

	b_1	b_2	$\cdots$	b_J	合计
a_1	n_{11}	n_{12}	$\cdots$	n_{1J}	$n_{1\cdot}$
a_2	n_{21}	n_{22}	$\cdots$	n_{2J}	$n_{2\cdot}$
$\vdots$	$\vdots$	$\vdots$		$\vdots$	$\vdots$
a_I	n_{I1}	n_{I2}	$\cdots$	n_{IJ}	$n_{I\cdot}$
合计	$n_{\cdot 1}$	$n_{\cdot 2}$	$\cdots$	$n_{\cdot J}$	

5.5.1 Pearson χ^2 独立性检验

所谓独立性检验就是检验

$$H_0\text{: } X \text{ 与 } Y \text{ 独立}, \qquad H_1\text{: } X \text{ 与 } Y \text{ 不独立 (相关)}.$$

记

$$\begin{aligned} p_{ij} &= P\{X_i = a_i, Y_j = b_j\}, \\ p_{i\cdot} &= P\{X_i = a_i\} = \sum_{j=1}^{J} p_{ij}, \quad p_{\cdot j} = P\{Y_j = b_j\} = \sum_{i=1}^{I} p_{ij}, \end{aligned}$$

则假设 H_0 可表示为

$$H_0: \ p_{ij} = p_{i\cdot} \cdot p_{\cdot j}, \quad i = 1, 2, \cdots, I, \ \ j = 1, 2, \cdots, J. \tag{5.61}$$

这里只知道 $p_{i\cdot}, p_{\cdot j} \geqslant 0$, $\sum\limits_{i=1}^{I} p_{i\cdot} = 1$, $\sum\limits_{j=1}^{J} p_{\cdot j} = 1$, 而其他情况未知, 所以这是一个带参数 $p_{i\cdot}, (i = 1, 2, \cdots, I)$ 和 $p_{\cdot j}, (j = 1, 2, \cdots, J)$ 的拟合优度检验问题. 因此, 需要先用极大似然估计来估计 $p_{i\cdot}$, $p_{\cdot j}$, 得到

$$\begin{aligned} \hat{p}_{i\cdot} &= \frac{n_{i\cdot}}{n}, \quad i = 1, 2, \cdots, I, \\ \hat{p}_{\cdot j} &= \frac{n_{\cdot j}}{n}, \quad j = 1, 2, \cdots, J, \end{aligned}$$

其中 $n_{i\cdot} = \sum\limits_{j=1}^{J} n_{ij}$, $n_{\cdot j} = \sum\limits_{i=1}^{I} n_{ij}$. 这样就可以计算 Pearson χ^2 统计量

$$K = \sum_{i=1}^{I}\sum_{j=1}^{J} \frac{\left(n_{ij} - \dfrac{n_{i\cdot}n_{\cdot j}}{n}\right)^2}{\dfrac{n_{i\cdot}n_{\cdot j}}{n}} \tag{5.62}$$

然后再计算自由度. (X,Y) 的值域一共划分成 IJ 个集合, 但估计了一些未知参数. 由于 $\sum\limits_{i=1}^{I} p_{i\cdot} = 1$, $p_{i\cdot}(i = 1,2,\cdots,I)$ 中未知参数只有 $I-1$ 个, 同理, $p_{\cdot j}(j = 1,2,\cdots,J)$ 中未知参数只有 $J-1$ 个, 故共有 $I+J-2$ 个未知参数, 而 K 的自由度就为 $IJ-1-(I+J-2) = (I-1)(J-1)$.

当 $I = J = 2$ 时, 列联表中只有 4 个格子, 称为 “四格表”, 这时式 (5.62) 简化为

$$K = \frac{n(n_{11}n_{22} - n_{12}n_{21})^2}{n_{1\cdot}n_{2\cdot}n_{\cdot 1}n_{\cdot 2}},$$

自由度为 1.

对于四格列联表, 由于 $\chi^2(1)$ 为连续型变量, 而 K 取离散值, 当 n 较小时, 这种近似不好, 它往往导致 K 的值太大而轻易否定 H_0. 为了改善 K 对 $\chi^2(1)$ 的近似, Yate (耶茨) 提出了一种修正方法, 在式 (5.62) 中, 分子的各项减去 0.5, 即 K 统计量的计算公式修改为

$$K = \sum_{i=1}^{I}\sum_{j=1}^{J} \frac{\left(\left|n_{ij} - \dfrac{n_{i\cdot}n_{\cdot j}}{n}\right| - 0.5\right)^2}{\dfrac{n_{i\cdot}n_{\cdot j}}{n}}, \tag{5.63}$$

这种方法称为连续型修正.

前面介绍的 `chisq.test()` 函数可完成列联表数据的 Pearson χ^2 独立性检验, 只需将列联表写成矩阵形式即可.

例 5.26 在一次社会调查中, 以问卷方式共调查了 901 人的月收入及对工作的满意程度, 其中有收入 A 分为小于 3000 元、3000 ~ 7500 元、7500 ~ 12000 元及超过 12000 元 4 档. 对工作的满意程度 B 分为很不满意、较不满意、基本满意和很满意 4 档. 调查结果用 4×4 列联表表示, 如表 5.10 所示. 试分析工资收入与对工作的满意程度是否有关.

表 5.10 工作满意程度与月收入列联表

工资收入	很不满意	较不满意	基本满意	很满意	合计
< 3000	20	24	80	82	206
$3000 \sim 7500$	22	38	104	125	289
$7500 \sim 12000$	13	28	81	113	235
> 12000	7	18	54	92	171
合计	62	108	319	412	901

解 输入数据, 用 `chisq.test()` 作检验.

```
x<-c(20, 24, 80,  82, 22, 38, 104, 125,
     13, 28, 81, 113,  7, 18,  54,  92)
X<-matrix(x, nc=4, byrow=T)
chisq.test(X)
     Pearson's Chi-squared test
data:  X
X-squared = 11.9886, df = 9, p-value = 0.214
```

X-squared 为统计量 K, df 为自由度, p-value 为 P 值. 这里 P 值 $(=0.214)>0.05$, 接受原假设, 即对工作的满意程度与个人收入无关.

例 5.27 为了研究吸烟是否与患肺癌有关，对 63 位肺癌患者及 43 名非肺癌患者（对照组）调查了其中的吸烟人数，得到 2×2 列联表，如表 5.11 所示.

表 5.11 列联表数据

	患肺癌	未患肺癌	合计
吸烟	60	32	92
不吸烟	3	11	14
合计	63	43	106

解 输入数据, 用 chisq.test() 作检验.

```
> x <- matrix(c(60, 3, 32, 11), nc = 2)
> chisq.test(x, correct = FALSE)
        Pearson's Chi-squared test
data:  x
X-squared = 9.6636, df = 1, p-value = 0.001880
```

P 值 $(=0.001880)<0.05$, 拒绝原假设, 也就是说, 吸烟与患肺癌是相关的.

对于 2×2 的列联表, 参数 correct 的默认值为 TRUE, 即使用 Yate 连续修正, 也就是用式 (5.63) 计算统计量 K, 目的是提高 P 值, 避免 “有显著差异” 不可靠的情况发生. 例如

```
> chisq.test(x)
        Pearson's Chi-squared test with
           Yates' continuity correction
data:  x
X-squared = 7.9327, df = 1, p-value = 0.004855
```

在采用连续型修正的情况下, 仍有相同的结论.

在用 chisq.test() 函数作计算时, 要注意单元的期望频数. 如果没有空单元 (所有单元频数都不为零), 并且所有单元的期望频数大于等于 5, 那么 Pearson χ^2 检验是合理的; 否则, 计算机会显示警告信息.

如果数据不满足 χ^2 检验的条件时, 应使用 Fisher 精确检验.

5.5.2 Fisher 精确独立性检验

在样本数较小时 (单元的期望频数小于 4), 需要用 Fisher 精确检验来完成独立性检验.

Fisher 精确检验最初是针对 2×2 列联表提出的, 现在可以应用到 $m\times 2$ 或 $2\times n$ 的列联表中. 当 χ^2 检验的条件不满足时, 这个精确检验是非常有用的. Fisher 检验是建立在超几何分布的基础上的, 对于单元频数较小的列联表来说, 特别适合.

在 R 中, 函数 `fisher.test()` 作精确的独立检验, 其使用方法为

```
fisher.test(x, y = NULL, workspace = 200000, hybrid = FALSE,
    control = list(), or = 1, alternative = "two.sided",
    conf.int = TRUE, conf.level = 0.95,
    simulate.p.value = FALSE, B = 2000)
```

参数 `x` 为二维列联表形式的矩阵, 或者是由因子构成的对象. `y` 为因子构成的对象, 当 `x` 为矩阵时, 此值无效. `workspace` 为正整数, 表示用于网络算法工作空间的大小. `hybrid` 为逻辑变量, 仅用于 2×2 列联表, 取 `FALSE` (默认值) 表示精确计算概率, 取 `TRUE` 表示用混合算法计算概率. `control` 为列表, 指定低水平算法的组成. `or` 为优势比的原假设, 默认值为 1, 仅用于 2×2 列联表. `alternative` 为备择假设选项, 取 `"two.sided"`(默认值) 表示双侧检验 (不独立); 取 `"less"` 表示单侧小于检验 (负相关); 取 `"greater"` 表示单侧大于检验 (正相关). `conf.int` 为逻辑变量, 取 `TRUE` (默认值) 表示给出优势比 (odds ratio) 的置信区间. `conf.level` 为置信水平, 默认值为 0.95. `simulate.p.value` 为逻辑变量, 取 `TRUE`, 表示用 Monte Carlo 方法仿真计算 P 值. `B` 为正整数, 表示 Monte Carlo 仿真的次数.

对于二维列联表, 原假设 “两变量无关” 等价于优势比等于 1.

例 5.28 某医师为研究乙肝免疫球蛋白预防胎儿宫内感染 HBV 的效果, 将 33 例 HBsAg 阳性孕妇随机分为预防注射组和对照组, 结果如表 5.12 所示. 问两组新生儿的 HBV 总体感染率有无差别.

表 5.12 两组新生儿 HBV 感染情况的比较

组别	阳性	阴性	合计
预防注射组	4	18	22
对照组	5	6	11
合计	9	24	33

解 有一个单元频数小于 5, 应该作 Fisher 精确概率检验. 输入数据, 并计算 Fisher 检验.

```
> x <- matrix(c(4, 5, 18, 6), nc=2)
> fisher.test(x)
        Fisher's Exact Test for Count Data
data:  x
p-value = 0.121
alternative hypothesis: true odds ratio is not equal to 1
95 percent confidence interval:
 0.03974151 1.76726409
sample estimates:
odds ratio
 0.2791061
```

P 值 $(= 0.1210) > 0.05$, 并且优势比的置信区间包含 1, 由此说明两变量是独立的, 即认为两组新生儿的 HBV 总体感染率并无显著差异.

当用 Pearson χ^2 检验 (chisq.test() 函数) 对例 5.28 的数据作检验, 会发现计算机在得到结果的同时, 也给出警告, 认为其计算值可能有误.

用 Fisher 精确检验 (fisher.test() 函数), 对吸烟数据 (例 5.27) 作检验得到

```
> X<-matrix(c(60, 3, 32, 11), nc=2)
> fisher.test(X)
        Fisher's Exact Test for Count Data
data:  X
p-value = 0.002820
alternative hypothesis: true odds ratio is not equal to 1
95 percent confidence interval:
  1.626301 40.358904
sample estimates:
odds ratio
   6.74691
```

P 值 $(= 0.002820) < 0.05$, 拒绝原假设, 即认为吸烟与患肺癌有关. 由于置信区间$[1.63, 40.36] > 1$, 说明优势比大于 1, 表示正相关, 也就是说, 吸烟越多, 患肺癌的可能性也就越大.

5.5.3 McNemar 检验

如果作为样本的一批个体分别在某一时间间隔或不同条件下作两次研究, 比如是关于二元特征的强度, 那么确定研究的不再是独立的样本, 而是相关样本. 每个试验单元可提供一对数据. 从第一次到第二次研究中, 两种选择的频数比率有或多或少的改变. McNemar 检验是检验这个变化强度, 它能较精确地得知在第一次和第二次研究之间有多少个体从这一类变成另一类. 因此可以得出具有第一次研究划分出的两类和第二次研究划分出的两类的列联表, 如表 5.13 所示.

表 5.13 不同方法的研究结果

研究 I	研究 II		合计
	+	−	
+	a	b	$a+b$
−	c	d	$c+d$
合计	$a+c$	$b+d$	$a+b+c+d$

问题的原假设为

$$H_0: \text{在这个总体中两次研究的频数没有区别.}$$

原假设表示频数 b 和 c 是否有显著差异.

在 R 中, 可以用 mcnemar.test() 函数完成 McNemar 检验, 其具体的使用格式为

```
mcnemar.test(x, y = NULL, correct = TRUE)
```

其中 x 为二维列联表形式的矩阵, 或者是由因子构成的对象. y 为由因子构成的对象, 当 x 为矩阵时, 此值无效. correct 为逻辑变量, 表示在计算检验统计量时是否用连续修正, 默认值为 TRUE.

例 5.29 某胸科医院同时用甲、乙两种方法测定 202 份痰标本中的抗酸杆菌, 结果如表 5.14 所示. 问甲、乙两法的检出率有无显著差异?

表 5.14　甲、乙两法检测痰标本中的抗酸杆菌结果

甲法	乙法		合计
	+	−	
+	49	25	74
−	21	107	128
合计	70	132	202

解　输入数据, 调用 mcnemar.test() 函数作 McNemar 检验.

```
> X <- c(49, 21, 25, 107); dim(X) <- c(2, 2)
> mcnemar.test(X)
    McNemar's Chi-squared test with continuity correction
data:  X
McNemar's chi-squared = 0.1957, df = 1, p-value = 0.6583
```

P 值 $(=0.6583) > 0.05$, 因此, 不能认定两种检测方法的检出率有差异.

5.5.4　三维列联表的条件独立性检验

前面介绍的列联表均是二维列联表, 有时需要作三维列联表检验. 请看下面的例子.

例 5.30 表 5.15 是 1976 — 1977 年美国佛罗里达州的凶杀案件中, 326 名被告的肤色与死刑判决情况表. 试用这组数据分析, 被判死刑是否与被告的肤色有关.

表 5.15　被告肤色与死刑判决情况

被告	死刑		合计
	是	否	
白种人	19	141	160
黑种人	17	149	166
合计	36	290	326

解　作 χ^2 检验, 程序 (程序名: exam0530.R) 与计算结果如下:

```
X<-array(c(19, 17, 141, 149), dim = c(2,2),
    dimnames=list(defendant=c("white", "black"),
                  penalty=c("death", "non-death"))
)
chisq.test(X)
```

```
        Pearson's Chi-squared test with Yates'
        continuity correction
data:  X
X-squared = 0.0863, df = 1, p-value = 0.7689
```

从 P 值来看, 无法拒绝原假设, 说明被判死刑与被告的肤色是独立的. 再作比例检验

```
> prop.test(X[,"death"], apply(X, 1, sum))
     2-sample test for equality of proportions
        with continuity correction
data:  X[, "death"] out of apply(X, 1, sum)
X-squared = 0.0863, df = 1, p-value = 0.7689
alternative hypothesis: two.sided
95 percent confidence interval:
 -0.05791211  0.09059283
sample estimates:
   prop 1    prop 2
0.1187500 0.1024096
```

也认为两者的死刑比例是相同的. 从样本的比率来看, 判决白人的死刑比例还要高一些.

但这个结论与当时的美国社会不符, 问题出在哪呢? 需要分层考虑问题.

例 5.31 (继例 5.30) 表 5.16 给出了带有被害人的数据. 再分析被判死刑是否与被告的肤色有关.

表 5.16 被告与被害人肤色以及死刑判决情况

被告	被害人	死刑	
		是	否
白种人	白种人	19	132
	黑种人	0	9
黑种人	白种人	11	52
	黑种人	6	97

这是一个三维的列联表, 需要对它进行分析. 在列联表检验中, Mantel-Haenszel 检验是针对三维残联表设计的, 本质上还是作 χ^2 检验.

在 R 中, `mantelhaen.test()` 函数完成 Mantel-Haenszel 检验, 其使用格式为

```
mantelhaen.test(x, y = NULL, z = NULL,
     alternative = c("two.sided", "less", "greater"),
     correct = TRUE, exact = FALSE, conf.level = 0.95)
```

参数 `x` 或者为三维列联表构成的数组, 行和列的维数至少是 2, 且最后一维是层数; 或者为至少有 2 个水平的因子. `y` 为至少有 2 个水平的因子, 当 `x` 为三维数组时, 该项无效. `z` 为至少有 2 个水平的因子, 表示哪一层对应 `x` 中的元素, 哪一层对应 `y` 的元素, 当 `x` 为三维数组时, 该项无效. `alternative` 为备择假设选项, 取 `"two.sided"` (默认值) 表示作双侧检验; 取 `"less"` 表示作单侧检验 “<”; 取 `"greater"` 表示作单侧检验 “>”. 单侧检验仅用于 $2\times2\times k$ 的情况. `correct` 为逻辑变量, 表示是否作连续修正, 仅用于 $2\times2\times k$ 的情况. `exact` 为逻

辑变量, 表示是否作精确条件检验, 仅用于 $2 \times 2 \times k$ 的情况. conf.level 为显著性水平, 默认值为 0.95, 仅用于 $2 \times 2 \times k$ 的情况.

例 5.31 的求解. 程序 (程序名: exam0531.R) 与计算结果如下:

```
X <- array(c(19, 0, 132, 9, 11, 6, 52, 97),
    dim = c(2, 2, 2),
    dimnames=list(victim=c("white", "black"),
                  penalty=c("death", "nondeath"),
                  defendant=c("white", "black"))
)
X
, , defendant = white
       penalty
victim  death nondeath
  white    19      132
  black     0        9

, , defendant = black
       penalty
victim  death nondeath
  white    11       52
  black     6       97
mantelhaen.test(X)

Mantel-Haenszel chi-squared test with continuity correction
data:  X
Mantel-Haenszel X-squared = 5.8062, df = 1, p-value = 0.01597
alternative hypothesis: true common odds ratio is not equal to 1
95 percent confidence interval:
  1.397771 11.381078
sample estimates:
common odds ratio
         3.988502
```

P 值 $(= 0.01597) < 0.05$, 拒绝原假设, 说明死刑的判决与被告和被害人肤色有关.

还可以作精确条件检验

```
mantelhaen.test(X, exact = TRUE)
```

p-value = 0.009656. 或者作单侧检验

```
mantelhaen.test(X, exact = TRUE, alternative = "greater").
```

p-value = 0.007363.

5.6　相关性检验

对于多元数据, 讨论变量间是否具有相关关系是很重要的, 这里介绍三种相关检验 —— Pearson 相关检验、Spearman 相关检验和 Kendall 相关检验, 第一个检验是针对正态数据而言的, 而后面两种检验属于秩检验.

5.6.1 Pearson 相关检验

设二元总体 (X,Y) 的分布函数为 $F(x,y)$, X,Y 的方差分别为 $\mathrm{var}(X)$ 和 $\mathrm{var}(Y)$, 总体协方差为 $\mathrm{cov}(X,Y)$, 总体的相关系数定义为

$$\rho_{XY} = \frac{\mathrm{cov}(X,Y)}{\sqrt{\mathrm{var}(X)} \cdot \sqrt{\mathrm{var}(Y)}}. \tag{5.64}$$

设 $(X_1,Y_1), (X_2,Y_2), \cdots, (X_n,Y_n)$ 为取自某个二元总体 (X,Y) 的独立样本, 可以计算样本的相关系数

$$r_{XY} = \frac{S_{XY}^2}{\sqrt{S_X^2} \cdot \sqrt{S_Y^2}}, \tag{5.65}$$

其中 S_X^2 和 S_Y^2 分别为样本 X 和样本 Y 的方差, S_{XY}^2 为样本 XY 的协方差. 在通常情况下, 由样本计算出的 r_{XY} 不为零, 即使在随机变量 X 与 Y 独立的情况下. 因此, 当 $\rho_{XY}=0$ 时, 用 r_{XY} 去度量 X 与 Y 的关联性没有实际意义. 所以需要作假设检验

$$H_0: \ \rho_{XY}=0, \quad H_1: \ \rho_{XY} \neq 0.$$

可以证明, 当 (X,Y) 为二元正态总体, 且当 H_0 为真时, 统计量

$$t = \frac{r_{XY}\sqrt{n-2}}{1-r_{XY}^2} \tag{5.66}$$

服从自由度为 $n-2$ 的 t 分布.

利用统计量 t 服从自由度为 $n-2$ 的 t 分布的性质, 可以对数据 X 和 Y 的相关性进行检验. 由于相关系数 r_{XY} 被称为 Pearson (皮尔森) 相关系数, 因此, 此检验方法也称为 Pearson 相关检验.

5.6.2 Spearman 相关检验

设 $(X_1,Y_1), (X_2,Y_2), \cdots, (X_n,Y_n)$ 为取自某个二元总体的独立样本, 要检验变量 X 与变量 Y 是否相关. 通常以 "X 与 Y 相互独立 (不相关)" 为原假设, "X 与 Y 相关" 为备择假设.

设 $r_1,r_2,\cdots,r_n$ 为由 $X_1,X_2,\cdots,X_n$ 产生的秩统计量, $R_1,R_2,\cdots,R_n$ 为由 Y_1, $Y_2,\cdots,Y_n$ 产生的秩统计量, 则有

$$\begin{aligned}
\overline{r} = \frac{1}{n}\sum_{i=1}^{n} r_i &= \frac{n+1}{2} = \overline{R} = \frac{1}{n}\sum_{i=1}^{n} R_i, \\
\frac{1}{n}\sum_{i=1}^{n}(r_i-\overline{r})^2 &= \frac{n^2-1}{12} = \frac{1}{n}\sum_{i=1}^{n}(R_i-\overline{R})^2.
\end{aligned}$$

称

$$r_s = \left[\frac{1}{n}\sum_{i=1}^{n} r_i R_i - \left(\frac{n+1}{2}\right)^2\right] \bigg/ \left(\frac{n^2-1}{12}\right)$$

为 Spearman（斯皮尔曼）秩相关系数.

当 X 与 Y 相互独立时, $(r_1, r_2, \cdots, r_n)$ 与 $(R_1, R_2, \cdots, R_n)$ 是相互独立的, 此时, $E(r_s) = 0$. 当 X 与 Y 正相关时, r_s 倾向于取正值; 当 X 与 Y 负相关时, r_s 倾向于取负值. 这样就可以得用 r_s 的分布来检验 X 与 Y 是否独立.

可以证明: 当 n 较大时, $\sqrt{n-1}\, r_s$ 的近似分布为 $N(0,1)$. 由此可以构造拒绝域和计算相应的 P 值, 当 P 值小于某一显著性水平 α (如 0.05) 时, 则拒绝原假设.

5.6.3 Kendall 相关检验

这里从另一个观点来看相关问题. 同样考虑原假设 H_0: 变量 X 与 Y 不相关, 和三个备择假设

$$H_1: \text{正或负相关} \quad \text{(或者)} \quad \text{正相关} \quad \text{(或者)} \quad \text{负相关}.$$

引进协同的概念. 如果乘积 $(X_j - X_i)(Y_j - Y_i) > 0$, 则称对子 (X_i, Y_i) 及 (X_j, Y_j) 是协同的, 或者说, 它们有同样的倾向. 反之, 如果乘积 $(X_j - X_i)(Y_j - Y_i) < 0$, 则称该对子是不协同的. 令

$$\Psi(X_i, X_j, Y_i, Y_j) = \begin{cases} 1, & \text{如果 } (X_j - X_i)(Y_j - Y_i) > 0, \\ 0, & \text{如果 } (X_j - X_i)(Y_j - Y_i) = 0, \\ -1, & \text{如果 } (X_j - X_i)(Y_j - Y_i) < 0. \end{cases} \tag{5.67}$$

定义 Kendall (肯达尔) τ 相关系数

$$\widehat{\tau} = \sum_{1 \leqslant i < j \leqslant n} \Psi(X_i, X_j, Y_i, Y_j) = \frac{K}{\mathrm{C}_n^2} = \frac{n_d - n_c}{\mathrm{C}_n^2}, \tag{5.68}$$

其中 n_c 是协同对子的数目, n_d 是不协同对子的数目. 显然

$$K \equiv \sum \Psi = n_c - n_d = 2n_c - \mathrm{C}_n^2. \tag{5.69}$$

上面定义的 $\widehat{\tau}$ 为概率差

$$\tau = P\{(X_j - X_i)(Y_j - Y_i) > 0\} - P\{(X_j - X_i)(Y_j - Y_i) < 0\}$$

的一个估计. 容易看出, $-1 \leqslant \widehat{\tau} \leqslant 1$. 事实上, 当所有对子都是协同的, 则 $K = \mathrm{C}_n^2$, 此时, $\widehat{\tau} = 1$. 当所有对子都是不协同的, 则 $K = -\mathrm{C}_n^2$, 此时, $\widehat{\tau} = -1$.

设 $r_1, r_2, \cdots, r_n$ 为由 $X_1, X_2, \cdots, X_n$ 产生的秩统计量, $R_1, R_2, \cdots, R_n$ 为由 $Y_1, Y_2, \cdots, Y_n$ 产生的秩统计量, 可以证明

$$K = \sum_{1 \leqslant i < j \leqslant n} \mathrm{sign}(r_i - r_j) \cdot \mathrm{sign}(R_i - R_j). \tag{5.70}$$

结合式 (5.70) 和式 (5.68), 可以计算出估计值 $\widehat{\tau}$, 这样就可以利用 $\widehat{\tau}$ 值作检验. 当 $\widehat{\tau}$ 接近于 0 时, 表示两变量独立; 当 $\widehat{\tau}$ 大于某一值时, 表示两变量相关 (正数表示正相关, 负数表示负相关).

5.6.4 cor.test 函数

在 R 中, 用 cor.test() 函数作相关检验, 其使用格式为

```
cor.test(x, y,
    alternative = c("two.sided", "less", "greater"),
    method = c("pearson", "kendall", "spearman"),
    exact = NULL, conf.level = 0.95, continuity = FALSE, ...)
```

参数 x 和 y 分别为样本构成的数值向量, 且有相同的维数. alternative 为备择假设选项, 取 "two.sided" (默认值) 表示双侧检验 (相关); 取 "less" 表示单侧检验 (负相关); 取 "greater" 表示单侧检验 (正相关). "method" 为相关检验的选项, 取 "pearson"(默认值) 表示 Pearson 检验; 取 "kendall" 表示 Kendall 秩检验; 取 "spearman" 表示 Spearman 秩检验. exact 为逻辑变量, 表示是否精确计算 P 值. conf.level 为置信水平, 默认值为 0.95. continuity 为逻辑变量, 取 TRUE, 表示在作 Kendall 秩检验或者在作 Spearman 秩检验时使用连续修正.

另一种使用格式是公式形式, 其使用格式为

```
cor.test(formula, data, subset, na.action, ...)
```

用于两总体样本的检验, 参数 formula 为形如 ~ u + v 的公式, 其中 u 和 v 为数据框的变量. data 为矩阵或数据框. subset 为可选向量, 表示使用样本的子集. na.action 为函数, 表示样本中出现缺失数据 (NA) 的处理方法, 默认值为函数 getOption("na.action"). ... 为附加参数.

例 5.32 对于 20 个随机选取的黄麻个体植株, 记录青植株重量 Y 与它们的干植株重量 X. 设二元总体 (X,Y) 服从二维正态分布, 其观测数据如表 5.17 所示. 试分析青植株重量与干植株重量是否有相关性.

表 5.17 青植株与干植株的重量 单位: kg

	X	Y		X	Y		X	Y
1	68	971	8	12	321	15	14	229
2	63	892	9	20	315	16	27	332
3	70	1125	10	30	375	17	17	185
4	6	82	11	33	462	18	53	703
5	65	931	12	27	352	19	62	872
6	9	112	13	21	305	20	65	740
7	10	162	14	5	84			

解 这里假设数据是服从二元正态分布, 所以使用 Pearson 相关检验.

输入数据, 调用 cor.test() 函数完成相关检验. 以下是程序 (程序名: exam0532.R)

```
X <- c( 68, 63, 70, 6, 65,  9, 10, 12, 20, 30,
        33, 27, 21, 5, 14, 27, 17, 53, 62, 65)
Y <- c(971, 892, 1125, 82, 931, 112, 162, 321, 315, 375,
       462, 352,  305, 84, 229, 332, 185, 703, 872, 740)
cor.test(X,Y)
```

和计算结果.

```
          Pearson's product-moment correlation
data:  X and Y
t = 20.7387, df = 18, p-value = 5.151e-14
alternative hypothesis: true correlation is not equal to 0
95 percent confidence interval:
 0.9483279 0.9921092
sample estimates:
      cor
0.9797091
```

在输出结果中, t 为 t 统计量, df 为自由度, p-value 为 P 值. 还有相关系数的置信区间和相关系数的估计值. 样本相关系数为 0.9797, P 值为 5.151×10^{-14}, 说明两变量高度相关.

采用公式形式

```
weight <- data.frame(
    X = c( 68, 63, 70, 6, 65,  9, 10, 12, 20, 30,
           33, 27, 21, 5, 14, 27, 17, 53, 62, 65),
    Y = c(971, 892, 1125, 82, 931, 112, 162, 321, 315, 375,
          462, 352,  305, 84, 229, 332, 185, 703, 872, 740)
)
cor.test(~ X + Y, data = weight)
```

得到相同的结果.

例 5.33 一项有 6 个人参加表演的竞赛, 有两人进行评定, 评定结果如表 5.18 所示, 试检验这两个评定员对等级评定有无相关关系.

表 5.18 两位评判者的评定成绩

甲的打分	1	2	3	4	5	6
乙的打分	6	5	4	3	2	1

解 由于评定成绩是打分的等级, 所以无法用 Pearson 相关检验. 这里选择 Spearman 秩相关检验方法来完成检验工作. 输入数据, 作检验 (程序名: exam0533.R)

```
> x <- 1:6; y <- 6:1
> cor.test(x, y, method = "spearman")
     Spearman's rank correlation rho
data:  x and y
S = 70, p-value = 0.002778
alternative hypothesis: true rho is not equal to 0
sample estimates:
rho
 -1
```

P 值 $(= 0.002778) < 0.05$, 因此, 拒绝原假设, 认为变量 X 与 Y 相关. 事实上, 由于计算出的 $r_s = -1$, 表示这两个量完全负相关, 即两人的结论有关系, 但结论完全相反.

例 5.34 某幼儿园对 9 对双胞胎的智力进行检验，并按百分制打分. 现将资料如表 5.19 所示，试用 Kendall 相关检验方法检验双胞胎的智力是否相关.

表 5.19 9 对双胞胎的得分情况

先出生的儿童	86	77	68	91	70	71	85	87	63
后出生的儿童	88	76	64	96	65	80	81	72	60

解 由于数据不一定满足正态分布的条件, 所以指定使用 Kendall 秩相关检验方法. 输入数据, 作检验 (程序名: exam0534.R)

```
X <- c(86, 77, 68, 91, 70, 71, 85, 87, 63)
Y <- c(88, 76, 64, 96, 65, 80, 81, 72, 60)
cor.test(X, Y, method = "kendall")
        Kendall's rank correlation tau
data:  X and Y
T = 31, p-value = 0.005886
alternative hypothesis: true tau is not equal to 0
sample estimates:
      tau
0.7222222
```

P 值 $(= 0.005886) < 0.05$, 拒绝原假设, 认为双胞胎的智力是相关的, Kendall 相关系数为 0.7222, 表明是正相关的.

5.7 游 程 检 验

游程检验也称为链检验或连贯检验, 它是检验样本观察值随机性的一种方法, 用途比较广泛. 如某种存货近期价格的变化是否是随机的, 生产过程是否处于随机的控制状态, 奖券的购买是否也是随机的等.

例 5.35 有人认为医院中出生的婴儿有“性别串”现象, 记录了某医院在 1 天中出生的婴儿的性别如下:

+ + - + - - - + - + + + - - + - + + - - -

+ - - + - - - - + + + + - - + - + + -

其中 + 代表男婴, - 代表女婴. 试问婴儿的男女性别是随机出现的吗?

有许多问题的观测数据可以表示为类似上面的符号序列. 在由两种符号构成的序列中, 由同一符号组成的一段 (如 + 或 -) 称为一个游程 (或链), 游程中符号的个数称为游程长度 (或链长). 例如, 在上述婴儿数据中, 共有 22 个游程, 其中 + + 为第 1 个链, 长度为 2, - 为第 2 个链, 长度为 1, 等等.

如何根据游程个数的多少来确定两个抽取样本观察值的随机性呢? 令 R 表示这两个样本组成的混合有序样本所形成的游程总数, 如果两个抽取样本的总体分布是相等的 (记为 H_0), + 和 - 应均匀混合, R 的取值适中; 如果总体分布不相等 (记为 H_1), 某一符号比另一符号会有偏大的倾向, 其游程长度变长, 而 R 变小. 因此, 当游程总数 R 过小时, 则拒绝 H_0.

注意, 游程检验函数不是 R 中的基本函数, 需要从 CRAN 网站下载, 具体做法是: 设定 CRAN 镜像 -> 选择软件库 (CRAN)-> 安装程序包 (tseries)-> 加载程序包 (tseries). 或者用命令

```
> install.packages("tseries")
> library("tseries")
```

可以达到同样的效果.

install.packages() 函数的意义是安装程序包, 如果没有选择 CRAN 镜像, 需要先设定 CRAN 镜像, 然后再安装程序包; 否则直接安装程序包.

在 tseries 程序包中, runs.test() 函数是游程检验函数, 其使用格式为

```
runs.test(x, alternative =
          c("two.sided", "less", "greater"))
```

参数 x 为游程构成的因子. alternative 为备择选项, 只能取 "two.sided" (默认值), "less" 和 "greater" 三种形式之一.

如果想查看程序包 tseries 的更多信息, 可使用命令

```
> library(help="tseries")
```

下面使用 runs.test() 函数为例 5.35 中的数据作游程检验, 程序 (程序名: exam0535.R) 和计算结果如下

```
X<-scan(what = "")
+ + - + - - - + - + + + - - + - + + - -
- + - - + - - - - + + + + - - + - + + -

runs.test(as.factor(X))

        Runs Test
data:  as.factor(X)
Standard Normal = 0.3372, p-value = 0.7359
alternative hypothesis: two.sided
```

P 值 $(= 0.7359) > 0.05$, 无法拒绝原假设, 说明婴儿的男女性别是随机出现的.

习 题 5

1. 正常男子血小板计数均值为 $225 \times 10^9/\text{L}$, 今测得 20 名男性油漆作业工人的血小板计数值 (单位: $10^9/\text{L}$)

220 188 162 230 145 160 238 188 247 113
126 245 164 231 256 183 190 158 224 175

假定数据服从正态分布, 问油漆工人的血小板计数与正常成年男子有无显著差异?

2. 已知某种灯泡寿命服从正态分布, 在某星期所生产的该灯泡中随机抽取 10 只, 测得其寿命 (单位: h) 为

1067 919 1196 785 1126 936 918 1156 920 948

求这个星期生产出的灯泡能使用 1000h 以上的概率.

3. 为研究某铁剂治疗和饮食治疗营养性缺铁性贫血的效果, 将 16 名患者按年龄、体重、病程和病情相近的原则配成 8 对, 分别使用饮食疗法和补充铁剂治疗的方法, 3 个月后测得两种患者血红蛋白如下:

铁剂治疗组	113	120	138	120	100	118	138	123
饮食治疗组	138	116	125	136	110	132	130	110

假设数据服从正态分布且方差相同, 试用 t 检验来分析, 两种方法治疗后的患者血红蛋白有无显著差异?

4. 为研究国产 4 类新药阿卡波糖胶囊效果, 某医院用 40 名 II 型糖尿病病人进行同期随机对照实验. 试验者将这些病人随机等分到试验组 (阿卡波糖胶囊组) 和对照组 (拜唐苹胶囊组), 分别测得试验开始前和 8 周后空腹血糖, 计算得到空腹血糖下降值如下:

试验组	−0.70	−5.60	2.00	2.80	0.70	3.50	4.00	5.80	7.10	−0.50
	2.50	−1.60	1.70	3.00	0.40	4.50	4.60	2.50	6.00	−1.40
对照组	3.70	6.50	5.00	5.20	0.80	0.20	0.60	3.40	6.60	−1.10
	6.00	3.80	2.00	1.60	2.00	2.20	1.20	3.10	1.70	−2.00

假设数据服从正态分布, 试用 t 检验 (讨论方差相同和方差不同两种情况) 和成对 t 检验来判断: 国产 4 类新药阿卡波糖胶囊与拜唐苹胶囊对空腹血糖的降糖效果是否相同? 并分析 3 种检验方法各自的优越性.

5. 为研究某种新药对抗凝血酶活力的影响, 随机安排新药组病人 12 例, 对照组病人 10 例, 分别测定其抗凝血酶活力 (单位: mm^3), 其结果如下:

新药组	126	125	136	128	123	138	142	116	110	108	115	140
对照组	162	172	177	170	175	152	157	159	160	162		

假设数据服从正态分布, 试用 t 检验 (讨论方差相同和方差不同两种情况) 来分析新药组和对照组病人的抗凝血酶活力有无显著差异 ($\alpha = 0.05$).

6. 检验习题 4 中试验组和对照组的数据的方差是否相同?

7. 作性别控制试验, 经某种处理后, 共有雏鸡 328 只, 其中公雏 150 只, 母雏 178 只, 试问这种处理能否增加母雏的比例?(性别比应为 $1:1$).

8. 一项调查显示某城市老年人口比重为 14.7%. 该市老年研究协会为了检验该项调查是否可靠, 随机抽选了 400 名居民, 发现其中有 57 位是老年人. 问调查结果是否支持该市老年人口比重为 14.7% 的看法 ($\alpha = 0.05$).

9. 研究核设施是否会增加人们患癌症的危险. 现调查了在核能工厂工作过的 13 名死亡人员中, 有 5 名死于癌症. 根据人口统计报告, 在死亡人群中, 大约有 20% 死于某种癌症. 试分析核设施是否会增加人们患癌症的危险?

10. 科学家认为, 太平洋树蛙能产生一种酶, 以保护它的卵免受紫外线的伤害. 现作两组试验, 一组是有紫外线保护的, 共 70 个蛙卵, 有 34 个孵化. 另一组没有紫外线保护, 共 80 个蛙卵, 有 31 个孵化. 试分析, 太平洋树蛙是否确实有保护它的卵免受紫外线伤害的能力?

11. 研究者发现, 妇女患乳腺癌可能与初次分娩时的年龄有关. 表 5.20 给出国际卫生组织在 1970 年的报告. 试分析初次分娩各年龄段患乳腺癌的比例是否相同. 如果不同, 哪些年龄段之间不同? 乳腺癌患病率是否呈现某种趋势?

表 5.20 初次分娩年龄与乳腺癌患病人数

	初次分娩年龄				
	<20	$20\sim24$	$25\sim29$	$30\sim34$	$\geqslant35$
乳腺癌数	320	1206	1011	463	220
调查总数	1742	5638	3904	1555	626

12. 假定 1970 年 45~50 岁男性心肌梗塞的发病率为 0.5%. 为观察发病率是否随时间变化, 从 1980 年开始, 对 5000 例 45~50 岁的男性随访 1 年, 其中有 15 例发生的心肌梗塞. 试分析从 1970 年到 1980 年心肌梗塞的发病率是否有变化?

13. 一种药物可治疗眼内高压, 目的是阻止青光眼的发展. 现试验了 10 名病人, 治疗一个月后, 他们的眼压平均降低了 5mmHg, 且标准差为 10mmHg. 如果功效在 80% 以上, 应当至少选择多少名试验者?

14. 为了检测某种药物服用后可能导致血压升高. 找了 8 名药物服用者, 他们的平均收缩压为 132.86 mmHg, 样本标准差为 15.34 mmHg. 对照组共 21 人, 他们的平均收缩压为 127.44 mmHg 样本标准差为 18.23 mmHg. 如果假设数据服从正态分布, 试分析该药物服用后是否能导致血压升高? 检验的功效是多少? 如果功效要达到 80%, 每组至少取多少个样本?

15. 对于习题 10, 如果要求功效达到 80% 以上, 试验时至少选择多少个样本?

16. 某项调查询问了 2000 名青年人. 问题是:"你认为我们的生活环境比过去更好、更差, 还没有变化?" 有 800 人觉得 "越来越好", 有 720 人感觉 "一天不如一天", 有 400 人表示 "没有变化, 一直如此", 还有 80 人说不知道. 试分析: 在总体中认为 "我们的生活环境比过去更好" 的人比 "我们的生活环境比过去更差" 的人多还是少?

17. 在某养鱼塘中, 根据过去经验, 鱼的长度的中位数为 14.6cm, 现对鱼塘中鱼的长度进行一次估测, 随机地从鱼塘中取出 10 条鱼长度如下:

13.32 13.06 14.02 11.86 13.58
13.77 13.51 14.42 14.44 15.43

将它们作为一个样本进行检验. 试分析, 该鱼塘中鱼的长度是在中位数之上, 还是在中位数之下. (1) 用符号检验; (2) 用 Wilcoxon 符号秩检验.

18. 考虑例 5.17. 若新方法与原方法得到排序结果改为表 5.21 所示的情形, 能否说明新方法比原方法显著提高了教学效果?

表 5.21 学生数学能力排序结果

新方法				4		6	7		9	10
原方法	1	2	3		5			8		

19. 用两种不同的测定方法, 测定同一种中草药的有效成分, 共重复 20 次, 得到实验结果如表 5.22 所示. (1) 试用符号检验法检验两测定有无显著差异; (2) 试用 Wilcoxon 符号秩检验法检验两测定有无显著差异; (3) 试用 Wilcoxon 秩和检验法检验两测定有无显著差异.

表 5.22　两种不同的测定方法得到的结果

	方法 A	方法 B		方法 A	方法 B		方法 A	方法 B
1	48.0	37.0	8	36.0	36.0	15	52.0	44.5
2	33.0	41.0	9	11.3	5.7	16	38.0	28.0
3	37.5	23.4	10	22.0	11.5	17	17.3	22.6
4	48.0	17.0	11	36.0	21.0	18	20.0	20.0
5	42.5	31.5	12	27.3	6.1	19	21.0	11.0
6	40.0	40.0	13	14.2	26.5	20	46.1	22.3
7	42.0	31.0	14	32.1	21.3			

20. 为了比较一种新疗法对某种疾病的治疗效果, 将 40 名患者随机地分为两组, 每组 20 人, 一组采用新疗法, 另一组用原标准疗法. 经过一段时间的治疗后, 对每个患者的疗效作仔细的评估, 并划分为差、较差、一般、较好和好五个等级. 两组中处于不同等级的患者人数如表 5.23 所示. 试分析, 由此结果能否认为新方法的疗效显著地优于原疗法 ($\alpha = 0.05$).

表 5.23　不同方法治疗后的结果

等级	差	较差	一般	较好	好
新疗法组	0	1	9	7	3
原疗法组	2	2	11	4	1

21. 对习题 19 中的数据作尺度参数检验.

22. Mendel 用豌豆的两对相对性状进行杂交实验, 黄色圆滑种子与绿色皱缩种子的豌豆杂交后, 第二代根据自由组合规律, 理论分离比为

$$\text{黄圆}:\text{黄皱}:\text{绿圆}:\text{绿皱} = \frac{9}{16}:\frac{3}{16}:\frac{3}{16}:\frac{1}{16}$$

实际实验值为: 黄圆 315 粒, 黄皱 101 粒, 绿圆 108 粒, 绿皱 32 粒, 共 556 粒, 问此结果是否符合自由组合规律?

23. 观察每分钟进入某商店的人数 X, 任取 200min, 所得数据如表 5.24 所示, 试分析, 能否认为每分钟顾客数 X 服从 Poisson 分布 ($\alpha = 0.1$).

表 5.24　数据表

顾客人数	0	1	2	3	4	5
频数	92	68	28	11	1	0

24. 一般认为长途电话通过电话总机的过程是一个随机过程, 其间打进电话的时间间隔服从指数分布. 某个星期下午 1:00 以后最先打进的 10 个电话的时间为

```
1:06 1:08 1:16 1:22 1:23 1:34 1:44 1:47 1:51 1:57
```

试用 Kolmogorov-Smirnov 检验分析打进电话的时间间隔是否服从指数分布.

25. 观察得两样本值如下:

样本 I	2.36	3.14	7.52	3.48	2.76	5.43	6.54	7.41
样本 II	4.38	4.25	6.53	3.28	7.21	6.55		

试用 Kolmogorov-Smirnov 检验分析两样本是否来自同一总体 ($\alpha = 0.05$).

26. 在某商场随机抽取 137 个顾客的购买金额的实际记录 (单位: 元) 如下:

```
65.02  9.90 29.72 61.10 16.92 14.38 24.13 16.99 29.33  4.39
 9.80 85.96 22.50 37.19 32.31  8.40 35.03 41.70  6.08  4.90
 6.28 20.40  1.80  7.90  2.50 15.05 29.27 11.10 11.08 26.10
17.50 23.05 23.12  3.00 12.88 13.18  9.00 44.09  4.00 45.45
33.69 21.92 17.00  3.40 16.30  6.60 11.36 42.30  8.00  7.40
14.98  6.05 44.94 40.14 60.05  1.50 29.58 18.30  6.00 31.10
 4.80 16.34  3.20 24.53  6.67  7.72 49.40 10.03 16.30 23.60
12.70  5.00 25.35  7.92 64.80  1.39  3.00 13.60  0.90 20.20
27.20 21.93 13.28  0.90 10.09  5.00 27.45 35.60  4.22  2.00
20.90  2.00 11.07  8.97  4.15  8.70  3.50 17.24 60.34  3.30
27.48 32.00 55.48 15.12  5.61 12.40  0.95 11.80 18.60 37.34
 2.00 34.07  9.10 11.59  0.70 28.00 13.20  2.00  4.50  3.97
 3.66  6.25  3.90 19.60 16.88  2.00  2.80 25.16  2.86  5.70
10.25  4.05  9.00  4.20  3.50  4.90  2.76
```

试用 Shapiro-Wilk 检验判断这组数据是否来自正态分布.

27. 对习题 19 的数据作正态性和方差齐性检验. 问该数据是否能作 t 检验? 如果能, 请作 t 检验. 结合习题 19, 分析各种的检验方法, 试说明哪种检验法效果最好.

28. 在高中一年级男生中抽取 300 名考察其两个属性: B 是 1500m 长跑, C 是每天平均锻炼时间, 得到 4×3 列联表, 如表 5.25 所示. 试对 $\alpha = 0.05$, 检验 B 与 C 是否独立.

表 5.25 300 名高中学生体育锻炼的考察结果

1500m 长跑纪录	锻炼时间			合计
	2h 以上	1 ~ 2h	1h 以下	
$5''01' \sim 5''30'$	45	12	10	67
$5''31' \sim 6''00'$	46	20	28	94
$6''01' \sim 6''30'$	28	23	30	81
$6''31' \sim 7''00'$	11	12	35	58
合计	130	67	103	300

29. 为研究分娩过程中使用胎儿电子监测仪对剖宫产率有无影响, 对 5824 例分娩的经产妇进行回顾性调查, 结果如表 5.26 所示, 试进行分析.

表 5.26　5824 例经产妇回顾性调查结果

剖宫产	胎儿电子监测仪		合计
	使用	未使用	
是	358	229	587
否	2492	2745	5237
合计	2850	2974	5824

30. 为比较两种工艺对产品的质量是否有影响, 对其产品进行抽样检查, 其结果如表 5.27 所示. 试进行分析.

表 5.27　两种工艺下产品质量的抽查结果

	合格	不合格	合计
工艺一	3	4	7
工艺二	6	4	10
合计	9	8	17

31. 应用核素法和对比法检测 147 例冠心病患者心脏收缩运动的符合情况, 其结果如表 5.28 所示. 试分析这两种方法测定结果是否相同.

表 5.28　两法检查室壁收缩运动的符合情况

对比法	核　素　法			合计
	正常	减弱	异常	
正常	58	2	3	63
减弱	1	42	7	50
异常	8	9	17	34
合计	67	53	27	147

32. 一所大学去年收到 21 位男生和 63 位女生的求职信, 结果聘用了 10 位男生和 14 位女生. (1) 分析这所大学在招聘方面是否存在性别差异; (2) 根据学院详细分类数据如表 5.29 所示. 再研究该大学在招聘方面是否存在性别差异?

表 5.29　某大学去年的招聘情况

申请者	教育学院		管理学院		工程学院	
	被聘	被拒	被聘	被拒	被聘	被拒
男性	2	8	5	0	3	3
女性	12	48	1	0	1	1

33. 表 5.30 列出某高中 18 名学生某门课程的高考成绩和模拟考试成绩, 这组数据能否说明: 高考成绩与模拟考试成绩是相关的.

表 5.30 高考成绩和模拟考试成绩

学号	高考成绩	模拟成绩	学号	高考成绩	模拟成绩	学号	高考成绩	模拟成绩
1	87	90	7	78	65	13	90	100
2	76	98	8	91	90	14	92	97
3	77	92	9	76	84	15	100	97
4	85	87	10	100	92	16	100	95
5	89	87	11	96	100	17	90	94
6	83	62	12	96	98	18	99	100

34. 调查某大学学生每周学习时间与得分的平均等级之间的关系, 现抽查 10 个学生的资料如下:

学习时间	24	17	20	41	52	23	46	18	15	29
学习等级	8	1	4	7	9	5	10	3	2	6

其中等级 10 表示最好, 1 表示最差. 试用秩相关检验 (Spearman 检验和 Kendall 检验) 分析学习时间与学习等级有无关系.

35. 在计算机上安装 `tseries` 程序包并加载, 用 `runs.test()` 完成下列工作.

统计老师要求学生投掷 20 次硬币, 一名学生交给老师的结果报告为

```
H H T H T H T H T T H T H T T T H H T H
```

恰有 10 次正面 10 次反面, 这组数据能否说明该学生是按老师要求由试验得到的, 还是根本就没做试验, 而是随手写的.

第6章 回归分析

回归分析是一种统计学上分析数据的方法, 目的在于了解两个或多个变量间是否相关、相关方向与强度, 并建立数学模型以便观察特定变量来预测研究者感兴趣的变量.

6.1 线性回归

回归分析是建立因变量 Y 与自变量 X 之间关系的模型. 一元线性回归使用一个自变量 X, 多元回归是使用超过一个自变量, 如 $X_1, X_2, \cdots, X_p$ $(p \geqslant 2)$.

6.1.1 线性回归模型

1. 模型

设 $X_1, X_2, \cdots, X_p$ 为自变量, Y 为因变量. 它们之间的相关关系可用如下线性关系来描述

$$Y = \beta_0 + \beta_1 X_1 + \cdots + \beta_p X_p + \varepsilon, \tag{6.1}$$

其中 $\varepsilon \sim N(0,\ \sigma^2)$, $\beta_0, \beta_1, \cdots, \beta_p$ 和 σ^2 是末知参数. 若 $p=1$, 则称为一元回归模型; 否则称为多元线性回归模型.

设 $(x_{i1}, x_{i2}, \cdots, x_{ip}, y_i)$ $(i=1,2,\cdots,n)$ 是 $(X_1, X_2, \cdots, X_p, Y)$ 的 n 次独立观测值, 则多元线性模型 (6.1) 可表示为

$$y_i = \beta_0 + \beta_1 x_{i1} + \cdots + \beta_p x_{ip} + \varepsilon_i, \quad i=1,2,\cdots,n, \tag{6.2}$$

其中 $\varepsilon_i \sim N(0, \sigma^2)$, 且独立同分布.

为书写方便, 常采用矩阵形式, 令

$$\boldsymbol{y} = \begin{bmatrix} y_1 \\ y_2 \\ \vdots \\ y_n \end{bmatrix}, \ \boldsymbol{\beta} = \begin{bmatrix} \beta_0 \\ \beta_1 \\ \vdots \\ \beta_p \end{bmatrix}, \ \boldsymbol{X} = \begin{bmatrix} 1 & x_{11} & \cdots & x_{1p} \\ 1 & x_{21} & \cdots & x_{2p} \\ \vdots & \vdots & & \vdots \\ 1 & x_{n1} & \cdots & x_{np} \end{bmatrix}, \ \boldsymbol{\varepsilon} = \begin{bmatrix} \varepsilon_1 \\ \varepsilon_2 \\ \vdots \\ \varepsilon_n \end{bmatrix},$$

则多元线性模型 (6.2) 可表示为

$$\boldsymbol{y} = \boldsymbol{X}\boldsymbol{\beta} + \boldsymbol{\varepsilon}, \tag{6.3}$$

其中 $\boldsymbol{y}$ 为由响应变量构成的 n 维向量, $\boldsymbol{X}$ 为 $n \times (p+1)$ 设计矩阵, $\boldsymbol{\beta}$ 为 $p+1$ 维参数向量, $\boldsymbol{\varepsilon}$ 是 n 维误差向量, 并且满足

$$E(\boldsymbol{\varepsilon}) = \boldsymbol{0}, \qquad \mathrm{Var}(\boldsymbol{\varepsilon}) = \sigma^2 \boldsymbol{I}_n.$$

2. 回归系数的估计

求参数 $\boldsymbol{\beta}$ 的估计值 $\hat{\boldsymbol{\beta}}$, 就是求最小二乘函数

$$Q(\boldsymbol{\beta}) = (\boldsymbol{y} - \boldsymbol{X}\boldsymbol{\beta})^{\mathrm{T}}(\boldsymbol{y} - \boldsymbol{X}\boldsymbol{\beta}) \tag{6.4}$$

达到最小值的 $\boldsymbol{\beta}$.

可以证明 $\boldsymbol{\beta}$ 的最小二乘估计为

$$\hat{\boldsymbol{\beta}} = \left(\boldsymbol{X}^{\mathrm{T}}\boldsymbol{X}\right)^{-1}\boldsymbol{X}^{\mathrm{T}}\boldsymbol{y}. \tag{6.5}$$

从而可得经验回归方程为

$$\widehat{Y} = \hat{\beta}_0 + \hat{\beta}_1 X_1 + \cdots + \hat{\beta}_p X_p.$$

称 $\hat{\boldsymbol{\varepsilon}} = \boldsymbol{y} - \boldsymbol{X}\hat{\boldsymbol{\beta}}$ 为残差向量. 通常取

$$\hat{\sigma}^2 = \hat{\boldsymbol{\varepsilon}}^{\mathrm{T}}\hat{\boldsymbol{\varepsilon}}/(n-p-1) \tag{6.6}$$

为 σ^2 的估计, 也称为 σ^2 的最小二乘估计. 可以证明:

$$E\hat{\sigma}^2 = \sigma^2.$$

3. 回归系数的显著性检验

回归系数的显著性检验是检验变量 X_j 的系数是否为 0, 即假设检验为

$$H_{j0}: \ \beta_j = 0, \quad H_{j1}: \ \beta_j \neq 0, \quad j = 0, 1, \cdots, p.$$[1]

当 H_{j0} 成立时，统计量

$$T_j = \frac{\hat{\beta}_j}{\hat{\sigma}\sqrt{c_{jj}}} \ \sim \ t(n-p-1), \quad j = 0, 1, \cdots, p, \tag{6.7}$$

其中 c_{jj} 是 $\boldsymbol{C} = (\boldsymbol{X}^{\mathrm{T}}\boldsymbol{X})^{-1}$ 的对角线上第 j 个元素. 如果 t 统计量的 P 值 $< \alpha$(通常取 0.05), 则拒绝原假设, 认为 $\beta_j \neq 0$.

4. 回归方程的显著性检验

回归方程的显著性检验是检验是否可用线性方程来处理数据, 也就是说, 方程的系数是否全为 0, 即假设检验为

$$H_0: \ \beta_0 = \beta_1 = \cdots = \beta_p = 0, \quad H_1: \ \beta_0, \beta_1, \cdots, \beta_p \text{ 不全为 } 0.$$

当 H_0 成立时, 统计量

$$F = \frac{\mathrm{SSR}/p}{\mathrm{SSE}/(n-p-1)} \ \sim \ F(p, n-p-1), \tag{6.8}$$

其中

$$\begin{aligned} \mathrm{SSR} &= \sum_{i=1}^{n}(\hat{y}_i - \bar{y})^2, & \mathrm{SSE} &= \sum_{i=1}^{n}(y_i - \hat{y}_i)^2, \\ \bar{y} &= \frac{1}{n}\sum_{i=1}^{n} y_i, & \hat{y}_i &= \hat{\beta}_0 + \hat{\beta}_1 x_{i1} + \cdots + \hat{\beta}_p x_{ip}. \end{aligned}$$

通常称 SSR 为回归平方和, 称 SSE 为残差平方和.

---

[1] 由于软件可以提供 β_0 的检验情况, 所以这里 j 从 0 开始, 下同.

如果 F 统计量的 P 值 $< \alpha$, 则拒绝原假设, 即可以用线性方程来处理问题.

5. 相关性检验

相关系数的平方定义为

$$R^2 = \frac{\text{SSR}}{\text{SST}}, \tag{6.9}$$

用它来衡量 Y 与 $X_1, X_2, \cdots, X_p$ 之间相关的密切程度, 其中 $\text{SST} = \sum_{i=1}^{n} (y_i - \bar{y})^2$, 称为总体离差平方和, 并且满足

$$\text{SST} = \text{SSE} + \text{SSR}.$$

当 R^2 接近于 0, 可以认为 Y 与 $X_1, X_2, \cdots, X_p$ 之间不相关, 接近于 1 表示相关. 因此, 可以使用 R^2 作为衡量自变量与因变量是否相关的重要指标.

6.1.2 线性回归模型的计算

1. lm 函数

在 R 中, lm() 函数可以完成多元线性回归系数的估计, 回归系数和回归方程的检验等工作, 其使用格式为

```
lm(formula, data, subset, weights, na.action,
   method = "qr",
   model = TRUE, x = FALSE, y = FALSE, qr = TRUE,
   singular.ok = TRUE, contrasts = NULL, offset, ...)
```

参数 formula 为模型公式, 形如 `y ~ 1 + x1 + x2` 的形式, 表示常数项、X_1 的系数和 X_2 的系数. 如果去掉公式中的 1, 其意义不变. 如果需要拟合成齐次线性模型, 其公式改为 `y ~ 0 + x1 + x2`, 或者改为 `y ~ -1 + x1 + x2`. data 为数据框, 由样本数据构成. subset 为可选项, 表示所使用的样本子集. weights 为可选向量, 表示对应样本的权重. na.action 为函数, 表示当数据中出现缺失数据 (NA) 的处理方法. method 为估计回归系数的计算方法, 默认值为 "qr". model、x、y 和 qr 为逻辑变量, 如果取 TRUE, 函数的返回值将给出模型的框架、模型矩阵、响应变量, 及 QR 分解. singular.ok 为逻辑变量, 取 FALSE 表示奇异值拟合是错误的. contrasts 为可选列表. offset 为 NULL, 或者为数值向量. ... 为附加参数.

2. summary 函数

lm() 函数的返回值称为拟合结果的对象, 本质上是一个具有类属性值 lm 的列表, 有 model、coeffcients、residuals 等成员. lm() 的结果非常简单, 为了获得更多的信息, 通常会与 summary() 函数一起使用.

summary() 函数的使用格式为

```
summary(object, correlation = FALSE,
        symbolic.cor = FALSE, ...)
```

参数 object 为 lm() 函数生成的对象. correlation 为逻辑变量, 取 TRUE 表示给出估计参数的相关矩阵. symbolic.cor 为逻辑变量, 取 TRUE 表示用符号形式给出估计参数的相关矩阵, 此参数只有当 correlation=TRUE 时才有效.

3. 实例

例 6.1 根据经验，在人的身高相等的情况下，血压的收缩压 Y 与体重 X_1 (kg)，年龄 X_2 (岁数) 有关. 现收集了 13 个男子的数据，如表 6.1 所示. 试建立 Y 关于 X_1, X_2 的线性回归方程.

表 6.1 数据表

	体重	年龄	收缩压		体重	年龄	收缩压
1	76.0	50	120	8	79.0	50	125
2	91.5	20	141	9	85.0	40	132
3	85.5	20	124	10	76.5	55	123
4	82.5	30	126	11	82.0	40	132
5	79.0	30	117	12	95.0	40	155
6	80.5	50	125	13	92.5	20	147
7	74.5	60	123				

解 用函数 `lm()` 求解, 用函数 `summary()` 提取信息. 写出 R 程序 (程序名: `exam0601.R`) 如下:

```
blood<-data.frame(
   X1=c(76.0, 91.5, 85.5, 82.5, 79.0, 80.5, 74.5,
        79.0, 85.0, 76.5, 82.0, 95.0, 92.5),
   X2=c(50, 20, 20, 30, 30, 50, 60, 50, 40, 55,
        40, 40, 20),
   Y= c(120, 141, 124, 126, 117, 125, 123, 125,
        132, 123, 132, 155, 147)
)
lm.sol<-lm(Y ~ 1+X1+X2, data=blood)
summary(lm.sol)
```

其计算结果为

```
Call: lm(formula = Y ~ 1 + X1 + X2, data = blood)

Residuals:
    Min      1Q  Median      3Q     Max
-4.0404 -1.0183  0.4640  0.6908  4.3274

Coefficients:
             Estimate Std. Error t value Pr(>|t|)
(Intercept) -62.96336   16.99976  -3.704 0.004083 **
X1            2.13656    0.17534  12.185 2.53e-07 ***
X2            0.40022    0.08321   4.810 0.000713 ***
---
Signif. codes: 0 '***' 0.001 '**' 0.01 '*' 0.05 '.' 0.1 ' ' 1
```

```
Residual standard error: 2.854 on 10 degrees of freedom
Multiple R-squared: 0.9461,     Adjusted R-squared: 0.9354
F-statistic: 87.84 on 2 and 10 DF,  p-value: 4.531e-07
```

在计算结果中, 第一部分 (call) 为函数所调用的模型, 这里列出函数使用的模型. 第二部分 (Residuals) 为残差, 列出了残差的最小值、1/4 分位数、中位数、3/4 分位数和最大值. 第三部分 (Coefficients) 为系数, 其中 Estimate 表示估计值, Std. Error 表示估计值的标准差, t value 表示 t 统计量, Pr(>|t|) 表示对应 t 统计量的 P 值. 还有显著性标记, 其中 *** 说明极为显著, ** 说明高度显著, * 说明显著, · 说明不太显著, 没有记号为不显著.

在计算结果的第四部分中, Residual standard error 表示残差的标准差, 其自由度为 $n-p-1$. Multiple R-Squared 表示相关系数的平方, 也就是 R^2. Adjusted R-squared 表示修正相关系数的平方, 这个值会小于 R^2, 其目的是不要轻易作出自变量与因变量相关的判断. F-statistic 表示 F 统计量, 其自由度为 $(p, n-p-1)$, p-value 表示 F 统计量对应的 P 值.

从计算结果可以得到, 回归系数与回归方程的检验都是显著的, 因此, 回归方程为

$$\hat{Y} = -62.96 + 2.136X_1 + 0.4002X_2.$$

6.1.3 预测区间与置信区间

经过检验, 如果回归效果显著, 就可以利用回归方程进行预测. 所谓预测, 就是对给定的回归自变量的值, 预测对应的回归因变量所有可能的取值范围, 因此, 这是一个区间估计问题.

给定 $\boldsymbol{x}_0 = (x_{01}, x_{02}, \cdots, x_{0p})^{\mathrm{T}}$, 回归方程的真实值为

$$y_0 = \beta_0 + \beta_1 x_{01} + \cdots + \beta_p x_{0p} + \varepsilon_0,$$

但其值是未知的, 只能得到相应的估计值

$$\widehat{y}_0 = \widehat{\beta}_0 + \widehat{\beta}_1 x_{01} + \cdots + \widehat{\beta}_p x_{0p}. \tag{6.10}$$

设置信水平为 $1-\alpha$, 则 y_0 的预测区间为

$$\left[\widehat{y}_0 \mp t_{\alpha/2}(n-p-1)\hat{\sigma}\sqrt{1 + \widetilde{\boldsymbol{x}}_0^{\mathrm{T}}\left(\boldsymbol{X}^{\mathrm{T}}\boldsymbol{X}\right)^{-1}\widetilde{\boldsymbol{x}}_0}\right], \tag{6.11}$$

其中 $\boldsymbol{X}$ 为设计矩阵, $\widetilde{\boldsymbol{x}}_0 = (1, x_{01}, x_{02}, \cdots, x_{0p})^{\mathrm{T}}$.

$E(y_0)$ 的置信区间为

$$\left[\widehat{y}_0 \mp t_{\alpha/2}(n-p-1)\hat{\sigma}\sqrt{\widetilde{\boldsymbol{x}}_0^{\mathrm{T}}\left(\boldsymbol{X}^{\mathrm{T}}\boldsymbol{X}\right)^{-1}\widetilde{\boldsymbol{x}}_0}\right], \tag{6.12}$$

其中 $\boldsymbol{X}$ 与 $\widetilde{\boldsymbol{x}}_0$ 的意义同上.

在 R 中, 可用 predict() 函数计算 y_0 的估计值、预测区间和 $E(y_0)$ 的置信区间, 其使用格式为

```
predict(object, newdata, se.fit = FALSE,
        scale = NULL, df = Inf,
```

```
        interval = c("none", "confidence", "prediction"),
        level = 0.95, type = c("response", "terms"),
        terms = NULL, na.action = na.pass,
        pred.var = res.var/weights, weights = 1, ...)
```

参数 `object` 为 `lm()` 函数得到的对象. `newdata` 为数据框, 由预测点构成, 如果该值取默认值, 将计算已知数据的回归值. `se.fit` 为逻辑变量, 取 `TRUE` 表示输出预测值的标准差、自由度和残差尺度信息. `scale` 为计算标准差的尺度参数. `df` 为尺度参数的自由度. `interval` 为计算的区间类型, 取 `"none"` (默认值) 表示不计算; 取 `"confidence"` 表示计算置信区间; 取 `"prediction"` 表示计算预测区间. `level` 为置信水平, 默认值为 0.95, 在计算预测区间或置信区间时用到. `type` 为预测类型, 或者取 `"response"`(默认值), 或者取 `"terms"`. `terms` 为选择项, 只能取 `NULL`, 1, 2 等, 当 `type="terms"` 时为全部选择项. `na.action` 为函数, 表示处理 `newdata` 中有缺失数据 (`NA`) 时的处理方法, 默认的预测为 `NA`. `pred.var` 预测区间的方差. `weights` 为数值向量或单侧模型公式, 用于预测时方差的权. `...` 为附加参数.

例 6.2 (继例6.1) 设 $\boldsymbol{x}_0 = (80, 40)^{\mathrm{T}}$, 求 y_0 的估计值 $\widehat{y}_0$, 以及 y_0 的预测区间和 $E(y_0)$ 的置信区间 (取置信水平为 0.95).

解 下面是 R 程序和计算结果.

```
> newdata <- data.frame(X1 = 80, X2 = 40)
> predict(lm.sol, newdata, interval="prediction")
       fit      lwr      upr
1 123.9699 117.2889 130.6509
> predict(lm.sol, newdata, interval="confidence")
       fit      lwr      upr
1 123.9699 121.9183 126.0215
```

为了更清楚地理解回归方程、预测区间和置信区间的概念和意义, 这里选择一元回归方程作解释, 并将这些值画在画上.

例 6.3 由专业知识可知, 合金的强度 $Y(\mathrm{kg/mm^2})$ 与合金中碳含量 $X(\%)$ 有关. 为了获得它们之间的关系, 从生产中收集了一批数据 $(x_i, y_i)(i = 1, 2, \cdots, n)$ (见表 6.2). 试分析合金的强度 Y 与合金中碳含量 X 之间的关系. (1) 完成一元线性回归的计算; (2) 计算自变量 x 在区间 $[0.10, 0.23]$ 内的回归方程的预测估计值、预测区间和置信区间 (取 $\alpha = 0.05$). 并将数据点、预测估计曲线、预测区间曲线和置信区间曲线画在同一张图上.

表 6.2 合金的强度与合金中碳含量数据表

	碳含量	强度		碳含量	强度
1	0.10	42.0	7	0.16	49.0
2	0.11	43.5	8	0.17	53.0
3	0.12	45.0	9	0.18	50.0
4	0.13	45.5	10	0.20	55.0
5	0.14	45.0	11	0.21	55.0
6	0.15	47.5	12	0.23	60.0

解 (1) 程序 (程序名: exam0603.R)

```
x<-c(0.10, 0.11, 0.12, 0.13, 0.14, 0.15, 0.16,
     0.17, 0.18, 0.20, 0.21, 0.23)
y<-c(42.0, 43.5, 45.0, 45.5, 45.0, 47.5, 49.0,
     53.0, 50.0, 55.0, 55.0, 60.0)
lm.sol<-lm(y ~ 1+x)
summary(lm.sol)
```

和计算结果

```
Call:
lm(formula = y ~ 1 + x)
Residuals:
    Min      1Q  Median      3Q     Max
-2.0431 -0.7056  0.1694  0.6633  2.2653
Coefficients:
            Estimate Std. Error t value Pr(>|t|)
(Intercept)   28.493      1.580   18.04 5.88e-09 ***
x            130.835      9.683   13.51 9.50e-08 ***
---
Signif. codes: 0 ‘***’ 0.001 ‘**’ 0.01 ‘*’ 0.05 ‘.’ 0.1 ‘ ’ 1

Residual standard error: 1.319 on 10 degrees of freedom
Multiple R-squared: 0.9481,     Adjusted R-squared: 0.9429
F-statistic: 182.6 on 1 and 10 DF,  p-value: 9.505e-08
```

计算结果表明, 系数和方程均通过检验. 回归方程为

$$Y = 28.493 + 130.835X.$$

(2) 计算预测区间和置信区间, 将数据点、预测估计曲线、预测区间曲线和置信区间曲线画在一张图上 (程序名: exam0603.R).

```
new <- data.frame(x = seq(0.10, 0.24, by=0.01))
pp<-predict(lm.sol, new, interval="prediction")
pc<-predict(lm.sol, new, interval="confidence")
par(mai=c(0.8, 0.8, 0.2, 0.2))
matplot(new$x, cbind(pp, pc[,-1]), type="l",
        xlab="X", ylab="Y", lty=c(1,5,5,2,2),
        col=c("blue", "red", "red", "brown", "brown"),
        lwd=2)
points(x,y, cex=1.4, pch=21, col="red", bg="orange")
legend(0.1, 63,
       c("Points", "Fitted", "Prediction", "Confidence"),
       pch=c(19, NA, NA, NA), lty=c(NA, 1,5,2),
       col=c("orange", "blue", "red", "brown"))
```

程序所绘图形如图 6.1 所示.

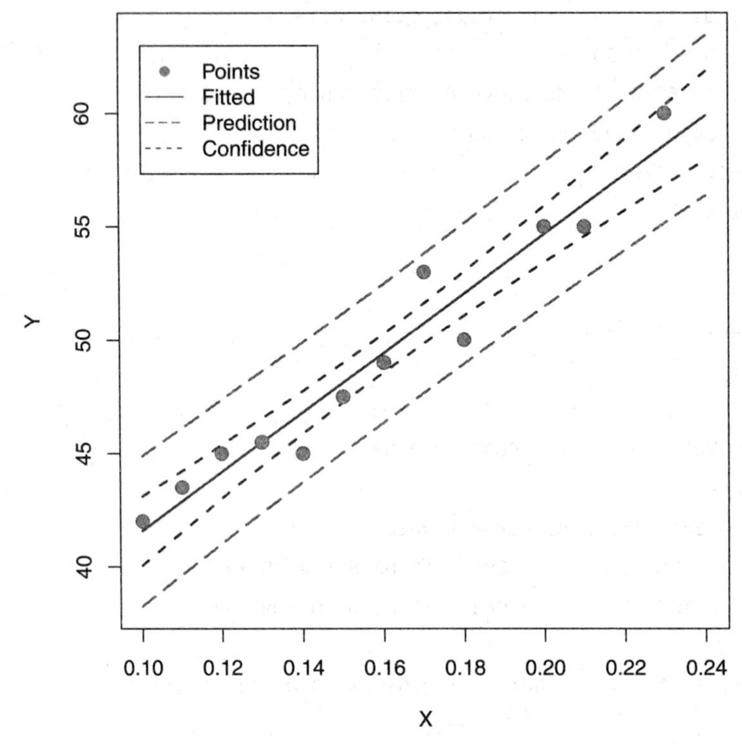

图 6.1 例 6.3 数据的回归直线与预测曲线

6.1.4 其他函数

与 `lm` 对象一起使用的函数还有:

`anova`	计算方差分析表
`coefficients()`	简写为 `coef()`, 提取模型系数
`deviance`	计算残差平方和
`formula`	提取模型公式
`labels`	标记
`proj`	给出数据在线性模型上的投影

6.2 回 归 诊 断

所谓回归诊断的问题, 其主要内容有以下几个方面:

(1) 关于误差项是否满足独立性、等方差性和正态性;

(2) 选择线性模型是否合适;

(3) 是否存在异常样本;

(4) 回归分析的结果是否对某些样本的依赖过重, 也就是说, 回归模型是否具备稳定性;

(5) 自变量之间是否存在高度相关, 即是否有多重共线性现象存在.

6.2.1 为什么要作回归诊断

为什么要作回归诊断呢? Anscombe 在 1973 年构造了一个数值例子, 尽管得到的回归方程能够通过 t 检验和 F 检验, 但将它们作为线性回归方程还是有问题的.

例 6.4 (图的有用性) Anscombe在 1973 年构造了 4 组数据 (见表 6.3), 每组数据集都由 11 对点 (x_i, y_i) 组成, 拟合于简单线性模型

$$y_i = \beta_0 + \beta_1 x_i + \varepsilon_i.$$

试分析 4 组数据是否通过回归方程的检验, 并用图形分析每组数据的基本情况.

表 6.3 Anscombe 数据

	数据组号					
	1–3 X	1 Y	2 Y	3 Y	4 X	4 Y
1	10.0	8.04	9.14	7.46	8.0	6.58
2	8.0	6.95	8.14	6.77	8.0	5.76
3	13.0	7.58	8.74	12.74	8.0	7.71
4	9.0	8.81	8.77	7.11	8.0	8.84
5	11.0	8.33	9.26	7.81	8.0	8.47
6	14.0	9.96	8.10	8.84	8.0	7.04
7	6.0	7.24	6.13	6.08	8.0	5.25
8	4.0	4.26	3.10	5.39	19.0	12.50
9	12.0	10.84	9.13	8.15	8.0	5.56
10	7.0	4.82	7.26	6.44	8.0	7.91
11	5.0	5.68	4.74	5.73	8.0	6.89

解 不必录入 Anscombe 数据, 因为 anscombe 数据集已提供了相应的数据. 这里直接列出 4 组数据的回归结果, 给出回归系数和相应的 t 检验的 P 值. 其程序 (程序名: exam0604.R) 如下

```
data(anscombe)
ff <- y ~ x
for(i in 1:4) {
  ff[2:3] <- lapply(paste(c("y","x"), i, sep=""), as.name)
  assign(paste("lm.",i,sep=""), lmi<-lm(ff, data=anscombe))
}
GetCoef<-function(n) summary(get(n))$coef
lapply(objects(pat="lm\\.[1-4]$"), GetCoef)
```

这段程序细节, 读者可能还不明白, 暂时先不管它. 这段程序的中心意思是计算 4 组数据的回归系数并作相应的检验. 运行得到

```
[[1]]
            Estimate Std. Error  t value    Pr(>|t|)
(Intercept) 3.0000909  1.1247468 2.667348 0.025734051
```

```
x1          0.5000909  0.1179055 4.241455 0.002169629
[[2]]
            Estimate Std. Error  t value    Pr(>|t|)
(Intercept) 3.000909  1.1253024 2.666758 0.025758941
x2          0.500000  0.1179637 4.238590 0.002178816
[[3]]
             Estimate Std. Error  t value    Pr(>|t|)
(Intercept) 3.0024545  1.1244812 2.670080 0.025619109
x3          0.4997273  0.1178777 4.239372 0.002176305
[[4]]
             Estimate Std. Error  t value    Pr(>|t|)
(Intercept) 3.0017273  1.1239211 2.670763 0.025590425
x4          0.4999091  0.1178189 4.243028 0.002164602
```

从计算结果可以看出, 4 组数据得到的回归系数的估计值、标准差、t 值和 P 值几乎完成相同, 并且通过检验. 如果进一步考察就会发现, 4 组数据的 R^2、F 值和对应的 P 值, 以及 $\hat{\sigma}$ 也基本上是相同的.

事实上, 这四组数据完全不相同 (见图 6.2), 所以全部用线性回归模型是不合适的. 以下是绘图程序 (程序名: exam0604.R)

```
op <- par(mfrow=c(2,2), mar=.1+c(4,4,1,1), oma=c(0,0,2,0))
for(i in 1:4) {
  ff[2:3] <- lapply(paste(c("y","x"), i, sep=""), as.name)
  plot(ff, data =anscombe, col="red", pch=21,
       bg="orange", cex=1.2, xlim=c(3,19), ylim=c(3,13))
  abline(get(paste("lm.",i,sep="")), col="blue")
}
mtext("Anscombe's 4 Regression data sets",
       outer = TRUE, cex=1.5)
par(op)
```

和所得的图形, 如图 6.2 所示.

从图 6.2 中可以看出, 第 1 组数据适用于线性回归模型, 而第 2 组数据使用二次模型可能更合理. 第 3 组数据中的一个点可能偏离整体数据构成的回归直线, 在作回归计算时, 应去掉这个点. 第 4 组数据作回归是不合理的, 因为回归系数基本上只依赖于一个点.

通过例 6.4 得到, 在得到的回归方程通过各种检验后, 还需要作相关的回归诊断.

6.2.2 残差检验

关于残差的检验是检验模型的误差是否满足正态性和方差齐性. 残差检验中最简单且直观的方法是画出模型的残差图. 以残差 $\hat{\varepsilon}_i$ 为纵坐标, 以拟合值 $\hat{y}_i$, 或者是对应的数据观测序号 i, 或者是数据观测时间为横坐标作散点图, 这类图形统称为残差图.

为检验建立的多元线性回归模型是否合适, 可以通过回归值 $\hat{Y}$ 与残差的散点图来检验. 其方法是画出回归值 $\hat{Y}$ 与普通残差的散点图 ($(\hat{Y}_i, \hat{\varepsilon}_i)$, $i = 1, 2, \cdots, n$), 或者画出回归值 $\hat{Y}$

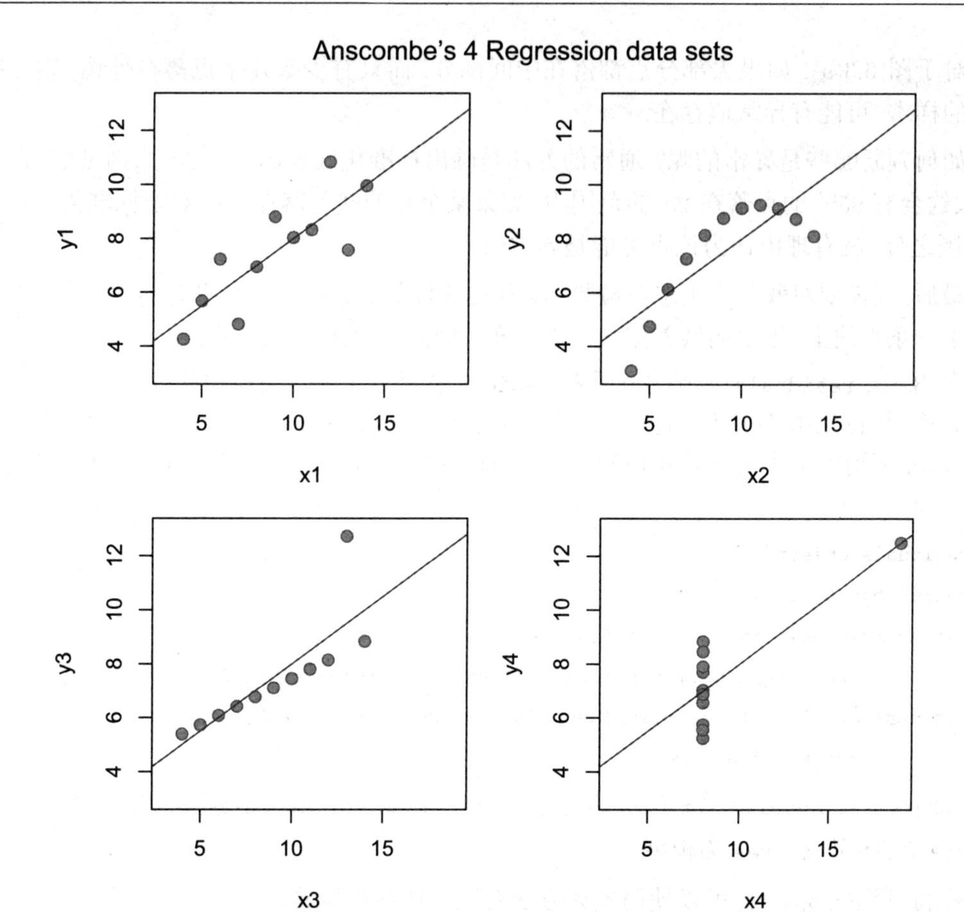

图 6.2 Anscombe 数据和它的回归直线

与标准残差的散点图 ($(\hat{Y}_i, r_i)$, $i = 1, 2, \cdots, n$), 其图形可能会出现下面三种情况 (如图 6.3 所示).

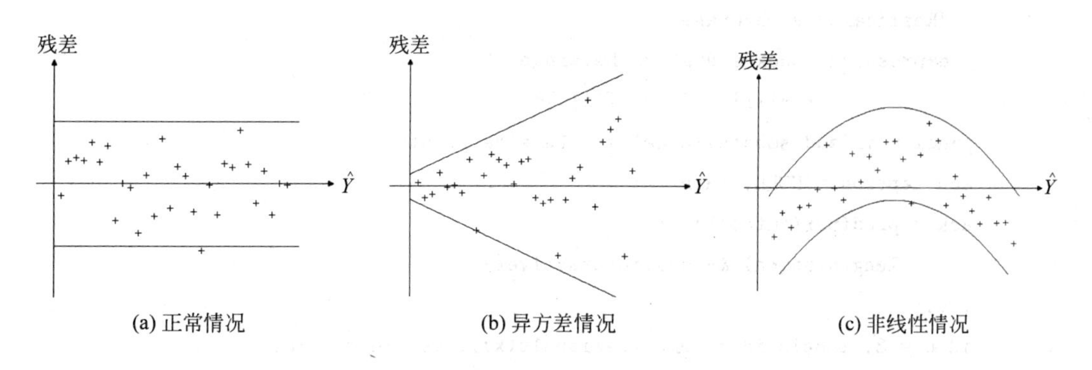

图 6.3 回归值 $\hat{Y}$ 与残差的散点图

对于图 6.3(a) 的情况, 不论回归值 $\hat{Y}$ 的大小, 而残差 $\hat{\varepsilon}_i$ (或 r_i) 具有相同的分布, 并满足模型的各假设条件; 对于图 6.3(b) 的情况, 表示回归值 $\hat{Y}$ 的大小与残差的波动大小有关系, 即等方差的假设有问题; 对于图 6.3(c), 表示线性模型不合适, 应考虑非线性模型.

对于图 6.3(a), 如果大部分点都落在中间部分, 而只有少数几个点落在外边, 则这些点对应的样本, 可能有异常值存在.

如何判断哪些是异常的呢? 通常的方法是画出标准化残差图. 由 3σ 原则可知, 在残差中, 大约会有 95% 的点落在 2σ 的范围内. 如果某个点的残差落在 2σ (对于标准化残差就是 2) 范围之外, 就有理由认为该点可能是异常值点.

最后, 还需要对残差作正态性检验. 较为简单的方法是画出残差的 Q-Q 散点图, 若这些点位于一条直线上, 则说明残差服从正态分布; 否则, 不服从正态分布.

在 R 中, `residuals()` 函数 (或者 `resid()` 函数) 计算回归模型的残差, `rstandard()` 函数计算回归模型的标准化 (也称为内学生化) 残差, `rstudent()` 函数计算回归模型的外学生化残差, 所谓外学生化残差就是删除第 i 个样本数据后得到的标准化残差. 这些函数的使用格式为

```
residuals(object, ...)
resid(object, ...)
rstandard(model, infl = lm.influence(model, do.coef = FALSE),
          sd = sqrt(deviance(model)/df.residual(model)), ...)
rstudent(model, infl = lm.influence(model, do.coef = FALSE),
         res = infl$wt.res, ...)
```

参数 `object` 或 `model` 为 `lm` 生成的对象. `infl` 为 `lm.influence` 返回值得到的影响结构. `sd` 为模型的标准差. `res` 为模型残差.

在得到这些残差后, 可以使用统计方法对残差作各种检验.

在 R 中, 可以用函数 `plot()` 绘出各种残差的散点图, 其使用格式为

```
plot(x, which = c(1:3,5),
     caption = list("Residuals vs Fitted", "Normal Q-Q",
       "Scale-Location", "Cook's distance",
       "Residuals vs Leverage",
       expression("Cook's dist vs Leverage  "
                  * h[ii] / (1 - h[ii]))),
     panel = if(add.smooth) panel.smooth else points,
     sub.caption = NULL, main = "",
     ask = prod(par("mfcol")) <
           length(which) && dev.interactive(),
     ...,
     id.n = 3, labels.id = names(residuals(x)), cex.id = 0.75,
     qqline = TRUE, cook.levels = c(0.5, 1.0),
     add.smooth = getOption("add.smooth"), label.pos = c(4,2),
     cex.caption = 1)
```

参数 `x` 是由 `lm` 生成的对象. `which` 是开关变量, 其值为 1~6, 默认值为子集 $\{1,2,3,5\}$, 即绘出第 1、2、3 和 5 号散点图.

该函数可以画出 6 张诊断图, 其中, 第 1 张是残差与预测值的残点图, 第 2 张是残差的正态 Q-Q 图, 第 3 张是标准差的平方根与预测值的散点图, 第 4 张是 Cook 距离图, 第 5 张是残差与高杠杆值 (也称为帽子值) 的散点图, 第 6 张是 Cook 距离与高杠杆值的散点图.

例 6.5 现测得 20 ~ 60 岁成年女性的血压 (见表 6.4) 分析血压与年龄之间的回归关系, 并作残差分析.

表 6.4 血压数据

	年龄	血压		年龄	血压		年龄	血压		年龄	血压
1	27	73	15	32	76	29	40	70	43	54	71
2	21	66	16	33	69	30	42	72	44	57	99
3	22	63	17	31	66	31	43	80	45	52	86
4	24	75	18	34	73	32	46	83	46	53	79
5	25	71	19	37	78	33	43	75	47	56	92
6	23	70	20	38	87	34	44	71	48	52	85
7	20	65	21	33	76	35	46	80	49	50	71
8	20	70	22	35	79	36	47	96	50	59	90
9	29	79	23	30	73	37	45	92	51	50	91
10	24	72	24	31	80	38	49	80	52	52	100
11	25	68	25	37	68	39	48	70	53	58	80
12	28	67	26	39	75	40	40	90	54	57	109
13	26	79	27	46	89	41	42	85			
14	38	91	28	49	101	42	55	76			

解 读取数据 (blood.dat), 作回归分析 (程序名: exam0605.R).

```
rt <- read.table("blood.dat", header = TRUE)
lm.sol <- lm(Y ~ X, data = rt); lm.sol
Coefficients:
(Intercept)            X
      56.16         0.58
```

得到回归方程

$$\widehat{Y} = 56.16 + 0.58X.$$

绘出残差图, 程序如下

```
pre<-fitted.values(lm.sol)
res<-residuals(lm.sol); rst<-rstandard(lm.sol)
plot(pre, res, xlab="Fitted Values", ylab="Residuals")
plot(pre, rst, xlab="Fitted Values",
     ylab="Standardized Residuals")
```

所绘图形如图 6.4 所示.

从残差图来看, 它有喇叭口, 说明该残差不满足方差齐性的要求. 因此, 考虑使用加权方法计算.

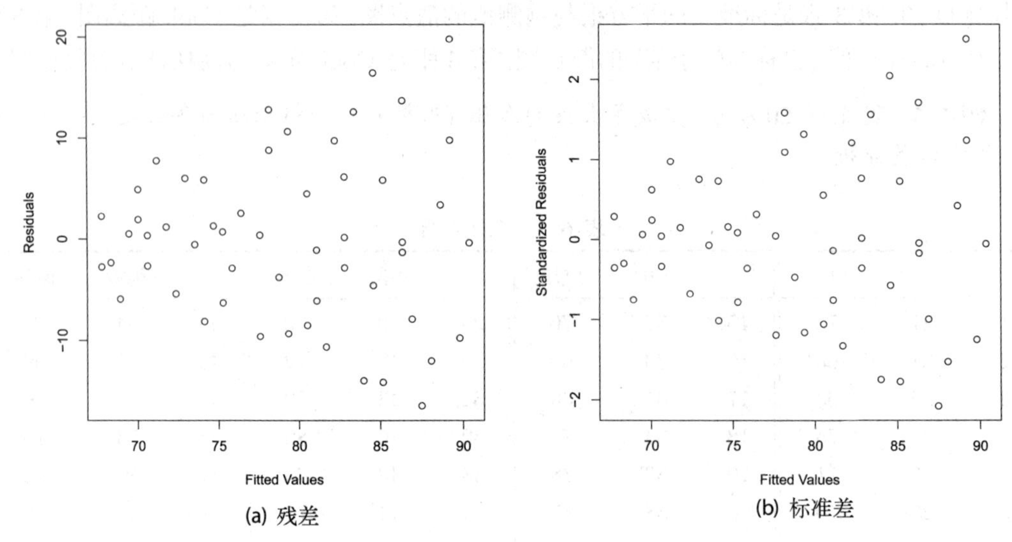

(a) 残差 (b) 标准差

图 6.4 残差与拟合值的散点图

首先考虑残差的标准差. 利用残差的绝对值与自变量 (X) 作回归, 其程序如下

```
rt$res<-res; lm.res<-lm(abs(res)~X, data=rt); lm.res
Coefficients:
(Intercept)            X
    -1.5495       0.1982
```

因此

$$\hat{s}_i = -1.5495 + 0.1982x_i.$$

计算残差的标准差, 用方差 (标准差平方) 的倒数作为样本点的权重, 这样做可以减少非齐性方差带来的影响.

```
s<-lm.res$coefficients[1]+lm.res$coefficients[2]*rt$X
lm.weg<-lm(Y~X, data=rt, weights=1/s^2); lm.weg
Coefficients:
(Intercept)            X
    55.5658       0.5963
```

修正后的回归方程为

$$\widehat{Y} = 55.5658 + 0.5963X.$$

6.2.3 影响分析

所谓影响分析就是探查对估计有异常大影响的数据. 在回归分析中的一个重要假设是, 使用的模型对所有数据是适当的. 在应用中, 有一个或多个样本其观测值似乎与模型不相符, 但模型拟合于大多数数据, 这种情况并不罕见. 如果一个样本不遵从某个模型, 但其余数据遵从这个模型, 则称该样本点为强影响点 (也称为高杠杆点). 影响分析的一个重要功能是区分这样的样本数据.

影响分析的方法有 DFFITS 准则、Cook 距离、COVRATIO 准则、帽子值和帽子矩阵. 相关的 R 函数有

```
influence.measures   dffits     dfbeta      dfbetas
cooks.distance       covratio   hatvalues   hat
```

这些函数的使用方法为

```
influence.measures(model)
dffits(model, infl = , res = )
dfbeta(model, infl = lm.influence(model, do.coef = TRUE), ...)
dfbetas(model, infl = lm.influence(model, do.coef = TRUE), ...)
covratio(model, infl = lm.influence(model,
    do.coef = FALSE), res = weighted.residuals(model))
cooks.distance(model,
    infl = lm.influence(model, do.coef = FALSE),
    res = weighted.residuals(model),
    sd = sqrt(deviance(model)/df.residual(model)),
    hat = infl$hat, ...)
hatvalues(model,
    infl = lm.influence(model, do.coef = FALSE), ...)
hat(x, intercept = TRUE)
```

参数 `model` 为 `lm` 生成的对象. `infl` 为 `lm.influence` 返回值得到的影响结构. `res` 为模型残差. `x` 为设计矩阵.

智力测试数据是教科书经常使用的一组数据, 这里用这组数据的分析过程来介绍如何使用 R 中的相关函数作回归诊断的方法.

例 6.6 (智力测试数据) *表 6.5 为教育学家测试的 21 个儿童的记录, 其中 X 为儿童的年龄(以月为单位), Y 表示某种智力指标. 通过这些数据, 建立智力随年龄变化的关系.*

表 6.5 儿童智力测试数据

	X	Y		X	Y		X	Y
1	15	95	8	11	100	15	11	102
2	26	71	9	8	104	16	10	100
3	10	83	10	20	94	17	12	105
4	9	91	11	7	113	18	42	57
5	15	102	12	9	96	19	17	121
6	20	87	13	10	83	20	11	86
7	18	93	14	11	84	21	10	100

解 编写相应的 R 程序 (全部程序均在程序名为 `exam0606.R` 的程序中).

第 1 步, 计算回归系数, 并作回归系数与回归方程的检验.

```
intellect<-data.frame(
   x=c(15, 26, 10,  9, 15, 20, 18, 11,  8, 20, 7,
        9, 10, 11, 11, 10, 12, 42, 17, 11, 10),
   y=c(95, 71, 83,  91, 102,  87, 93, 100, 104, 94, 113,
```

```
        96, 83, 84, 102, 100, 105, 57, 121,  86, 100)
)
lm.sol<-lm(y~1+x, data=intellect)
summary(lm.sol)
```

计算结果略, 分别通过了 t 检验和 F 检验.

第 2 步, 回归诊断. 调用 `influence.measures()` 函数并作回归诊断图, 其命令如下:

```
influence.measures(lm.sol)
op <- par(mfrow=c(2,2), mar=0.4+c(4,4,1,1),
          oma= c(0,0,2,0))
plot(lm.sol, 1:4)
par(op)
```

得到回归诊断结果如下

```
Influence measures of
         lm(formula = y ~ 1 + x, data = intellect) :
     dfb.1_    dfb.x    dffit cov.r   cook.d    hat inf
1   0.01664  0.00328  0.04127 1.166 8.97e-04 0.0479
2   0.18862 -0.33480 -0.40252 1.197 8.15e-02 0.1545
      ...       ...       ...   ...      ...    ...
18  0.83112 -1.11275 -1.15578 2.959 6.78e-01 0.6516   *
19  0.14348  0.27317  0.85374 0.396 2.23e-01 0.0531   *
20 -0.20761  0.10544 -0.26385 1.043 3.45e-02 0.0567
21  0.02791 -0.01622  0.03298 1.187 5.74e-04 0.0628
```

得到回归诊断图, 如图 6.5 所示.

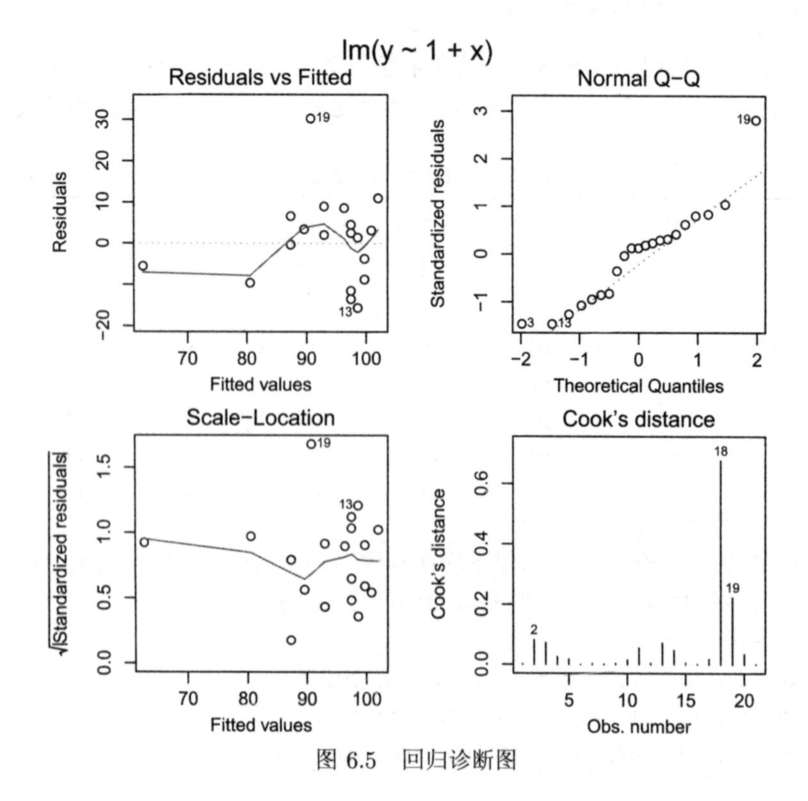

图 6.5 回归诊断图

先分析回归诊断结果. `influence.measures()` 函数得到的回归诊断结果共有 7 列, 其中第 1, 2 列是 `dfbetas` 值 (对应于常数和变量 x). 第 3 列是 DFFITS 准则值. 第 4 列是 COVRATIO 准则值. 第 5 列是 Cook 距离. 第 6 列是帽子值 (也称为高杠杆值). 第 7 列是影响点记号. 由回归诊断结果得到 18 号和 19 号样本点是强影响点 (`inf` 为 `*`).

再分析回归诊断图 (见图 6.5). 第 1 张是残差图, 可以认为残差的方差满足齐性. 第 2 张是正态 Q-Q 图, 除 19 号样本点外, 基本上在一条直线上, 也就是说, 除 19 样本号点外, 残差满足正态性. 第 3 张是标准差的平方根与预测值的散点图, 19 号样本点的值大于 1.5, 这说明 19 号样本点可能是异常值点 (在 95% 的范围之外). 第 4 张图给出了 Cook 距离值, 从图上来看, 18 号样本点的 Cook 距离最大, 这说明 18 号样本点可能是强影响点 (高杠杆点).

第 3 步, 处理强影响点. 在诊断出异常值点或强影响点后, 如何处理呢? 首先, 要检验原始数据是否有误（如录入错误等）. 如果有误, 则需要改正后重新计算. 其次, 修正数据. 如果无法判别数据是否有误 (如本例的数据就无法判别), 则采用将数据剔除或加权的方法修正数据, 然后重新计算.

在本例中, 由于 19 号样本点是异常值点, 将它在后面的计算中剔除. 18 号样本点是强影响点, 加权计算减少它的影响. 下面是计算程序

```
n<-length(intellect$x)
weights<-rep(1, n); weights[18]<-0.5
lm.correct<-lm(y~1+x, data=intellect, subset=-19,
               weights=weights)
summary(lm.correct)
```

在程序中, `subset = -19` 表示去掉 19 号样本点. `weights <- rep(1, n)` 表示将所有点的权赋为 1, `weights[18] <- 0.5` 表示再将 18 号样本点的权定义为 0.5. 这样可以直观地认为, 18 号样本点对回归方程的影响减少一半 (计算结果略).

第 4 步, 验证. 下面看一下两次计算的回归直线和数据的散点图, 其命令为

```
attach(intellect)
plot(x, y, cex=1.2, pch=21, col="red", bg="orange")
abline(lm.sol, col="blue", lwd=2)
text(x[c(19, 18)], y[c(19, 18)],
     label=c("19", "18"), adj=c(1.5, 0.3))
detach()
abline(lm.correct, col="red", lwd=2, lty=5)
legend(30, 120, c("Points", "Regression", "Correct Reg"),
       pch=c(19, NA, NA), lty=c(NA, 1,5),
       col=c("orange", "blue", "red"))
```

得到的图形如图 6.6 所示.

从图 6.6 可以看到, 19 号样本点的残差过大 (与前面的分析一致), 而 18 号样本点对整个回归直线有较大的影响 (强影响点). 这说明前面的回归诊断是合理的. 图中实线是原始数据计算的结果, 虚线是修正数据后的计算结果.

第 5 步, 检验. 这样修正后是否有效呢? 再看一下回归诊断的结果, 其命令为

```
op <- par(mfrow=c(2,2), mar=0.4+c(4,4,1,1), oma= c(0,0,2,0))
plot(lm.correct, 1:4)
par(op)
```

得到的图形如图 6.7 所示. 从图 6.7 可以看出, 所有结果均有所改善.

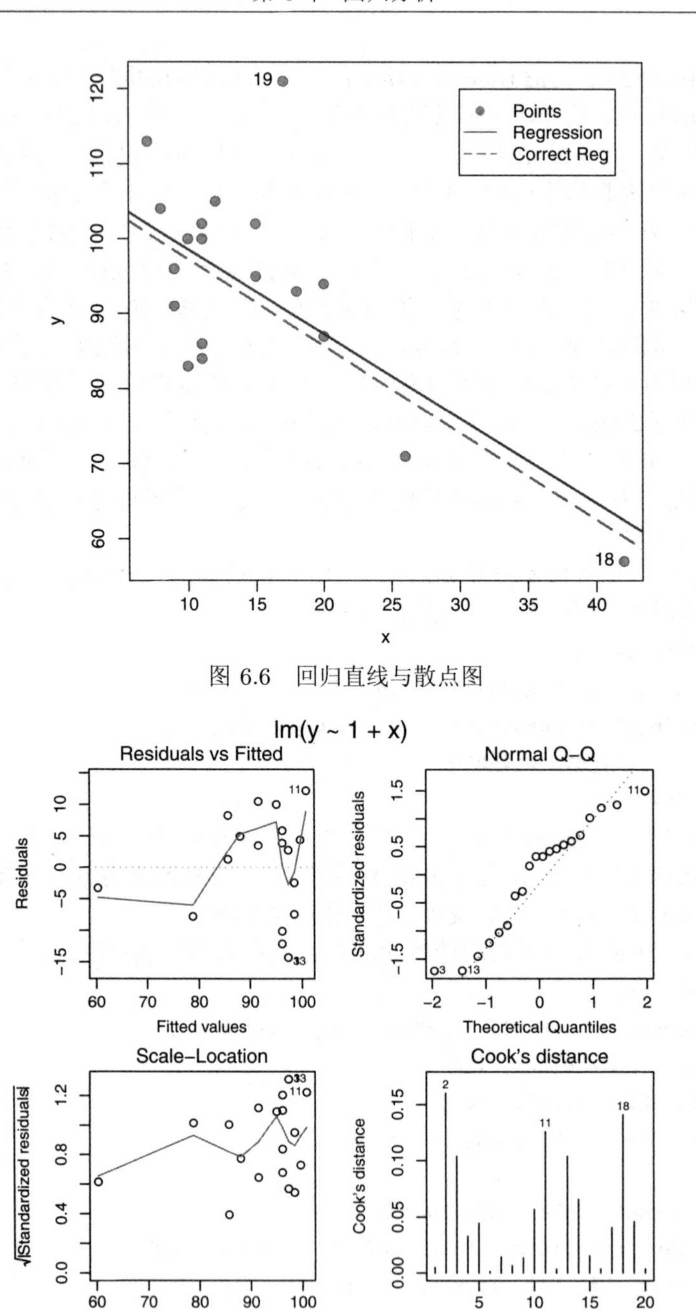

图 6.6 回归直线与散点图

图 6.7 修正数据后的回归诊断图

上述过程说明了回归诊断的基本过程. 对于多元回归模型, 就无法用作图的方法对回归诊断的结果进行验证, 这也是为什么要进行回归诊断的原因.

6.3 Box-Cox 变换

在作回归分析时, 通常假设回归方程的残差 ε_i 具有齐性, 即等方差, 也就是图 6.3(a) 所示的正常情况. 如果残差不满足齐性, 则其计算结果可能会出现问题. 前面介绍了一种加权最小二乘的方法, 这里介绍数据变换方法 —— Box-Cox 变换.

在出现异方差 (图 6.3(b)) 的情况下, Box-Cox 变换可以使回归方程的残差满足齐性要求, 它对 Y 作如下变换

$$Y^{(\lambda)} = \begin{cases} \dfrac{Y^{\lambda}-1}{\lambda}, & \lambda \neq 0 \\ \ln Y, & \lambda = 0 \end{cases}, \tag{6.13}$$

其中 λ 为待定参数.

Box-Cox 变换主要有两项工作. 第一项是作变换, 这一点很容易由式 (6.13) 得到. 第二项是确定参数 λ 的值, 这项工作较为复杂, 需要用极大似然估计的方法才能确定出 λ 的值.

在 R 软件中, boxcox() 函数可以绘出不同参数下对数似然函数的目标值, 可以通过图形来选择参数 λ 的值, 其使用格式为

```
boxcox(object, lambda = seq(-2, 2, 1/10), plotit = TRUE,
       interp, eps = 1/50, xlab = expression(lambda),
       ylab = "log-Likelihood", ...)
```

参数 object 为 lm 生成的对象. lambda 为参数 λ, 默认值为 -2 到 2, 间隔值是 0.1. plotit 为逻辑变量, 表示是否画出图形, 默认值为 TRUE. interp 为逻辑变量, 表示在计算时是否使用三次样条插值. eps 为控制精度, 默认值为 0.02. xlab 为横轴的标记, 默认值为 "lambda". ylab 为纵轴的标记, 默认值为 "log-Likelihood". ... 为附加参数.

注意: 在调用函数 boxcox() 之前, 需要先加载 MASS 程序包, 或使用命令 library(MASS).

例 6.7 某公司为了研究产品的营销策略, 对产品的销售情况进行了调查. 设 Y 为某地区该产品的家庭人均购买量 (单位: 元), X 为家庭人均收入 (单位: 元). 表 6.6 给出了 53 个家庭的数据. 试通过这些数据建立 Y 与 X 的关系式.

表 6.6 某地区家庭人均收入与人均购买量数据

	X	Y		X	Y		X	Y
1	679	0.79	19	745	0.77	37	770	1.74
2	292	0.44	20	435	1.39	38	724	4.10
3	1012	0.56	21	540	0.56	39	808	3.94
4	493	0.79	22	874	1.56	40	790	0.96
5	582	2.70	23	1543	5.28	41	783	3.29
6	1156	3.64	24	1029	0.64	42	406	0.44
7	997	4.73	25	710	4.00	43	1242	3.24
8	2189	9.50	26	1434	0.31	44	658	2.14
9	1097	5.34	27	837	4.20	45	1746	5.71
10	2078	6.85	28	1748	4.88	46	468	0.64
11	1818	5.84	29	1381	3.48	47	1114	1.90
12	1700	5.21	30	1428	7.58	48	413	0.51
13	747	3.25	31	1255	2.63	49	1787	8.33
14	2030	4.43	32	1777	4.99	50	3560	14.94
15	1643	3.16	33	370	0.59	51	1495	5.11
16	414	0.50	34	2316	8.19	52	2221	3.85
17	354	0.17	35	1130	4.79	53	1526	3.93
18	1276	1.88	36	463	0.51			

解 写出分析问题的全部程序 (程序名: exam0607.R)

```
##%% 输入数据, 作回归方程
X<-scan()
679  292 1012  493  582 1156  997 2189 1097 2078
1818 1700  747 2030 1643  414  354 1276  745  435
540  874 1543 1029  710 1434  837 1748 1381 1428
1255 1777  370 2316 1130  463  770  724  808  790
783  406 1242  658 1746  468 1114  413 1787 3560
1495 2221 1526

Y<-scan()
0.79 0.44 0.56 0.79 2.70 3.64 4.73 9.50 5.34 6.85
5.84 5.21 3.25 4.43 3.16 0.50 0.17 1.88 0.77 1.39
0.56 1.56 5.28 0.64 4.00 0.31 4.20 4.88 3.48 7.58
2.63 4.99 0.59 8.19 4.79 0.51 1.74 4.10 3.94 0.96
3.29 0.44 3.24 2.14 5.71 0.64 1.90 0.51 8.33 14.94
5.11 3.85 3.93

lm.sol<-lm(Y~X); summary(lm.sol)
##%% 加载MASS程序包
library(MASS)
##%% 作图, 共4张
op <- par(mfrow=c(2,2), mar=.4+c(4,4,1,1), oma= c(0,0,2,0))
##%% 第1张, 残差与预测散点图
plot(fitted(lm.sol), resid(lm.sol),
     cex=1.2, pch=21, col="red", bg="orange",
     xlab="Fitted Value", ylab="Residuals")
##%% 第2张, 确定参数lambda
boxcox(lm.sol, lambda=seq(0, 1, by=0.1))
##%% Box-Cox变换后, 作回归分析
lambda<-0.55; Ylam<-(Y^lambda-1)/lambda
lm.lam<-lm(Ylam~X); summary(lm.lam)
##%% 第3张, 变换后残差与预测散点图
plot(fitted(lm.lam), resid(lm.lam),
     cex=1.2, pch=21, col="red", bg="orange",
     xlab="Fitted Value", ylab="Residuals")
##%% 第4张, 回归曲线和相应的散点
beta0<-lm.lam$coefficients[1]
beta1<-lm.lam$coefficients[2]
curve((1+lambda*(beta0+beta1*x))^(1/lambda),
      from=min(X), to=max(X), col="blue", lwd=2,
      xlab="X", ylab="Y")
```

```
points(X,Y, pch=21, cex=1.2, col="red", bg="orange")
mtext("Box-Cox Transformations", outer = TRUE, cex=1.5)
par(op)
```

程序给出的图形 (共 4 张) 如图 6.8 所示.

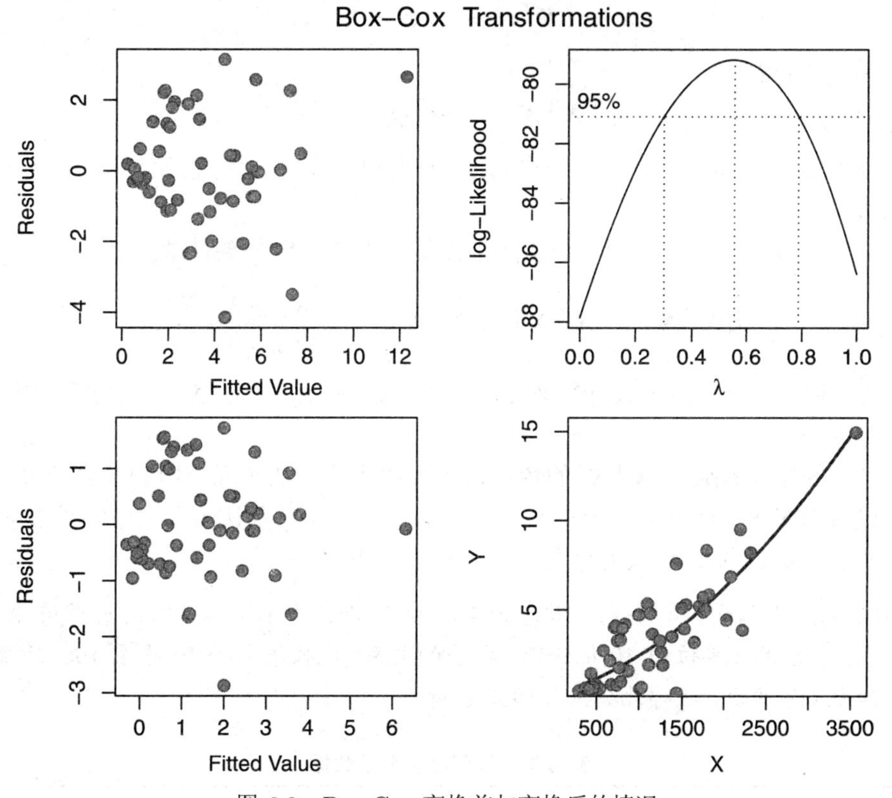

图 6.8 Box-Cox 变换前与变换后的情况

从第 1 张图可以看出, 由原始数据得到的残差图呈喇叭口形状, 属于异方差情况, 这样的数据需要作 Box-Cox 变换. 在变换前先确定参数 λ (调用函数 `boxcox`), 得到第 2 张图. 从第 2 张图中看到, 当 $\lambda = 0.55$ 时, 对数似然函数达到最大值, 因此, 选择参数 $\lambda = 0.55$. 作 Box-Cox 变换 $\left(Y^{(\lambda)} = \dfrac{Y^{\lambda} - 1}{\lambda}\right)$, 变换后再作回归分析, 然后画出残差的散点图 (第 3 张图), 从第 3 张图看出, 喇叭口形状有很大改善. 第 4 张图是给出曲线

$$Y = (1 + \lambda\beta_0 + \lambda\beta_1 X)^{1/\lambda}$$

和相应的散点图.

6.4 多重共线性

当自变量彼此相关时, 回归模型可能非常令人糊涂. 估计的效应会由于模型中的其他自变量而改变数值, 甚至是改变符号. 故在分析时, 了解自变量间的关系的影响是很重要的. 这一复杂问题常称为共线性或多重共线性.

6.4.1 多重共线性现象

记 $\boldsymbol{x}^{(1)}, \boldsymbol{x}^{(2)}, \cdots, \boldsymbol{x}^{(p)}$ 为自变量 $X_1, X_2, \cdots, X_p$ 经过标准化得到的向量, $\boldsymbol{X} = (\boldsymbol{x}^{(1)}, \boldsymbol{x}^{(2)}, \cdots, \boldsymbol{x}^{(p)})$. 设 λ 为 $\boldsymbol{X}^{\mathrm{T}}\boldsymbol{X}$ 的一个特征值, $\boldsymbol{\varphi}$ 为对应的特征向量, 其长度为 1, 即 $\boldsymbol{\varphi}^{\mathrm{T}}\boldsymbol{\varphi} = 1$. 若 $\lambda \approx 0$, 则

$$\boldsymbol{X}^{\mathrm{T}}\boldsymbol{X}\boldsymbol{\varphi} = \lambda\boldsymbol{\varphi} \approx \boldsymbol{0}.$$

用 $\boldsymbol{\varphi}^{\mathrm{T}}$ 左乘上式, 得到

$$\boldsymbol{\varphi}^{\mathrm{T}}\boldsymbol{X}^{\mathrm{T}}\boldsymbol{X}\boldsymbol{\varphi} = \lambda\boldsymbol{\varphi}^{\mathrm{T}}\boldsymbol{\varphi} = \lambda \approx 0, \tag{6.14}$$

所以 $\boldsymbol{X}\boldsymbol{\varphi} \approx 0$, 即向量 $\boldsymbol{x}^{(1)}, \boldsymbol{x}^{(2)}, \cdots, \boldsymbol{x}^{(p)}$ 之间有近似的线性关系, 也就是说, 自变量之间存在多重共线性.

度量多重共线性严重程度的一个重要指标是方矩 $\boldsymbol{X}^{\mathrm{T}}\boldsymbol{X}$ 的条件数, 即

$$\kappa(\boldsymbol{X}^{\mathrm{T}}\boldsymbol{X}) = \|\boldsymbol{X}^{\mathrm{T}}\boldsymbol{X}\| \cdot \|(\boldsymbol{X}^{\mathrm{T}}\boldsymbol{X})^{-1}\| = \frac{\lambda_{\max}(\boldsymbol{X}^{\mathrm{T}}\boldsymbol{X})}{\lambda_{\min}(\boldsymbol{X}^{\mathrm{T}}\boldsymbol{X})},$$

其中 $\boldsymbol{X}$ 是数据标准化得到的设计矩阵, $\lambda_{\max}(\boldsymbol{X}^{\mathrm{T}}\boldsymbol{X})$ 和 $\lambda_{\min}(\boldsymbol{X}^{\mathrm{T}}\boldsymbol{X})$ 分别表示方矩 $\boldsymbol{X}^{\mathrm{T}}\boldsymbol{X}$ 的最大和最小特征值.

直观上, 条件数刻画了 $\boldsymbol{X}^{\mathrm{T}}\boldsymbol{X}$ 的特征值差异的大小. 从实际应用的经验角度, 一般若 $\kappa < 100$, 则认为多重共线性的程度很小; 若 $100 \leqslant \kappa \leqslant 1000$, 则认为存在中等程度或较强的多重共线性; 若 $\kappa > 1000$, 则认为存在严重的多重共线性.

例 6.8 (法国经济分析数据) 考虑进口总额 Y 与三个自变量: 国内总产值 X_1, 存储量 X_2, 总消费量 X_3 (单位为 10 亿法郎) 之间的关系. 现收集了 1949 年至 1959 年共 11 年的数据, 如表 6.7 所示. 试对此数据作回归分析.

表 6.7 法国经济分析数据

	X_1	X_2	X_3	Y
1	149.3	4.2	108.1	15.9
2	161.2	4.1	114.8	16.4
3	171.5	3.1	123.2	19.0
4	175.5	3.1	126.9	19.1
5	180.8	1.1	132.1	18.8
6	190.7	2.2	137.7	20.4
7	202.1	2.1	146.0	22.7
8	212.4	5.6	154.1	26.5
9	226.1	5.0	162.3	28.1
10	231.9	5.1	164.3	27.6
11	239.0	0.7	167.6	26.3

解 输入数据, 作最小二乘估计.

```
france<-data.frame(
   x1 = c(149.3, 161.2, 171.5, 175.5, 180.8, 190.7,
          202.1, 212.4, 226.1, 231.9, 239.0),
```

```
    x2 = c(4.2, 4.1, 3.1, 3.1, 1.1, 2.2, 2.1, 5.6, 5.0,
           5.1, 0.7),
    x3 = c(108.1, 114.8, 123.2, 126.9, 132.1, 137.7,
           146.0, 154.1, 162.3, 164.3, 167.6),
    y = c(15.9, 16.4, 19.0, 19.1, 18.8, 20.4, 22.7,
          26.5, 28.1, 27.6, 26.3)
)
lm.sol<- lm(y~1+x1+x2+x3, data=france)
lm.sum<-summary(lm.sol)
coef(lm.sum)
                Estimate Std. Error    t value     Pr(>|t|)
(Intercept) -10.12798816 1.21215996 -8.3553231 6.899183e-05
x1           -0.05139616 0.07027999 -0.7313058 4.883443e-01
x2            0.58694904 0.09461842  6.2033274 4.438135e-04
x3            0.28684868 0.10220811  2.8065157 2.627710e-02
```

虽然方程的系数均通过检验, 但仔细研究, 发现它并不合理. 回到问题本身, Y 代表进口量, X_1 表示国内总产值, 而对应系数的符号为负, 也就是说, 国内的总产值越高, 其进口量越少, 这与实际情况是不相符的. 问其原因, 三个变量存在着多重共线性.

```
> X<-as.matrix(france[1:3])
> min(eigen(cor(X))$values)
[1] 0.002690889
```

$\lambda_{\min} = 0.0027$, 说明三个自变量存在多重共线性关系.

6.4.2 岭估计

当设计矩阵存在着多重共线性关系时, 最小二乘估计的性质不够理想, 有时甚至很坏. 在这种情况下, 需要一些新的估计方法. 在这些方法中, 岭估计是最有影响且应用较为广泛的估计方法. 对于线性模型

$$\boldsymbol{y} = \boldsymbol{X\beta} + \varepsilon,$$

岭估计的回归系数定义为

$$\widehat{\boldsymbol{\beta}}(k) = \left(\boldsymbol{X}^{\mathrm{T}}\boldsymbol{X} + k\boldsymbol{I}\right)^{-1} \boldsymbol{X}^{\mathrm{T}}\boldsymbol{y}, \tag{6.15}$$

其中 $k > 0$ 为可选择参数, 称为岭参数或偏参数.

当 k 取不同值时, 得到不同的估计, 因此, 岭估计 $\widehat{\boldsymbol{\beta}}(k)$ 为一类估计. 当 $k = 0$ 时, $\widehat{\boldsymbol{\beta}}(0) = (\boldsymbol{X}^{\mathrm{T}}\boldsymbol{X})^{-1}\boldsymbol{X}^{\mathrm{T}}\boldsymbol{y}$ 就是通常的最小二乘估计. 从严格意义上讲, 最小二乘估计是岭估计类中的一个估计.

在 R 中, `lm.ridge()` 函数 (需要加载 `MASS` 程序包) 计算岭估计, 其使用格式为

```
lm.ridge(formula, data, subset, na.action,
         lambda = 0, model = FALSE,
         x = FALSE, y = FALSE, contrasts = NULL, ...)
```

参数`formula`为模型公式. `data`为数据框. `subset`为可选向量, 表示观察值的子集. `na.action`为函数, 表示当数据中有缺失数据 (`NA`) 的处理方法. `lambda` 为岭参数, 即岭估计中的参数 k, 默认值为 0.

例 6.9　对例 6.8 的法国经济分析数据作岭回归分析.

解　在岭回归中, 最困难的是确定岭参数 k^*. 最常用的一种方法为岭迹法, 以横坐标为 k, 纵坐标为 $\beta_i(k)$, 画出岭参数的图形, 即岭迹. 原则上应该选取 $\beta_i(k)$ 稳定的最小 k 值为 k^*. 也就是说, 当 $k \geqslant k^*$ 时, $\beta_i(k)$ 不再改变符号. 画图 (程序名: exam0609.R)

```
library(MASS)
lm.rid<-lm.ridge(y~1+x1+x2+x3, data=france,
         lambda=seq(0, 0.2, length=50))
par(mai=c(0.9, 0.9, 0.2, 0.2))
plot(lm.rid)
```

绘出岭迹图形如图 6.9 所示. 从图形可以看出, 取 $k^* = 0.04$ 即能满足岭迹选择 k 的条件. 计算结果如下:

```
> lm.ridge(y~1+x1+x2+x3, data=france, lambda=0.04)
                   x1          x2          x3
-9.4956573  0.0198393  0.5976872  0.1828705
```

三个系数均为正数, 所以此模型更合理一些.

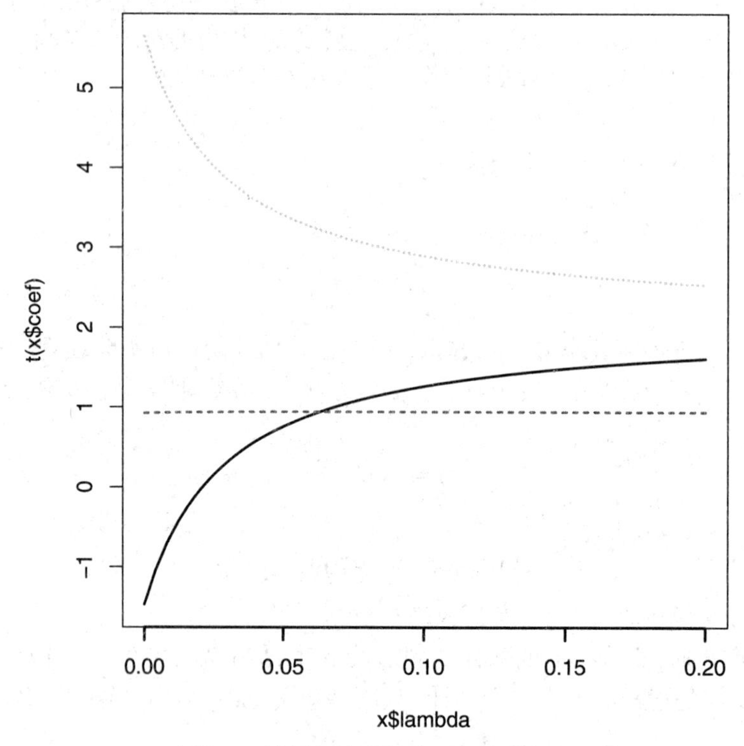

图 6.9　法国经济分析数据的岭迹曲线

岭回归函数还提供了两种确定岭参数的方法 HKB 和 LW

```
> select(lm.rid)
modified HKB estimator is 0.006855363
modified L-W estimator is 0.01283802
smallest value of GCV  at 0.0122449
```

但对本问题, 这两种方法得到的参数并不理想.

6.5 逐步回归

6.5.1 "最优"回归方程的选择

在实际问题中, 影响因变量 Y 的因素很多, 人们可以从中挑选若干个变量建立回归方程, 这便涉及变量选择的问题.

一般来说, 如果在一个回归方程中忽略了对 Y 有显著影响的自变量, 那么所建立的方程必与实际有较大的偏离, 但变量选得过多, 使用就不方便, 特别地, 当方程中含有对 Y 影响不大的变量时, 可能因为误差平方和的自由度的减小而使 σ^2 的估计增大, 从而影响使用回归方程作预测的精度. 因此, 适当地选择变量以建立一个"最优"的回归方程是十分重要的.

什么是"最优"回归方程呢? 对于这个问题有许多不同的准则, 在不同的准则下"最优"回归方程也可能不同. 这里讲的"最优"是指从可供选择的所有变量中选出对 Y 有显著影响的变量建立方程, 并且在方程中不含对 Y 无显著影响的变量.

在上述意义下, 可以有多种方法来获得"最优"回归方程, 如"一切子集回归法"、"前进法"、"后退法"、"逐步回归法"等, 其中"逐步回归法"由于计算机程序简便, 因而使用较为普遍.

6.5.2 逐步回归的计算

R 提供了较为方便的"逐步回归"计算函数 —— step() 函数, 它是以 AIC [1] 信息统计量为准则, 通过选择最小的 AIC 信息统计量, 来达到删除或增加变量的目的.

step() 函数的使用格式为

```
step(object, scope, scale = 0,
     direction = c("both", "backward", "forward"),
     trace = 1, keep = NULL, steps = 1000, k = 2, ...)
```

参数 object 为 lm 或 glm 得到的回归模型. scope 为逐步回归的搜索区域, 或者由单一公式定义, 或者由包含 upper 和 lower 两个公式构成的列表定义, 默认值为全部变量. scale 用于 AIC 统计量的确定, 默认值为 0, 表示 scale 由极大似然估计得到. direction 为逐步回归的搜索方向, 取 "both" (默认值) 表示"一切子集回归法"(即可增加变量也可减少变量), 取 "backward" 表示"后退法"(只减少变量), 取 "forward" 表示"前进法"(只增加变量). scope 使用默认值, 则 direction 只使用 "backward". trace 为数值, 如果取正值, 则列出逐步回归的过程, 默认值为 1. keep 为过滤函数. steps 为正整数, 表示逐步回归的最大步数, 默认值为 1000. k 为正数, 表示自由度数目的倍数, 只有当 k = 2 时, 才给出真正的 AIC. ... 为附加参数.

例 6.10 (Hald 水泥问题). 某种水泥在凝固时放出的热量 Y (cal/g) 与水泥中四种化学成分 X_1 ($3CaO \cdot Al_2O_3$ 含量的百分比), X_2 ($3CaO \cdot SiO_2$ 含量的百分比), X_3 ($4CaO \cdot Al_2O_3 \cdot Fe_2O_3$ 含量的百分比) 和 X_4 ($2CaO \cdot SiO_2$ 含量的百分比) 有关, 现测得 13 组数据 (表 6.8). 希望从中选出主要的变量, 建立 Y 关于它们的线性回归方程.

---

[1] AIC 是 Akaike Information Criterion 的缩写, 是由日本统计学家赤池弘次提出的.

表 6.8 **Hald 水泥问题数据**

	X_1	X_2	X_3	X_4	Y		X_1	X_2	X_3	X_4	Y
1	7	26	6	60	78.5	8	1	31	22	44	72.5
2	1	29	15	52	74.3	9	2	54	18	22	93.1
3	11	56	8	20	104.3	10	21	47	4	26	115.9
4	11	31	8	47	87.6	11	1	40	23	34	83.8
5	7	52	6	33	95.9	12	11	66	9	12	113.3
6	11	55	9	22	109.2	13	10	68	8	12	109.4
7	3	71	17	6	102.7						

解 输入数据, 作多元线性回归 (程序名: exam0610.R) 如下:

```
cement<-data.frame(
    X1=c( 7,  1, 11, 11,  7, 11,  3,  1,  2, 21,  1, 11, 10),
    X2=c(26, 29, 56, 31, 52, 55, 71, 31, 54, 47, 40, 66, 68),
    X3=c( 6, 15,  8,  8,  6,  9, 17, 22, 18,  4, 23,  9,  8),
    X4=c(60, 52, 20, 47, 33, 22,  6, 44, 22, 26, 34, 12, 12),
    Y =c(78.5, 74.3, 104.3,  87.6,  95.9, 109.2, 102.7, 72.5,
         93.1,115.9,  83.8, 113.3, 109.4)
)
lm.sol<-lm(Y ~ X1+X2+X3+X4, data=cement)
summary(lm.sol)
```

运行后 (结果略) 可以看到: 回归系数没有一项通过检验 (取 $\alpha = 0.05$), 效果不好.

下面用函数 step() 作逐步回归.

```
> lm.step<-step(lm.sol)
Start:  AIC= 26.94
 Y ~ X1 + X2 + X3 + X4

       Df Sum of Sq    RSS    AIC
- X3    1     0.109 47.973 24.974
- X4    1     0.247 48.111 25.011
- X2    1     2.972 50.836 25.728
<none>              47.864 26.944
- X1    1    25.951 73.815 30.576

Step:  AIC= 24.97
 Y ~ X1 + X2 + X4

       Df Sum of Sq    RSS    AIC
<none>               47.97  24.97
- X4    1      9.93  57.90  25.42
- X2    1     26.79  74.76  28.74
- X1    1    820.91 868.88  60.63
```

从程序的运行结果可以看到, 用全部变量作回归方程时, AIC 值为 26.94. 接下来显示的数据表告诉我们, 如果去掉变量 X_3, 则相应的 AIC 值为 24.97; 如果去掉变量 X_4, 则相应的 AIC 值为 25.01. 后面的类推. 由于去掉变量 X_3 可以使 AIC 达到最小, 因此, R 软件自动去掉变量 X_3, 进行下一轮计算.

在下一轮计算中, 无论去掉哪一个变量, AIC 值均会升高. 因此, R 软件终止计算, 得到 "最优" 的回归方程.

下面分析一下计算结果. 用函数 summary() 提取相关信息 (只列系数部分).

```
> summary(lm.step)
Coefficients:
            Estimate Std. Error t value Pr(>|t|)
(Intercept)  71.6483    14.1424   5.066 0.000675 ***
X1            1.4519     0.1170  12.410 5.78e-07 ***
X2            0.4161     0.1856   2.242 0.051687 .
X4           -0.2365     0.1733  -1.365 0.205395
```

由显示结果看到: 回归系数检验的显著性水平有很大提高, 但变量 X_2, X_4 系数检验的显著性水平仍不理想. 下面如何处理呢?

从 step 函数的最后运算结果来看, 如果去掉变量 X_4, 则 AIC 值会从 24.97 增加到 25.42, 是增加最少的. 另外, 除 AIC 准则外, 残差的平方和也是逐步回归的重要指标之一, 从直观来看, 拟合越好的方程, 残差的平方和应越小. 去掉变量 X_4, 残差的平方和上升 9.93, 也是最少的. 因此, 从这两项指标来看, 应该再去掉变量 X_4. 用人工的方法去掉 X_4, 看一下计算结果.

```
> lm.opt<-lm(Y ~ X1+X2, data=cement); summary(lm.opt)
Coefficients:
            Estimate Std. Error t value Pr(>|t|)
(Intercept) 52.57735    2.28617   23.00 5.46e-10 ***
X1           1.46831    0.12130   12.11 2.69e-07 ***
X2           0.66225    0.04585   14.44 5.03e-08 ***

Residual standard error: 2.406 on 10 degrees of freedom
Multiple R-Squared: 0.9787,    Adjusted R-squared: 0.9744
F-statistic: 229.5 on 2 and 10 DF,  p-value: 4.407e-09
```

这个结果应该还是满意的, 因为所有的检验均是显著的. 最后得到"最优"的回归方程为

$$\hat{Y} = 52.58 + 1.468X_1 + 0.6622X_2.$$

改变 step() 函数中的某些参数, 可能得到不同的结果. 例如

```
> step(lm.sol, trace=0, k=3)
Call:
lm(formula = Y ~ X1 + X2, data = cement)
Coefficients:
(Intercept)           X1           X2
    52.5773       1.4683       0.6623
```

直接去掉变量 X_3 和 X_4.

从增加变量的角度考虑逐步回归, 例如

```
> lm0<-lm(Y ~ 1, data = cement)
```

```
> lm.ste<-step(lm0, scope = ~X1+X2+X3+X4, k=4)
Start:  AIC=73.44
Y ~ 1
       Df Sum of Sq     RSS    AIC
+ X4    1   1831.90  883.87 62.852
+ X2    1   1809.43  906.34 63.178
+ X1    1   1450.08 1265.69 67.519
+ X3    1    776.36 1939.40 73.067
<none>              2715.76 73.444
Step:  AIC=62.85
Y ~ X4
       Df Sum of Sq     RSS    AIC
+ X1    1    809.10   74.76 34.742
+ X3    1    708.13  175.74 45.853
<none>               883.87 62.852
+ X2    1     14.99  868.88 66.629
- X4    1   1831.90 2715.76 73.444
Step:  AIC=34.74
Y ~ X4 + X1
       Df Sum of Sq     RSS    AIC
+ X2    1     26.79   47.97 32.974
+ X3    1     23.93   50.84 33.728
<none>                74.76 34.742
- X1    1    809.10  883.87 62.852
- X4    1   1190.92 1265.69 67.519
Step:  AIC=32.97
Y ~ X4 + X1 + X2
       Df Sum of Sq    RSS    AIC
- X4    1      9.93  57.90 31.420
<none>               47.97 32.974
- X2    1     26.79  74.76 34.742
+ X3    1      0.11  47.86 36.944
- X1    1    820.91 868.88 66.629
Step:  AIC=31.42
Y ~ X1 + X2
       Df Sum of Sq     RSS    AIC
<none>                57.90 31.420
+ X4    1      9.93   47.97 32.974
+ X3    1      9.79   48.11 33.011
- X1    1    848.43  906.34 63.178
- X2    1   1207.78 1265.69 67.519
```

由于这里取 k=4, 最后还是剩下变量 X_1 和 X_2.

在 R 中, 还有两个函数可以用来作逐步回归, 一个是 add1() 函数, 用于增加变量, 另一个是 drop1() 函数用于减少变量. 事实上, step() 就是使用这两个函数自动增加或减少变量的. 这两个函数的使用格式为

```
add1(object, scope, scale = 0,
     test = c("none", "Chisq", "F"), x = NULL, k = 2, ...)
drop1(object, scope, scale = 0, all.cols = TRUE,
      test = c("none", "Chisq", "F"), k = 2, ...)
```

object 为 lm 函数生成的对象. scope 为增加或减少变量的搜索区域, 由公式定义. scale 为用于计算 Cp 的残差均方估计值, 默认值为 0 或 NULL. test 为检验, 默认值为 "none"(不作检验), 对于线性模型, 只能取 "Chisq" 或 "F". k 为 AIC / Cp 中惩罚常数. x 为模型矩阵. all.cols 为逻辑变量, 说明是否包含设计矩阵的所有列. ... 为附加参数.

例如, 打算增加变量

```
> add1(lm0, scope = ~X1+X2+X3+X4, test="F")
Single term additions
Model:
Y ~ 1
       Df Sum of Sq     RSS    AIC F value    Pr(>F)
<none>              2715.76 71.444
X1      1   1450.08 1265.69 63.519 12.6025 0.0045520 **
X2      1   1809.43  906.34 59.178 21.9606 0.0006648 ***
X3      1    776.36 1939.40 69.067  4.4034 0.0597623 .
X4      1   1831.90  883.87 58.852 22.7985 0.0005762 ***
```

打算减少变量

```
> drop1(lm.sol, test="F")
Single term deletions
Model:
Y ~ X1 + X2 + X3 + X4
       Df Sum of Sq    RSS    AIC F value  Pr(>F)
<none>              47.864 26.944
X1      1   25.9509 73.815 30.576  4.3375 0.07082 .
X2      1    2.9725 50.836 25.728  0.4968 0.50090
X3      1    0.1091 47.973 24.974  0.0182 0.89592
X4      1    0.2470 48.111 25.011  0.0413 0.84407
```

然后再根据每步计算的情况, 人工选择是增加还是去掉某些变量.

6.6 稳健回归

估计的稳健性概念指的是在估计过程中产生的估计量对模型误差的不敏感性. 因此, 稳健估计是在比较宽的资料范围内产生的优良估计. 如在独立同分布正态误差的线性模型中, 最小二乘估计是有效无偏估计. 然而当误差是非正态分布时, 最小二乘估计不一定是最有效的. 但误差分布事先不一定知道, 故有必要考虑稳健回归的问题.

6.6.1 稳健回归的基本概念

稳健回归估计, 如误差为正态时, 它比最小二乘估计稍差一点, 但误差非正态时, 它比最小二乘估计要好得多. 这种对误差项分布的稳健特性, 常能有效地排除异常值的干扰.

假设回归模型为

$$y_i = \beta_0 + \beta_1 x_{i1} + \cdots + \beta_p x_{ip} + \varepsilon_i, \quad i = 1, 2, \cdots, n,$$

期中 $\beta_0, \beta_1, \cdots, \beta_p$ 为未知回归系数, ε_i 为独立同分布, 且均值为 0.

最小二乘估计是求解如下优化问题

$$\min_{\boldsymbol{\beta}} \sum_{i=1}^{n} [y_i - (\beta_0 + \beta_1 x_{i1} + \cdots + \beta_p x_{ip})]^2, \tag{6.16}$$

这样做往往会使得那些远离数据群体的数据 (很可能是异常值) 对残差平方和影响比其他数据大得多. 这是因为最小二乘估计为了达到极小化残差平方和的目的, 必须迁就远端的数据, 所以异常值对于参数估计相当敏感.

例 6.11 已知数据如表 6.9 所示, 试对数据作最小二乘估计. 由于数据录入错误, 误将数据 $x(15)$ 录入成 10, 再次对数据作最小二乘估计.

表 6.9 数据表

	x	y		x	y		x	y		x	y
1	20	1.0	7	19	1.7	13	18.7	1.9	19	17.3	3.0
2	19.6	1.2	8	18.3	2.4	14	18.5	2.4	20	17.8	3.4
3	19.6	1.1	9	18.2	2.1	15	18	2.6	21	17.3	2.9
4	19.4	1.4	10	18.6	2.1	16	17.4	2.9	22	18.4	1.9
5	18.4	2.3	11	19.2	1.2	17	16.5	4.0	23	16.9	3.9
6	19	1.7	12	18.2	2.3	18	17.2	3.3			

解 略去计算过程, 画出数据落散点图和相应的回归直线, 如图 6.10 所示. 图中的实线是原始数据的回归直线, 虚线是带有错误数据的回归直线. 尽管在 23 对数据中, 只有一个数据有错误, 但得到的结果却面目全非了.

为什么会出现这种情况呢? 其原因是最小二乘问题 (6.16) 得到的估计, 受少数 "突出值"($y_1, y_2, \cdots, y_n$ 中的突出值) 的影响过大. 为了减少这种突出值的作用, 可以取一个其增长速度比 r^2 慢的函数 $\rho(r)$ 来代替 r^2, 即求解优化问题

$$\min_{\boldsymbol{\beta}} \sum_{i=1}^{n} \rho\left(y_i - (\beta_0 + \beta_1 x_{i1} + \cdots + \beta_p x_{ip})\right), \tag{6.17}$$

其中 $\rho(r)$ 需要满足以下条件:

(1) $\rho(r)$ 处处连续;

(2) $\rho(0) = 0$, $\rho(r) = \rho(-r)$, 且当 $|r_1| \geqslant |r_2|$ 时, 有 $\rho(r_1) \geqslant \rho(r_2)$;

(3) $\lim\limits_{r \to \infty} \rho(r) r^{-2} = 0$.

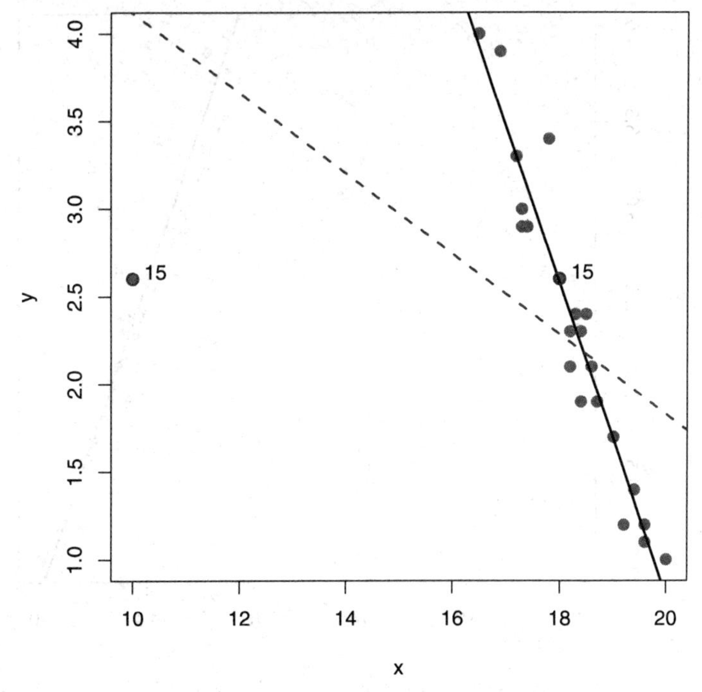

图 6.10 最小二乘估计的情况

一种简单的方法取 $\rho(r) = |r|$, 即求解优化问题

$$\min_{\boldsymbol{\beta}} \sum_{i=1}^{n} |y_i - (\beta_0 + \beta_1 x_{i1} + \cdots + \beta_p x_{ip})|, \tag{6.18}$$

该问题也可以称为最小一乘问题, 相应的估计称为最小一乘估计.

例 6.12 用最小一乘估计对例 6.11 中的数据作最小一乘估计 (原始数据和带有错误的数据).

解 这里仍然略去求解过程[1], 直接绘出相应的回归直线, 如图 6.11 所示. 图中的实线是原始数据的最小一乘估计, 实际上, 它与最小二乘回归直线基本相同. 图中虚线是带有错误数据的最小一乘估计, 它与原始数据得到的结果相差不多.

6.6.2 稳健回归

实际上, 最小一乘估计等价于最小二乘的中位数估计, 即

$$\min_{\boldsymbol{\beta}} \ \operatorname*{median}_{1 \leqslant i \leqslant n} \ [y_i - (\beta_0 + \beta_1 x_{i1} + \cdots + \beta_p x_{ip})]^2 . \tag{6.19}$$

从这种观点可以看出, 为什么最小一乘估计对偏差大的数值不敏感, 而对偏差小的数据敏感.

另一种方法是采用加权最小二乘的方法, 对于偏差较大的位置其权较小, 而对偏差较小的位置其权较大, 即令

$$\rho(r) = w(r) r^2, \tag{6.20}$$

[1] 关于最小一乘估计的计算请见 3.2.3 节.

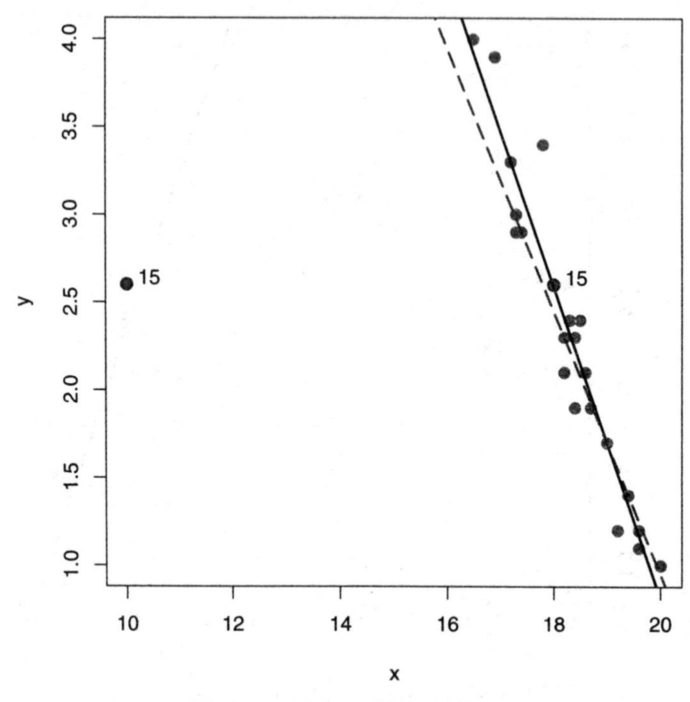

图 6.11 最小一乘估计的情况

并满足

(1) $w(r) \geqslant 0$ 且处处连续;

(2) $w(0) = 1$, $w(r) = w(-r)$, 且当 $|r_1| \geqslant |r_2|$ 时, 有 $w(r_1) \leqslant w(r_2)$;

(3) $\lim\limits_{r \to \infty} w(r) = 0$.

在构造权函数方面, 许多学者提出了各自的权函数, 得到与之相对应的稳健回归估计, 但这些估计大同小异. 在下面的公式中, 都用到一个 "标准化" 的残差指标 r, 即

$$r = \frac{\varepsilon}{cs\sqrt{1-h}}, \tag{6.21}$$

其中 ε 为残差. c 为调节常数, 具体值将在相应的公式中给出. h 为对应残差的中心化杠杆值, 即帽子矩阵对角元素. s 为残差尺度, 其计算公式为

$$s = \frac{\text{median}(|\varepsilon - \text{median}(\varepsilon)|)}{0.6745}. \tag{6.22}$$

此类方法称为 M 估计.

在 R 中, 用 `rlm()` 函数 (需加载 `MASS` 程序包) 完成 M 估计, 它有两种使用格式, 一种是公式格式

```
rlm(formula, data, weights, ..., subset, na.action,
    method = c("M", "MM", "model.frame"),
    wt.method = c("inv.var", "case"),
    model = TRUE, x.ret = TRUE, y.ret = FALSE,
    contrasts = NULL)
```

参数 formula 为形如 y ~ 1 + x1 + x2 的公式. data 为数据框, 由样本数据构成. weights 为可选向量, 表示每个样本的先验权重. subset 为可选向量, 表示样本子集. na.action 为函数, 表示当数据中有缺失数据 (NA) 的处理方法. method 为稳健回归的方法, 取 "M" 表示 M 估计, 取 "MM" 表示 MM 估计, MM 估计是 M 估计的一种改进.

另一种是默认格式

```
rlm(x, y, weights, ..., w = rep(1, nrow(x)),
    init = "ls", psi = psi.huber,
    scale.est = c("MAD", "Huber", "proposal 2"), k2 = 1.345,
    method = c("M", "MM"), wt.method = c("inv.var", "case"),
    maxit = 20, acc = 1e-4, test.vec = "resid",
    lqs.control = NULL)
```

参数 x 为自变量构成的设计矩阵或数据框. y 为响应变量构成的向量. init 为计算系数的初始值, 默认值为 ls. psi 为 ψ 函数 (本质上, $\psi(\cdot) = \rho'(\cdot)$), 默认值为 psi.huber 函数, 即最常用的 Huber 函数. scale.est 为残差尺度的估计值, 默认值为 "MAD"(即式 (6.22) 中的 s). k2 为调节常数, 即式 (6.21) 中的 c).

例 6.13 用 rlm() 函数对例 6.11 中带有错误的数据作 M 估计, 使用函数提供的 M 估计和 MM 估计, 并将两途中方法得到的结果画在图上.

解 以下是程序 (程序名: exam0613.R) 及计算结果

```
> library(MASS)
> (lm.ro1<-rlm(y~1+x, data=rt, method = "M", maxit=50))
Coefficients:
(Intercept)           x
 15.0918301  -0.7019516
Degrees of freedom: 23 total; 21 residual
Scale estimate: 0.198
> (lm.ro2<-rlm(y~1+x, data=rt, method = "MM", maxit=50))
Coefficients:
(Intercept)           x
 18.3317830  -0.8762995
Degrees of freedom: 23 total; 21 residual
Scale estimate: 0.222
```

绘出相应的图形 (绘图命令略), M 估计得到的回归直线如图 6.12 所示. 在图中, 实线是原始数据的最小二乘回归直线, 虚线是带有错误数据情况下, 由 rlm() 函数得到的回归直线, 其中 -·- 型虚线是由 M 估计得到的, --- 型虚线是由 MM 估计得到的.

6.6.3 抗干扰回归

抗干扰回归 (Resistant Regression) 是在数据包含高崩溃点的情况下得到回归估计, 这里包括最小截尾平方 (least trimmed squares, LTS) 回归, 最小分位数平方 (least quantile of squares, LQS) 回归, 最小中位数平方 (least median of squares, LMS) 回归和 S 估计.

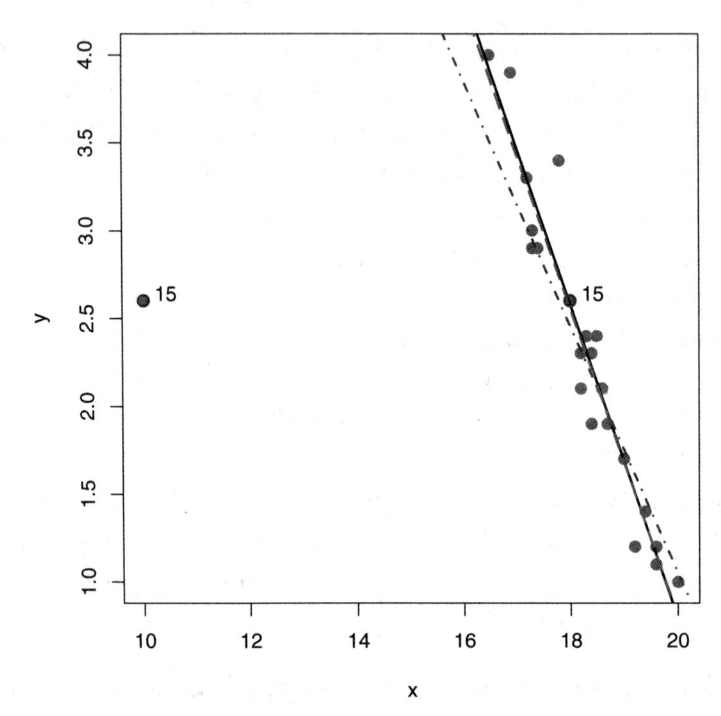

图 6.12 M 估计和 MM 估计和计算结果

在 R 中, lqs() 函数 (需加载 MASS 程序包) 可以完成抗干扰回归. 与 rlm() 函数一样, 它也有两种使用格式, 一种是公式格式

```
lqs(formula, data, ...,
    method = c("lts", "lqs", "lms", "S", "model.frame"),
    subset, na.action, model = TRUE,
    x.ret = FALSE, y.ret = FALSE, contrasts = NULL)
```

参数 formula 为公式. data 为数据框, 由样本数据构成. method 为回归方法, 取 "lts" 表示最小截尾平方回归, 取 "lqs" 表示最小分位数平方回归, 取 "lms" 表示最小中位数平方回归, 取 "S" 表示 S 估计. subset 为可选向量, 表示样本子集. na.action 为处理缺失数据的方法. model、x.ret 和 y.ret 为逻辑变量, 取 TRUE 时函数将分别返回模型结构、模型矩阵和响应变量. contrasts 为可选列表.

另一种是默认格式

```
lqs(x, y, intercept = TRUE,
    method = c("lts", "lqs", "lms", "S"),
    quantile, control = lqs.control(...),
    k0 = 1.548, seed, ...)
```

参数 x 为矩阵或数据框, 表示自变量或设计变量. y 为向量, 表示因变量或响应变量. intercept 为逻辑变量, 取 TRUE (默认值) 表示回归方程包含常数项. quantile 为分位数. control 为附加控制项.

可以用 predict() 函数作回归预测, 其使用格式为

```
predict(object, newdata, na.action = na.pass, ...)
```

参数 object 为 lqs() 函数得到的对象. newdata 为数据框, 由预测点构成. na.action 为缺

失数据的处理方法. ... 为附加参数.

例 6.14 用 lqs() 函数对例 6.11 中带有错误的数据作抗干扰回归.

解 先用原始数据作最小二乘回归. 将数据改动后, 再用 lqs() 函数的不同方法作抗干扰回归, 比较它们的计算结果 (程序名: exam0614.R).

```
> lm(y~x, data=rt)  #% 原始数据回归
Coefficients:
(Intercept)            x
     18.675       -0.894
> rt$x[15]<-10      #% 改动数据
> lqs(y~x, data=rt, method="lts")
Coefficients:
(Intercept)            x
    18.8640      -0.9032
Scale estimates 0.1472 0.2042
> lqs(y~x, data=rt, method="lqs")
Coefficients:
(Intercept)            x
    17.3559      -0.8235
Scale estimates 0.1469 0.1761
> lqs(y~x, data=rt, method="lms")
Coefficients:
(Intercept)            x
    18.5722      -0.8889
Scale estimates 0.1332 0.1848
> lqs(y~x, data=rt, method="S")
Coefficients:
(Intercept)            x
    16.2294      -0.7647
Scale estimates 0.2222
```

从计算结果来看, lqs() 函数的各种方法都有很好的抗干扰性.

6.7 非线性回归

前面各节介绍的内容属于线性模型, 它具有如下的形式

$$Y = \beta_0 + \beta_1 Z_1 + \beta_2 Z_2 + \cdots + \beta_k Z_k + \varepsilon, \tag{6.23}$$

其中 Z_i 可以表示基本变量 $X_1, X_2, \cdots, X_p$ 的任意函数. 虽然式 (6.23) 可以表示变量之间很广泛的关系 (如广义线性模型), 但在许多实际情况下, 这种形式的模型是不合适的. 例如, 当获得了关于响应和自变量之间的有用信息, 而这种信息提供了真实模型的形式或提供了模型必须满足某种方程时, 套用式 (6.23) 就不合适了. 一般地, 当实际情况要求用非线性模型时, 就应该尽可能地拟合这样的模型, 而不拟合可能脱离实际的线性模型.

6.7.1 多项式回归

这里只介绍一元多项式回归模型. 设已收集到 n 组样本 (x_i, y_i) $(i=1,2,\cdots,n)$, 假定响应变量是自变量的 k 次多项式, 即

$$y_i = \beta_0 + \beta_1 x_i + \beta_2 x_i^2 + \cdots + \beta_k x_i^k + \varepsilon_i, \quad i=1,2,\cdots,n, \tag{6.24}$$

其中 $\varepsilon_i \sim N(0,\sigma^2)$. 令 $z_{i1}=x_i$, $z_{i2}=x_i^2$, $\cdots$, $z_{ik}=x_i^k$, 则多项式回归模型 (6.24) 就可化成 k 元线性回归模型

$$y_i = \beta_0 + \beta_1 z_{i1} + \beta_2 z_{i2} + \cdots + \beta_k z_{ik} + \varepsilon_i, \quad i=1,2,\cdots,n, \tag{6.25}$$

其中 $\varepsilon_i \sim N(0,\sigma^2)$.

一元多项式回归本质上就是多元线性回归, 只需用 I() 函数在 lm() 函数中输入相应的幂次就可以了.

例 6.15 某种合金钢中的主要成分是金属 A 与 B, 经过试验和分析, 发现这两种金属成分之和 x 与膨胀系数 y 之间有一定的数量关系, 表 6.10 记录了一组试验数据, 试用多项式回归来分析 x 与 y 之间的关系.

表 6.10 金属成分之和与膨胀系数的关系数据

	x	y		x	y		x	y
1	37.0	3.40	6	39.5	1.83	11	42.0	2.35
2	37.5	3.00	7	40.0	1.53	12	42.5	2.54
3	38.0	3.00	8	40.5	1.70	13	43.0	2.90
4	38.5	3.27	9	41.0	1.80			
5	39.0	2.10	10	41.5	1.90			

解 先画出数据的散点图 (图形略), 可以看出用二次多项式回归模型比较合理, 编写程序 (程序名: exam0615.R)

```
x <- c(37.0, 37.5, 38.0, 38.5, 39.0, 39.5, 40.0, 40.5,
       41.0, 41.5, 42.0, 42.5, 43.0)
y <- c(3.40, 3.00, 3.00, 3.27, 2.10, 1.83, 1.53, 1.70,
       1.80, 1.90, 2.35, 2.54, 2.90)
summary(lm.sol<-lm(y ~ 1 + x + I(x^2)))
```

其计算结果如下

```
Coefficients:
             Estimate Std. Error t value Pr(>|t|)
(Intercept) 257.06961   47.00295   5.469 0.000273 ***
x           -12.62032    2.35377  -5.362 0.000318 ***
I(x^2)        0.15600    0.02942   5.303 0.000346 ***
---
Signif. codes:  0 ‘***’ 0.001 ‘**’ 0.01 ‘*’ 0.05 ‘.’ 0.1 ‘ ’ 1
```

```
Residual standard error: 0.329 on 10 degrees of freedom
Multiple R-squared: 0.7843,     Adjusted R-squared: 0.7412
F-statistic: 18.18 on 2 and 10 DF,  p-value: 0.0004668
```

系数与方程均通过检验. 因此, 得到 y 关于 x 的二次回归方程

$$\hat{y} = 257.0696 - 12.6203x + 0.1560x^2.$$

作预测的格式与多元回归相同. 例如, 要预测 $x_0 = 38.75$ 处的值, 其程序为

```
> predict(lm.sol, data.frame(x=38.75), interval="p")
       fit      lwr      upr
1 2.281973 1.498745 3.065201
```

画出一张包含散点、二次拟合曲线、预测区间及置信区间曲线的图形, 其程序类似于例 6.3 (略), 得到的图形如图 6.13 所示.

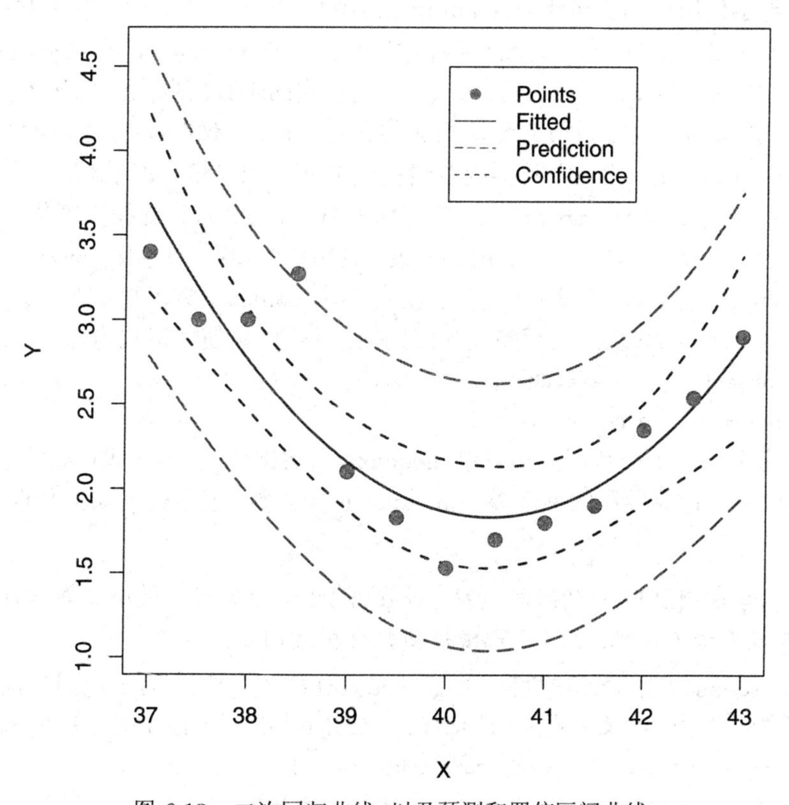

图 6.13 二次回归曲线, 以及预测和置信区间曲线

当多项式数次数较多时, 使用 `poly()` 函数. 例如, 命令

```
lm(y ~ poly(x, 3, raw = TRUE))
```

与命令

```
lm(y ~ x + I(x^2) + I(x^3))
```

的意义相同, 但前者较为简单. 注意: `raw = TRUE` 不可少; 否则就成为正交多项式回归了.

对于多元多项式回归, 除考虑多项式次数外, 还可以考虑变量之间的交互项, 其命令格式为

```
lm(y ~ x1 + x2 + x1:x2 + I(x1^2) + I(x2^2))
```

6.7.2 局部多项式回归

整体多项式回归有时可能效果并不理想, 所以可以采用局部多项式回归, 它本质上是一种非参数回归.

在 R 中, loess() 函数完成局部多项式回归的计算, 其使用格式为

```
loess(formula, data, weights, subset, na.action, model = FALSE,
    span = 0.75, enp.target, degree = 2,
    parametric = FALSE, drop.square = FALSE, normalize = TRUE,
    family = c("gaussian", "symmetric"),
    method = c("loess", "model.frame"),
    control = loess.control(...), ...)
```

参数 formula 为公式. data 为可选数据框或列表. weights 为向量, 表示样本的权. subset 为可选向量, 表示使用样本的子集. na.action 为函数, 表示当数据中有缺失数据 (NA) 的处理方法. model 为逻辑变量, 表示是否返回模型的框架. span 为参数 α, 表示控制光滑程度. enp.target 为替代参数 span 的方法. degree 多项式的阶数, 通常是 1 或 2 (选 0 也是允许的). parametric 为名称、数值或逻辑构成的变量或向量, 说明哪些项作全局拟合而不是局部拟合. drop.square 为名称、数值或逻辑构成的变量或向量, 说明哪些项去掉二次项的一个预测值, 当 degree=2 时. normalize 为逻辑变量, 表示是否将数据正则化到一个公共的尺度. family 为估计的方法, 取 "gaussian" 表示使用最小二乘估计, 取 "symmetric" 表示使用 M 估计. method 为拟合模型或仅仅是获取模型结构. control 为控制参数. ... 为附加参数.

使用 predict() 函数给出局部多项式回归的预测值, 其使用格式为

```
predict(object, newdata = NULL, se = FALSE,
        na.action = na.pass, ...)
```

参数 object 为 loess() 函数得到的对象. newdata 为数据框, 表示预测点处的值. se 为逻辑变量, 取 TRUE 表示计算预测的标准差. na.action 为函数, 表示处理缺失数据的方法. ... 为附加参数.

例 6.16 考虑例 2.14 中的汽车数据, 并在 3.3.2 节中完成了最小二乘估计和最小一乘估计, 其计算效果均不理想. 现用局部线性回归分析该问题.

解 用 loess() 作局部线性回归, 用 predict() 作预测. 为了更清楚地看清预测结果, 将拟合曲线和散点, 以及预测区间均画在一张图上. 以下为程序 (程序名: exam0614.R)

```
cars.lo <- loess(dist ~ speed, cars, degree = 1,
    control = loess.control(surface = "direct"))
newdata <- data.frame(speed = seq(2, 28, 1))
cars.pr <- predict(cars.lo, newdata, se = TRUE)
par(mai=c(0.9, 0.9, 0.5, 0.1))
plot(cars, cex=1.2, pch=19, col="magenta",
     main="Stopping Distance versus Speed",
     xlab="Speed (mph)", ylab="Distance (ft)",
     xlim=c(2,28), ylim=c(0, 120))
lines(newdata$speed, cars.pr$fit, lty=1, col="blue", lwd=2)
lines(newdata$speed, cars.pr$fit - 2*cars.pr$se.fit,
```

```
        lty=2, col="red", lwd=2)
lines(newdata$speed, cars.pr$fit + 2*cars.pr$se.fit,
        lty=2, col="red", lwd=2)
```

在 `loess()` 函数中, `control` 为控制参数, 调用 `loess.control()` 函数后, 可以让预测值向两端延伸. 在 `predict()` 函数中, 取 `se = TRUE`, 表示除得到预测值 `$fit` 外, 还可以得到预测的标准差 `$se.fit`. 在正态分布下, 2σ 大约是 95% 的置信区间, 因此, 除画回归曲线外, 也将 2 个标准差的预测区间画在图中, 如图 6.14 所示.

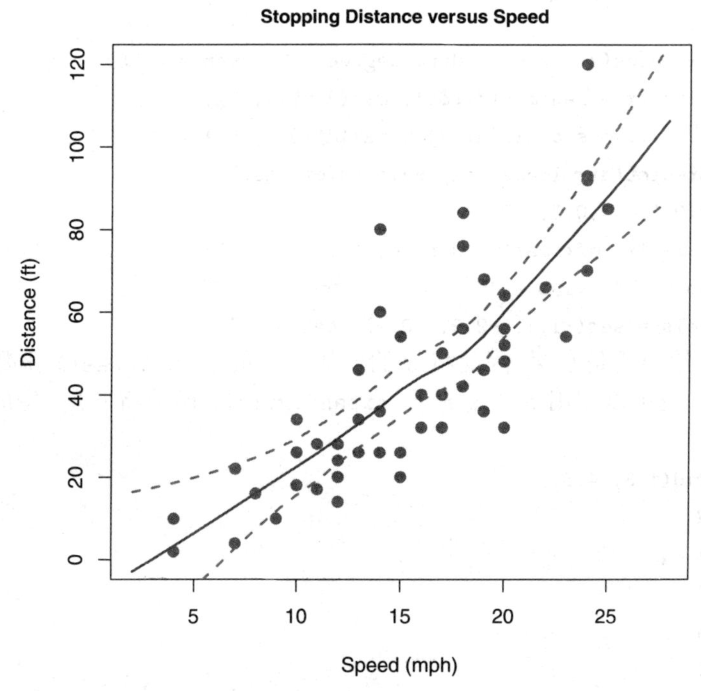

图 6.14　汽车数据的局部回归曲线及置信区间曲线

与 `lm()` 函数一样, `loess()` 函数也可作多元回归. 这里用它作二元回归, 增加二维区域内点的估计值, 从而绘出漂亮的二维等值线.

例 6.17 (水道测量问题)　表 6.11 给出了直角坐标 (x, y) 的水面一点处的水深 (单位: m), 水深数据在低潮时测得. 利用 `loess()` 等函数, 绘出水道的等值线图.

表 6.11　水道测量数据　　单位: m

	x	y	z		x	y	z
1	129.0	7.5	−1.22	8	157.5	−6.5	−2.74
2	140.0	141.5	−2.44	9	107.5	−81.5	−2.74
3	108.5	28.0	−1.83	10	77.0	3.0	−2.44
4	88.0	147.0	−2.44	11	81.0	56.5	−2.44
5	185.5	22.5	−1.83	12	162.0	−66.5	−2.74
6	195.0	137.5	−2.44	13	162.0	84.0	−1.22
7	105.5	85.5	−2.44	14	117.5	−38.5	−2.74

解 输入数据, 并写出拟合及绘图程序 (程序名: exam0617.R)

```
dfr<-data.frame(
    x = c(129.0, 140.0, 108.5,  88.0, 185.5, 195.0, 105.5,
          157.5, 107.5,  77.0,  81.0, 162.0, 162.0, 117.5),
    y = c(  7.5, 141.5,  28.0, 147.0,  22.5, 137.5,  85.5,
           -6.5, -81.5,   3.0,  56.5, -66.5,  84.0, -38.5),
    z = -c(1.22,  2.44,  1.83,  2.44,  1.83,  2.44,  2.44,
           2.74,  2.74,  2.44,  2.44,  2.74,  1.22,  2.74)
)
dfr.loess <- loess(z ~ x + y, dfr, degree = 2, span = 0.75)
dfr.mar <- list(x = seq(min(dfr$x), max(dfr$x), 5),
                y = seq(min(dfr$y), max(dfr$y), 5))
dfr.lo <- predict(dfr.loess, expand.grid(dfr.mar))
par(mai = c(0.9,0.9,0.3,0.2))
contour(dfr.mar$x, dfr.mar$y, dfr.lo,
        xlab = "X", ylab = "Y",
        levels = seq(-1.1, -2.9, -0.1), cex = 0.7)
```

由于数据表 6.11 给出的是水深, 因此将 z 的值加一个负号. 在 `loess()` 函数中, `z ~ x + y` 表示作二元拟合, 也可以使用 `z ~ x * y`. `expand.grid()` 函数将向量, 生成网络形式的数据框. 例如

```
> expand.grid(1:3, 4:5)
  Var1 Var2
1    1    4
2    2    4
3    3    4
4    1    5
5    2    5
6    3    5
```

这样得到的 `dfr.lo` 为一个 `length(x)`×`length(y)` 的矩阵. 所绘图形如图 6.15 所示. 图中水深是从 $-2.9 \sim -1.1$m, 每条等值线水深相差 0.1m.

6.7.3 非线性回归

设非线性回归模型具有如下形式

$$Y = f(\boldsymbol{X};\boldsymbol{\theta}) + \varepsilon, \tag{6.26}$$

其中 $\boldsymbol{X} = (X_1, X_2, \cdots, X_p)^{\mathrm{T}}$, $\boldsymbol{\theta} = (\theta_1, \theta_2, \cdots, \theta_k)^{\mathrm{T}}$, $\varepsilon \sim N(0, \sigma^2)$.

设 $(X^{(i)}, y_i)$ 为第 i 个样本, 即 $y_i = f(X^{(i)};\boldsymbol{\theta}) + \varepsilon_i$, 求参数 $\boldsymbol{\theta}$ 的估计值就是求解最小二乘问题

$$\min \quad Q(\boldsymbol{\theta}) = \sum_{i=1}^{n} \Big(y_i - f(X^{(i)}, \boldsymbol{\theta})\Big)^2, \tag{6.27}$$

其解 $\widehat{\boldsymbol{\theta}}$ 作为参数 $\boldsymbol{\theta}$ 的估计值.

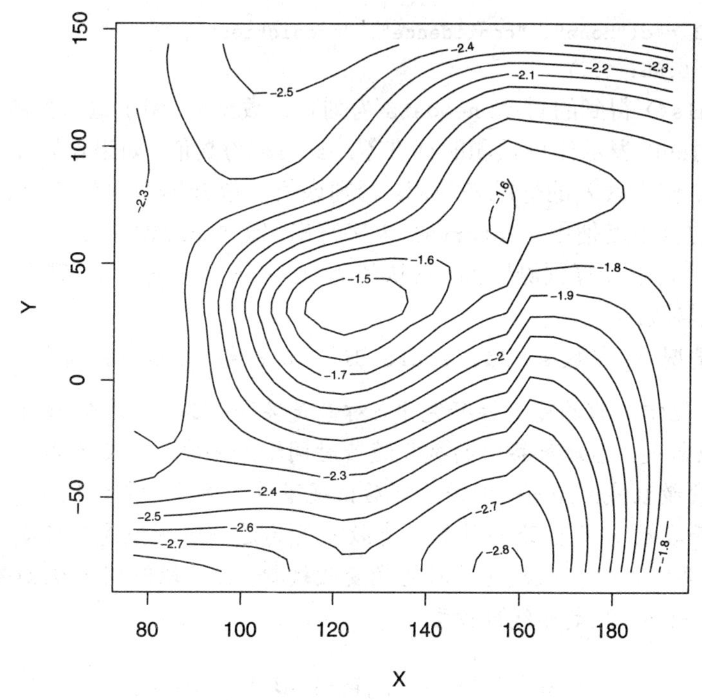

图 6.15 水道深度等值线图

非线性回归参数的推断要求对误差项方差 σ^2 作出估计

$$\hat{\sigma}^2 = \frac{\sum\limits_{i=1}^{n}(y_i - \hat{y}_i)^2}{n-k} = \frac{\sum\limits_{i=1}^{n}\left(y_i - f(X^{(i)}, \hat{\boldsymbol{\theta}})\right)^2}{n-k} = \frac{Q(\hat{\boldsymbol{\theta}})}{n-k}. \tag{6.28}$$

其中 $\hat{\boldsymbol{\theta}}$ 是参数 $\boldsymbol{\theta}$ 估计值, 这个估计值与线性回归是一样的. 对非线性回归来说, $\hat{\sigma}^2$ 不是 σ^2 的无偏估计量, 但是当样本量很大时, 它的偏差很小.

在 R 中, 计算非线性最小二乘模型的函数是 `nls()` 函数, 其使用格式为

```
nls(formula, data, start, control, algorithm,
    trace, subset, weights, na.action, model,
    lower, upper, ...)
```

参数 `formula` 为表示非线性模型的公式. `data` 为数据框. `start` 为列表或数值向量, 表示参数估计的初始值. `control` 为控制设置的可选列表. `algorithm` 为描述算法的字符串, 默认值为 Gauss-Newton 法. `trace` 为逻辑变量, 取 `TRUE` 表示列出求解过程的残差平方和, 以及对应的参数. `subset` 为可选向量, 表示拟合时使用的样本子集. `weights` 为可选数值向量, 表示对应样本的权. `na.action` 为函数, 表示处理缺失数据的方法. `model` 为逻辑变量, 取 `TRUE` 表示在返回值中增加模型的结构. `lower` 和 `upper` 为向量, 分别表示估计参数的下界和上界. `...` 为附加参数.

与线性模型一样, 用 `summary()` 函数列出计算结果的详细信息, 用 `predict()` 函数给出预测值、预测区间及置信区间, 其使用格式为

```
predict(object, newdata, se.fit = FALSE,
    scale = NULL, df = Inf,
```

```
    interval = c("none", "confidence", "prediction"),
    level = 0.95, ...)
```

参数 object 为 nls() 得到的对象. newdata 为列表或数据框, 用于输入预测点的值. se.fit 为逻辑变量, 取 TRUE 表示计算预测的标准差. scale 为数值, 如果设置 (与 df 一起), 在标准差的计算时, 作为残差的标准差使用; 否则该值从拟合模型中提取. df 为正数, 如果设置, 作为模型的自由度使用. interval 为字符串, 取 "confidence" 表示计算置信区间, 取 "prediction" 表示计算预测区间, 默认值为 "none". level 为显著性水平, 默认值为 0.95. ... 为附加参数.

注: 在当前情况下, 参数 se.fit, scale, df, interval 和 level 均不起作用.

例 6.18 在化学工业的可靠性研究中，对象是某种产品 A. 在制造时单位产品中必须含有 0.50 的有效氯气. 已知产品中的氯气随着时间增加而减少. 在产品到达用户之前的最初 8 周内, 氯气含量衰减到 0.49. 但由于随后出现了许多无法控制的因素 (如库房环境、处理设备等)，因而在后 8 周理论的计算对有效氯气的进一步预报是不可靠的. 为了有利于管理需要决定产品所含的有效氯气随时间的变化规律. 在一段时间中观测若干盒产品得到的数据如表 6.12 所示. 假定非线性模型

$$Y = \alpha + (0.49 - \alpha)\exp(-\beta(X - 8)) + \varepsilon \tag{6.29}$$

能解释当 $X \geqslant 8$ 时数据中出现的变差. 试用非线性最小二乘方法分析.

表 6.12 单位产品中有效氯气

	生产后时间	有效氯气		生产后时间	有效氯气		生产后时间	有效氯气
1	8	0.49	16	16	0.43	31	28	0.41
2	8	0.49	17	18	0.46	32	28	0.40
3	10	0.48	18	18	0.45	33	30	0.40
4	10	0.47	19	20	0.42	34	30	0.40
5	10	0.48	20	20	0.42	35	30	0.38
6	10	0.47	21	20	0.43	36	32	0.41
7	12	0.46	22	22	0.41	37	32	0.40
8	12	0.46	23	22	0.41	38	34	0.40
9	12	0.45	24	22	0.40	39	36	0.41
10	12	0.43	25	24	0.42	40	36	0.38
11	14	0.45	26	24	0.40	41	38	0.40
12	14	0.43	27	24	0.40	42	38	0.40
13	14	0.43	28	26	0.41	43	40	0.39
14	16	0.44	29	26	0.40	44	42	0.39
15	16	0.43	30	26	0.41			

解 以下是程序 (程序名: exam0618.R)

```
cl <- data.frame(
   x = c( 8,  8, 10, 10, 10, 10, 12, 12, 12, 12, 14, 14,
         14, 16, 16, 16, 18, 18, 20, 20, 20, 22, 22, 22,
```

```
        24, 24, 24, 26, 26, 26, 28, 28, 30, 30, 30, 32,
        32, 34, 36, 36, 38, 38, 40, 42),
   y = c(0.49, 0.49, 0.48, 0.47, 0.48, 0.47, 0.46, 0.46,
        0.45, 0.43, 0.45, 0.43, 0.43, 0.44, 0.43, 0.43,
        0.46, 0.45, 0.42, 0.42, 0.43, 0.41, 0.41, 0.40,
        0.42, 0.40, 0.40, 0.41, 0.40, 0.41, 0.41, 0.40,
        0.40, 0.40, 0.38, 0.41, 0.40, 0.40, 0.41, 0.38,
        0.40, 0.40, 0.39, 0.39)
)
nls.sol<-nls(y~a+(0.49-a)*exp(-b*(x-8)), data=cl,
    start=list(a=0.1, b=0.01), model=T )
summary(nls.sol)
```

和计算结果

```
Formula: y ~ a + (0.49 - a) * exp(-b * (x - 8))
Parameters:
  Estimate Std. Error t value Pr(>|t|)
a 0.390140   0.005045  77.333  < 2e-16 ***
b 0.101633   0.013360   7.607 1.99e-09 ***
---
Signif. codes:  0 '***' 0.001 '**' 0.01 '*' 0.05 '.' 0.1 ' ' 1

Residual standard error: 0.01091 on 42 degrees of freedom
Number of iterations to convergence: 19
Achieved convergence tolerance: 1.439e-06
```

在计算结果中, `Formula` 为非线性模型的公式. `Parameters` 为参数, 有估计值、标准差、t 值和 P 值. 可以看出, 通过检验. `Residual standard error` 表示残差的标准差, 即 $\hat{\sigma}$. `degrees of freedom` 为自由度, 仍然是 $n-2$ (2 个参数). 因此, 模型为

$$\hat{Y} = 0.3901 + (0.49 - 0.3901)\exp(-0.1016(X - 8)).$$

以下程序可画出数据的散点图和回归预测曲线.

```
newdata<-data.frame(x=seq(8, 42, by=1))
nls.pre<-predict(nls.sol, newdata)
par(mai=c(0.9, 0.9, 0.2, 0.1))
plot(cl, pch=19, col=2, xlab="X", ylab="Y")
lines(newdata$x, nls.pre, lwd=2, col=4)
```

图形略.

6.8 广义线性回归模型

广义线性模型 (GLM) 是常见正态线性模型的直接推广, 它可以适用于连续数据和离散数据, 特别是后者, 如属性数据、计数数据. 这在应用上, 尤其是生物、医学、经济和社会数据的统计分析上，有着重要意义.

对于线性模型

$$Y=\beta_0+\beta_1X_1+\cdots+\beta_pX_p+\varepsilon, \tag{6.30}$$

其中 $\varepsilon\sim N(0,\sigma^2)$. 令 $\mu=E(Y)$, 则

$$\mu=\beta_0+\beta_1X_1+\cdots+\beta_pX_p. \tag{6.31}$$

广义线性模型将线性模型 (6.31) 推广为

$$\eta=g(\mu)=\beta_0+\beta_1X_1+\cdots+\beta_pX_p. \tag{6.32}$$

所以它有以下三个概念: (1) 线性自变量, 即 $\beta_0+\beta_1X_1+\cdots+\beta_pX_p$, 也称为线性预测部分. (2) 连接函数, $\eta=g(\mu)$. (3) 误差函数, 也就是模型的随机部分, 保留样本的独立性假设, 去掉可加性和正态性的假设, 可以从指数型分布族中选择误差函数. 表 6.13 给出了广义线性模型中常见的连接函数和误差函数.

表 6.13 常见的连接函数和误差函数

	连接函数	逆连接函数 (回归模型)	典型误差函数
恒等	$\eta=\mu$	$\mu=\eta$	正态分布
对数	$\eta=\ln\mu$	$\mu=\exp(\eta)$	Poisson 分布
Logit	$\eta=\mathrm{logit}\mu$	$\mu=\dfrac{\exp(\eta)}{1+\exp(\eta)}$	二项分布
逆	$\eta=\dfrac{1}{\mu}$	$\mu=\dfrac{1}{\eta}$	Γ 分布

6.8.1 glm 函数

在 R 中, glm() 函数提供广义线性模型的计算, 其使用格式为

```
glm(formula, family = gaussian, data, weights, subset,
    na.action, start = NULL, etastart, mustart, offset,
    control = list(...), model = TRUE, method = "glm.fit",
    x = FALSE, y = TRUE, contrasts = NULL, ...)
```

参数 formula 为公式. family 为误差函数的分布族和模型中使用的连接函数 (link), 分布族和连接函数如表 6.14 所示. data 为提供数据的数据框. weights 为可选向量, 描述样本的先验权重. subset 为可选向量, 描述观测样本的子集. na.action 为函数, 表示处理缺失数据的方法. start 为 β 的初始值. etastart 为 η 的初始值. mustart 为 μ 的初始值.

与广义线性模型一起使用的还有 summary() 函数和 predict() 函数, 其使用格式为

```
summary(object, dispersion = NULL, correlation = FALSE,
        symbolic.cor = FALSE, ...)

predict(object, newdata = NULL,
        type = c("link", "response", "terms"),
        se.fit = FALSE, dispersion = NULL, terms = NULL,
        na.action = na.pass, ...)
```

表 6.14 族与相关的连接函数

family	link 函数	函数描述
binomial	logit(默认值)	$\eta = \ln\left(\frac{\mu}{1-\mu}\right)$
	probit	$\eta = \Phi^{-1}(\mu)^1$
	cauchit	$\eta = F^{-1}(\mu)^2$
	log	$\eta = \ln(\mu)$
	cloglog	$\eta = \ln(-\ln(1-\mu))$
gaussian	identity(默认值)	$\eta = \mu$
	log, inverse	同上
Gamma	inverse (默认值)	$\eta = \dfrac{1}{\mu}$
	identity, log	同上
inverse.gaussian	1/mu^2 (默认值)	$\eta = \dfrac{1}{\mu^2}$
	identity, inverse, log	同上
poisson	log (默认值), identity	同上
	sqrt	$\eta = \sqrt{\mu}$
quasi	logit, probit, cloglog	同上
	identity, inverse	同上
	log, 1/mu^2, sqrt	同上

[1] 标准正态分布的分布函数, [2]Cauchy 分布的分布函数.

参数 `object` 为 `glm()` 函数得到对象. `newdata` 为数据框, 用于输入预测点的值. `type` 所需的预测类型. `se.fit` 逻辑变量, 表示是否需要计算标准差.

下面根据误差函数的类型说明 `glm()` 函数的使用方法.

6.8.2 Logistic 回归模型

在广义线性回归模型中, logistic 回归模型是最重要的模型之一. 在回归问题中, 响应变量是分类变量, 经常是或者成功, 或者失败. 对于这些问题, 正态线性模型显然是不合适的, 因为正态误差不对应一个 0–1 响应. 在这种情况下, 可用一种重要的方法称为 logistic 回归.

logistic 回归使用二项分布误差函数 (`binomial`), 连接函数使用 `logit` 或 `probit`. 关于因变量的输入有三种形式: (1) 由 0 或 1 构成的向量; (2) 两列矩阵, 其中第一列为成功的次数, 第二列为失败的次数; (3) 因子, 第一个水平为 0, 第二个水平为 1.

例 6.19 (R. Norell 实验) 为研究高压电线对牲畜的影响, R. Norell 研究小的电流对农场动物的影响. 他在实验中, 选择了 7 头, 6 种电击强度: 0mA, 1mA, 2mA, 3mA, 4mA, 5mA. 每头牛被电击 30 下, 每种强度 5 下, 按随机的次序进行. 然后重复整个实验, 每头牛总共被电击 60 下. 对每次电击, 响应变量 —— 嘴巴运动, 或者出现, 或者未出现. 表 6.15 中的数据给出每种电击强度 70 次试验中响应的总次数. 试分析电击对牛的影响.

表 6.15 7 头牛对 6 种不同强度的非常小的电击的响应

电流/mA	试验次数	响应次数	响应的比例
0	70	0	0.000
1	70	9	0.129
2	70	21	0.300
3	70	47	0.671
4	70	60	0.857
5	70	63	0.900

解 使用第 2 种响应变量的输入形式, 构造 2 列矩阵, 第 1 列是成功 (响应) 的次数, 第 2 列是失败 (不响应) 的次数, 然后再作 logistic 回归. 其程序 (程序名: `exam0619.R`) 如下

```
x <- 0 : 5
y <- c(0, 9, 21, 47, 60, 63)
Y <- cbind(y, 70-y)
glm.sol <- glm(Y~x, family=binomial(link=logit))
summary(glm.sol)
```

其计算结果为

```
Call:
glm(formula = Y ~ x, family = binomial(link = logit))
Deviance Residuals:
      1        2        3        4        5        6
-2.2507   0.3892  -0.1466   1.1080   0.3234  -1.6679
Coefficients:
            Estimate Std. Error z value Pr(>|z|)
(Intercept)  -3.3010     0.3238  -10.20   <2e-16 ***
x             1.2459     0.1119   11.13   <2e-16 ***
---
Signif. codes:  0 '***' 0.001 '**' 0.01 '*' 0.05 '.' 0.1 ' ' 1
(Dispersion parameter for binomial family taken to be 1)
    Null deviance: 250.4866  on 5  degrees of freedom
Residual deviance:   9.3526  on 4  degrees of freedom
AIC: 34.093
Number of Fisher Scoring iterations: 4
```

即 $\beta_0 = -3.3010$, $\beta_1 = 1.2459$. 并且通过了检验. 因此, 回归模型为

$$P = \frac{\exp(-3.3010 + 1.2459x)}{1 + \exp(-3.3010 + 1.2459x)},$$

其中 x 是电流强度 (单位: mA).

与线性回归模型相同, 在得到回归模型后, 可以作预测, 例如, 当电流强度为 3.5mA 时, 有响应的牛的概率为多少? 此时需要利用 `predict()` 函数, 其命令为

```
> predict(glm.sol, data.frame(x=3.5), type = "response")
       1
0.742642
```

计算结果为 74.26%. 注意: 参数 "link" 给出连接函数的值, 即 η 值. 参数 "response" 给出的是响应值, 即 μ 值.

可以作控制, 如有 50% 的牛有响应, 其电流强度为多少? 当 $P = 0.5$ 时, $\eta = \ln \dfrac{P}{1-P} = 0$, 所以, $x = -\beta_0/\beta_1 = 2.6494$, 即 2.65mA 的电流强度, 可以使 50% 的牛有响应.

最后画出响应的比例与 logistic 回归曲线画, 这里选择不同的连接函数

```
d<- seq(0, 5, length=100)
names<-c("logit", "probit", "cauchit")
col <- c("black", "blue",  "brown")
lty<-c(1, 2, 4)
par(mai=c(0.9,0.9, 0.2,0.1))
plot(x, y/70, pch=19, cex=1.2, col=2,
     xlab="X", ylab="proibability", ylim=c(0,.95))
for (i in 1:3){
     glm.sol <- glm(Y~x, family=binomial(link=names[i]))
     pre<-predict(glm.sol, data.frame(x=d),
                  type = "response")
     lines(d, pre, lwd=2, col=col[i], lty=lty[i])
}
legend(0.2, 0.9, legend=c("points", names),
       col=c("red", col), pch=c(19, NA, NA, NA),
       lty=c(NA, lty), lwd=2)
```

得到的图形由图 6.16 所示.

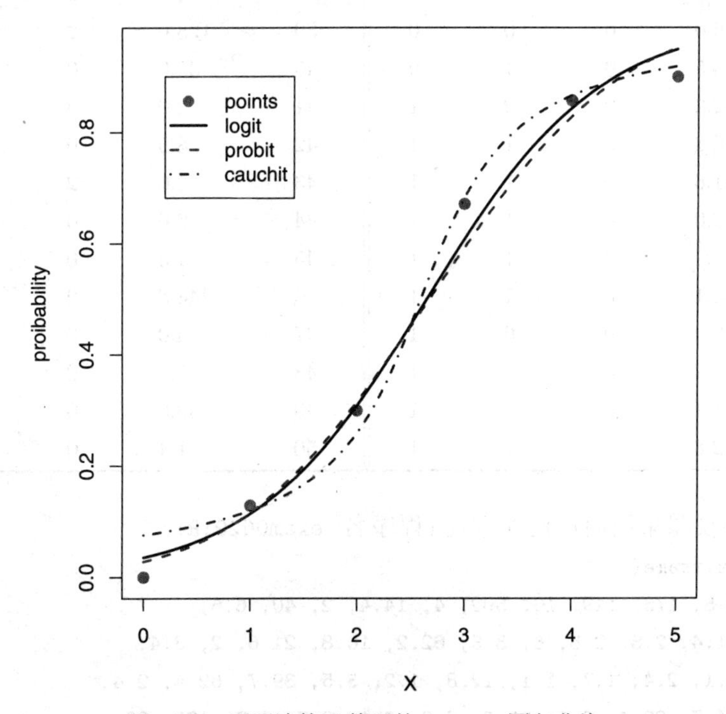

图 6.16 不同连接函数下的 logistic 回归曲线

例 6.20 50 位急性淋巴细胞性白血病病人，在入院治疗时取得了外辏血中的细胞数 X_1（千个 /mm^3）；淋巴结浸润等级 X_2（分为 0,1,2,3 级）；出院后有无巩固治疗 X_3（“1” 表示有巩固治疗，“0” 表示无巩固治疗）. 通过随访取得病人的生存时间，并以变量 $Y=0$ 表示生存时间在 1 年以内，$Y=1$ 表示生存时间在 1 年或 1 年以上. 关于 X_1,X_2,X_3 和 Y 的观测数据，如表 6.16 所示. 试用 Logistic 回归模型分析病人生存时间长短的概率与 X_1,X_2,X_3 的关系.

表 6.16 50 位急性淋巴细胞性白血病病人生存数据

编号	X_1	X_2	X_3	Y	编号	X_1	X_2	X_3	Y
1	2.5	0	0	0	26	1.2	2	0	0
2	173.0	2	0	0	27	3.5	0	0	0
3	119.0	2	0	0	28	39.7	0	0	0
4	10.0	2	0	0	29	62.4	0	0	0
5	502.0	2	0	0	30	2.4	0	0	0
6	4.0	0	0	0	31	34.7	0	0	0
7	14.4	0	1	0	32	28.4	2	0	0
8	2.0	2	0	0	33	0.9	0	1	0
9	40.0	2	0	0	34	30.6	2	0	0
10	6.6	0	0	0	35	5.8	0	1	0
11	21.4	2	1	0	36	6.1	0	1	0
12	2.8	0	0	0	37	2.7	2	1	0
13	2.5	0	0	0	38	4.7	0	0	0
14	6.0	0	0	0	39	128.0	2	1	0
15	3.5	0	1	0	40	35.0	0	0	0
16	62.2	0	0	1	41	2.0	0	0	1
17	10.8	0	1	1	42	8.5	0	1	1
18	21.6	0	1	1	43	2.0	2	1	1
19	2.0	0	1	1	44	2.0	0	1	1
20	3.4	2	1	1	45	4.3	0	1	1
21	5.1	0	1	1	46	244.8	2	1	1
22	2.4	0	0	1	47	4.0	0	1	1
23	1.7	0	1	1	48	5.1	0	1	1
24	1.1	0	1	1	49	32.0	0	1	1
25	12.8	0	1	1	50	1.4	0	1	1

解 响应变量采用向量输入方式 (程序名: `exam0620.R`).

```
life<-data.frame(
   X1=c(2.5, 173, 119, 10, 502, 4, 14.4, 2, 40, 6.6,
        21.4, 2.8, 2.5, 6, 3.5, 62.2, 10.8, 21.6, 2, 3.4,
        5.1, 2.4, 1.7, 1.1, 12.8, 1.2, 3.5, 39.7, 62.4, 2.4,
        34.7, 28.4, 0.9, 30.6, 5.8, 6.1, 2.7, 4.7, 128, 35,
        2, 8.5, 2, 2, 4.3, 244.8, 4, 5.1, 32, 1.4),
```

```
    X2=rep(c(0, 2, 0, 2, 0, 2, 0, 2, 0, 2, 0, 2, 0, 2, 0, 2,
             0, 2, 0, 2, 0, 2, 0),
           c(1, 4, 2, 2, 1, 1, 8, 1, 5, 1, 5, 1, 1, 1, 2, 1,
            1, 1, 3, 1, 2, 1, 4)),
    X3=rep(c(0, 1, 0, 1, 0, 1, 0, 1, 0, 1, 0, 1, 0, 1, 0,
             1, 0, 1),
           c(6, 1, 3, 1, 3, 1, 1, 5, 1, 3, 7, 1, 1, 3, 1,
             1, 2, 9)),
    Y=rep(c(0,  1,   0,  1), c(15, 10, 15, 10))
)
glm.sol<-glm(Y~X1+X2+X3, family=binomial, data=life)
summary(glm.sol)
```

计算结果 (略). 从计算结果可以看出, 系数 (X1, X2) 并没有通过检验, 所以还可以使用 step 函数作逐步回归.

```
> summary(step(glm.sol, trace = 0))
Call:
glm(formula = Y ~ X2 + X3, family = binomial, data = life)
Deviance Residuals:
    Min       1Q   Median       3Q      Max
-1.6849  -0.5949  -0.3033   0.7442   1.9073
Coefficients:
            Estimate Std. Error z value Pr(>|z|)
(Intercept)  -1.6419     0.6381  -2.573 0.010082 *
X2           -0.7070     0.4282  -1.651 0.098750 .
X3            2.7844     0.7797   3.571 0.000355 ***
---
Signif. codes:  0 '***' 0.001 '**' 0.01 '*' 0.05 '.' 0.1 ' ' 1
(Dispersion parameter for binomial family taken to be 1)
    Null deviance: 67.301  on 49  degrees of freedom
Residual deviance: 46.718  on 47  degrees of freedom
AIC: 52.718
Number of Fisher Scoring iterations: 5
```

step 函数去掉变量 X_1, 并给出最终的结果.

6.8.3 Poisson 分布族

当响应变量取正整数时, 通常会选用 Poisson 分布族.

例 6.21 现有某医院在非器质性心脏病且仅有胸闷症状的就诊者中随机收集了 30 名患者在 24h 内的早搏数 (y), 试分析早搏是否与吸烟 (x_1)、性别 (x_2) 和喝咖啡 (x_3) 有关? 具体数据如表 6.17 所示, 其中 $x_1 = 1$ 表示吸烟, $x_1 = 0$ 表示不吸烟; $x_2 = 1$ 表示喜欢喝咖啡, $x_2 = 0$ 表示不喜欢喝咖啡; $x_3 = 1$ 表示男性, $x_3 = 0$ 表示女性.

表 6.17 某医院非器质性心脏病伴有胸闷患者情况

编号	x_1	x_2	x_3	y	编号	x_1	x_2	x_3	y	编号	x_1	x_2	x_3	y
1	0	1	1	11	11	0	0	0	1	21	0	1	1	5
2	0	0	0	7	12	0	0	1	9	22	1	1	0	8
3	0	0	0	3	13	0	0	1	6	23	1	1	0	13
4	1	0	1	5	14	1	1	1	17	24	0	0	1	8
5	0	0	0	2	15	0	0	0	5	25	1	0	0	6
6	1	1	1	13	16	1	0	0	11	26	0	0	1	4
7	0	1	0	6	17	0	1	1	8	27	0	0	0	6
8	1	0	1	10	18	1	0	1	9	28	1	1	1	13
9	0	0	0	4	19	0	0	0	8	29	1	1	0	9
10	1	0	1	7	20	1	0	0	5	30	0	0	1	5

解 响应变量为计数变量, 考虑计数变量这一特点, 可以假定因变量服从 Poisson 分布, 对联接函数取对数 ("log"). 下面是程序 (程序名: exam0621.R)

```
heart<-data.frame(
        x1=c(0, 0, 0, 1, 0, 1, 0, 1, 0, 1, 0, 0, 0, 1, 0,
             1, 0, 1, 0, 1, 0, 1, 1, 0, 1, 0, 0, 1, 1, 0),
        x2=c(1, 0, 0, 0, 0, 1, 1, 0, 0, 0, 0, 0, 0, 1, 0,
             0, 1, 0, 0, 0, 1, 1, 1, 0, 0, 0, 0, 1, 1, 0),
        x3=c(1, 0, 0, 1, 0, 1, 0, 1, 0, 1, 0, 1, 1, 1, 0,
             0, 1, 1, 0, 0, 1, 0, 0, 1, 0, 1, 0, 1, 0, 1),
        y=c(11,  7,  3, 5, 2, 13, 6, 10, 4,  7, 1, 9, 6,
            17,  5, 11, 8, 9,  8, 5,  5, 8, 13, 8, 6, 4,
             6, 13,  9, 5)
    ) glm.sol<-glm(y~x1+x2+x3, family=poisson, data=heart)
    summary(glm.sol)
```

和计算结果

```
    Call:
    glm(formula = y ~ x1 + x2 + x3, family = poisson, data = heart)
    Deviance Residuals:
        Min       1Q   Median       3Q      Max
    -2.0024  -0.7002  -0.1436   0.7304   1.4793
    Coefficients:
                 Estimate Std. Error z value Pr(>|z|)
    (Intercept)   1.5066     0.1323  11.389  < 2e-16 ***
    x1            0.4162     0.1381   3.014  0.00258 **
    x2            0.4012     0.1382   2.903  0.00369 **
    x3            0.2546     0.1362   1.870  0.06154 .
    ---
    Signif. codes:  0 ‘***’ 0.001 ‘**’ 0.01 ‘*’ 0.05 ‘.’ 0.1 ‘ ’ 1
    (Dispersion parameter for poisson family taken to be 1)
        Null deviance: 51.515  on 29  degrees of freedom
    Residual deviance: 23.516  on 26  degrees of freedom
```

```
AIC: 143.8
Number of Fisher Scoring iterations: 4
```

所有系数均通过检验 ($\alpha = 0.1$), 相应的模型为

$$y = \exp(1.5066 + 0.4162x_1 + 0.4012x_2 + 0.2546x_3).$$

从模型来看, 心脏早搏数与吸烟、性别和喝咖啡是有关的.

下面用 predict() 函数计算各种情况的预测值和相应的标准差, 程序和计算结果如下

```
xfit<-data.frame(
    x1 = rep(c(0, 1), c(4, 4)),
    x2 = rep(c(0, 1, 0, 1), c(2, 2, 2, 2)),
    x3 = rep(c(0,1), 4)
)
predict(glm.sol, newdata = xfit, type = "response",
        se.fit = TRUE)
$fit
        1         2         3         4         5         6
 4.511328  5.819173  6.738292  8.691739  6.840218  8.823214
        7         8
10.216810 13.178688
$se.fit
        1         2         3         4         5         6
0.5967917 0.7462433 1.0856785 1.2620126 0.9462134 1.1766347
        7         8
1.4167039 1.5622879
$residual.scale
[1] 1
```

6.8.4 正态分布族

尽管线性模型是以正态分布为前提的, 但正态分布族可以有更广阔的计算.

例 6.22 已知数据如表 6.18 所示, 满足关系式

$$y = \frac{x}{\beta_0 x + \beta_1} + \varepsilon, \quad \varepsilon \sim N(0, \sigma^2), \tag{6.33}$$

试用线性回归、非线性回归和广义线性回归方法估计参数 β_0 和 β_1.

表 6.18 数据表

编号	x	y	编号	x	y	编号	x	y
1	2.00	0.42	6	8.00	3.93	11	16.00	4.76
2	3.00	2.20	7	10.00	4.49	12	18.00	5.00
3	4.00	3.58	8	11.00	4.59	13	19.00	5.20
4	5.00	3.50	9	14.00	4.60			
5	7.00	4.00	10	15.00	4.90			

解 (1) 用线性模型求解. 该模型看上去是非线性的, 但可以化成线性模型

$$\frac{1}{y} = \beta_0 + \beta_1 \frac{1}{x} + \varepsilon. \tag{6.34}$$

因此, 选用 `lm()` 函数计算, 程序 (程序名: `exam0622.R`) 如下:

```
noli<-data.frame(
    x = c(2, 3, 4, 5, 7, 8, 10, 11, 14, 15, 16, 18, 19),
    y = c(0.42, 2.20, 3.58, 3.50, 4.00, 3.93, 4.49,
          4.59, 4.60, 4.90, 4.76, 5.00, 5.20)
)
lm.sol<-lm(I(1/y)~1+I(1/x), data=noli)
summary(lm.sol)
```

经计算得到 $\beta_0 = -0.1739$, $\beta_1 = 3.7206$.

但经检验 (画出散点图和回归曲线, 这一点留给读者完成), 发现计算效果并不理想. 分析其原因, 发现: 如果式 (6.33) 的误差项 ε 服从正态分布的话, 则式 (6.34) 的误差项 ε 就不再服从正态分布了.

(2) 用非线性模型求解. 写出非线性函数, 直接调用 `nls()` 函数计算

```
nls.sol<-nls(y~ x/(b0*x+b1), data=noli,
             start=list(b0=0.5, b1=0.1))
summary(nls.sol)
```

经计算得到 $\beta_0 = 0.1485$, $\beta_1 = 0.8347$.

经检验 (画出散点图和回归曲线), 它远远好于线性模型的计算结果.

(3) 用广义线性模型求解. 由于模型 (6.33) 等价于

$$y = \frac{1}{\beta_0 + \beta_1 \dfrac{1}{x}} + \varepsilon, \tag{6.35}$$

且 ε 仍然服从正态分布. 因此, 选择正态分布族函数

```
glm.sol<-glm(y~1+I(1/x),
             family=gaussian(link=inverse), data=noli)
summary(glm.sol)
```

计算结果与非线性回归模型得到的结果完全相同.

除上述分布族外, 还有其他的分布族. 如某种极值情况 (水文、地震、材料断裂等), 可以采用 Γ 分布. 关于分布的选择, 需要依具体情况而定.

习　题　6

1. 为估计山上积雪融化后对下游灌溉的影响, 在山上建立一个观测站, 测量最大积雪深度 X (m) 与当年灌溉面积 Y(ha), 测得连续 10 年的数据如表 6.19 所示. (1) 建立一元线性回归模型, 求解, 并验证系数、方程或相关系数是否通过检验; (2) 现测得今年的数据是 $X = 7$m, 给出今年灌溉面积的预测值、预测区间和置信区间 ($\alpha = 0.05$). (3) 如果去掉模型的常数项, 其结果如何, 完成 (1) 和 (2) 的工作. (1ha=10000m^2)

表 6.19　10 年中最大积雪深度与当年灌溉面积的数据

编号	X	Y	编号	X	Y
1	5.1	1907	6	7.8	3000
2	3.5	1287	7	4.5	1947
3	7.1	2700	8	5.6	2273
4	6.2	2373	9	8.0	3113
5	8.8	3260	10	6.4	2493

2. 将习题 1 中的散点、回归预测值、回归的预测区间和置信区间均画在一张图上, 分析线性回归的拟合情况 (类似于例 6.3 的解题过程).

3. 研究同一地区土壤所含可给态磷（Y）的情况, 得到 18 组数据如表 6.20 所示. 表中 X_1 为土壤内所含无机磷浓度, X_2 为土壤内溶于 K_2CO_3 溶液并受溴化物水解的有机磷, X_3 为土壤内溶于 K_2CO_3 溶液但不溶于溴化物水解的有机磷. (1) 建立多元线性回归方程模型, 求解, 并验证系数、方程或相关系数是否通过检验; (2) 作逐步回归分析.

表 6.20　某地区土壤所含可给态磷的情况

编号	X_1	X_2	X_3	Y	编号	X_1	X_2	X_3	Y
1	0.4	52	158	64	10	12.6	58	112	51
2	0.4	23	163	60	11	10.9	37	111	76
3	3.1	19	37	71	12	23.1	46	114	96
4	0.6	34	157	61	13	23.1	50	134	77
5	4.7	24	59	54	14	21.6	44	73	93
6	1.7	65	123	77	15	23.1	56	168	95
7	9.4	44	46	81	16	1.9	36	143	54
8	10.1	31	117	93	17	26.8	58	202	168
9	11.6	29	173	93	18	29.9	51	124	99

4. 已知数据如表 6.21 所示. (1) 作一元回归分析; (2) 画出残差 (普通残差和标准化残差) 与预测值的残差图, 分析误差是否是等方差的; (3) 修正模型. 对响应变量 Y 作开方, 再完成 (1) 和 (2) 的工作.

表 6.21　数据表

编号	X	Y	编号	X	Y	编号	X	Y	编号	X	Y
1	1	0.6	8	3	2.2	15	6	3.4	22	8	13.4
2	1	1.6	9	3	2.4	16	6	9.7	23	8	4.5
3	1	0.5	10	3	1.2	17	6	8.6	24	9	30.4
4	1	1.2	11	4	3.5	18	7	4.0	25	11	12.4
5	2	2.0	12	4	4.1	19	7	5.5	26	12	13.4
6	2	1.3	13	4	5.1	20	7	10.5	27	12	26.2
7	2	2.5	14	5	5.7	21	8	17.5	28	12	7.4

5. 对习题 1 得到的回归模型作回归诊断 (类似于例 6.6 的求解过程). (1) 残差是否满足齐性、正态性的条件; (2) 哪些点可能是异常值点; (3) 如果有异常值点, 则去掉异常值点, 再作回归分析.

6. 继续对习题 4 中的数据作分析. (1) 作加权最小二乘估计; (2) 作 Box-Cox 变换, 选择最优的 λ 值, 然后再作回归分析 (类似例 6.7 的工作). 残差的齐性是否有改善.

7. 研究表明, 人体脂肪 (Y) 含量可以与三头肌皮下脂肪厚度 (X_1)、大腿围 (X_2) 和中臂围 (X_3) 有关. 现测得 20 名 25~34 岁女性的数据 (见表 6.22), 作脂肪与 3 个因素之间的回归分析, 各因素是否通过检验? 分析 3 个因素之间是否存在共线性. 对脂肪数据作岭回归, 用岭迹法确定岭参数 k^*, 并与岭回归函数给出的数据作对比, 分析哪组岭参数更合理.

表 6.22 人体脂肪数据

编号	X_1	X_2	X_3	Y	编号	X_1	X_2	X_3	Y
1	19.5	43.1	29.1	11.9	11	31.1	56.6	30.0	25.4
2	24.7	49.8	28.2	22.8	12	30.4	56.7	28.3	27.2
3	30.7	51.9	37.0	18.7	13	18.7	46.5	23.0	11.7
4	29.8	54.3	31.1	20.1	14	19.7	44.2	28.6	17.8
5	19.1	42.2	30.9	12.9	15	14.6	42.7	21.3	12.8
6	25.6	53.9	23.7	21.7	16	29.5	54.4	30.1	23.9
7	31.4	58.5	27.6	27.1	17	27.7	55.3	25.7	22.6
8	27.9	52.1	30.6	25.4	18	30.2	58.6	24.6	25.4
9	22.1	49.9	23.2	21.3	19	22.7	48.2	27.1	14.8
10	25.5	53.5	24.8	19.3	20	25.2	51.0	27.5	21.1

8. 诊断水泥数据 (数据见例 6.10) 是否存在多重共线性, 分析 `step()` 函数去掉的变量是否合理.

9. 为了了解和预测人体吸入氧气的效率, 收集了 31 名中年男性的健康状况调查资料. 共调查了 7 项指标: 吸氧效率 (y)、年龄 (x_1, 岁)、体重 (x_2, kg)、跑 1.5km 所需时间 (x_3, min)、休息时的心率 (x_4, 次/min)、跑步时的心率 (x_5, 次/min)、最高心率 (x_6, 次/min), 数据如表 6.23 所示. 在该资料中吸氧效率为因变量, 其余 6 个为自变量. (1) 建立多元线性回归方程, 并求解, 系数和方程是否通过检验; (2) 对变量作逐步回归分析.

10. 已知一个量 y 依赖于另一个量 x. 现收集有数据如表 6.24 所示. 试用普通最小二乘回归、最小一乘回归和稳健回归 (参数取 `"M"` 和 `"MM"`) 方法作一元线性回归, 并将数据点、4 条回归直线画在同一张图上.

11. R 中的数据集 `phones` 提供了比利时在 1950 年至 1973 年的电话呼叫情况, 其中 `year` 年份, `calls` 为呼叫量 (单位: 百万). (1) 画出数据的散点图; (2) 用普通最小二乘回归 (`lm()` 函数) 作回归分析; (3) 用抗干扰回归 (`lqs()` 函数, 4 种情况) 作回归分析, 并将 5 条直线同时画在散点图上.

表 6.23　31 名中年男性的健康情况调查资料

编号	y	x_1	x_2	x_3	x_4	x_5	x_6
1	44.609	44	89.47	11.37	62	178	182
2	45.313	40	75.07	10.07	62	185	185
3	54.297	44	85.84	8.65	45	156	168
4	59.571	42	68.15	8.17	40	166	172
5	49.874	38	89.02	9.22	55	178	180
6	44.811	47	77.45	11.63	58	176	176
7	45.681	40	75.98	11.95	70	176	180
8	49.091	43	81.19	10.85	64	162	170
9	39.442	44	81.42	13.08	63	174	176
10	60.055	38	81.87	8.63	48	170	186
11	50.541	44	73.03	10.13	45	168	168
12	37.388	45	87.66	14.03	56	186	192
13	44.754	45	66.45	11.12	51	176	176
14	47.273	47	79.15	10.60	47	162	164
15	51.855	54	83.12	10.33	50	166	170
16	49.156	49	81.42	8.95	44	180	185
17	40.836	51	69.63	10.95	57	168	172
18	46.672	51	77.91	10.00	48	162	168
19	46.774	48	91.63	10.25	48	162	164
20	50.388	49	73.37	10.08	67	168	168
21	39.407	57	73.37	12.63	58	174	176
22	46.080	54	79.38	11.17	62	156	165
23	45.441	56	76.32	9.63	48	164	166
24	54.625	50	70.87	8.92	48	146	155
25	45.118	51	67.25	11.08	48	172	172
26	39.203	54	91.63	12.88	44	168	172
27	45.790	51	73.71	10.47	59	186	188
28	50.545	57	59.08	9.93	49	148	155
29	48.673	49	76.32	9.40	56	186	188
30	47.920	48	61.24	11.50	52	170	176
31	47.467	52	82.78	10.50	53	170	172

表 6.24　数据表

编号	x	y	编号	x	y	编号	x	y	编号	x	y
1	0.0	1.0	6	2.5	2.4	11	5.0	1.0	16	7.6	4.6
2	0.5	0.9	7	3.0	3.2	12	5.5	4.0	17	8.5	6.0
3	1.0	0.7	8	3.5	2.0	13	6.0	3.6	18	9.0	6.8
4	1.5	1.5	9	4.0	2.7	14	6.6	2.7	19	10.0	7.3
5	1.9	2.0	10	4.5	3.5	15	7.0	5.7			

12. 一位饮食公司的分析人员想调查自助餐馆中的自动咖啡售货机数量与咖啡销售量之间的关系, 她选择了 14 家餐馆来进行实验. 这 14 家餐馆在营业额、顾客类型和地理位置方面都是相近的. 放在试验餐馆的自动售货机数量从 0(这里咖啡由服务员端来) 到 6 不等, 并且是随机分配到每个餐馆的. 表 6.25 所示的是关于试验结果的数据. (1) 作线性回归模型; (2) 作多项式回归模型; (3) 画出数据的散点图和拟合曲线.

表 6.25　自动咖啡售货机数量与咖啡销售量数据　　单位: 杯

餐馆	售货机数量	咖啡销售量	餐馆	售货机数量	咖啡销售量
1	0	508.1	8	3	697.5
2	0	498.4	9	4	755.3
3	1	568.2	10	4	758.9
4	1	577.3	11	5	787.6
5	2	651.7	12	5	792.1
6	2	657.0	13	6	841.4
7	3	713.4	14	6	831.8

13. 头围是反映婴幼儿脑和颅骨发育程度的重要指标之一. 某研究者欲研究婴幼儿头围和身长之间的回归关系, 于 1985 年调查了中国 9 个城市 2 岁以内婴幼儿体格的发育情况, 不同月龄婴幼儿平均头围 (cm) 和平均身长 (cm) 如表 6.26 所示. 画出平均身长与平均头围的散点图, 选择适合的多项式回归曲线.

表 6.26　1985 年中国 9 个城市 2 岁以内婴幼儿的平均头围和平均身长

月龄	平均身长	平均头围	月龄	平均身长	平均头围
初生	49.90	33.73	12	69.85	44.15
1	56.60	37.45	14	72.30	44.70
2	59.25	39.10	16	74.98	45.45
4	61.40	40.25	18	77.63	46.05
6	63.38	41.33	20	80.03	46.55
8	65.10	42.18	22	82.50	46.98
10	67.28	43.20	24	85.93	47.45

14. 仍然考虑数据集 `phones` 中的电话数据, 用局部回归函数 (`loess()` 函数) 作回归分析. (1) 画出数据的散点图; (2) 在散点图画出 `loess()` 的预测图, 分别取 `span = 0.25, 0.5, 0.75` 和 `degree = 1`.

15. 一位医院管理人员想建立一个回归模型, 对重伤病人出院后的长期恢复情况进行预测. 自变量是病人住院的天数 (X), 因变量是病人出院后长期恢复的预后指数 (Y), 指数的数值越大表示预后结局越好. 为此, 研究了 15 个病人的数据, 这些数据列在表 6.27 中. 根据经验表明, 病人住院的天数 (X) 和预后指数 (Y) 服从非线性模型 $Y = \theta_0 \exp(\theta_1 X) + \varepsilon$. (1) 用非线性方法计算参数的估计值, 并作检验; (2) 画出数据的散点图、预测值曲线、置信区间曲线和预测区间曲线 ($\alpha = 0.05$).

表 6.27 关于重伤病人的数据

病历号	住院天数	预后指数	病历号	住院天数	预后指数	病历号	住院天数	预后指数
1	2	54	6	19	25	11	45	8
2	5	50	7	26	20	12	52	11
3	7	45	8	31	16	13	53	8
4	10	37	9	34	18	14	60	4
5	14	35	10	38	13	15	65	6

16. 为研究一些因素 (如用抗生素、有无危险因子和事先是否有计划) 对 “剖宫产后是否有感染” 的影响, 表 6.28 给出的是某医院剖宫产后的数据, 试用 logistic 回归模型对这些数据进行研究, 分析感染与这些因素的关系.

表 6.28 某医院进行剖宫产后的数据

		事先有计划		临时决定	
		有感染	无感染	有感染	无感染
用抗生素	有危险因子	1	17	11	87
	没 有	0	2	0	0
不用	有危险因子	28	30	23	3
	没 有	8	32	0	9

17. 重新计算例 6.19, 选择 `'probit'` 作为 `'link'` 的参数.

18. 表 6.29 是 40 名肺癌病人的生存资料, 其中 X_1 为生活行动能力评分 ($1 \sim 100$); X_2 为病人的年龄; X_3 为由诊断到进入研究时间 (月); X_4 为肿瘤类型 (其中 “0” 表示磷癌, “1” 表示小型细胞癌, “2” 表示腺癌, “3” 表示大型细胞癌); X_5 为两种化疗方法 (其中 “1” 表示常规, “0” 表示试验新法); Y 为病人的生存时间 (其中 “0” 表示生存时间短, 即生存时间小于 200 天; “1” 表示生存时间长, 即生存时间大于或等于 200 天).

建立 $P(Y=1)$ 对 $X_1 \sim X_5$ 的 logistic 回归模型, $X_1 \sim X_5$ 对 $P(Y=1)$ 的综合影响是否显著? 哪些变量是主要的影响因素, 显著水平如何? 计算各病人生存时间大于等于 200 天的概率估计值.

19. 用广义线性模型方法估计习题 15 中的参数, 并与非线性模型的计算结果作比较.

20. 已知如下数据 (见表 6.30) 满足 Michaelis-Menten 方程

$$y = \frac{\theta_1 x}{\theta_2 + x}, \tag{6.36}$$

其中 θ_1 和 θ_2 为参数. 试求出参数 θ_1 和 θ_2 的估计值, 并进行检验. (1) 用非线性模型方法作估计, 并画出数据的散点图和回归预测曲线; (2) 作变换, 利用线性模型方法作估计, 并画出数据的散点图和回归预测曲线; (3) 利用广义线性模型方法作估计, 并画出数据的散点图和回归预测曲线; (4) 分析上述三种方法各自的优缺点.

表 6.29 40 名肺癌病人的生存资料

编号	X_1	X_2	X_3	X_4	X_5	Y	编号	X_1	X_2	X_3	X_4	X_5	Y
1	70	64	5	1	1	1	21	60	37	13	1	1	0
2	60	63	9	1	1	0	22	90	54	12	1	0	1
3	70	65	11	1	1	0	23	50	52	8	1	0	1
4	40	69	10	1	1	0	24	70	50	7	1	0	1
5	40	63	58	1	1	0	25	20	65	21	1	0	0
6	70	48	9	1	1	0	26	80	52	28	1	0	1
7	70	48	11	1	1	0	27	60	70	13	1	0	0
8	80	63	4	2	1	0	28	50	40	13	1	0	0
9	60	63	14	2	1	0	29	70	36	22	2	0	0
10	30	53	4	2	1	0	30	40	44	36	2	0	0
11	80	43	12	2	1	0	31	30	54	9	2	0	0
12	40	55	2	2	1	0	32	30	59	87	2	0	0
13	60	66	25	2	1	1	33	40	69	5	3	0	0
14	40	67	23	2	1	0	34	60	50	22	3	0	0
15	20	61	19	3	1	0	35	80	62	4	3	0	0
16	50	63	4	3	1	0	36	70	68	15	0	0	0
17	50	66	16	0	1	0	37	30	39	4	0	0	0
18	40	68	12	0	1	0	38	60	49	11	0	0	0
19	80	41	12	0	1	1	39	80	64	10	0	0	1
20	70	53	8	0	1	1	40	70	67	18	0	0	1

表 6.30 数据表

编号	x	y	编号	x	y	编号	x	y
1	0.02	76	5	0.11	123	9	0.56	191
2	0.02	47	6	0.11	139	10	0.56	201
3	0.06	97	7	0.22	159	11	1.10	207
4	0.06	107	8	0.22	152	12	1.10	200

第 7 章　多元统计分析

本章介绍如何使用 R 软件处理多元统计分析的方法, 这里包括方差分析、判别分析、聚类分析、主成分分析、因子分析和典型相关分析.

7.1　方 差 分 析

方差分析是分析试验数据的一种方法. 对于抽样测得的实验数据, 由于观测条件不同 (同一因素不同水平或不同因素不同水平) 会引起试验结果有所不同; 另一方面由于各种随机因素的干扰, 实验结果也会有所不同, 由观测条件不同所引起的实验结果的差异是系统的, 而随机因素引起的差异是偶然的. 在一个试验中, 各因素综合在一起, 它们互相制约、互相依存. 方差分析的目的在于从实验数据中分析出各个因素的影响, 以及各个因素间的交互影响, 以确定各个因素作用的大小, 从而把由于观测条件不同引起实验结果的不同与由于随机因素间引起实验结果的差异用数量形式区别开来, 以确定在试验中有没有系统的因素在起作用.

7.1.1　方差分析的数学模型

1. 单因素方差分析的数学模型

所谓单因素, 就是设试验只有一个因素 A 在变化, 其他因素都不变. A 有 r 个水平 A_1, $A_2, \cdots, A_r$, 在水平 A_i 下进行 n_i 次独立观测, 将水平 A_i 下的试验结果 $x_{i1}, x_{i2}, \cdots, x_{in_i}$ 看成来自第 i 个正态总体 $X_i \sim N(\mu_i, \sigma^2)$ 的样本观测值, 其中 μ_i, σ^2 均未知, 并且每个总体 X_i 都相互独立. 考虑线性统计模型

$$\begin{cases} x_{ij} = \mu_i + \varepsilon_{ij}, \quad i = 1, 2, \cdots, r, \quad j = 1, 2, \cdots, n_i, \\ \varepsilon_{ij} \sim N(0, \sigma^2) \quad \text{且相互独立}, \end{cases} \tag{7.1}$$

其中 μ_i 为第 i 个总体的均值, ε_{ij} 为相应的试验误差.

令 $\alpha_i = \mu_i - \mu$, 其中 $\mu = \frac{1}{n}\sum\limits_{i=1}^{r} n_i\mu_i$, $n = \sum\limits_{i=1}^{r} n_i$, 则模型 (7.1) 可以等价写成

$$\begin{cases} x_{ij} = \mu + \alpha_i + \varepsilon_{ij}, \quad i = 1, 2, \cdots, r, \quad j = 1, 2, \cdots, n_i, \\ \varepsilon_{ij} \sim N(0, \sigma^2) \qquad \text{且相互独立}, \end{cases} \tag{7.2}$$

其中 μ 表示总和的均值, α_i 为水平 A_i 对指标的效应, 称模型 (7.2) 为单因素方差分析的数学模型, 它是一种线性模型.

比较因素 A 的 r 个水平的差异归结为比较这 r 个总体的均值, 即检验假设

$$H_0: \ \alpha_1 = \alpha_2 = \cdots = \alpha_r = 0, \qquad H_1: \ \alpha_1, \alpha_2, \cdots, \alpha_r \ \text{不全为零}. \tag{7.3}$$

如果 H_0 被拒绝, 则说明因素 A 的各水平的效应之间有显著的差异; 否则差异不显著.

为了导出 H_0 的检验统计量. 方差分析法建立在平方和分解和自由度分解的基础上, 考虑统计量

$$S_T = \sum_{i=1}^{r}\sum_{j=1}^{n_i}(x_{ij} - \bar{x})^2, \quad \bar{x} = \frac{1}{n}\sum_{i=1}^{r}\sum_{j=1}^{n_i} x_{ij}.$$

称 S_T 为总离差平方和 (或称为总变差), 它是所有数据 x_{ij} 与总平均值 $\bar{x}$ 差的平方和, 描绘了所有观测数据的离散程度. 经计算可以证明如下的平方和分解公式

$$S_T = S_E + S_A, \tag{7.4}$$

其中

$$\begin{aligned} S_E &= \sum_{i=1}^{r}\sum_{j=1}^{n_i}(x_{ij} - \overline{x}_{i\cdot})^2, \quad \overline{x}_{i\cdot} = \frac{1}{n_i}\sum_{j=1}^{n_i} x_{ij}, \\ S_A &= \sum_{i=1}^{r}\sum_{j=1}^{n_i}(\overline{x}_{i\cdot} - \bar{x})^2 = \sum_{i=1}^{r} n_i(\overline{x}_{i\cdot} - \bar{x})^2. \end{aligned}$$

S_E 表示随机误差的影响. 这是因为对于固定的 i 来讲, 观测值 $x_{i1}, x_{i2}, \cdots, x_{in_i}$ 是来自同一个正态总体 $N(\mu_i, \sigma^2)$ 的样本. 因此, 它们之间的差异是由随机误差所致的. 而 $\sum\limits_{j=1}^{n_i}(x_{ij} - \bar{x}_{i\cdot})^2$ 是这 n_i 个数据的变动平方和, 正是它们差异大小的度量. 将 r 组这样的变动平方和相加, 就得到了 S_E, 通常称 S_E 为误差平方和或组内平方和.

S_A 表示在 A_i 水平下的样本均值与总平均值之间的差异之和, 它反映了 r 个总体均值之间的差异, 因为 $\bar{x}_{i\cdot}$ 是第 i 个总体的样本均值, 是 μ_i 的估计, 因此, r 个总体均值 $\mu_1, \mu_2, \cdots, \mu_r$ 之间的差异越大, 这些样本均值 $\bar{x}_{1\cdot}, \bar{x}_{2\cdot}, \cdots, \bar{x}_{r\cdot}$ 之间的差异也就越大. 平方和 $\sum\limits_{i=1}^{r} n_i(\bar{x}_{i\cdot} - \bar{x})^2$ 正是这种差异大小的度量. 这里 n_i 反映了第 i 个总体样本大小在平方和 S_A 中的作用. 称 S_A 为因素 A 的效应平方和或组间平方和.

式 (7.4) 表明, 总平方和 S_T 可按其来源分解成两部分, 一部分是误差平方和 S_E, 它是由随机误差引起的. 另一部分是因素 A 的平方和 S_A, 是由因素 A 的各水平的差异引起的.

由模型假设 (7.3), 经过统计分析得到 $E(S_E) = (n - r)\sigma^2$, 即 $S_E/(n - r)$ 为 σ^2 的一个无偏估计且

$$\frac{S_E}{\sigma^2} \sim \chi^2(n - r).$$

如果原假设 H_0 成立, 则有 $E(S_A) = (r - 1)\sigma^2$, 即此时 $S_A/(r - 1)$ 也是 σ^2 的无偏估计, 且

$$\frac{S_A}{\sigma^2} \sim \chi^2(r - 1),$$

并且 S_A 与 S_E 相互独立. 因此, 当 H_0 成立时, 有

$$F = \frac{S_A/(r - 1)}{S_E/(n - r)} \sim F(r - 1, n - r). \tag{7.5}$$

于是 F (也称为 F 比) 可以作为 H_0 的检验统计量. 通过计算 P 值的方法来决定是接受还是拒绝原假设 H_0. 当 P 值小于 α 时拒绝原假设 H_0; 当 P 值大于 α 时, 则无法拒绝原假设, 所以应接受原假设 H_0. 通常将计算结果列成表 7.1 的形式, 称为方差分析表.

2. 双因素方差分析的数学模型

所谓双因素, 就是考虑两个因素 —— 因素 A 和因素 B, 因素 A 有 r 个水平 A_1, $A_2, \cdots, A_r$, 因素 B 有 s 个水平 $B_1, B_2, \cdots, B_s$.

表 7.1 单因素方差分析表

方差来源	自由度	平方和	均方	F 比	P 值
因素 A	$r-1$	S_A	$MS_A=\dfrac{S_A}{r-1}$	$F=\dfrac{MS_A}{MS_E}$	p
误 差	$n-r$	S_E	$MS_E=\dfrac{S_E}{n-r}$		
总 和	$n-1$	S_T			

双因素方差分析分两种情况, 一种是不考虑交互作用, 此时, 每组条件下只取一个样本. 假定 $x_{ij}\sim N(\mu_{ij},\sigma^2)(i=1,2,\cdots,r,\ j=1,2,\cdots,s)$ 且各 x_{ij} 相互独立, 数据可以分解为

$$\begin{cases}x_{ij}=\mu+\alpha_i+\beta_j+\varepsilon_{ij}, & i=1,2,\cdots,r,\quad j=1,2,\cdots,s,\\ \varepsilon_{ij}\ \sim\ N(0,\sigma^2)\text{且各 }\varepsilon_{ij}\text{ 相互独立,}\end{cases}\tag{7.6}$$

其中 $\mu=\dfrac{1}{rs}\sum\limits_{i=1}^{r}\sum\limits_{j=1}^{s}\mu_{ij}$ 为总平均, α_i 为因素 A 的第 i 个水平的效应, β_j 为因素 B 的第 j 个水平的效应.

在线性模型 (7.6) 下, 方差分析的主要任务是, 系统分析因素 A 和因素 B 对试验指标影响的大小, 因此, 在给定显著性水平 α 下, 提出如下统计假设:

对于因素 A, "因素 A 对试验指标影响是否显著" 等价于

$$H_{01}:\ \alpha_1=\alpha_2=\cdots=\alpha_r=0,\quad H_{11}:\ \alpha_1,\alpha_2,\cdots,\alpha_r\ \text{不全为零.}$$

对于因素 B, "因素 B 对试验指标影响是否显著" 等价于

$$H_{02}:\ \beta_1=\beta_2=\cdots=\beta_s=0,\quad H_{12}\ \beta_1,\beta_2,\cdots,\beta_s\ \text{不全为零.}$$

另一种是考虑交互作用, 此时, 每组条件下要取多个样本. 假定

$$x_{ijk}\ \sim\ N(\mu_{ij},\sigma^2),\ \ i=1,2,\ldots,r;\ j=1,2,\ldots,s;\ k=1,2,\ldots,t,$$

各 x_{ijk} 相互独立, 所以数据可以分解为

$$\begin{cases}x_{ijk}=\mu+\alpha_i+\beta_j+\delta_{ij}+\varepsilon_{ijk},\\ \varepsilon_{ijk}\sim N(0,\sigma^2),\text{且各 }\varepsilon_{ijk}\text{ 相互独立,}\\ i=1,2,\cdots,r,\ j=1,2,\cdots,s,\ k=1,2,\cdots,t,\end{cases}\tag{7.7}$$

其中 $\mu=\dfrac{1}{rs}\sum\limits_{i=1}^{r}\sum\limits_{j=1}^{s}\mu_{ij}$, α_i 为因素 A 的第 i 个水平的效应, β_j 为因素 B 的第 j 个水平的效应, δ_{ij} 表示 A_i 和 B_j 的交互效应. 此时判断因素 A 和 B 以及交互效应的影响是否显著等价于检验下列假设:

$$\begin{aligned}&H_{01}:\quad \alpha_1=\alpha_2=\cdots=\alpha_r=0,\quad H_{11}:\ \alpha_1,\alpha_2,\cdots,\alpha_r\ \text{不全为零.}\\ &H_{02}:\quad \beta_1=\beta_2=\cdots=\beta_s=0,\quad H_{12}:\ \beta_1,\beta_2,\cdots,\beta_s\ \text{不全为零.}\\ &H_{03}:\quad \delta_{ij}=0,\quad H_{13}:\ \delta_{ij}\text{不全为零},\quad i=1,2,\cdots,r,\quad j=1,2,\cdots,s.\end{aligned}$$

与单因素方差分析一样, 双因素方差分析也需要计算方差分析表, 其分析方法类同, 这里就不重复了.

7.1.2 方差分析的计算

在 R 中, 使用 aov() 函数完成方差分析, 其使用格式为

```
aov(formula, data = NULL, projections = FALSE, qr = TRUE,
    contrasts = NULL, ...)
```

参数 formula 为公式, 表示单因素或双因素方差分析. data 为数据框, 表示数据与因素和水平的关系, 默认值为 NULL.

与 lm() 函数一样, 该函数需要用 summary() 函数提取计算结果 (方差分析表).

由模型 (7.2), 模型 (7.6) 和模型 (7.7) 可知, 方差分析模型本质上是线性模型的一种, 所以可以用 lm() 函数计算, 用 anova() 函数给出方差分析表.

1. 单因素方差分析

例 7.1 利用 4 种不同配方的材料 A_1, A_2, A_3 和 A_4 生产出来的元件, 测得其使用寿命如表 7.2 所示. 那么 4 种不同配方下元件的使用寿命是否有显著差异呢?

表 7.2 元件寿命数据

材料	使用寿命							
A_1	1600	1610	1650	1680	1700	1700	1780	
A_2	1500	1640	1400	1700	1750			
A_3	1640	1550	1600	1620	1640	1600	1740	1800
A_4	1510	1520	1530	1570	1640	1600		

解 这是一个单因素试验, 因素 A 为材料, 共有 4 个水平 (4 种不同的配方). 用数据框的格式输入数据, aov() 函数计算, summary() 函数提取信息, 程序 (程序名: exam0701.R) 如下:

```
lamp<-data.frame(
    X = c(1600, 1610, 1650, 1680, 1700, 1700, 1780,
         1500, 1640, 1400, 1700, 1750, 1640, 1550,
         1600, 1620, 1640, 1600, 1740, 1800, 1510,
         1520, 1530, 1570, 1640, 1600),
    A = factor(rep(1:4, c(7, 5, 8, 6)))
)
lamp.aov <- aov(X ~ A, data=lamp)
summary(lamp.aov)
```

在程序中, 数据输入采用数据框结构, 其中 X 为数据, A 为对应的因子, factor 为因子函数, 将变量转化为因子. 在 aov() 函数中, 公式 X ~ A 表示作单因素方差分析, 用 summary() 函数提取方差分析表, 其计算结果如下

```
          Df Sum Sq Mean Sq F value Pr(>F)
A          3  49212   16404   2.166  0.121
Residuals 22 166622    7574
```

上述数据与方差分析表 7.1 中的内容相对应, 其中 Df 表示自由度, Sum Sq 表示平方和, Mean Sq 表示均方, F value 表示 F 值, 即 F 比. Pr(>F) 表示 P 值, A 就是因素 A, Residuals 是残差, 即误差.

从 P 值 $(0.1208 > 0.05)$ 可以看出, 没有充分的理由拒绝 H_0, 也就是说, 4 种材料生产出的元件的平均寿命无显著差异.

使用 lm() 和 anova() 函数组合, 得到相同的计算结果, 其命令格式为

```
lamp.lm <- lm(X ~ A, data=lamp)
anova(lamp.aov)
```

例 7.2 小白鼠在接种了 3 种不同菌型的伤寒杆菌后的存活天数如表 7.3 所示. 判断小白鼠被注射 3 种菌型后的平均存活天数有无显著差异?

表 7.3 白鼠试验数据

菌型	存活天数										
1	2	4	3	2	4	7	7	2	2	5	4
2	5	6	8	5	10	7	12	12	6	6	
3	7	11	6	6	7	9	5	5	10	6	3	10

解 这是一个单因素 3 水平问题, 这里使用 lm() 函数计算, anova() 函数列出方差分析表. 程序 (程序名: exam0702.R) 如下:

```
mouse<-data.frame(
    X = c( 2,  4, 3,  2,  4, 7, 7, 2,  2, 5, 4, 5, 6, 8,
           5, 10, 7, 12, 12, 6, 6, 7, 11, 6, 6, 7, 9, 5,
           5, 10, 6,  3, 10),
    A = factor(rep(1:3, c(11, 10, 12)))
)
mouse.lm <- lm(X ~ A, data = mouse)
anova(mouse.lm)
```

计算结果如下

```
Analysis of Variance Table
Response: X
          Df  Sum Sq Mean Sq F value   Pr(>F)
A          2  94.256  47.128  8.4837 0.001202 **
Residuals 30 166.653   5.555
---
Signif. codes:  0 '***' 0.001 '**' 0.01 '*' 0.05 '.' 0.1 ' ' 1
```

在计算结果中, P 值远小于 0.01, 因此, 应拒绝原假设, 即认为小白鼠在接种三种不同菌型的伤寒杆菌后的存活天数有显著差异.

2. 双因素方差分析

例 7.3 在一个农业试验中, 考虑 4 种不同的种子品种 A_1, A_2, A_3 和 A_4, 3 种不同的

施肥方法 B_1，B_2 和 B_3，得到产量数据如表 7.4 所示（单位: kg）. 试分析种子与施肥对产量有无显著影响?

表 7.4 农业试验数据

	B_1	B_2	B_3
A_1	325	292	316
A_2	317	310	318
A_3	310	320	318
A_4	330	370	365

解 这是一个双因素试验, 因素 A(种子) 有 4 个水平, 因素 B(施肥) 有 3 个水平. 由于每组条件下只取一个样本, 所以不考虑交互作用. 程序 (程序名: `exam0703.R`) 如下:

```
agriculture <- data.frame(
Y = c(325, 292, 316, 317, 310, 318,
      310, 320, 318, 330, 370, 365),
    A = gl(4, 3),
    B = gl(3, 1, 12)
)
agriculture.aov <- aov(Y ~ A + B, data=agriculture)
summary(agriculture.aov)
```

在程序中, `gl()` 生成因子, 因素 A 为 4 水平, 每个水平重复 3 次, 因素 B 为 3 水平, 每个水平只有 1 次, 需要对应 12 个变量, 所以长度为 12. `Y ~ A + B` 表示考虑双因素. 计算得到

```
            Df Sum Sq Mean Sq F value Pr(>F)
A            3   3824  1274.8   5.226 0.0413 *
B            2    163    81.3   0.333 0.7291
Residuals    6   1463   243.9
---
Signif. codes:  0 '***' 0.001 '**' 0.01 '*' 0.05 '.' 0.1 ' ' 1
```

根据 P 值说明不同品种 (因素 A) 对产量有显著影响, 而没有充分理由说明施肥方法 (因素 B) 对产量有显著的影响.

事实上, 在应用模型 (7.6) 时, 遵循一种假定, 即因素 A 和因素 B 对指标的效应是可以叠加的, 而且认为因素 A 的各水平效应的比较与因素 B 在什么水平无关. 这里并没有考虑因素 A 和因素 B 的各种水平组合 (A_i, B_j) 的不同给产量带来的影响, 而这种影响在许多实际工作中是应该给予足够的重视的, 这种影响被称为交互效应. 这就导出下面所要讨论的问题.

例 7.4 研究树种与地理位置对松树生长的影响, 对 4 个地区的 3 种同龄松树的直径进行测量得到数据如表 7.5 所示（单位: cm）. A_1, A_2, A_3 表示 3 个不同树种, B_1, B_2, B_3, B_4 表示 4 个不同地区. 对每一种水平组合, 进行了 5 次测量, 对此试验结果进行方差分析.

表 7.5 3 种同龄松树的直径测量数据

	B_1			B_2			B_3			B_4		
A_1	23	25	21	20	17	11	16	19	13	20	21	18
	14	15		26	21		16	24		27	24	
A_2	28	30	19	26	24	21	19	18	19	26	26	28
	17	22		25	26		20	25		29	23	
A_3	18	15	23	21	25	12	19	23	22	22	13	12
	18	10		12	22		14	13		22	19	

解 这是一个双因素问题, 并且每组条件下取 5 组数据, 因此可以考虑两因素间的交互作用. 程序 (程序名: exam0704.R) 如下:

```
tree<-data.frame(
    Y=c(23, 25, 21, 14, 15, 20, 17, 11, 26, 21,
        16, 19, 13, 16, 24, 20, 21, 18, 27, 24,
        28, 30, 19, 17, 22, 26, 24, 21, 25, 26,
        19, 18, 19, 20, 25, 26, 26, 28, 29, 23,
        18, 15, 23, 18, 10, 21, 25, 12, 12, 22,
        19, 23, 22, 14, 13, 22, 13, 12, 22, 19),
    A=gl(3,20,60, labels= paste("A", 1:3, sep="")),
    B=gl(4,5,60, labels= paste("B", 1:4, sep=""))
)
tree.aov <- aov(Y ~ A+B+A:B, data=tree)
summary(tree.aov)
```

在程序中, paste() 为粘连函数, 表示因子为 A1, A2, A3 和 B1, B2, B3, B4. A:B 表示交互作用. 使用 Y ~ A*B 与 Y ~ A+B+A:B 的意义是等价的. 计算结果为

```
          Df Sum Sq Mean Sq F value   Pr(>F)
A          2  352.5  176.27   8.959 0.000494 ***
B          3   87.5   29.17   1.483 0.231077
A:B        6   71.7   11.96   0.608 0.722890
Residuals 48  944.4   19.68
---
Signif. codes:  0 '***' 0.001 '**' 0.01 '*' 0.05 '.' 0.1 ' ' 1
```

可见在显著性水平 $\alpha = 0.05$ 下, 树种 (因素 A) 效应是高度显著的, 而位置 (因素 B) 效应及交互效应并不显著.

得到结果后, 如何使用它呢? 一种简单的方法是计算各因素的均值. 由于树种 (因素 A) 效应是高度显著的, 也就是说, 选什么树种对树的生长很重要, 因此, 要选那些生长粗壮的树种. 计算因素 A 的均值

```
> attach(tree); tapply(Y, A, mean)
```

得到

```
   A1    A2    A3
19.55 23.55 17.75
```

所以选择第 2 种树对生长有利. 下面计算因素 B(位置) 的均值

```
> tapply(Y, B, mean)
```

得到

```
      B1       B2       B3       B4
19.86667 20.60000 18.66667 22.00000
```

是否选择位置 4 最有利呢? 不必了. 因为计算结果表明: 关于位置效应并不显著, 也就是说, 所受到的影响是随机的. 因此, 选择成本较低的位置种树就可以了.

本题关于交互效应也不显著, 因此, 没有必要计算交互效应的均值. 如果需要计算其均值, 可用命令

```
matrix(tapply(Y, A:B, mean), nr=3, nc=4, byrow=T,
       dimnames=list(levels(A), levels(B)))
```

得到

```
     B1   B2   B3   B4
A1 19.6 19.0 17.6 22.0
A2 23.2 24.4 20.2 26.4
A3 16.8 18.4 18.2 17.6
```

如果问题交互效应是显著的, 则可根据上述结果选择最优的方案.

3. 交互效应图

除了用 P 值来判断两因素是否有交互效应外, 还可以通过图形来判断这一点. 在 R 中, interaction.plot() 函数就是为这种需求设计的, 其使用格式为

```
interaction.plot(x.factor, trace.factor,
    response, fun = mean,
    type = c("l", "p", "b", "o", "c"), legend = TRUE,
    trace.label = deparse(substitute(trace.factor)),
    fixed = FALSE,
    xlab = deparse(substitute(x.factor)),
    ylab = ylabel,
    ylim = range(cells, na.rm = TRUE),
    lty = nc:1, col = 1, pch = c(1:9, 0, letters),
    xpd = NULL, leg.bg = par("bg"), leg.bty = "n",
    xtick = FALSE, xaxt = par("xaxt"), axes = TRUE,
    ...)
```

参数x.factor为画在 X 轴上的因子,trace.factor为另一个因子,它构成水平的迹. response 为影响变量. fun 为计算函数, 默认值为计算均值. type 为绘图的类型, 它与 plot() 函数中的意义相同. legend 为逻辑变量, 表示是否包含图例, 默认值为 TRUE. trace.label 为图例的总标记. fixed 为逻辑变量, 表示图例是否按 trace.factor 的水平排序. xlab, ylab, ylim, lty, col, pch 等参数与 plot() 函数的意义相同, 这里就不一一介绍了.

绘出例 7.4 的交互效应图, 命令为

```
interaction.plot(A, B, Y, lwd=2, col=2:5)
```

其图形如图 7.1 所示. 如果图中折线接近平行, 则说明交互效应不显著; 如果折线相互交叉,

则说明两因素的交互效应明显. 从图 7.1 的结果可以得到, 因素 A 和因素 B 的交互效应不显著, 这与方差分析的结果是相同的.

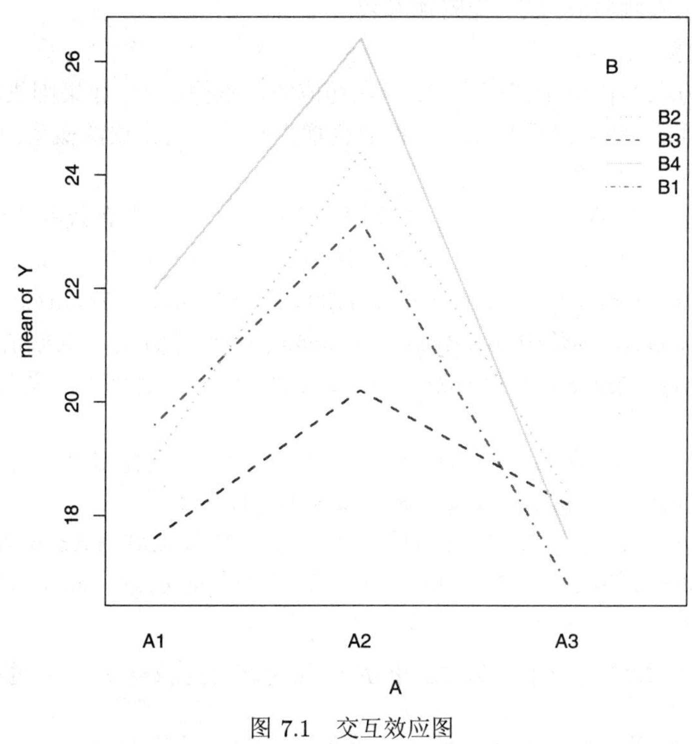

图 7.1 交互效应图

7.1.3 多重均值检验

在单因素方差分析中, 如果 F 检验的结论是拒绝 H_0, 则说明因素 A 的 r 个水平效应有显著的差异, 也就是说 r 个均值之间有显著差异. 但这并不意味着所有均值间都存在差异, 这时还需要对每一对 μ_i 和 μ_j 作一对一的比较, 即多重比较.

1. 多重 t 检验

通常采用多重 t 检验方法进行多重比较, 这种方法本质上就是针对每组数据进行 t 检验, 只不过估计方差时利用的是全体数据, 因而自由度变大. 具体地说, 要比较第 i 组与第 j 组平均数, 即检验

$$H_0 : \mu_i = \mu_j, \quad H_1 : \mu_i \neq \mu_j, \quad i \neq j, \ \ i, j = 1, 2, \cdots, r.$$

在 R 中, 用 `pairwise.t.test()` 函数完成多重 t 检验, 其使用格式为

```
pairwise.t.test(x, g,
    p.adjust.method = p.adjust.methods,
    pool.sd = !paired, paired = FALSE,
    alternative = c("two.sided", "less", "greater"),
    ...)
```

参数 `x` 为响应向量. `g` 为分组向量或因子向量. `p.adjust.method` 为 P 值的调整方法, 默认值为 `"holm"`(Holm 方法), 关于调整方法, 将在稍后介绍. `pool.sd` 为开关变量, 表示是否使

用共用的标准差. paired 为逻辑变量, 表示是否打算作成对数据的 t 检验, 默认值为 FALSE. alternative 为备择假设, 取 "less" 表示单侧小于, "greater" 表示单侧大于, 默认值为 "two.sided", 表示双侧检验. ... 为附加参数.

2. *P* 值的调整

多重 t 检验方法的优点是使用方便, 但在均值的多重检验中, 如果因素的水平较多, 而检验又是同时进行的, 则多次重复使用 t 检验会增大犯第一类错误的概率, 所得到的 "有显著差异" 的结论不一定可靠.

为了克服多重 t 检验方法的缺点, 统计学家们提出了许多更有效的方法来调整 P 值, 目前已有的修正方法有: Holm 修正 (1979), Hochberg 修正 (1988), Hommel 修正 (1988), Bonferroni 修正, Benjamini & Hochberg 修正 (1995), Benjamini & Yekutieli 修正 (2001).

pairwise.t.test() 函数中, p.adjust.methods (调整方法) 对应的取值分别为: "holm" (默认值), "hochberg", "hommel", "bonferroni", "BH", "BY", 或者使用同义名 "fdr". "none" 表示不作修正.

在 R 中, p.adjust() 函数是专门用于调整 P 值的函数, 其使用格式为

```
p.adjust(p, method = p.adjust.methods, n = length(p))
```

参数 p 为 P 值构成的数值向量, 允许在向量中使用缺失数据 (NA). method 为 P 值调整的方法, p.adjust.methods 的取值分别为 "holm" (默认值), "hochberg", "hommel", "bonferroni", "BH", "BY" 和 "fdr" 之一. n 为正整数, 至少为 p 的维数.

例 7.5 (续例 7.2) 由于在例 7.2 中 F 检验的结论是拒绝 H_0, 应进一步检验

$$H_0: \mu_i = \mu_j, \quad H_1: \mu_i \neq \mu_j, \quad i, j = 1, 2, 3, \quad i \neq j.$$

解 首先计算各个因子间的均值, 再用 pairwise.t.test() 作多重 t 检验. 程序和计算结果如下:

```
> attach(mouse)
> tapply(X, A, mean)
       1        2        3
3.818182 7.700000 7.083333
> pairwise.t.test(X, A)
     Pairwise comparisons using t tests with pooled SD
data:  X and A
  1      2
2 0.0021 -
3 0.0048 0.5458
P value adjustment method: holm
```

各水平的均值分别为: 3.82, 7.70 和 7.08. 多重 t 检验得到的结果是: μ_1 与 μ_2, μ_1 与 μ_3 有显著差异, μ_2 与 μ_3 没有显著差异, 即小白鼠所接种的 3 种不同菌型的伤寒杆菌中, 第一种与后两种使得小白鼠的平均存活天数有显著差异. 而后两种差异不显著.

这里虽然没有指定 P 值的调整方法, 但程序使用默认值 Holm 修正. 如果不打算调整 P 值, 将参数调整为 "none", 也可以选择其他的修正方法. 通过计算会发现, 无论采用何种修正 P 值的方法, 调整后 P 值都会增大. 因此, 在一定程度上会克服多重 t 检验方法的缺点.

也可以使用 p.adjust() 函数来调整 P 值.

```
> pt<-with(mouse,
      pairwise.t.test(X, A, p.adjust.method = "none"))
> matrix(p.adjust(pt$p.value), ncol=2)
            [,1]      [,2]
[1,] 0.002149790        NA
[2,] 0.004759545 0.5457625
```

由于 p.adjust() 函数中使用的默认值, 所以使用的是 Holm 修正.

还可以用 plot() 函数, 其命令为

```
with(mouse, plot(X~A))
```

绘出各水平的箱线图 (图形略), 这样可以直观地看出, 哪些水平之间有显著差异.

7.1.4 与方差分析有关的函数

除上述函数外, 再介绍几个与 aov() 函数有关的函数.

1. replications 函数

replications() 函数的返回值是向量或列表, 给出各水平下样本的个数, 其使用格式为

```
replications(formula, data=NULL, na.action)
```

参数 formula 为公式. data 为数据框, 默认值为 NULL. na.action 为处理默认值的函数.

例如, 对于例 7.1, 为

```
> replications(X ~ A, data=lamp)
$A
A
1 2 3 4
7 5 8 6
```

表示因素 A 共有 4 个水平, 每个水平的样本数分别为 7, 5, 8 和 6.

2. model.tables 函数

model.tables() 函数的返回值为 aov 函数概要表, 其使用格式为

```
model.tables(x, type = "effects", se = FALSE, cterms, ...)
```

x 为 aov() 函数生成的对象. type 为类型, 当前只有 "effects" (默认值, 每个水平的效果) 和 "means"(每个水平的均值). se 为逻辑变量, 表示是否计算模型的标准差. cterms 为字符型向量, 给出需要计算因素的名称, 默认值为全部表格. ... 为附加参数.

例如, 对于例 7.3, 为

```
> model.tables(agriculture.aov, se = TRUE)
Tables of effects
 A
A
     1      2      3     4
-13.25  -9.25  -8.25 30.75
 B
B
    1     2     3
-3.75 -1.25  5.00
```

```
Standard errors of effects
              A     B
          9.017 7.809
replic.       3     4
```

第 1 个表为因素 A 的效果, 即因素 A 中每个水平的均值与总体均值之差. 例如, 水平 1 的均值低于总体均值 13.25, 而水平 4 的均值高于总体均值 30.75. 第 2 个表为因素 B 的效果, 即因素 B 中每个水平的均值与总体均值之差. 第 3 个表是效果的标准误, 其中 replic. 表示每个水平下样本的个数. 当 type = "means" 时, 计算出各因素下不同水平的均值, 命令和计算结果如下

```
> model.tables(agriculture.aov, type = "means")
Tables of means
Grand mean
324.25
  A
A
  1   2   3   4
311 315 316 355
  B
B
    1     2     3
320.5 323.0 329.2
```

3. TukeyHSD 函数

TukeyHSD() 函数是基于 John Tukey 提出的诚实显著差 (honest significant differences, HSD) 方法编写的函数, 它给出方差分析后各水平均值差的置信区间, 其使用格式为

```
TukeyHSD(x, which, ordered = FALSE, conf.level = 0.95, ...)
```

参数 x 为 aov() 函数生成的对象. which 为字符型向量, 表示因素的名称, 默认值为全部因素. ordered 为逻辑变量, 表示是否按次序列出均值差、置信区间和调整 P 值, 默认值为 FALSE. conf.level 为置信水平, 默认值为 0.95. ... 为附加参数.

例如, 对于例 7.2, 可写成

```
> TukeyHSD(aov(X ~ A, data=mouse))
  Tukey multiple comparisons of means
    95% family-wise confidence level
Fit: aov(formula = X ~ A, data = mouse)
$A
          diff        lwr      upr     p adj
2-1  3.8818182  1.3430444 6.420592 0.0020129
3-1  3.2651515  0.8397276 5.690575 0.0065348
3-2 -0.6166667 -3.1045580 1.871225 0.8152215
```

从计算结果可以看出, 水平 2 和水平 1, 水平 3 与水平 1 有显著差异, 而水平 3 与水平 2 无显著差异. 这个结果与例 7.5 所得到的结论相同.

7.1.5 方差分析的进一步讨论

1. 正态性检验

对于单因素方差分析模型

$$\begin{cases} x_{ij} = \mu_i + \varepsilon_{ij}, & i = 1, 2, \cdots, r, \quad j = 1, 2, \cdots, n_i, \\ \varepsilon_{ij} \sim N(0, \sigma_i^2) & \text{且相互独立}, \end{cases} \tag{7.8}$$

需要假设模型的误差项 ε_{ij} 服从正态分布, 并且满足

$$\sigma_1^2 = \sigma_2^2 = \cdots = \sigma_r^2 = \sigma^2. \tag{7.9}$$

关于正态性检验, 可以使用 5.4 节介绍的分布的检验 (如 Shapiro-Wilk 正态性检验) 来检验 x_{ij} 是满足从正态分布.

例 7.6 用 Shapiro-Wilk 正态性检验分析例 7.1 的数据是否满足正态性条件.

解 用 shapiro.test() 函数作正态性检验, 程序和计算结果如下:

```
> attach(lamp); tapply(X, A, shapiro.test)
$'1'
        Shapiro-Wilk normality test
data:  X[[1L]]
W = 0.9423, p-value = 0.6599
$'2'
        Shapiro-Wilk normality test
data:  X[[2L]]
W = 0.9384, p-value = 0.6548
$'3'
        Shapiro-Wilk normality test
data:  X[[3L]]
W = 0.8886, p-value = 0.2271
$'4'
        Shapiro-Wilk normality test
data:  X[[4L]]
W = 0.9177, p-value = 0.4888
```

从计算结果来看, 例 7.1 的数据满足正态性要求.

2. 方差的齐性检验

当式 (7.9) 成立时称为齐方差, 关于齐方差的检验称为方差的齐性检验. 在统计中, Bartlett 检验是针对方差的齐性检验设计的, 其原假设和备择假设为

$$H_0: \ \sigma_1^2 = \sigma_2^2 = \cdots = \sigma_r^2 \qquad H_1: \ \sigma_i^2\text{不全相同}.$$

在 R 中, bartlett.test() 函数完成 Bartlett 方差齐性检验, 其使用格式有两种, 一种是向量 – 因子形式

```
bartlett.test(x, g, ...)
```

参数 x 为数据构成的向量或列表. g 为因子构成的向量, 当 x 为列表时, 此项无效. ... 为附加参数.

另一种格式是公式形式

```
bartlett.test(formula, data, subset, na.action, ...)
```

参数 formula 为形如 lhs ~ rhs 的公式, 其中 lhs 表示数据, rhs 表示数据对应的分组. data 为数据构成的数据框. subset 为可选向量, 表示选择样本的子集. na.action 为函数, 表示处理缺失数据 (NA) 的方法. ... 为附加参数.

用 bartlett.test() 函数对例 7.1 的数据作 Bartlett 方差齐性检验.

```
> bartlett.test(X ~ A, data=lamp)
        Bartlett test of homogeneity of variances
data:  X by A
Bartlett's K-squared = 5.8056, df = 3, p-value = 0.1215
```

数据满足方差齐性要求.

3. 非齐性方差数据的方差分析

当数据只满足正态性, 但不满足方差齐性的要求时, 可用 oneway.test() 函数作方差分析, 其使用格式为

```
oneway.test(formula, data, subset, na.action,
            var.equal = FALSE)
```

参数 formula 为形如 lhs ~ rhs 的公式, 其中 lhs 表示数据, rhs 表示数据对应的分组. data 为数据构成的数据框. subset 为可选向量, 表示选择样本的子集. na.action 为函数, 表示处理缺失数据 (NA) 的方法. var.equal 为逻辑变量, 取 TRUE 表示在方差齐性的条件下计算; 默认值为 FALSE.

例如, 用函数 oneway.test() 对例 7.2 的数据作单因素方差分析如下:

```
> oneway.test(X ~ A, data = mouse)
        One-way analysis of means (not assuming equal variances)
data:  X and A
F = 9.7869, num df = 2.000, denom df = 19.104, p-value = 0.001185
> oneway.test(X ~ A, data = mouse, var.equal = TRUE)
        One-way analysis of means
data:  X and A
F = 8.4837, num df = 2, denom df = 30, p-value = 0.001202
```

注意到, 在齐方差的假设下, 其计算结果与例 7.2 的计算结果相同.

4. 方差分析的功效检验

与参数的假设检验一样, 方差分析也有功效检验.

在 R 中, power.anova.test() 函数完成功效检验, 其使用格式为

```
power.anova.test(groups = NULL, n = NULL,
                 between.var = NULL, within.var = NULL,
                 sig.level = 0.05, power = NULL)
```

参数 groups 为组数. n 为每组样本的个数. between.var 为组间方差. within.var 为组内方差. sig.level 为显著性水平, 即犯第 1 类错误的概率, 默认值为 0.05. power 为功效 (即 $1-\beta$, β 为犯第 2 类错误的概率).

例 7.7 计算例 7.1 中方差分析的功效.

解 从最坏情况考虑, 在计算中, 用组内均值的方差作为组间方差, 用组内的最大方差作为组内方差, 以最小样本数作为每组的样本个数 n. 程序 (程序名: exam0707.R) 和计算结果如下:

```
groupmeans <- tapply(X, A, mean)
groupvars <- tapply(X, A, var)
power.anova.test(groups = length(groupmeans), n=5,
                 between.var=var(groupmeans),
                 within.var=max(groupvars))


 Balanced one-way analysis of variance power calculation
     groups = 4
          n = 5
between.var = 2552.818
 within.var = 8525.387
  sig.level = 0.05
      power = 0.3201685
NOTE: n is number in each group
```

功效只有 0.32, 所以应该增加样本个数. 当然, 这是最保守的估计. 大家可以计算一下, 在目前的条件下, 如果功效达到 0.9, 每组的样本个数 n 应取多少.

7.1.6 秩检验

1. Kruskal-Wallis 秩和检验

如果需要分析的数据既不满足正态性要求, 又不满足方差齐性要求, 就不能用前面介绍的方法作方差分析, 这就需要用到 Kruskal-Wallis 秩和检验.

在 R 中, kruskal.test() 函数完成 Kruskal-Wallis 秩和检验, 其使用格式有两种, 一种是向量 – 因子形式

```
kruskal.test(x, g, ...)
```

参数 x 为数据构成的向量或列表. g 为因子构成的向量, 当 x 为列表时, 此项无效. ... 为附加参数.

另一种格式是公式形式

```
kruskal.test(formula, data, subset, na.action, ...)
```

参数 formula 为形如 lhs ~ rhs 的公式, 其中 lhs 表示数据, rhs 表示数据对应的分组. data 为数据构成的数据框. subset 为可选向量, 表示选择样本的子集. na.action 为函数, 表示处理缺失数据 (NA) 的方法. ... 为附加参数.

例 7.8 为了比较属同一类的 4 种不同食谱的营养效果, 将 25 只老鼠随机地分为 4 组, 每组分别是 8 只、4 只、7 只和 6 只, 各采用食谱甲、乙、丙、丁喂养. 假设其他条件均保持相同, 12 周后测得体重增加量如表 7.6 所示. 对于 $\alpha = 0.05$, 检验各食谱的营养效果是否有显著差异.

表 7.6 12 周后 25 只老鼠的体重增加量 单位: g

食谱	体重增加值							
甲	164	190	203	205	206	214	228	257
乙	185	197	201	231				
丙	187	212	215	220	248	265	281	
丁	202	204	207	227	230	276		

解 由于没有正态性和方差齐性的要求, 这里采用 Kruskal-Wallis 秩和检验. 程序 (程序名: `exam0708.R`) 与计算结果如下:

```
food<-data.frame(
x = c(164, 190, 203, 205, 206, 214, 228,
      257, 185, 197, 201, 231, 187, 212,
      215, 220, 248, 265, 281, 202, 204,
      207, 227, 230, 276),
g = factor(rep(1:4, c(8,4,7,6)))  )
kruskal.test(x ~ g, data = food)


        Kruskal-Wallis rank sum test
data:  x by g
Kruskal-Wallis chi-squared = 4.213, df = 3, p-value = 0.2394
```

P 值 > 0.05, 无法拒绝原假设, 认为各食谱的营养效果无显著差异.

对这组数据作正态性检验和方差齐性检验 (留给读者完成) 均可通过, 所以使用正态性和方差齐性条件下的 `aov()` 函数作方差分析可能效果会更好.

2. 多重 Wilcoxon 秩和检验

如果 Kruskal-Wallis 秩和检验得到的结论是拒绝原假设, 即各水平之间有显著差异, 还需要进一步检验各水平之间谁与谁有差异. 由于此时没有正态性和方差齐性的条件, 所以需要作多重 Wilcoxon 秩和检验.

在 R 中, `pairwise.wilcox.test()` 函数完成多重 Wilcoxon 秩和检验, 其使用格式为

```
pairwise.wilcox.test(x, g,
    p.adjust.method = p.adjust.methods,
    paired = FALSE, ...)
```

参数 `x` 为数据构成的向量. `g` 为因子构成的向量或因子. `p.adjust.method` 为 P 值的调整方法, `p.adjust.methods` 的取值分别为 `"holm"` (默认值), `"hochberg"`, `"hommel"`, `"bonferroni"`, `"BH"`, `"BY"`, `"fdr"` 和 `"none"` 之一. `paired` 为逻辑变量, 表示数据是否为成对数据. `...` 为附加参数.

例 7.9 (*rm* 续例7.2) 对例 7.2 中的数据作 Kruskal-Wallis 秩和检验和多重 Wilcoxon 秩和检验.

解 例 7.2 的数据虽然满足方差齐性的条件, 但并不能通过正态性检验, 严格地说, 需要作秩检验. 程序和计算结果如下

```
> kruskal.test(X ~ A, data = mouse)
        Kruskal-Wallis rank sum test
```

```
data:  X by A
Kruskal-Wallis chi-squared = 12.0258, df = 2, p-value = 0.002447
> pairwise.wilcox.test(X, A)
       Pairwise comparisons using Wilcoxon rank sum test
data:  X and A
  1      2
2 0.0076 - 3 0.0086 0.6878
P value adjustment method: holm
```

Kruskal-Wallis 秩和检验的 P 值 < 0.05, 说明 3 种不同菌型的伤寒杆菌相互之间有差异. 多重 Wilcoxon 秩和检验说明: 第 1 种与第 2 种有显著差异, 第 1 种与第 3 种有显著差异, 而第 2 种与第 3 种无显著差异, 这个结论与多重 t 检验是相同的. 由于 P 值调整方法使用的是默认值, 采用的是 Holm 修正. 注意: 由于数据打结 (即有相同的秩), 程序会给出警告.

3. Friedman 检验

在区组设计中, 多个样本的比较, 如果它们的总体不能满足正态性和方差齐性的要求, 可采用 Friedman 秩和检验.

Friedman 秩和检验的基本思想与其他的秩检验方法类似. 但是配伍组设计的随机化是在配伍组内进行的, 而配伍组间没有进行随机化. 因此在进行 Friedman 秩和检验时, 是分别在每个配伍组内将数据从小到大编秩, 如果有相同数据, 则取平均秩次.

在 R 中, `friedman.test()` 函数完成 Friedman 秩和检验, 其使用格式有两种, 一种是向量 – 因子形式

```
friedman.test(y, groups, blocks, ...)
```

参数 `y` 是数据构成的向量或矩阵. `groups` 是与 `y` 有同样长度的向量, 其内容表示 `y` 的分组情况, 每一组对应一个水平. `blocks` 与 `y` 有同样长度的向量, 表示每个水平下样本的序号. 当 `y` 是矩阵时, `groups` 和 `blocks` 无效. `...` 为附加参数.

另一种格式是公式形式

```
friedman.test(formula, data, subset, na.action, ...)
```

参数 `formula` 为形如 `a ~ b | c` 的公式, 其中 `a` 表示数据, `b` 表示数据对应的分组, 每一组对应一个水平. `c` 表示每个水平下样本的序号. `data` 为数据构成的数据框. `subset` 为可选向量, 表示选择样本的子集. `na.action` 为函数, 表示处理缺失数据 (`NA`) 的方法. `...` 为附加参数.

例 7.10 24 只小鼠按不同窝别分为 8 个区组, 再把每个区组中的观察单位随机分配到 3 种不同的饲料组, 喂养一定时间后, 测得小鼠肝中铁含量, 结果如表 7.7 所示. 试分析不同饲料的小鼠肝中的铁含量是否不同.

表 7.7 不同饲料组小鼠肝脏中铁含量 单位: μg/g

窝别	1	2	3	4	5	6	7	8
饲料 A	1.00	1.01	1.13	1.14	1.70	2.01	2.23	2.63
饲料 B	0.96	1.23	1.54	1.96	2.94	3.68	5.59	6.96
饲料 C	2.07	3.72	4.50	4.90	6.00	6.84	8.23	10.33

解 输入数据, 调用 friedman.test() 函数 (程序名: exam0710.R).

```
> X<-matrix(
      c(1.00, 1.01, 1.13, 1.14, 1.70, 2.01, 2.23, 2.63,
        0.96, 1.23, 1.54, 1.96, 2.94, 3.68, 5.59, 6.96,
        2.07, 3.72, 4.50, 4.90, 6.00, 6.84, 8.23, 10.33),
      ncol=3, dimnames=list(1:8, c("A", "B", "C"))
  )
> friedman.test(X)
          Friedman rank sum test
data:  X
Friedman chi-squared = 14.25, df = 2, p-value = 0.0008047
```

P 值 (< 0.05), 拒绝原假设, 认为不同饲料的小鼠肝中的铁含量有显著差异.

另两种写法分别为

```
x <- c(1.00, 1.01, 1.13, 1.14, 1.70, 2.01, 2.23, 2.63,
       0.96, 1.23, 1.54, 1.96, 2.94, 3.68, 5.59, 6.96,
       2.07, 3.72, 4.50, 4.90, 6.00, 6.84, 8.23, 10.33)
g <- gl(3,8)
b <- gl(8,1,24)
friedman.test(x, g, b)
```

和

```
mouse<-data.frame(
   x = c(1.00, 1.01, 1.13, 1.14, 1.70, 2.01, 2.23, 2.63,
       0.96, 1.23, 1.54, 1.96, 2.94, 3.68, 5.59, 6.96,
       2.07, 3.72, 4.50, 4.90, 6.00, 6.84, 8.23, 10.33),
   g = gl(3, 8),
   b = gl(8, 1, 24)
)
friedman.test(x ~ g|b, data = mouse)
```

可以达到同样的效果.

4. Quade 检验

对于区组设计另一种秩检验是 Quade 检验, 它是根据原始数据极差设计的, 其使用格式有两种, 一种是向量 - 因子形式

```
quade.test(y, groups, blocks, ...)
```

参数 y 是数据构成的向量或矩阵. groups 是与 y 有同样长度的向量, 其内容表示 y 的分组情况, 每一组对应一个水平. blocks 与 y 有同样长度的向量, 表示每个水平下样本的序号. 当 y 是矩阵时, groups 和 blocks 无效. ... 为附加参数.

另一种格式是公式形式

```
quade.test(formula, data, subset, na.action, ...)
```

参数 formula 为形如 a ~ b | c 的公式, 其中 a 表示数据, b 表示数据对应的分组, 每一组对应一个水平. c 表示每个水平下样本的序号. data 为数据构成的数据框. subset 为可选

向量, 表示选择样本的子集. `na.action` 为函数, 表示处理缺失数据 (NA) 的方法. `...` 为附加参数.

用 `quade.test()` 函数对例 7.10 的数据作计算.

```
> quade.test(X)
        Quade test
data:  X
Quade F = 23.7925, num df = 2, denom df = 14, p-value = 3.137e-05
```

结论是相同的, 仍然是拒绝原假设.

5. 尺度参数检验

尺度参数检验相当于方差的齐次检验. 在 5.3.3 节介绍了两个总体尺度参数检验 —— Ansari-Bradley 检验, 这里介绍多个总体的尺度参数检验 —— Fligner-Killeen 检验.

在 R 中, `fligner.test()` 函数完成 Fligner-Killeen 方差齐性检验, 其使用格式有两种, 一种是向量 - 因子形式

```
fligner.test(x, g, ...)
```

参数 `x` 为数据构成的向量或列表. `g` 为因子构成的向量, 当 `x` 为列表时, 此项无效. `...` 为附加参数.

另一种格式是公式形式

```
fligner.test(formula, data, subset, na.action, ...)
```

参数 `formula` 为形如 `lhs ~ rhs` 的公式, 其中 `lhs` 表示数据, `rhs` 表示数据对应的分组. `data` 为数据构成的数据框. `subset` 为可选向量, 表示选择样本的子集. `na.action` 为函数, 表示处理缺失数据 (NA) 的方法. `...` 为附加参数.

用 `fligner.test()` 函数对例 7.2 的数据作 Fligner-Killeen 方差齐性检验.

```
> fligner.test(X ~ A, data=mouse)
        Fligner-Killeen test of homogeneity of variances
data:  X by A
Fligner-Killeen:med chi-squared = 0.8956, df = 2, p-value = 0.639
```

接受原假设, 尺度参数没有显著差异 (相当于满足方差齐性要求).

7.1.7 协方差分析

在前面介绍的方差模型, 变量是可控的, 确定几个水平都可以通过人的努力达到. 但在实际问题中, 有些因素是不能控制或难以控制的. 在一项试验中, 如有少量的不可控因素, 会给分析带来麻烦, 如何消除这些不可控因素的影响是协方差分析要解决的问题.

协方差分析是将线性回归分析与方差分析结合起来的一种统计分析方法, 其基本思想就是将一些对响应变量 (Y) 有影响的变量 (X, 指未知或难以控制的因素) 看作协变量, 建立响应变量 Y 随协变量 X 变化的线性回归关系, 并利用这种回归关系把 X 值化为相等后再对各处理组 Y 的修正均值间的差别进行假设检验, 其实质就是从 Y 的总平方和中扣除 X 对 Y 的平方和, 对残差平方和作进一步分解后再进行方差分析, 以更好地评价这种处理效应.

设试验只有一个因素 A 在变化, A 有 r 个水平 $A_1, A_2, \cdots, A_r$, 与之有关的仅有一个协变量 X, 在水平 A_i 下进行 n_i 次独立观测, 得到数据 $(x_{ij}, y_{ij}), i = 1, 2, \cdots, r, j = 1, 2, \cdots, n_i$.

则协方差模型表示为

$$\begin{cases} y_{ij} = \mu + \alpha_i + \beta(x_{ij} - \bar{x}) + \varepsilon_{ij}, & i = 1, 2, \cdots, r, \quad j = 1, 2, \cdots, n_i, \\ \varepsilon_{ij} \sim N(0, \sigma^2), & \text{且相互独立}, \end{cases} \tag{7.10}$$

其中 μ 表示总和的均值, α_i 为水平 A_i 对指标的效应, β 为 Y 对 X 的线性回归系数, ε_{ij} 为随机误差, $\bar{x}$ 为 x_{ij} 的总和的均值.

给定显著水平 α, 考虑检验假设

$$H_0: \alpha_1 = \alpha_2 = \cdots = \alpha_r = 0, \qquad H_1: \alpha_1, \alpha_2, \cdots, \alpha_r \text{ 不全为零}. \tag{7.11}$$

当 P 值 $< \alpha$, 则拒绝原假设, 表示各水平之间有显著差异.

aov() 函数也可以完成协方差分析. 这里以大多数教科书介绍的养猪的例子为例, 介绍使用 aov() 函数作协方差分析.

例 7.11 比较 3 种猪饲料对猪的催肥的效果, 测得每头猪增加的重量 (y) 和初始重量 (x), 其数据如表 7.8 所示. 试分析 3 种饲料对猪的催肥效果是否不同, 猪的初始重量与猪的增加量有无明显关系.

表 7.8 3 种猪饲料喂养猪的初始重量与增加重量

序号	饲料 A		饲料 B		饲料 C	
	X	Y	X	Y	X	Y
1	15	85	17	97	22	89
2	13	83	16	90	24	91
3	11	65	18	100	20	83
4	12	76	18	95	23	95
5	12	80	21	103	25	100
6	16	91	22	106	27	102
7	14	84	19	99	30	105
8	17	90	18	94	32	110

解 饲料是人为可以控制的定性因素, 猪的初始重量是难以控制的定量因子, 为协变量; 实验观察猪的增加量, 为因变量 Y. 各组的增加重量由于受到猪的原始体重的影响, 不能直接作方差分析, 需要进行协方差分析. 程序 (程序名: exam0711.R) 和计算结果如下:

```
pig<-data.frame(
    X = c(15, 13,  11, 12,  12,  16,  14,  17,
          17, 16,  18, 18,  21,  22,  19,  18,
          22, 24,  20, 23,  25,  27,  30,  32),
    Y = c(85, 83,  65, 76,  80,  91,  84,  90,
          97, 90, 100, 95, 103, 106,  99,  94,
          89, 91,  83, 95, 100, 102, 105, 110),
    A = gl(3, 8)
)
```

```
pig.aov1<-aov(Y ~ X + A, data = pig)
summary(pig.aov1)

            Df Sum Sq Mean Sq F value    Pr(>F)
X            1 1621.1  1621.1  142.44 1.50e-10 ***
A            2  707.2   353.6   31.07 7.32e-07 ***
Residuals   20  227.6    11.4
---
Signif. codes:  0 '***' 0.001 '**' 0.01 '*' 0.05 '.' 0.1 ' ' 1
```

因变量 Y 对于协变量 X 和因素 A 均有显著差异.

考虑协变量 X 与因素 A 的交互作用,

```
pig.aov2<-aov(Y ~ X * A, data = pig)
summary(pig.aov2)

            Df Sum Sq Mean Sq F value    Pr(>F)
X            1 1621.1  1621.1 162.495 1.90e-10 ***
A            2  707.2   353.6  35.444 5.73e-07 ***
X:A          2   48.0    24.0   2.408    0.118
Residuals   18  179.6    10.0
---
Signif. codes:  0 '***' 0.001 '**' 0.01 '*' 0.05 '.' 0.1 ' ' 1
```

关于交互作用不显著. 也可以考虑两模型的差

```
> anova(pig.aov1, pig.aov2)
Analysis of Variance Table

Model 1: Y ~ X + A
Model 2: Y ~ X * A
  Res.Df    RSS Df Sum of Sq      F Pr(>F)
1     20 227.62
2     18 179.58  2    48.038 2.4076 0.1184
```

这两个模型的差还是只差在交互作用方面, 从计算结果看, 交互作用不显著.

7.2 判别分析

判别分析是用以判别个体所属群体的一种统计方法, 它产生于 20 世纪 30 年代. 近年来, 在许多现代自然科学的各个分支和技术部门中得到广泛的应用.

例如, 利用计算机对一个人是否有心脏病进行诊断时, 可以取一批没有心脏病的人, 测其 p 个指标的数据, 然后再取一批已知患有心脏病的人, 同样也测得 p 个相同指标的数据, 利用这些数据建立一个判别函数, 并求出相应的临界值, 这时对于需要进行诊断的人, 也同样测其 p 个指标的数据, 将其代入判别函数, 求得判别得分, 再依判别临界值, 就可以判断此人是属于有心脏病的那一群体, 还是属于没有心脏病的那一群体. 又如, 在考古学中, 对化石及文物年代的判断; 在地质学中, 判断是有矿还是无矿; 在质量管理中, 判断某种产品是合格品, 还是不合格品; 在植物学中, 对于新发现的一种植物, 判断其属于那一科. 总之, 判别分析方法在很多学科中都有着广泛的应用.

7.2.1 判别分析的数学模型

设有 $k(\geqslant 2)$ 个不同的 p 维总体 G_1, G_2, $\cdots$, G_k, 它们的分布函数分别为 $F_1(y)$, $F_2(y)$, $\cdots$, $F_k(y)$. 现有一个属于这 k 个总体之一的样本 y, 那么, 如何判断它属于哪一个总体呢? 这就是判别分析研究的内容.

由于分布函数 $F_i(y)$ 可能部分或者完全是未知的, 所以总体信息不足对样本 y 的归属作出判断, 需要借助已有的来自各自总体的样本信息. 设 $y_j^{(i)}$ $(j = 1, 2, \cdots, n_i)$ 来自总体 $G_i(i = 1, 2, \cdots, k)$, 称 $y_j^{(i)}$ 为训练样本.

所谓判别问题, 就是利用训练样本, 将 p 维 Euclid 空间 $\mathbb{R}^p$ 划分成 k 个互不相交的区域 R_1, R_2, $\cdots$, R_k, 即 $R_i \cap R_j = \varnothing(i \neq j,\ i, j = 1, 2, \cdots, k)$, $\bigcup\limits_{j=1}^{k} R_j = \mathbb{R}^p$. 当 $x \in R_i$ $(i = 1, 2, \cdots, k)$, 就判定 x 属于总体 G_i $(i = 1, 2, \cdots, k)$.

关于判别问题, 通常有 3 种方法: 距离判别、Fisher 判别和 Bayes 判别.

7.2.2 判别分析的计算

距离判别、Fisher 判别和 Bayes 判别本质属于线性判别和二次判别, 所以 R 并没有单独提供这 3 种判别, 而是将判别分析的方法综合在一起, 分别给出线性判别函数 —— `lda()` 函数和二次判别函数 —— `qda()` 函数.

`lda()` 函数和 `qda()` 函数在使用前, 需要加载 `MASS` 程序包, 或使用命令

```
> library(MASS)
```

它们的使用格式基本相同, 有公式形式和矩阵或数据框形式两种. 公式形式为

```
lda(formula, data, ..., subset, na.action)
qda(formula, data, ..., subset, na.action)
```

参数 `formula` 为公式, 形如 `groups ~ x1 + x2 + ....` `data` 为数据构成的数据框. `subset` 为可选择向量, 表示观察值的子集. `na.action` 为函数, 表示数据缺失数据 (`NA`) 的处理方法.

矩阵或数据框形式为

```
lda(x, grouping, prior = proportions, tol = 1.0e-4,
    method, CV = FALSE, nu, ...)
qda(x, grouping, prior = proportions,
    method, CV = FALSE, nu, ...)
```

参数 `x` 为矩阵或数据框, 或者为包含解释变量的矩阵. `grouping` 为指定样本属于哪一类的因子向量. `prior` 为各类的先验概率, 默认值是已有训练样本的计算结果. `tol` 控制精度, 用于判断矩阵是否奇异. `method` 为字符串, 表示估计方法, `"moment"` 是均值和方差的标准估计, `"mle"` 是极大似然估计, `"mve"` 是使用 `cov.mve` 作估计, `"t"` 是基于 t 分布的稳健估计. `CV` 为逻辑变量, 如果取 `TRUE`, 返回值中将包含留一法的交叉确认情况. `mu` 为 `method = "t"` 的自由度. `...` 为附加参数.

lda() 函数的返回值有: 调用方法、先验概率、每一类样本的均值和线性判别系数. qda() 函数的返回值与 lda() 函数相同, 只是没有线性判别系数. 因此, 无论是预测还是回代, 还需要预测函数 —— predict() 函数.

对于 lda() 函数而言, predict() 函数使用格式为

```
predict(object, newdata, prior = object$prior, dimen,
    method = c("plug-in", "predictive", "debiased"), ...)
```

对于 qda() 函数而言, predict() 函数使用格式为

```
predict(object, newdata, prior = object$prior,
    method = c("plug-in", "predictive", "debiased", "looCV"), ...)
```

参数 object 为 lda() 函数或 qda() 函数生成的对象. newdata 为预测数据构成的数据框, 如果 lda 或 qda 使用公式形式计算; 或者为向量, 如果使用矩阵和因子形式计算; 默认值为为全体训练样本. prior 为先验概率, 默认值使用对象的先验概率. dimen 为使用空间的维数. method 为参数估计的方法.

predict() 函数的返回值有 $class(分类), $posterior(后验概率) 和 $x(qda 函数无此项).

例 7.12 表 7.9 是某气象站监测前 14 年气象的实际资料, 有两项综合预报因子(气象含义略), 其中有春旱的是 6 个年份的资料, 无春旱的是 8 个年份的资料. 今年测到两个指标的数据为 $(23.5, -1.6)$, 试用 lda() 函数和 qda() 函数对数据作判别分析, 并预报今年是否有春旱.

表 7.9 某气象站有无春旱的资料

序号	春旱		无春旱	
1	24.8	−2.0	22.1	−0.7
2	24.1	−2.4	21.6	−1.4
3	26.6	−3.0	22.0	−0.8
4	23.5	−1.9	22.8	−1.6
5	25.5	−2.1	22.7	−1.5
6	27.4	−3.1	21.5	−1.0
7			22.1	−1.2
8			21.4	−1.3

解 按矩阵和因子形式输入数据, 程序 (程序名:exam0712.R) 和计算结果如下:

```
train<-matrix(
   c(24.8, 24.1, 26.6, 23.5, 25.5, 27.4,
     22.1, 21.6, 22.0, 22.8, 22.7, 21.5, 22.1, 21.4,
     -2.0, -2.4, -3.0, -1.9, -2.1, -3.1,
     -0.7, -1.4, -0.8, -1.6, -1.5, -1.0, -1.2, -1.3),
   ncol=2)
sp<-factor(rep(1:2, c(6,8)), labels=c("Have", "No"))

library(MASS)
lda.sol<-lda(train, sp)
```

```
tst<-c(23.5, -1.6); predict(lda.sol, tst)$class
[1] No
Levels: Have No
```

预测结果是无春旱. 再看一下回代的结果, 这里用 `table()` 函数以表格形式列出

```
> table(sp, predict(lda.sol)$class)
sp      Have No
  Have     5  1
  No       0  8
```

这个表说明, 原本有 6 个有春旱的年份, 只判对了 5 个.

再看一下二次判别的结果

```
qda.sol<-qda(train, sp)
predict(qda.sol, tst)$class
[1] Have
Levels: Have No
table(sp, predict(qda.sol)$class)
sp      Have No
  Have     6  0
  No       0  8
```

这次得到的结果是有春旱. 到底是有春旱还是无春旱呢? 从回代结果来看, 可能是有春旱更合理一些, 因为二次判别的回代正确率是 100%.

如果用数据框输入数据, 则使用公式形式调用 `lda()` 函数或者是 `qda()` 函数, 计算结果是相同的, 其程序如下:

```
exam.data<-data.frame(
    X1=c(24.8, 24.1, 26.6, 23.5, 25.5, 27.4,
         22.1, 21.6, 22.0, 22.8, 22.7, 21.5, 22.1, 21.4),
    X2=c(-2.0, -2.4, -3.0, -1.9, -2.1, -3.1,
         -0.7, -1.4, -0.8, -1.6, -1.5, -1.0, -1.2, -1.3),
    sp=rep(c("Have", "No"), c(6,8))
)
new<-data.frame(X1=23.5, X2=-1.6)
lda.sol<-lda(sp~X1+X2, data=exam.data)
predict(lda.sol, new)$class
table(exam.data$sp, predict(lda.sol)$class)
```

如果选择参数 CV=TRUE, 则 `lda()` 函数或 `qda()` 函数通过留一法给出预测结果. 其程序如下:

```
> lda.sol<-lda(train, sp, CV=TRUE); lda.sol$class
 [1] Have Have Have No   Have Have No   No   No
[10] No   No   No   No   No
Levels: Have No
> qda.sol<-qda(train, sp, CV=TRUE); qda.sol$class
 [1] Have Have Have Have Have Have No   No   No
[10] Have No   No   No   No
Levels: Have No
```

例 7.13 (Fisher Iris 数据) Iris数据有 4 个属性，萼片的长度、萼片的宽度、花瓣长度和花瓣的宽度. 数据共 150 个样本，分为 3 类，前 50 个数据为第 1 类 —— Setosa，中间的 50 个数据为第 2 类 —— Versicolor，最后 50 个数据为第 3 类 —— Virginica. 数据格式如表 7.10 所示. 试用 R 软件中的判别函数（`lda` 或 `qda`）对 Iris 数据进行判别分析.

表 7.10 Fisher Iris 数据

序号	萼片长度	萼片宽度	花瓣长度	花瓣宽度	种类
1	5.1	3.5	1.4	0.2	setosa
2	4.9	3.0	1.4	0.2	setosa
⋮	⋮	⋮	⋮	⋮	⋮
50	5.0	3.3	1.4	0.2	setosa
51	7.0	3.2	4.7	1.4	versicolor
52	6.4	3.2	4.5	1.5	versicolor
⋮	⋮	⋮	⋮	⋮	⋮
100	5.7	2.8	4.1	1.3	versicolor
101	6.3	3.3	6.0	2.5	virginica
102	5.8	2.7	5.1	1.9	virginica
⋮	⋮	⋮	⋮	⋮	⋮
150	5.9	3.0	5.1	1.8	virginica

解 R 软件中提供了 Iris 数据 (数据框 `iris`), 数据的前 4 列是数据的 4 个属性, 第 5 列标明数据属于哪一类.

用 `lda()` 函数作判别分析, 读者可仿照本例完成 `qda()` 函数的作判别分析. 在 150 个样本中随机选取 100 个作为训练样本, 余下的 50 个作为待测样本, 先验概率各为 1/3. 程序 (程序名: `exam0713.R`) 为

```
train <- sample(1:150, 100)
z <- lda(Species ~ ., iris, prior = c(1,1,1)/3,
         subset = train)
(class<-predict(z, iris[-train, ])$class)
```

程序中 `sample()` 函数为抽取样本, `subset = train` 表示选择抽取的样本作为训练子集, `iris[-train, ]` 表示在预测函数中使用其余的样本. 计算结果如下:

```
 [1] setosa     setosa     setosa     setosa     setosa
 [6] setosa     setosa     setosa     setosa     setosa
[11] setosa     setosa     setosa     setosa     setosa
[16] setosa     setosa     setosa     versicolor versicolor
[21] versicolor versicolor versicolor versicolor versicolor
[26] versicolor versicolor versicolor versicolor versicolor
[31] versicolor versicolor virginica  virginica  virginica
[36] virginica  virginica  virginica  virginica  virginica
[41] virginica  virginica  virginica  virginica  virginica
[46] virginica  virginica  virginica  virginica  virginica
```

看一下预测结果的准确性

```
> sum(class==iris$Species[-train])
[1] 50
```

全部正确.

7.3 聚类分析

聚类分析是一类将数据所对应研究对象进行分类的统计方法. 这一类方法的共同特点是：事先不知道类别的个数与结构；据以进行分析的数据是对象之间的相似性或相异性的数据. 将这些相似（相异）性数据看成是对象之间的“距离”远近的一种度量, 将距离近的对象归入一类, 不同类之间的对象距离较远. 这就是聚类分析方法的共同思路.

聚类分析根据分类对象不同分为 Q 型聚类分析和 R 型聚类分析. Q 型聚类分析是指对样本进行聚类, R 型聚类分析是指对变量进行聚类分析.

7.3.1 距离和相似系数

聚类分析是研究对样本或变量的聚类, 在进行聚类时, 可使用的方法有很多, 而这些方法的选择往往与变量的类型是有关系的, 由于数据的来源及测量方法的不同, 变量大致可以分为两类.

(1) 定量变量. 也就是通常所说的连续量, 如长度、重量、产量、人口、速度和温度等, 它们是由测量或计数、统计所得到的量, 这些变量具有数值特征, 称为定量变量.

(2) 定性变量. 这些量并非真有数量上的变化, 而只有性质上的差异. 这些量还可以分为两种, 一种是有序变量, 它没有数量关系, 只有次序关系, 如某种产品分为一等品、二等品、三等品等, 矿石的质量分为贫矿和富矿. 另一种是名义变量, 这种变量既无等级关系, 也无数量关系, 如天气 (阴、晴), 性别 (男、女)、职业 (工人、农民、教师、干部) 和产品的型号等.

1. 距离

设 x_{ik} 为第 i 个样本的第 k 个指标, 数据观测值如表 7.11 所示. 在表 7.11 中, 每个样本有 p 个变量, 故每个样本可以看成是 $\mathbb{R}^p$ 中的一个点, n 个样本就是 $\mathbb{R}^p$ 中的 n 个点. 在 $\mathbb{R}^p$ 中需要定义某种距离, 第 i 个样本与第 j 个样本之间的距离记为 d_{ij}, 在聚类过程中, 距离较近的点倾向于归为一类, 距离较远的点应归属不同类.

表 7.11 数据观测值

样本	变量			
	x_1	x_2	$\cdots$	x_p
1	x_{11}	x_{12}	$\cdots$	x_{1p}
2	x_{21}	x_{22}	$\cdots$	x_{2p}
$\vdots$	$\vdots$	$\vdots$		$\vdots$
n	x_{n1}	x_{n2}	$\cdots$	x_{np}

在 R 中, `dist()` 函数为距离函数, 计算各样本之间的距离, 其使用格式为

```
dist(x, method = "euclidean",
     diag = FALSE, upper = FALSE, p = 2)
```

参数 x 为数值矩阵, 或者为数据框, 或是 "dist" 的对象. method 为定义距离的方法, 其取值及意义如表 7.12 所示. diag 为逻辑变量, 表示是否输出对角线上的距离, 默认值为 FALSE. upper 为逻辑变量, 表示输出上三角矩阵的值. 默认值为 FALSE, 表示仅输出下三角矩阵的值. p 为 Minkowski 距离的参数 q, 默认值为 2, 即 Euclid 距离.

表 7.12 距离的定义、取值及意义

取值	意义	数学表达式
"euclidean"[1]	Euclid 距离	$\left[\sum\limits_{k=1}^{p}(x_{ik}-x_{jk})^2\right]^{\frac{1}{2}}$
"maximum"	无穷模距离 [2]	$\max\limits_{1\leqslant k\leqslant p}\lvert x_{ik}-x_{jk}\rvert$
"manhattan"	绝对值距离 [3]	$\sum\limits_{k=1}^{p}\lvert x_{ik}-x_{jk}\rvert$
"canberra"	Lance-Williams 距离	$\sum\limits_{k=1}^{p}\dfrac{\lvert x_{ik}-x_{jk}\rvert}{\lvert x_{ik}+x_{jk}\rvert}$
"binary"	二元距离	$\dfrac{m_2}{m_1+m_2}$ [4]
"minkowski"	Minkowski 距离	$\left[\sum\limits_{k=1}^{p}(x_{ik}-x_{jk})^q\right]^{1/q}$

[1] 默认值.

[2] 也称为 Chebyshev 距离.

[3] 也称为 1– 模距离, 或者是 "棋盘距离" 或 "城市街区" 距离.

[4] m_1 为两个二元向量中 $1-1$ 配对的总数, m_0 为 $0-0$ 配对的总数, m_2 为不配对的总数. 因此, 二元距离是去掉 $0-0$ 配对的后的差异百分比.

2. 数据变换

在作聚类分析过程中, 大多数数据往往是不能直接参与运算的, 需要先将数据作中心化或标准化处理. 称

$$x_{ij}^* = x_{ij} - \overline{x}_j, \quad i=1,2,\cdots,n; \quad j=1,2,\cdots,p$$

为中心化变换, 其中 $\overline{x}_j = \dfrac{1}{n}\sum\limits_{i=1}^{n} x_{ij}$.

称

$$x_{ij}^* = \frac{x_{ij}-\overline{x}_j}{s_j}, \quad i=1,2,\cdots,n; \quad j=1,2,\cdots,p$$

为标准化变换, 其中 $\overline{x}_j = \dfrac{1}{n}\sum\limits_{i=1}^{n} x_{ij}$, $s_j = \dfrac{1}{n-1}\sum\limits_{i=1}^{n}(x_{ij}-\overline{x}_j)^2$.

在 R 中, 可用 scale() 函数作数据的中心化或标准化, 其使用格式为

```
scale(x, center = TRUE, scale = TRUE)
```

参数 x 为样本构成的数值矩阵. center 或者为逻辑变量, 表示是否对数据作中心变换, 默认值为 TRUE; 或者为数值向量, 其维数等于矩阵 x 的列数, 表示以 center 为中心作中心化变换. scale 或者为逻辑变量, 表示是否对数据作标准变换, 默认值为 TRUE; 或者为数值向量, 其维数等于矩阵 x 的列数, 表示以 scale 为尺度作标准化变换.

3. 相似系数

聚类分析方法不仅用来对样本进行分类, 而且可用来对变量进行分类, 在对变量进行分类时, 常用相似系数来度量变量之间的相似程度.

设 c_{ij} 表示变量 X_i 和 X_j 间的相似系数, 一般要求:

(1) $c_{ij} = \pm 1$ 当且仅当 $X_i = aX_j$ $(a \neq 0)$;

(2) $|c_{ij}| \leqslant 1$, 对一切 i, j 成立;

(3) $c_{ij} = c_{ji}$, 对一切 i, j 成立.

$|c_{ij}|$ 越接近 1, 则表示 X_i 和 X_j 的关系越密切, c_{ij} 越接近 0, 则两者关系越疏远.

最常用的相似系数有两种: (1) 夹角余弦; (2) 相关系数. 可用 `scale()` 函数计算夹角余, 其计算公式如下

```
y <- scale(x, center = F, scale = T)/sqrt(nrow(x)-1)
C <- t(y) %*% y
```

用 `cor()` 函数计算相关系数,

```
C <- cor(x)
```

变量之间的距离常借助于相似系数来定义, 如

$$d_{ij} = 1 - c_{ij}. \tag{7.12}$$

普通距离的定义通常是用在 Q 型聚类分析中, 使用相似系数的距离定义通常是用在 R 型聚类分析中.

7.3.2 系统聚类法

系统聚类方法是聚类分析诸方法中用得最多的一种, 其基本思想是: 开始将 n 个样本各自作为一类, 并规定样本之间的距离和类与类之间的距离, 然后将距离最近的两类合并成一个新类, 计算新类与其他类的距离; 重复进行两个最近类的合并, 每次减少一类, 直至所有的样本合并为一类. 并类的方法有很多, 如最短距离法、最长距离法、中间距离法、类平均法和离差平方和法等.

1. hclust 函数

在 R 中, `hclust()` 函数提供了系统聚类的计算, `plot()` 函数可画出系统聚类的树形图 (或称为谱系图).

`hclust()` 函数的使用格式为

```
hclust(d, method = "complete", members=NULL)
```

参数 `d` 为 `dist()` 函数生成的对象, 即距离. `method` 为系统聚类的方法, 其取值及意义如表 7.13 所示. `members` 或者为 `NULL`(默认值), 或者为与 `d` 有相同变量长度的向量.

`plot()` 函数画出谱系图的格式为

```
plot(x, labels = NULL, hang = 0.1,
     axes = TRUE, frame.plot = FALSE, ann = TRUE,
     main = "Cluster Dendrogram",
     sub = NULL, xlab = NULL, ylab = "Height", ...)
```

参数 `x` 为 `hclust()` 函数生成的对象. `labels` 为树叶的标记, 默认值为 `NULL`. `hang` 为数值, 表明谱系图中各类所在的位置, 默认值为 0.1, 取负值表示谱系图中的类从底部画起. 其他参数的意义与通常的 `plot()` 函数相同.

表 7.13 聚类方法的取值及意义

取值	意义
"single"	最短距离法
"complete"(默认值)	最长距离法
"median"	中间距离法
"mcquitty"	Mcquitty 相似法
"average"	类平均法
"centroid"	重心法
"ward"	离差平方和法

另一种出谱系图的函数为 plclust() 函数, 其使用格式为

```
plclust(tree, hang = 0.1, unit = FALSE,
    level = FALSE, hmin = 0,
    square = TRUE, labels = NULL, plot. = TRUE,
    axes = TRUE, frame.plot = FALSE, ann = TRUE,
    main = "", sub = NULL, xlab = NULL, ylab = "Height")
```

参数 tree 为 hclust() 函数生成的对象. unit 为逻辑变量, 取 TRUE 表示分叉画在等空间高度, 而不是在对象的高度. hmin 为数值, 默认值为 0. level, square 和 plot 目前还没有使用, 只是为 S-PLUSE 的兼容性而设计的. 其他参数的意义与 plot() 函数相同.

例 7.14 设有 5 个样本, 每个样本只有一个指标, 分别是 1, 2, 6, 8, 11, 样本间的距离选用 Euclid 距离, 试用最短距离法、最长距离法等方法进行聚类分析, 并画出相应的谱系图.

解 用 Euclid 距离计算各样本点间的距离, 用最短距离法、最长距离法、中间距离法和类平均法进行聚类分析, 并画出 4 种方法的谱系图, 而且将 4 个谱系图画在一个图上. 程序 (程序名: exam0714.R) 如下:

```
##%% 输入数据, 生成距离结构
x<-c(1,2,6,8,11); dim(x)<-c(5,1); d<-dist(x)
##%% 生成系统聚类
hc1<-hclust(d, "single"); hc2<-hclust(d, "complete")
hc3<-hclust(d, "median"); hc4<-hclust(d, "average")
##%% 绘出所有树形结构图, 并以2x2的形式绘在一张图上
opar <- par(mfrow = c(2, 2))
plot(hc1, hang=-1); plot(hc2, hang=-1)
plot(hc3, hang=-1); plot(hc4, hang=-1)
par(opar)
```

画出的图形如图 7.2 所示. 用 plclust() 函数, 画出的谱系图与 plot() 函数差不多. 例如, 大家可尝试如下程序

```
opar <- par(mfrow = c(2, 2))
plclust(hc1, hang=-1); plclust(hc2, hang=-1)
```

```
plclust(hc3, hang=-1); plclust(hc4, hang=-1)
par(opar)
```

其图形与图 7.2 非常相像.

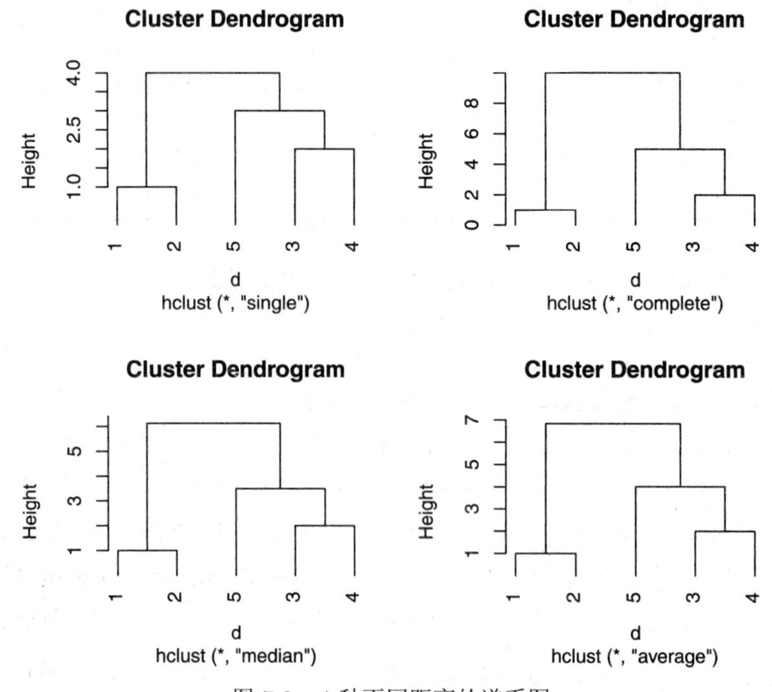

图 7.2 4 种不同距离的谱系图

2. cophenetic 函数

cophenetic 函数是计算系统聚类的 Cophenetic 距离, 其使用格式为

```
cophenetic(x)
```

参数 x 为 `hclust()` 函数或 `as.hclust()` 函数生成的对象.

cophenetic 函数的用途是计算 Cophenetic 距离与 `dist()` 函数的距离的相关系数, 用以评价在众多的聚类方法中, 每种方法的好坏. 通常认为相关系数越接近 1, 聚类方法就越好.

例如, 对于例 7.14 的 4 种聚类方法, 分别计算 Cophenetic 距离和各自与距离 d 的相关系数

```
method=c("single", "complete", "median", "average")
cc<-numeric(0)
for (m in method){
     dc<-cophenetic(hclust(d, m))
     cc[m]<-cor(d, dc)
}
cc
   single  complete    median   average
0.7744479 0.7847885 0.7859780 0.7865155
```

从计算结果看出, 在 4 种聚类方法中, 类平均法相关系数最高, 因此它是最好的.

3. as.dendrogram 函数

与绘谱系图有关的函数还有 `as.dendrogram()` 函数, 其意思是将系统聚类得到的对象强制为谱系图, 它的使用格式为

```
as.dendrogram(object, hang = -1, ...)
```

参数 `object` 为任何可以强制转换成 `dendrogram` 的对象. `hang` 的意义与前面相同. 在此时, `plot()` 函数的用法为

```
plot(x, type = c("rectangle", "triangle"),
     center = FALSE,
     edge.root = is.leaf(x) || !is.null(attr(x,"edgetext")),
     nodePar = NULL, edgePar = list(),
     leaflab = c("perpendicular", "textlike", "none"),
     dLeaf = NULL, xlab = "", ylab = "",
     xaxt = "n", yaxt = "s",
     horiz = FALSE, frame.plot = FALSE, xlim, ylim, ...)
```

参数 `x` 为 `dendrogram()` 函数生成的对象. `type` 为绘制谱系图的类型, 取 `"rectangle"` (默认值) 表示绘矩形图, 取 `"triangle"` 表示绘三角形图形. `center` 为逻辑变量, 如果取 `TRUE`, 表示节点将被画在叶子分枝的中心; 否则 (默认值) 直接画在子节点的中间. `edge.root` 为逻辑变量, 取 `TRUE` 表示将边缘画到根节点. `nodePar` 和 `edgePar` 均为列表, 其意义在后面用例子帮助理解. `leaflab` 为字符串, 表示如何标记叶子, 默认值为 `"perpendicular"`. `dLeaf` 为数值, 表示叶子与它的标记之间的距离. `horiz` 为逻辑变量, 取 `TRUE` 表示水平放置谱系图, 默认值为 `FALSE`. 其他参数的意义与普通的 `plot()` 函数基本相同.

为帮助理解上述参数的意义, 对于例 7.14 数据使用以下命令绘图

```
dend1<-as.dendrogram(hc1)
opar <- par(mfrow = c(2, 2),mar = c(4,3,1,2))
plot(dend1)
plot(dend1, nodePar=list(pch=c(1,NA), cex=0.8, lab.cex=0.8),
     type = "t", center=TRUE)
plot(dend1, edgePar=list(col = 1:2, lty = 2:3),
     dLeaf=1, edge.root = TRUE)
plot(dend1, nodePar=list(pch = 2:1, cex=.4*2:1, col=2:3),
     horiz=TRUE)
par(opar)
```

其图形如图 7.3 所示.

例 7.15 对 305 名女中学生测量 8 个体型指标, 相应的相关矩阵如表 7.14 所示. 将相关系数看成相似系数, 定义距离为

$$d_{ij} = 1 - r_{ij}.$$

用最长距离法作系统分析.

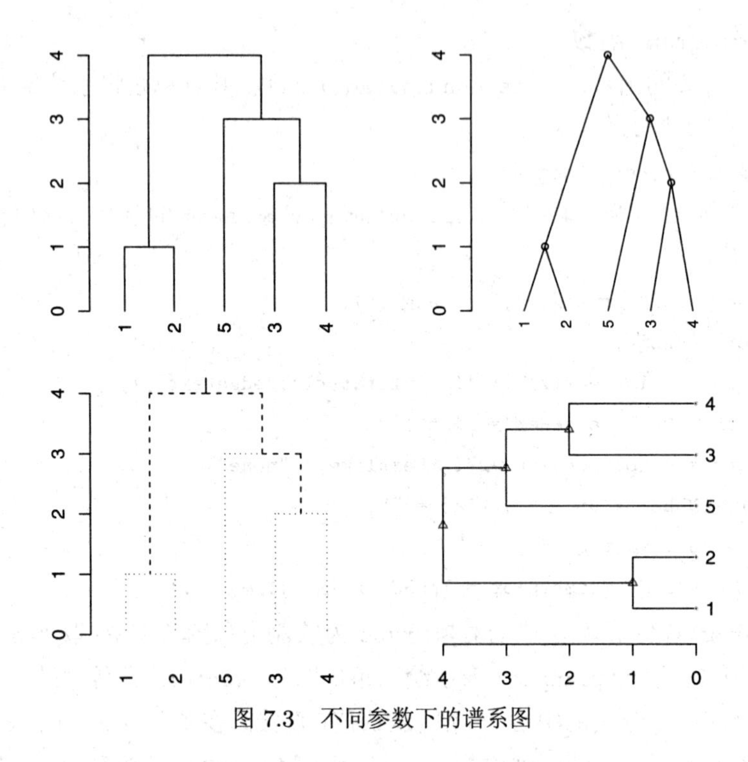

图 7.3 不同参数下的谱系图

表 7.14 各对变量之间的相关系数

	身高	手臂长	上肢长	下肢长	体重	颈围	胸围	胸宽
身高	1.000							
手臂长	0.846	1.000						
上肢长	0.805	0.881	1.000					
下肢长	0.859	0.826	0.801	1.000				
体重	0.473	0.376	0.380	0.436	1.000			
颈围	0.398	0.326	0.319	0.329	0.762	1.000		
胸围	0.301	0.277	0.237	0.327	0.730	0.583	1.000	
胸宽	0.382	0.277	0.345	0.365	0.629	0.577	0.539	1.000

解 输入相关系数矩阵. 在下面的作图中, 需要用到 `hclust()`, `as.dendrogram()` 和 `plot()` 函数. 为了使谱系图画的更好看, 还需要增加一个自编的函数. 下面为相应的程序 (程序名: `exam0715.R`)

```
##%% 输入相关矩阵
x<-c(1.000, 0.846, 0.805, 0.859, 0.473, 0.398, 0.301, 0.382,
     0.846, 1.000, 0.881, 0.826, 0.376, 0.326, 0.277, 0.277,
     0.805, 0.881, 1.000, 0.801, 0.380, 0.319, 0.237, 0.345,
     0.859, 0.826, 0.801, 1.000, 0.436, 0.329, 0.327, 0.365,
     0.473, 0.376, 0.380, 0.436, 1.000, 0.762, 0.730, 0.629,
     0.398, 0.326, 0.319, 0.329, 0.762, 1.000, 0.583, 0.577,
     0.301, 0.277, 0.237, 0.327, 0.730, 0.583, 1.000, 0.539,
     0.382, 0.415, 0.345, 0.365, 0.629, 0.577, 0.539, 1.000)
```

```
names<-c(" 身高 ", " 手臂长", "上肢长", "下肢长", " 体重", "颈围",
         " 胸围 ", " 胸宽 ")
r<-matrix(x, nrow=8, dimnames=list(names, names))
##%% 作系统聚类分析, 函数as.dist()的作用是
##%% 将普通矩阵转化为聚类分析用的距离结构.
d<-as.dist(1-r); hc<-hclust(d); dend<-as.dendrogram(hc)
##%% 写一段小程序, 其目的是在绘图命令中调用它,
##%% 使谱系图更好看.
nP<-list(col=3:2, cex=c(2.0, 0.75), pch= 21:22,
         bg= c("light blue", "pink"),
         lab.cex = 1.0, lab.col = "tomato")
addE <- function(n){
    if(!is.leaf(n)){
        attr(n,"edgePar")<-list(p.col="plum")
        attr(n,"edgetext")<-paste(attr(n,"members"),"members")
    }
    n
}
##%% 画出谱系图.
de <- dendrapply(dend, addE)
par(mai=c(0.5, 0.5, 0.0, 0.0))
plot(de, nodePar= nP)
```

所绘图形如图 7.4 所示.

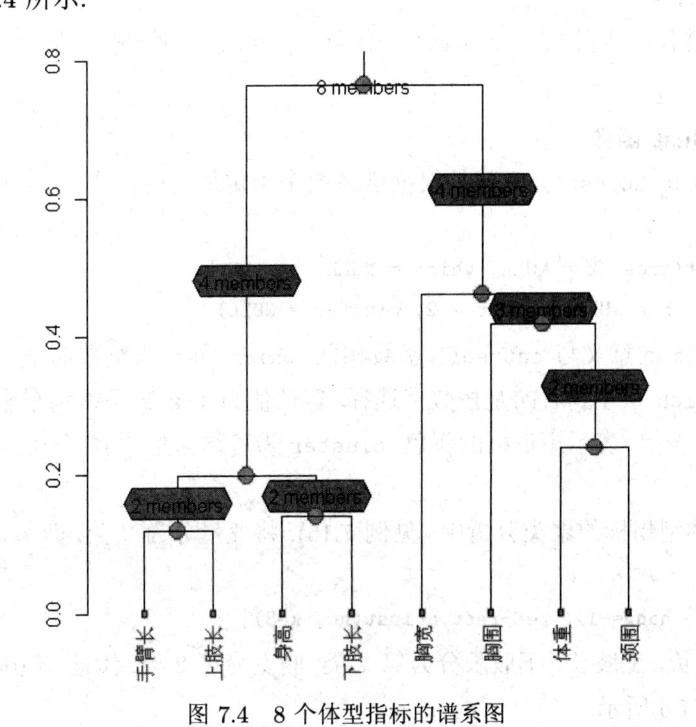

图 7.4 8 个体型指标的谱系图

从上面的谱系图 (图 7.4) 容易看出, 手臂长与上肢长最先合并成一类. 接下来是身高与下肢长合并成一类. 再合并就是将新得到的两类合并成一类 (可以称为"长"类). 后面要合并的是体重与颈围. 再合并就是将胸围加到新类中, 再加就是胸宽. 最后合并为一类.

7.3.3 类个数的确定

在聚类过程中类的个数如何确定才是适宜的呢? 这是一个十分困难的问题, 至今仍未找到令人满意的方法, 但这又是一个不可回避的问题. 目前基本的方法有 3 种.

(1) 给定一个阈值. 通过观察谱系图, 给出一个你认为的阈值 T, 要求类与类之间的距离要大于 T.

(2) 观测样本的散点图. 对于二维或三维变量的样本, 可以通过观测数据的散点图来确定类的个数.

(3) 使用统计量. 通过一些统计量来确定类的个数.

(4) 根据谱系图确定分类个数的准则.

1. cutree 函数

在 R 中, `cutree()` 函数是根据谱系图来确定最终的聚类, 其使用格式为

```
cutree(tree, k = NULL, h = NULL)
```

参数 `tree` 为 `hclust()` 函数生成的对象. `k` 为整数向量, 表示类的个数. `h` 为数值型向量, 表示谱系图中的阈值, 要求分成的各类的距离大于 `h`. 在参数中, `k` 和 `h` 至少指定一个, 如果两个参数均被指定, 则以 `k` 的值为准.

例如, 对于例 7.15,

```
> cutree(hc, k = 2)
```

身高	手臂长	上肢长	下肢长	体重	颈围	胸围	胸宽
1	1	1	1	2	2	2	2

2. rect.hclust 函数

在 R 中, `rect.hclust()` 函数是根据谱系图来确定最终的聚类, 并在谱系图作出标记, 其使用格式为

```
rect.hclust(tree, k = NULL, which = NULL, x = NULL,
            h = NULL, border = 2, cluster = NULL)
```

参数 `tree`, `k` 和 `h` 的意义与 `cutree()` 函数相同. `which` 和 `x` 为整数向量, 表示围绕着哪一类画出矩形. `which` 从左到右的是按数字选择, 默认值为 `1:k`, `x` 是按水平坐标选择. `border` 为数值向量或字符串, 表示矩形框的颜色. `cluster` 为可选向量, 是由 `cutree()` 函数得到的聚类结果.

对于 8 个体型指标的聚类分析中 (见例 7.15), 将变量分为 3 类, 即 $k = 3$, 其程序和计算结果如下:

```
plclust(hc, hang=-1); re<-rect.hclust(hc, k=3)
```

得到身高、手臂长、上肢长、下肢长分为第 1 类, 胸宽为第 2 类, 体重、颈围、胸围分为第 3 类, 其图形如图 7.5 所示.

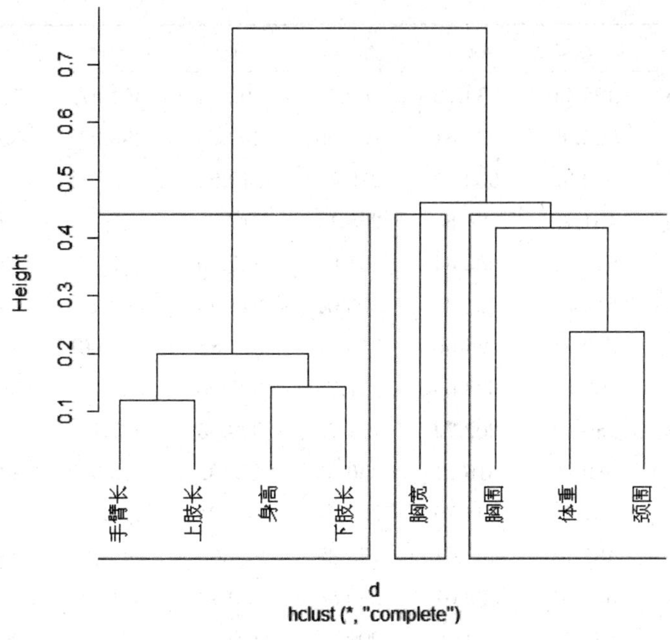

图 7.5 8 个体型指标的谱系图和聚类情况

7.3.4 实例

下面用一个具体的实例来总结前面介绍的聚类分析的方法.

例 7.16 表 7.15 列出了 1999 年全国 31 个省、市、自治区的城镇居民家庭平均每人全年消费性支出的 8 个主要指标(变量)数据. 这 8 项指标分别是: 食品 (x_1)、衣着 (x_2)、家庭设备用品及服务 (x_3)、医疗保健 (x_4)、交通与通信 (x_5)、娱乐教育文化服务 (x_6)、居住 (x_7), 以及杂项商品和服务 (x_8), 分别用最长距离法、类平均法、重心法和 Ward 方法对各地区作聚类分析.

表 7.15 31 个省、市、自治区消费性支出数据

	x_1	x_2	x_3	x_4	x_5	x_6	x_7	x_8
北京	2959.19	730.79	749.41	513.34	467.87	1141.82	478.42	457.64
天津	2459.77	495.47	697.33	302.87	284.19	735.97	570.84	305.08
河北	1495.63	515.90	362.37	285.32	272.95	540.58	364.91	188.63
山西	1046.33	477.77	290.15	208.57	201.50	414.72	281.84	212.10
内蒙古	1303.97	524.29	254.83	192.17	249.81	463.09	287.87	192.96
辽宁	1730.84	553.90	246.91	279.81	239.18	445.20	330.24	163.86
吉林	1561.86	492.42	200.49	218.36	220.69	459.62	360.48	147.76
黑龙江	1410.11	510.71	211.88	277.11	224.65	376.82	317.61	152.85
上海	3712.31	550.74	893.37	346.93	527.00	1034.98	720.33	462.03
浙江	2629.16	557.32	689.73	435.69	514.66	795.87	575.76	323.36
安徽	1844.78	430.29	271.28	126.33	250.56	513.18	314.00	151.39

(续)

	x_1	x_2	x_3	x_4	x_5	x_6	x_7	x_8
福建	2709.46	428.11	334.12	160.77	405.14	461.67	535.13	232.29
江西	1563.78	303.65	233.81	107.90	209.70	393.99	509.39	160.12
山东	1675.75	613.32	550.71	219.79	272.59	599.43	371.62	211.84
河南	1427.65	431.79	288.55	208.14	217.00	337.76	421.31	165.32
湖北	1783.43	511.88	282.84	201.01	237.60	617.74	523.52	182.52
湖南	1942.23	512.27	401.39	206.06	321.29	697.22	492.60	226.45
广东	3055.17	353.23	564.56	356.27	811.88	873.06	1082.82	420.81
广西	2033.87	300.82	338.65	157.78	329.06	621.74	587.02	218.27
海南	2057.86	186.44	202.72	171.79	329.65	477.17	312.93	279.19
重庆	2303.29	589.99	516.21	236.55	403.92	730.05	438.41	225.80
四川	1974.28	507.76	344.79	203.21	240.24	575.10	430.36	223.46
贵州	1673.82	437.75	461.61	153.32	254.66	445.59	346.11	191.48
云南	2194.25	537.01	369.07	249.54	290.84	561.91	407.70	330.95
西藏	2646.61	839.70	204.44	209.11	379.30	371.04	269.59	389.33
陕西	1472.95	390.89	447.95	259.51	230.61	490.90	469.10	191.34
甘肃	1525.57	472.98	328.90	219.86	206.65	449.69	249.66	228.19
青海	1654.69	437.77	258.78	303.00	244.93	479.53	288.56	236.51
宁夏	1375.46	480.99	273.84	317.32	251.08	424.75	228.73	195.93
新疆	1608.82	536.05	432.46	235.82	250.28	541.30	344.85	214.40

解 数据存储在 exam0716.dat 的数据文件中, 使用 read.table() 函数读取数据. 在作聚类分析之前, 为了同等地对待每个变量, 消除数据在数量级的影响, 对数据作标准化变换. 然后, 用 hclust() 作聚类分析, 然后用 cutree() 函数作聚类分析.

下面是相应的 R 程序 (程序名: exam0716.R).

```
##%% 读取数据
X<-read.table("exam0716.dat")
##%% 生成距离结构, 作系统聚类
d <- dist(scale(X)) method=c("complete", "average", "centroid", "ward")
for(m in method){
    hc<-hclust(d, m); class<-cutree(hc, k=5)
    print(m); print(sort(class))
}
```

为便于看出聚类后的分类情况, 这里使用了 sort() 函数, 其显示的结果为

```
[1] "complete"
北京  上海  天津  浙江  河北  山西  内蒙古  辽宁  吉林  黑龙江
   1     1     2     2     3     3       3     3     3       3
江苏  安徽  福建  江西  山东  河南    湖北  湖南  广西    海南
   3     3     3     3     3     3       3     3     3       3
```

```
重庆   四川   贵州   云南   陕西   甘肃   青海   宁夏   新疆   广东
   3      3      3      3      3      3      3      3      3      4
西藏
   5
[1] "average"
北京   浙江   天津   河北   山西   内蒙古   辽宁   吉林   黑龙江   江苏
   1      1      2      2      2        2      2      2        2      2
安徽   福建   江西   山东   河南     湖北   湖南   广西     海南   重庆
   2      2      2      2      2        2      2      2        2      2
四川   贵州   云南   陕西   甘肃     青海   宁夏   新疆     上海   广东
   2      2      2      2      2        2      2      2        3      4
西藏
   5
[1] "centroid"
北京   浙江   天津   河北   山西   内蒙古   辽宁   吉林   黑龙江   江苏
   1      1      2      2      2        2      2      2        2      2
安徽   福建   江西   山东   河南     湖北   湖南   广西     海南   重庆
   2      2      2      2      2        2      2      2        2      2
四川   贵州   云南   陕西   甘肃     青海   宁夏   新疆     上海   广东
   2      2      2      2      2        2      2      2        3      4
西藏
   5
[1] "ward"
北京   上海   浙江   广东   天津     河北   江苏   山东     湖北   湖南
   1      1      1      1      2        2      2      2        2      2
重庆   四川   云南   新疆   山西   内蒙古   辽宁   吉林   黑龙江   甘肃
   2      2      2      2      3        3      3      3        3      3
青海   宁夏   安徽   福建   江西     河南   广西   海南     贵州   陕西
   3      3      4      4      4        4      4      4        4      4
西藏
   5
```

下面再用 plot() 函数画出谱系图, 用 rect.hclust() 将地区分成 5 类, 其程序如下

```
for(m in method){
    hc<-hclust(d, m)
    windows()
    plclust(hc, hang=-1)
    re<-rect.hclust(hc, k=5, border="red")
    print(m); print(re)
}
```

得到的图形略, 分类结果由列表给出, 整理如下.

按照最长距离法得到的 5 类分别是:

第 1 类 西藏

第 2 类 河北、山西、内蒙古、辽宁、吉林、黑龙江、江苏、安徽、福建、江西、山东、河南、湖北、湖南、广西、海南、重庆、四川、贵州、云南、陕西、甘肃、青海、宁夏、新疆

第 3 类 广东

第 4 类 天津、浙江

第 5 类 北京、上海

按照类平均法得到的 5 类分别是:

第 1 类 西藏

第 2 类 天津、河北、山西、内蒙古、辽宁、吉林、黑龙江、江苏、安徽、福建、江西、山东、河南、湖北、湖南、广西、海南、重庆、四川、贵州、云南、陕西、甘肃、青海、宁夏、新疆

第 3 类 广东

第 4 类 上海

第 5 类 北京、浙江

按照重心法得到的 5 类分别是:

第 1 类 西藏

第 2 类 天津、河北、山西、内蒙古、辽宁、吉林、黑龙江、江苏、安徽、福建、江西、山东、河南、湖北、湖南、广西、海南、重庆、四川、贵州、云南、陕西、甘肃、青海、宁夏、新疆

第 3 类 广东

第 4 类 上海

第 5 类 北京、浙江

按照离差平方和法 (Ward 法) 得到的 5 类分别是:

第 1 类 北京、上海、浙江、广东

第 2 类 西藏

第 3 类 天津、河北、江苏、山东、湖北、湖南、重庆、四川、云南、新疆

第 4 类 山西、内蒙古、辽宁、吉林、黑龙江、甘肃、青海、宁夏

第 5 类 安徽、福建、江西、河南、广西、海南、贵州、陕西

认真比对一下, `cutree()` 函数和 `rect.hclust()` 函数得到的聚类结果是相同的, 只是表达形式不同.

对于 4 种方法 — 最长距离法、类平均法、重心法和离差平方和法, 聚类的结果有的是相同的, 有的是不相同的, 可以根据具体的数据与背景再进一步确定认同哪种聚类是较为合理的.

7.3.5 K 均值聚类

K 均值聚类是一种动态聚类法, 也称为逐步聚类法, 其基本思想是, 开始先粗略地分一下类, 然后按照某种最优原则修改不合理的分类, 直至类分得比较合理为止, 这样就形成一个最终的分类结果. 这种方法具有计算量较小, 占计算机内存较少和方法简单的优点, 适用于大样本的 Q 型聚类分析.

在 R 中, `kmeans()` 函数完成 K 均值方法, 其使用格式为

```
kmeans(x, centers, iter.max = 10, nstart = 1,
       algorithm = c("Hartigan-Wong", "Lloyd", "Forgy", "MacQueen"))
```

参数 `x` 为数据构成的数值, 或可以被强制转换成矩阵的对象 (如数值向量或数据框). `centers` 或者为整数, 表示聚类的个数; 或者为初始类的聚类中心. 当为整数时, 将随机产生聚类中心. `iter.max` 为最大迭代次数, 默认值为 10. `nstart` 为随机集合的个数, 当 `centers` 为聚类的个数时使用. `algorithm` 为动态聚类的算法.

例 7.17 K 均值方法 (`kmeans()` 函数) 对例 7.16 给出的 31 个省、市、自治区的消费水平进行聚类分析.

解 与例 7.16 一样, 为消除数据数量级的影响, 先对数据作标准化处理, 然后再用 `kmeans()` 函数作动态聚类, 为与前面的方法作比较, 类的个数选择为 5. 算法选择 `"Hartigan-Wong"`, 即默认状态.

```
X<-read.table("exam0716.dat")
km<-kmeans(scale(X), 5, nstart = 20); km
```

得到

```
K-means clustering with 5 clusters of sizes 7, 3, 16, 4, 1
Cluster means:
          x1          x2         x3         x4          x5
1  0.3906401  0.72770263  0.4284646 -0.1235496  0.08595291
2  1.8790347  1.02836873  2.1203833  2.1727806  1.49972764
3 -0.6867323 -0.05815552 -0.4787096 -0.1598851 -0.57749718
4  0.2029830 -1.53019285 -0.6594861 -1.0978219  0.05751333
5  1.8042004 -1.12776493  0.9368961  1.2959544  3.90904835
          x6          x7         x8
1  0.2215108 -0.02724055  0.3904549
2  2.2232050  0.95830640  1.9453274
3 -0.5070907 -0.49317064 -0.6033238
4 -0.4270452  0.33154520 -0.2336878
5  1.6014419  3.88031413  2.0187653
Clustering vector:
北京   天津   河北   山西   内蒙古   辽宁   吉林   黑龙江   上海
   2      1      3      3        3      3      3        3      2
江苏   浙江   安徽   福建     江西   山东   河南       湖北   湖南
   1      2      3      4        4      1      3          3      1
```

```
广东   广西   海南   重庆   四川   贵州   云南   西藏   陕西
   5      4      4      1      3      3      1      1      3
甘肃   青海   宁夏   新疆
   3      3      3      3
Within cluster sum of squares by cluster:
[1] 23.259407 10.191335 20.384632  9.035662  0.000000
 (between_SS / total_SS =  73.8 %)
Available components:
[1] "cluster"      "centers"      "totss"        "withinss"
[5] "tot.withinss" "betweenss"    "size"
```

这里 `size` 表示各类的个数, `means` 表示各类的均值, `Clustering` 表示聚类后的分类情况.

`fitted()` 函数可与 `kmeans()` 函数配合使用, 其使用格式为

```
fitted(object, method = c("centers", "classes"), ...)
```

参数 `object` 为 `kmeans()` 生成的对象. `method` 为给出返回值的方法, 取 `"centers"` (默认值) 表示列出各样本所在类的均值坐标, `"classes"` 表示各样本的所在类.

例如

```
> fitted(km, method = "classes")
```

的返回值与 `km$cluster` 是相同的结果.

7.4 主成分分析

主成分分析是将多指标化为少数几个综合指标的一种统计分析方法, 是由 Pearson(1901) 提出, 后来被 Hotelling(1933) 发展了. 主成分分析是一种通过降维技术把多个变量化成少数几个主成分的方法. 这些主成分能够反映原始变量的绝大部分信息, 它们通常表示为原始变量的线性组合.

7.4.1 主成分分析的数学模型

设 $\boldsymbol{X} = (X_1, X_2, \cdots, X_p)^{\mathrm{T}}$ 为 p 维随机变量, 考虑线性变换

$$\begin{cases} Z_1 = a_{11}X_1 + a_{21}X_2 + \cdots + a_{p1}X_p, \\ Z_2 = a_{12}X_1 + a_{22}X_2 + \cdots + a_{p2}X_p, \\ \quad\vdots \\ Z_p = a_{1p}X_1 + a_{2p}X_2 + \cdots + a_{pp}X_p, \end{cases} \tag{7.13}$$

并且满足

(1) Z_i, Z_j 相互独立;

(2) $\mathrm{var}(Z_1) \geqslant \mathrm{var}(Z_2) \geqslant \cdots \geqslant \mathrm{var}(Z_p)$;

(3) $a_{1k}^2 + a_{2k}^2 + \cdots + a_{pk}^2 = 1$, $k = 1, 2, \cdots, p$.

称 Z_k 为原始变量 X_1, X_2, $\cdots$, X_p 的第 k 个主成分.

设 $\boldsymbol{\Sigma}$ 为随机变量 $\boldsymbol{X}$ 的协方差阵, $\lambda_1 \geqslant \lambda_2 \geqslant \cdots \geqslant \lambda_p \geqslant 0$ 为 $\boldsymbol{\Sigma}$ 特征值, 则存在正交阵 $\boldsymbol{Q}$, 使得

$$\boldsymbol{Q}^{\mathrm{T}}\boldsymbol{\Sigma}\boldsymbol{Q} = \varLambda = \mathrm{diag}(\lambda_1, \lambda_2, \cdots, \lambda_p). \tag{7.14}$$

令 $\boldsymbol{Z} = (Z_1, Z_2, \cdots, Z_p)^{\mathrm{T}}$, 由式 (7.13), 有

$$\boldsymbol{Z} = \boldsymbol{A}^{\mathrm{T}}\boldsymbol{X}. \tag{7.15}$$

取 $\boldsymbol{A} = \boldsymbol{Q}$, 得到

$$\mathrm{var}(\boldsymbol{Z}) = \boldsymbol{A}^{\mathrm{T}}\mathrm{var}(\boldsymbol{X})\boldsymbol{A} = \boldsymbol{A}^{\mathrm{T}}\boldsymbol{\Sigma}\boldsymbol{A} = \varLambda, \tag{7.16}$$

即满足条件 (1)~(3). 因此, 线性变换 (7.13) 是一个正交变换, 从几何直观来看, 主成分是原始变量通过旋转或反射得到的.

由线性代数的知识得到

$$\sum_{i=1}^{p}\mathrm{var}(Z_i) = \lambda_1 + \lambda_2 + \cdots + \lambda_p = \sigma_{11} + \sigma_{22} + \cdots + \sigma_{pp}, \tag{7.17}$$

即全部主成分的方差之和等于全部原始变量的方差之和. 称 $\lambda_i / \sum\limits_{i=1}^{p}\lambda_i$ 为第 i 个主成分的贡献率, $\sum\limits_{i=1}^{m}\lambda_i / \sum\limits_{i=1}^{p}\lambda_i$ 为前 m 个主成分的累积贡献率.

主成分分析的目的是选择尽量少的主成分 $Z_1, Z_2, \cdots, Z_m$ $(m < p)$ 来代替原来的 p 个指标. 通常选择累积贡献率 $\geqslant 85\%$ 的前 m 个主成分, 最常见的情况是 2–3 个主成分.

在实际计算中, 总体协方差矩阵 $\boldsymbol{\Sigma}$ 是未知的, 需要用到样本协方差矩阵 (或相关矩阵). 设

$$\boldsymbol{X} = \begin{bmatrix} x_{11} & x_{12} & \cdots & x_{1p} \\ x_{21} & x_{22} & \cdots & x_{2p} \\ \vdots & \vdots & & \vdots \\ x_{n1} & x_{n2} & \cdots & x_{np} \end{bmatrix}$$

为 n 个样本 p 个指标的观测数据, 其中每一行为一个样本, 每一列对应一个指标. $\boldsymbol{S}$ 为样本的协方差矩阵, 存在正交阵 $\boldsymbol{A}$, 使用 $\boldsymbol{A}^{\mathrm{T}}\boldsymbol{S}\boldsymbol{A} = \boldsymbol{\varLambda}$, 则令

$$\begin{aligned} \boldsymbol{Z} &= \begin{bmatrix} z_{11} & z_{12} & \cdots & z_{1p} \\ z_{21} & z_{22} & \cdots & z_{2p} \\ \vdots & \vdots & & \vdots \\ z_{n1} & z_{n2} & \cdots & z_{np} \end{bmatrix} = \begin{bmatrix} x_{11} & x_{12} & \cdots & x_{1p} \\ x_{21} & x_{22} & \cdots & x_{2p} \\ \vdots & \vdots & & \vdots \\ x_{n1} & x_{n2} & \cdots & x_{np} \end{bmatrix} \begin{bmatrix} a_{11} & a_{12} & \cdots & a_{1p} \\ a_{21} & a_{22} & \cdots & a_{2p} \\ \vdots & \vdots & & \vdots \\ a_{p1} & a_{p2} & \cdots & a_{pp} \end{bmatrix} \\ &= \boldsymbol{X}\boldsymbol{A}, \end{aligned} \tag{7.18}$$

称 $\boldsymbol{A}$ 为载荷矩阵, z_{ij} 为第 i 个样本在第 j 个主成分上的主成分得分.

7.4.2 主成分分析的计算

1. princomp 函数

princomp() 函数的功能是完成主成分分析, 其使用格式有两种, 一种是公式形式

```
princomp(formula, data = NULL, subset, na.action, ...)
```

参数 formula 为公式, 类似回归分析或方差分析的公式, 但无响应变量. data 为数据框. subset为可选向量, 表示选择的样本子集. na.action为函数, 表示缺失数据(NA)的处理方法.

另一种是矩阵形式

```
princomp(x, cor = FALSE, scores = TRUE, covmat = NULL,
         subset = rep(TRUE, nrow(as.matrix(x))), ...)
```

参数 x 为数值矩阵或数据框, 即用于主成分分析的样本. cor 为逻辑变量, 取 TRUE 表示用样本的相关矩阵作主成分分析; 否则 (FALSE, 默认值) 表示用样本的协方差阵作主成分分析. scores 为逻辑变量, 表示是否计算各主成分的分量, 即样本的主成分得分, 默认值为 TRUE. covmat 为协方差阵, 或者为 cov.wt() 提供的协方差列表. 如果数据不用 x 提供, 可由协方差阵提供.

princomp() 函数的返回值为一个列表, 有: sdev 表示各主成分的标准差, loadings 表示载荷矩阵, center 表示各指标的样本均值, scale 表示各指标的样本标准差, n.obs 表示观测样本的个数, scores 表示主成分得分, 只有当 scores = TRUE 时提供.

如果要显示更多的内容, 需要用到 summary() 函数.

2. summary 函数

summary() 函数与回归分析中的用法相同, 其目的是提取主成分的信息, 其作用格式为

```
summary(object, loadings = FALSE, cutoff = 0.1, ...)
```

参数 object 为 princomp() 函数生成的对象. loadings 为逻辑变量, 表示是否显示载荷矩阵. cutoff 为数值, 当载荷矩阵中元素的绝对值小于此值时, 将不显示相应的元素.

3. loadings 函数

loadings() 函数是显示主成分分析或因子分析中载荷矩阵, 其使用格式为

```
loadings(x)
```

参数 x 为 princomp() 函数或 factanal() 函数 (见因子分析) 生成的对象.

4. predict 函数

predict() 函数用于计算主成分得分, 其使用格式为

```
predict(object, newdata, ...)
```

参数 object 为 princomp() 函数生成的对象. newdata 为预测值构成的数据框, 默认值为全体观测样本.

5. screeplot 函数

screeplot() 函数的主要功能是画出主成分的碎石图, 其使用格式为

```
screeplot(x, npcs = min(10, length(x$sdev)),
          type = c("barplot", "lines"),
          main = deparse(substitute(x)), ...)
```

参数 x 为包含标准差的对象, 例如为 princomp() 函数生成的对象. npcs 为整数, 表示画出的主成分的个数. type 为字符串, 描述所画碎石图的类型, 其中 "barplot"(默认值) 为直方图, "lines" 为拆线图. main 为字符串, 表示图题.

6. biplot 函数

biplot() 函数的功能是画出数据关于主成分的散点图和原坐标在主成分下的方向, 其使用格式为

```
biplot(x, choices = 1:2, scale = 1, pc.biplot = FALSE, ...)
```

参数 x 为 princomp() 函数生成的对象. choices 为二维数值向量, 表示选择第几主成分, 默认值为 1:2, 表示第 1、第 2 主成分. scale 为 [0,1] 之间的数值, 默认值为 1, 表示变量的规模为 lambda ^ scale, 观测值规模为 lambda ^ (1-scale). pc.biplot 为逻辑变量, 取 TRUE 表示用 Gabriel (1971) 提出的画图方法, 默认值为 FALSE.

7. 实例

例 7.18 (中学生身体 4 项指标的主成分分析) 在某中学随机抽取某年级 30 名学生, 测量其身高 (X_1)、体重 (X_2)、胸围 (X_3) 和坐高 (X_4), 数据如表 7.16 所示. 试对这 30 名中学生身体 4 项指标数据做主成分分析.

表 7.16 30 名中学生身体 4 项指标数据

	X_1	X_2	X_3	X_4		X_1	X_2	X_3	X_4
1	148	41	72	78	16	152	35	73	79
2	139	34	71	76	17	149	47	82	79
3	160	49	77	86	18	145	35	70	77
4	149	36	67	79	19	160	47	74	87
5	159	45	80	86	20	156	44	78	85
6	142	31	66	76	21	151	42	73	82
7	153	43	76	83	22	147	38	73	78
8	150	43	77	79	23	157	39	68	80
9	151	42	77	80	24	147	30	65	75
10	139	31	68	74	25	157	48	80	88
11	140	29	64	74	26	151	36	74	80
12	161	47	78	84	27	144	36	68	76
13	158	49	78	83	28	141	30	67	76
14	140	33	67	77	29	139	32	68	73
15	137	31	66	73	30	148	38	70	78

解 (1) 主成分分析. 读取数据 (数据存放在 exam0718.dat 的文件中), princomp() 函数作主成分分析, 其程序 (程序名: exam0718.R) 如下:

```
student<-read.table("exam0718.dat")
student.pr <- princomp(student, cor = TRUE)
```

在程序中, 选择参数 cor = TRUE 表示用相关矩阵作主成分分析, 相当于对数据作标准化变换. 使用公式形式 princomp(~X1+X2+X3+X4,...), 可以达到目的.

直接输入 student.pr, 只能输出标准差, 并不能得到全部的计算结果. 可用 student.pr$loadings 的方式输出载荷矩阵, 更方便的方法是使用 summary() 函数.

(2) summary() 函数输出计算结果.

```
> summary(student.pr, loadings=TRUE)
Importance of components:
                          Comp.1     Comp.2     Comp.3     Comp.4
Standard deviation     1.8817805 0.55980636 0.28179594 0.25711844
Proportion of Variance 0.8852745 0.07834579 0.01985224 0.01652747
```

```
Cumulative Proportion  0.8852745 0.96362029 0.98347253 1.00000000
Loadings:
   Comp.1 Comp.2 Comp.3 Comp.4
X1  0.497  0.543 -0.450  0.506
X2  0.515 -0.210 -0.462 -0.691
X3  0.481 -0.725  0.175  0.461
X4  0.507  0.368  0.744 -0.232
```

在结果中, Standard deviation 表示的是主成分的标准差, 即特征值 $\lambda_1, \lambda_2, \lambda_3, \lambda_4$ 的开方. Proportion of Variance 表示每个主成分的贡献率. Cumulative Proportion 表示每个主成分的累积贡献率.

由于在 summary 函数的参数中选取了 loadings = TRUE, 所以显示结果列出载荷矩阵. 因此, 得到主成分与原始变量的线性关系

$$
\begin{aligned}
Z_1^* &= 0.497X_1^* + 0.515X_2^* + 0.481X_3^* + 0.507X_4^*, \\
Z_2^* &= 0.543X_1^* - 0.210X_2^* - 0.725X_3^* + 0.368X_4^*,
\end{aligned}
$$

由于前两个主成分的累积贡献率已达到 96%, 另外两个主成分可以舍去, 达到降维的目的.

第 1 主成分对应系数的符号都相同, 其值在 0.5 左右, 它反映了中学生身材魁梧程度: 身体高大的学生, 他的 4 个部分的尺寸都比较大, 因此, 第 1 主成分的值就较大; 而身材矮小的学生, 他的 4 部分的尺寸都比较小, 因此, 第 1 主成分的值就较小. 此时可称第 1 主成分为大小因子. 第 2 主成分是高度 (身高、坐高) 与围度 (体重、胸围) 之差, 第 2 主成分值大的学生表明该学生 “细高”, 而第 2 主成分值越小的学生表明该学生 “矮胖”, 因此, 称第 2 主成分为体型因子.

(3) predict() 函数计算主成分得分.

```
> predict(student.pr)
           Comp.1      Comp.2      Comp.3       Comp.4
 [1,] -0.06990950 -0.23813701 -0.35509248 -0.266120139
 [2,] -1.59526340 -0.71847399  0.32813232 -0.118056646
 [3,]  2.84793151  0.38956679 -0.09731731 -0.279482487
 [4,] -0.75996988  0.80604335 -0.04945722 -0.162949298
 [5,]  2.73966777  0.01718087  0.36012615  0.358653044
 [6,] -2.10583168  0.32284393  0.18600422 -0.036456084
 [7,]  1.42105591 -0.06053165  0.21093321 -0.044223092
 [8,]  0.82583977 -0.78102576 -0.27557798  0.057288572
 [9,]  0.93464402 -0.58469242 -0.08814136  0.181037746
[10,] -2.36463820 -0.36532199  0.08840476  0.045520127
[11,] -2.83741916  0.34875841  0.03310423 -0.031146930
[12,]  2.60851224  0.21278728 -0.33398037  0.210157574
[13,]  2.44253342 -0.16769496 -0.46918095 -0.162987830
[14,] -1.86630669  0.05021384  0.37720280 -0.358821916
[15,] -2.81347421 -0.31790107 -0.03291329 -0.222035112
```

```
[16,] -0.06392983  0.20718448  0.04334340  0.703533624
[17,]  1.55561022 -1.70439674 -0.33126406  0.007551879
[18,] -1.07392251 -0.06763418  0.02283648  0.048606680
[19,]  2.52174212  0.97274301  0.12164633 -0.390667991
[20,]  2.14072377  0.02217881  0.37410972  0.129548960
[21,]  0.79624422  0.16307887  0.12781270 -0.294140762
[22,] -0.28708321 -0.35744666 -0.03962116  0.080991989
[23,]  0.25151075  1.25555188 -0.55617325  0.109068939
[24,] -2.05706032  0.78894494 -0.26552109  0.388088643
[25,]  3.08596855 -0.05775318  0.62110421 -0.218939612
[26,]  0.16367555  0.04317932  0.24481850  0.560248997
[27,] -1.37265053  0.02220972 -0.23378320 -0.257399715
[28,] -2.16097778  0.13733233  0.35589739  0.093123683
[29,] -2.40434827 -0.48613137 -0.16154441 -0.007914021
[30,] -0.50287468  0.14734317 -0.20590831 -0.122078819
```

从第 1 主成分的主成分得分来看, 较大得分的样本是 25 号、3 号和 5 号, 说明这几个学生身材魁梧; 而较小得分的样本是 11 号、15 号和 29 号, 说明这几个学生身材瘦小.

从第 2 主成分的主成分得分来看, 较大得分的几个样本是 23 号、19 号和 4 号, 因此说明这几个学生属于 "细高" 型; 而 17 号、8 号和 2 号样本的主成分得分较小, 说明这几个学生身材属于 "矮胖" 型.

(4) screeplot() 函数画出主成分的碎石图.

```
> screeplot(student.pr, type="lines")
```

参数选择的拆线型, 其图形如图 7.6 所示.

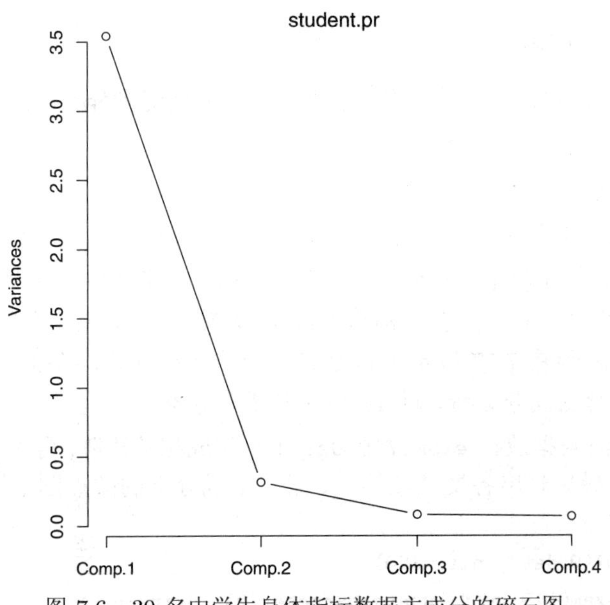

图 7.6 30 名中学生身体指标数据主成分的碎石图

(5) biplot() 函数所绘图形.

```
> biplot(student.pr, scale = 0.5)
```

在默认情况下, 画出关于第 1 和第 2 主成分样本的散点图, 及原始坐标在第 1 和第 2 主成分下的方向, 其图形如图 7.7 所示. 从该散点图可以很容易看出: 哪些学生属于高大魁梧型, 如 25 号学生, 哪些学生属于身材瘦小型, 如 11 号或 15 号; 哪些学生属于 “细高” 型, 如 23 号, 哪些学生属于 “矮胖” 型, 如 17 号. 还有哪些学生属于正常体形, 如 26 号, 等等.

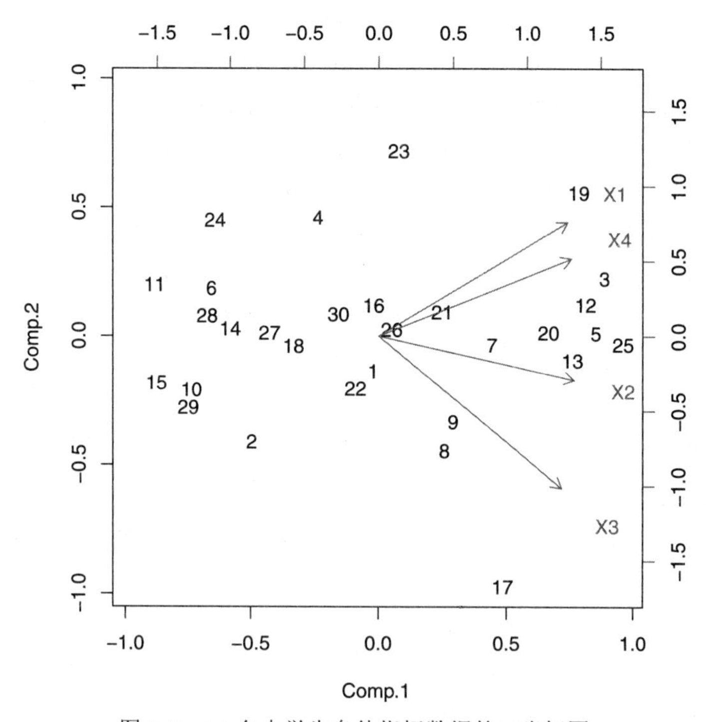

图 7.7 30 名中学生身体指标数据的双坐标图

7.4.3 主成分分析的应用

这一小节讲两个问题作为主成分分析的应用, 一个是变量分类问题; 另一个是主成分回归问题.

1. 主成分分类

例 7.19 对 128 个成年男子的身材进行测量, 每人各测得 16 项指标: 身高 (X_1)、坐高 (X_2)、胸围 (X_3)、头高 (X_4)、裤长 (X_5)、下裆 (X_6)、手长 (X_7)、领围 (X_8)、前胸 (X_9)、后背 (X_{10})、肩厚 (X_{11})、肩宽 (X_{12})、袖长 (X_{13})、肋围 (X_{14})、腰围 (X_{15}) 和腿肚 (X_{16}). 16 项指标的相关矩阵 R 如表 7.17 所示 (由于相关矩阵是对称的, 只给出下三角部分). 试从相关矩阵 R 出发进行主成分分析, 对 16 项指标进行分类.

解 读取数据 (数据放在 exam0719.dat 中), 生成相关矩阵, 再用 princomp() 对相关矩阵作主成分分析, 最后画出各变量在第一、第二主成分下的散点图 (程序名: exam0719.R)

```
##%% 读取数据
x<-scan("exam0719.dat", nmax=120)
names<-scan("exam0719.dat", what=character(0), skip=15)
```

```
##%% 生成相关矩阵
R<-matrix(1, nrow=16, ncol=16, dimnames=list(names, names))
for (i in 2:16){
   for (j in 1:(i-1)){
      R[i,j]<-x[(i-2)*(i-1)/2+j]; R[j,i]<-R[i,j]
   }
}
##%% 作主成分分析
pr<-princomp(covmat=R); load<-loadings(pr)
##%% 画散点图
plot(load[,1:2], pch=19)
text(load[,1], load[,2], adj=c(-0.4, 0.3))
```

得到的图形如图 7.8 所示. 图中左上角的点看成一类, 它们是 "长" 类, 即身高 (X_1)、坐高 (X_2)、头高 (X_4)、裤长 (X_5)、下裆 (X_6)、手长 (X_7)、袖长 (X_{13}). 右下角的点看成一类, 它们是 "围" 类, 即身胸围 (X_3)、领围 (X_8)、肩厚 (X_{11})、肋围 (X_{14})、腰围 (X_{15})、腿肚 (X_{16}). 中间的点看成一类, 为体形特征指标, 即前胸 (X_9)、后背 (X_{10})、肩宽 (X_{12}).

表 7.17　16 项身体指标数据的相关矩阵

	X_1	X_2	X_3	X_4	X_5	X_6	X_7	X_8	X_9	X_{10}	X_{11}	X_{12}	X_{13}	X_{14}	X_{15}
X_2	0.79														
X_3	0.36	0.31													
X_4	0.96	0.74	0.38												
X_5	0.89	0.58	0.31	0.90											
X_6	0.79	0.58	0.30	0.78	0.79										
X_7	0.76	0.55	0.35	0.75	0.74	0.73									
X_8	0.26	0.19	0.58	0.25	0.25	0.18	0.24								
X_9	0.21	0.07	0.28	0.20	0.18	0.18	0.29	−0.04							
X_{10}	0.26	0.16	0.33	0.22	0.23	0.23	0.25	0.49	−0.34						
X_{11}	0.07	0.21	0.38	0.08	-0.02	0.00	0.10	0.44	−0.16	0.23					
X_{12}	0.52	0.41	0.35	0.53	0.48	0.38	0.44	0.30	−0.05	0.50	0.24				
X_{13}	0.77	0.47	0.41	0.79	0.79	0.69	0.67	0.32	0.23	0.31	0.10	0.62			
X_{14}	0.25	0.17	0.64	0.27	0.27	0.14	0.16	0.51	0.21	0.15	0.31	0.17	0.26		
X_{15}	0.51	0.35	0.58	0.57	0.51	0.26	0.38	0.51	0.15	0.29	0.28	0.41	0.50	0.63	
X_{16}	0.21	0.16	0.51	0.26	0.23	0.00	0.12	0.38	0.18	0.14	0.31	0.18	0.24	0.50	0.65

2. 主成分回归

在回归分析一章中, 曾经讲过, 当自变量出现多重共线性时, 经典回归方法作回归系数的最小二乘估计, 一般效果会较差, 而采用主成分回归能够克服直接回归的不足. 下面用一个例子来说明如何作主成分回归, 并且是如何克服经典回归的不足.

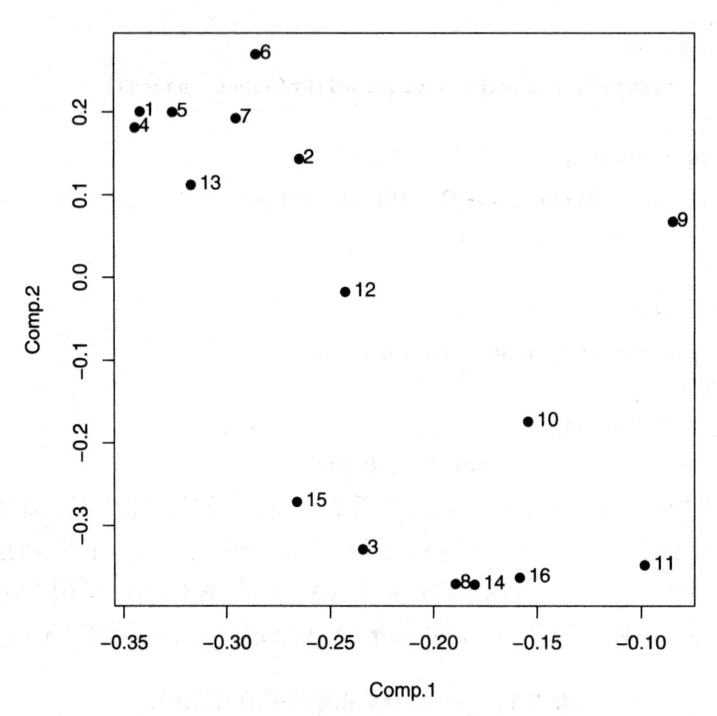

图 7.8 16 个变量在第一、第二主成分下的散点图

例 7.20 对法国经济分析数据 (见例 6.8) 作主成分回归分析.

解 作主成分分析

```
france.pr<-princomp(~x1+x2+x3, data=france, cor=TRUE)
summary(france.pr)

Importance of components:
                          Comp.1    Comp.2       Comp.3
Standard deviation      1.413915 0.9990767 0.0518737839
Proportion of Variance 0.666385 0.3327181 0.0008969632
Cumulative Proportion  0.666385 0.9991030 1.0000000000
```

前两个主成分已达到 99% 的贡献率, 因此, 选择第 1 和第 2 主成分.

下面作主成分回归. 首先计算样本的主成分得分, 并将第 1 和第 2 主成分得分存放在数据框 france 中, 然后再对主成分作回归分析.

```
    pre<-predict(france.pr)
    france$z1<-pre[,1]; france$z2<-pre[,2]
    lm.sol<-lm(y~z1+z2, data=france)
    summary(lm.sol)

Call:
lm(formula = y ~ z1 + z2, data = france)

Residuals:
     Min       1Q   Median       3Q      Max
```

```
-0.89838 -0.26050  0.08435  0.35677  0.66863

Coefficients:
            Estimate Std. Error t value Pr(>|t|)
(Intercept)  21.8909     0.1658 132.006 1.21e-14 ***
z1           -2.9892     0.1173 -25.486 6.02e-09 ***
z2           -0.8288     0.1660  -4.993  0.00106 **
---
Signif. codes:  0 '***' 0.001 '**' 0.01 '*' 0.05 '.' 0.1 ' ' 1

Residual standard error: 0.55 on 8 degrees of freedom
Multiple R-squared: 0.9883,     Adjusted R-squared: 0.9853
F-statistic: 337.2 on 2 and 8 DF,  p-value: 1.888e-08
```

回归系数和回归方程均通过检验, 而且效果显著. 即得到回归方程

$$Y = 21.8909 - 2.9892Z_1^* - 0.8288Z_2^*.$$

上述方程得到是响应变量与主成分的关系, 但应用起来并不方便, 还是希望得到响应变量与原变量之间的关系. 由于

$$\begin{aligned} Y &= \beta_0^* + \beta_1^* Z_1^* + \beta_2^* Z_2^* = \beta_0^* + [Z_1^*, Z_2^*] \begin{bmatrix} \beta_1^* \\ \beta_2^* \end{bmatrix} = \beta_0^* + \boldsymbol{Z}^{*\mathrm{T}} \boldsymbol{\beta}^* \\ &= \beta_0^* + \boldsymbol{X}^{*\mathrm{T}} \boldsymbol{A} \boldsymbol{\beta}^* \end{aligned}$$

及

$$\boldsymbol{X}^{*\mathrm{T}} = [X_1^*, X_2^*, X_3^*] = \left[\frac{X_1 - \overline{X}_1}{\sqrt{s_{11}}}, \frac{X_2 - \overline{X}_2}{\sqrt{s_{22}}}, \frac{X_3 - \overline{X}_3}{\sqrt{s_{33}}} \right],$$

令 $\boldsymbol{X}^{\mathrm{T}} = [X_1, X_2, X_3]$, $\overline{\boldsymbol{X}}^{\mathrm{T}} = [\overline{X}_1, \overline{X}_2, \overline{X}_3]$, 所以

$$\begin{aligned} Y &= \beta_0^* + \boldsymbol{X}^{\mathrm{T}} \mathrm{diag}\left(\frac{1}{\sqrt{s_{11}}}, \frac{1}{\sqrt{s_{22}}}, \frac{1}{\sqrt{s_{33}}} \right) \boldsymbol{A} \boldsymbol{\beta}^* \\ &\quad - \overline{\boldsymbol{X}}^{\mathrm{T}} \mathrm{diag}\left(\frac{1}{\sqrt{s_{11}}}, \frac{1}{\sqrt{s_{22}}}, \frac{1}{\sqrt{s_{33}}} \right) \boldsymbol{A} \boldsymbol{\beta}^* \\ &= \beta_0^* - \overline{\boldsymbol{X}}^{\mathrm{T}} \boldsymbol{\beta} + \boldsymbol{X}^{\mathrm{T}} \boldsymbol{\beta} = \beta_0 + \boldsymbol{X}^{\mathrm{T}} \boldsymbol{\beta}, \end{aligned}$$

其中

$$\beta_0 = \beta_0^* - \overline{\boldsymbol{X}}^{\mathrm{T}} \boldsymbol{\beta}, \tag{7.19}$$

$$\boldsymbol{\beta} = \mathrm{diag}\left(\frac{1}{\sqrt{s_{11}}}, \frac{1}{\sqrt{s_{22}}}, \frac{1}{\sqrt{s_{33}}} \right) \boldsymbol{A} \boldsymbol{\beta}^*, \tag{7.20}$$

按照式 (7.19)~(7.20) 编写计算系数的程序

```
beta <- coef(lm.sol); A<-loadings(france.pr)[,1:2]
x.bar <- france.pr$center; x.sd<-france.pr$scale
coef <- A %*% beta[2:3]/x.sd
beta0 <- beta[1]- x.bar %*% coef
c(beta0, coef)
```

在程序中, `coef()` 函数提取回归系数. `loadings()` 函数提取载荷矩阵. `france .pr$center` 为数据的中心, 即各变量的样本均值. `conomy.pr$scale` 为各变量的样本标准差, 即 $\sqrt{s_{ii}}$. 计算结果如下

```
(Intercept)          x1          x2          x3
-9.13010782  0.07277981  0.60922012  0.10625939
```

也就是回归方程为

$$Y = -9.130 + 0.07278X_1 + 0.6092X_2 + 0.1063X_3. \tag{7.21}$$

此时, 对应 X_1, X_2, X_3 的系数均为正数, 因此, 回归方程是合理的.

7.5　因 子 分 析

因子分析是主成分分析的推广和发展, 它也是多元统计分析中降维的一种方法, 是一种用来分析隐藏在表面现象背后的因子作用的一类统计模型. 因子分析是研究相关阵或协方差阵的内部依赖关系, 它将多个变量综合为少数几个因子, 以再现原始变量与因子之间的相关关系.

因子分析起源于 20 世纪初, K. Pearson 和 C. Spearman 等学者为定义和测定智力所作的统计分析. 目前因子分析在心理学、社会学、经济学等学科取得了成功的应用.

7.5.1　因子分析的数学模型

设 $\boldsymbol{X} = (X_1, X_2, \cdots, X_p)^{\mathrm{T}}$ 是可观测的随机向量, 且

$$E(\boldsymbol{X}) = \boldsymbol{\mu} = (\mu_1, \mu_2, \cdots, \mu_p)^{\mathrm{T}}, \qquad \mathrm{var}(\boldsymbol{X}) = \boldsymbol{\Sigma} = (\sigma_{ij})_{p\times p}.$$

因子分析的一般模型为

$$\begin{cases} X_1 - \mu_1 = a_{11}f_1 + a_{12}f_2 + \cdots + a_{1m}f_m + \varepsilon_1, \\ X_2 - \mu_2 = a_{21}f_1 + a_{22}f_2 + \cdots + a_{2m}f_m + \varepsilon_2, \\ \qquad \vdots \\ X_p - \mu_p = a_{p1}f_1 + a_{p2}f_2 + \cdots + a_{pm}f_m + \varepsilon_p, \end{cases} \tag{7.22}$$

其中 $f_1, f_2, \cdots, f_m\ (m < p)$ 为公共因子, $\varepsilon_1, \varepsilon_2, \cdots, \varepsilon_p$ 为特殊因子, 它们都是不可观测的随机变量. 公共因子 $f_1, f_2, \cdots, f_m$ 出现在每一个原始变量 $X_i(i = 1, 2, \cdots, p)$ 的表达式中, 可理解为原始变量共同具有的公共因素, 每个公共因子 $f_j(j = 1, 2, \cdots, m)$ 一般至少对两个原始变量有作用, 否则它将归入特殊因子. 每个特殊因子 $\varepsilon_i(i = 1, 2, \cdots, p)$ 仅仅出现在与之相应的第 i 个原始变量 X_i 的表达式中, 它只对这个原始变量有作用. 可将式 (7.22) 写成矩阵表示形式

$$\boldsymbol{X} = \boldsymbol{\mu} + \boldsymbol{A}\boldsymbol{F} + \boldsymbol{\varepsilon}, \tag{7.23}$$

其中 $\boldsymbol{F} = (f_1, f_2, \cdots, f_m)^{\mathrm{T}}$ 为公共因子向量, $\boldsymbol{\varepsilon} = (\varepsilon_1, \varepsilon_2, \cdots, \varepsilon_p)^{\mathrm{T}}$ 为特殊因子向量, $\boldsymbol{A} =$

$(a_{ij})_{p\times m}$ 为因子载荷矩阵. 通常假设

$$
\begin{aligned}
E(\boldsymbol{F}) &= \mathbf{0}, \quad \operatorname{var}(\boldsymbol{F}) = \boldsymbol{I}_m, && (7.24)\\
E(\boldsymbol{\varepsilon}) &= \mathbf{0}, \quad \operatorname{var}(\boldsymbol{\varepsilon}) = \boldsymbol{D} = \operatorname{diag}(\sigma_1^2, \sigma_2^2, \cdots, \sigma_p^2), && (7.25)\\
\operatorname{cov}(\boldsymbol{F}, \boldsymbol{\varepsilon}) &= \mathbf{0}. && (7.26)
\end{aligned}
$$

由上述假定可以看出, 公共因子彼此不相关且具有单位方阵, 特殊因子也彼此不相关且和公共因子也不相关.

关于因子模型有如下性质:

(1) $\boldsymbol{\Sigma} = \boldsymbol{A}\boldsymbol{A}^{\mathrm{T}} + \boldsymbol{D}$. 令 $h_i^2 = \sum\limits_{j=1}^{m} a_{ij}^2$, 则有

$$
\sigma_{ii} = h_i^2 + \sigma_i^2, \quad i = 1, 2, \cdots, p. \tag{7.27}
$$

h_i^2 反映了公共因子对原始变量 X_i 的影响, 可以看成是公共因子对 X_i 的方差贡献, 称为变量 X_i 的共同度或共性方差; 而 σ_i^2 是特殊因子 ε_i 对 X_i 的方差贡献, 称为变量 X_i 特殊方差.

(2) 因子载荷不是惟一的. 设 $\boldsymbol{T}$ 是一 m 阶正交矩阵, 令 $\boldsymbol{A}^* = \boldsymbol{A}\boldsymbol{T}$, $\boldsymbol{F}^* = \boldsymbol{T}^{\mathrm{T}}\boldsymbol{F}$, 则模型 (7.23) 可表示为

$$
\boldsymbol{X} = \boldsymbol{\mu} + \boldsymbol{A}^*\boldsymbol{F}^* + \varepsilon. \tag{7.28}
$$

因子载荷矩阵不惟一对实际应用是有好处的, 通常利用这一点, 通过因子旋转, 使得新因子有更好的实际意义.

7.5.2 因子分析函数

1. factanal 函数

`factanal()` 函数完成因子分析的计算, 它可以从样本、样本方差矩阵或者是样本相关矩阵出发对数据作因子分析, 采用极大似然法估计参数, 可直接给出方差最大的载荷因子矩阵, 其使用格式为

```
factanal(x, factors, data = NULL, covmat = NULL, n.obs = NA,
         subset, na.action, start = NULL,
         scores = c("none", "regression", "Bartlett"),
         rotation = "varimax", control = NULL, ...)
```

参数 `x` 或者为公式, 或者为样本构成的矩阵 (行为样本, 列为变量), 或者为数据框. `factors` 为因子的个数. `data` 为数据框, 当 `x` 为公式时使用. `covmat` 为样本方差矩阵或者为样本相关矩阵, 此时不必输入参数 `x`. `n.obs` 为整数, 表示观测样本的个数, 当 `covmat` 为协方差阵时使用. `subset` 选择向量, 表示选择的子集, 只有在 `x` 为矩阵或公式时使用. `na.action` 为函数, 用于处理缺失数据的方法, 只有在 `x` 为公式时使用. `start` 或者为 `NULL`, 或者为矩阵, 表示特殊方差的初始值. `scores` 为字符串, 表示因子得分的计算方法, 取 `"regression"` 表示用回归方法计算因子得分, 取 `"Bartlett"` 表示用 Bartlett 方法计算因子得分, 默认值为 `"none"`, 表示不计算因子得分. `rotation` 为字符串, 表示因子载荷矩阵的旋转方法, 默认值为方差最大旋转, 取 `"none"` 表示不作旋转变换. `control` 为列表, 默认值为 `NULL`.

factanal() 函数的返回值为一个列表, 有: loadings 表示因子载荷矩阵, uniquenesses 表示特殊方差, correlation 表示相关矩阵, criteria 表示优化结果, 负对数似然函数值和函数和梯度的调用次数, factors 表示因子数, dof 表示因子分析模型的自由度, method 总是 "mle", 表示极大似然估计, rotmat 表示旋转矩阵, scores 表示因子得分矩阵, n.obs 表示观测样本的个数.

2. varimax 函数

varimax() 函数可以完成因子载荷矩阵的旋转变换 (或反射变换), 其使用格式为

```
varimax(x, normalize = TRUE, eps = 1e-5)
```

x 为 p 行 k $(k < p)$ 列载荷矩阵. normalize 为逻辑变量, 表示在作旋转变换前, 是否完成 Kaiser 标准化变换. eps 为数值, 表示终止精度, 默认值为 10^{-5}.

varimax() 函数的返回值为一个列表, 有: loadings 表示旋转后的因子载荷矩阵, rotmat 表示旋转矩阵.

3. promax 函数

在计算中, 有时需要作斜交变换, 得到的旋转矩阵允许彼此相关. promax() 函数就是完成一种斜交变换的方法, 其使用格式为

```
promax(x, m = 4)
```

x 为 p 行 k $(k < p)$ 列载荷矩阵. m 为整数, 表示 promax 旋转方法的幂, 推荐值在 2~4 之间, 默认值为 4.

promax() 函数的返回值与 varimax() 函数相同, 只是得到 rotmat (旋转矩阵), 即矩阵 $\boldsymbol{T}$, 不再是正交阵, $(\boldsymbol{T}^{\mathrm{T}}\boldsymbol{T})^{-1}$ 为旋转因子的相关矩阵.

7.5.3　因子分析的计算

例 7.21　对 55 个国家和地区的男子径赛记录作统计, 每位运动员记录 8 项指标: 100m 跑 (X_1)、200m 跑 (X_2)、400m 跑 (X_3)、800m 跑 (X_4)、1500m 跑 (X_5)、5000m 跑 (X_6)、10000m 跑 (X_7)、马拉松 (X_8). 8 项指标的相关矩阵 R 如表 7.18 所示. 取因子个数为 2, 用 factanal() 函数计算因子载荷和共性方差等指标, 参数选择方差最大.

表 7.18　8 项身体指标数据的相关矩阵

	X_1	X_2	X_3	X_4	X_5	X_6	X_7
X_2	0.923						
X_3	0.841	0.851					
X_4	0.756	0.807	0.870				
X_5	0.700	0.775	0.835	0.918			
X_6	0.619	0.695	0.779	0.864	0.928		
X_7	0.633	0.697	0.787	0.869	0.935	0.975	
X_8	0.520	0.596	0.705	0.806	0.866	0.932	0.943

解　读取数据 (数据存放在 exam0721.dat 中), 将数据转换成相关矩阵, 再用 factanal() 函数作计算, 程序 (程序名: exam0721.R) 为

```
x<-scan("exam0721.dat", n=28)
names<-scan("exam0721.dat", what=" ", skip=7)
R<-matrix(1, nrow=8, ncol=8, dimnames=list(names, names))
for (i in 2:8){
    for (j in 1:(i-1)){
        R[i,j]<-x[(i-2)*(i-1)/2+j]; R[j,i]<-R[i,j]
    }
}
fa<-factanal(factors=2, covmat=R); fa
```

在程序中, R 为相关矩阵, 所以参数选择 covmat=R. 计算结果如下:

```
Call: factanal(factors = 2, covmat = R)
Uniquenesses:
   X1    X2    X3    X4    X5    X6    X7    X8
0.081 0.075 0.152 0.135 0.082 0.033 0.018 0.087
Loadings:
   Factor1 Factor2
X1 0.291   0.913
X2 0.382   0.883
X3 0.543   0.744
X4 0.691   0.622
X5 0.799   0.529
X6 0.901   0.393
X7 0.907   0.399
X8 0.914   0.278

                Factor1 Factor2
SS loadings       4.112   3.225
Proportion Var    0.514   0.403
Cumulative Var    0.514   0.917
The degrees of freedom for the model is 13 and the fit was 0.3318
```

在计算结果中, call 表示调用函数的方法. uniquenesses 表示特殊方差, 即 σ_i^2 的值. loadings 为因子载荷矩阵, 其中 Factor1 和 Factor2 分别为第 1 主因子和第 2 主因子, X1 X2 ... X8 是对应的变量. 由于使用默认值, 因子载荷矩阵是按最大方差旋转得到的. SS loadings 表示公共因子 f_j 对变量 $X_1, X_2, \cdots, X_p$ 的总方差贡献, 即 $g_j^2 = \sum\limits_{i=1}^{p} a_{ij}^2$. Proportion Var 表示方差贡献率, 即 $g_j^2 / \sum\limits_{i=1}^{p} \text{var}(X_i)$. Cumulative Var 表示累积方差贡献率, 即 $\sum\limits_{k=1}^{j} g_k^2 / \sum\limits_{i=1}^{p} \text{var}(X_i)$.

在计算结果中, 因子 f_1 后几个变量 (X_6, X_7, X_8) 的载荷因子接近于 1, 这些变量涉及的是长跑, 因此可称 f_1 是耐力因子. 而因子 f_2 中前几个变量 (X_1, X_2) 接近 1, 涉及的是短跑, 因此可称 f_2 是速度因子.

在计算时可先不选择旋转, 等计算出载荷矩阵后, 再使用 varimax() 函数作最大方差旋转,

```
> fac<-factanal(factors=2, covmat=R, rotation = "none")
```

```
> varimax(fac$loadings)
$loadings

Loadings:
   Factor1 Factor2
X1 0.291   0.913
X2 0.382   0.883
X3 0.543   0.744
X4 0.691   0.622
X5 0.799   0.529
X6 0.901   0.393
X7 0.907   0.399
X8 0.914   0.278

               Factor1 Factor2
SS loadings      4.112   3.225
Proportion Var   0.514   0.403
Cumulative Var   0.514   0.917
$rotmat
           [,1]      [,2]
[1,]  0.8482569 0.5295850
[2,] -0.5295850 0.8482569
```

得到的结果与直接计算相同.

也可以作斜交变换,

```
> pro<-promax(fac$loadings); pro
$loadings

Loadings:
   Factor1 Factor2
X1 -0.153   1.065
X2          0.971
X3  0.288   0.688
X4  0.560   0.437
X5  0.761   0.248
X6  0.980
X7  0.985
X8  1.067  -0.159

               Factor1 Factor2
SS loadings      4.067   2.829
Proportion Var   0.508   0.354
Cumulative Var   0.508   0.862
```

```
$rotmat
              [,1]      [,2]
[1,]  0.8272798 0.2198926
[2,] -1.2196727 1.4572716
```

此时的旋转矩阵不再是正交阵, 从如下计算

```
> t(pro$rotmat)%*%pro$rotmat
            [,1]      [,2]
[1,]  2.171993 -1.595482
[2,] -1.595482  2.171993
```

可出. 而逆矩阵

```
> solve(t(pro$rotmat)%*%pro$rotmat)
            [,1]      [,2]
[1,] 1.0000000 0.7345702
[2,] 0.7345702 1.0000000
```

是旋转因子的相关矩阵.

例 7.22 现有 48 位应聘者应聘某公司的某职位, 公司为这些应聘者的 15 项指标打分, 这 15 项指标分别是: 求职信的形式 (FL)、外貌 (APP)、专业能力 (AA)、讨人喜欢 (LA)、自信心 (SC)、洞察力 (LC)、诚实 (HON)、推销能力 (SMS)、经验 (EXP)、驾驶水平 (DRV)、事业心 (AMB)、理解能力 (GSP)、潜在能力 (POT)、交际能力 (KJ) 和适应性 (SUIT). 每项分数是从 0 分到 10 分, 0 分最低, 10 分最高. 每位求职者的 15 项指标列在表 7.19 中. 试用因子分析的方法对 15 项指标作因子分析, 在因子分析中选取 5 个因子.

表 7.19 48 位应聘者的得分情况

ID	FL	APP	AA	LA	SC	LC	HON	SMS	EXP	DRV	AMB	GSP	POT	KJ	SUIT
1	6	7	2	5	8	7	8	8	3	8	9	7	5	7	10
2	9	10	5	8	10	9	9	10	5	9	9	8	8	8	10
3	7	8	3	6	9	8	9	7	4	9	9	8	6	8	10
4	5	6	8	5	6	5	9	2	8	4	5	8	7	6	5
5	6	8	8	8	4	4	9	5	8	5	5	8	8	7	7
6	7	7	7	6	8	7	10	5	9	6	5	8	6	6	6
7	9	9	8	8	8	8	8	8	10	8	10	8	9	8	10
8	9	9	9	8	9	9	8	8	10	9	10	9	9	9	10
9	9	9	7	8	8	8	8	5	9	8	9	8	8	8	10
10	4	7	10	2	10	10	7	10	3	10	10	10	9	3	10
11	4	7	10	0	10	8	3	9	5	9	10	8	10	2	5
12	4	7	10	4	10	10	7	8	2	8	8	10	10	3	7
13	6	9	8	10	5	4	9	4	4	4	5	4	7	6	8
14	8	9	8	9	6	3	8	2	5	2	6	6	7	5	6
15	4	8	8	7	5	4	10	2	7	5	3	6	6	4	6
16	6	9	6	7	8	9	8	9	8	8	7	6	8	6	10

(续表)

ID	FL	APP	AA	LA	SC	LC	HON	SMS	EXP	DRV	AMB	GSP	POT	KJ	SUIT
17	8	7	7	7	9	5	8	6	6	7	8	6	6	7	8
18	6	8	8	4	8	8	6	4	3	3	6	7	2	6	4
19	6	7	8	4	7	8	5	4	4	2	6	8	3	5	4
20	4	8	7	8	8	9	10	5	2	6	7	9	8	8	9
21	3	8	6	8	8	8	10	5	3	6	7	8	8	5	8
22	9	8	7	8	9	10	10	10	3	10	8	10	8	10	8
23	7	10	7	9	9	9	10	10	3	9	9	10	9	10	8
24	9	8	7	10	8	10	10	10	2	9	7	9	9	10	8
25	6	9	7	7	4	5	9	3	2	4	4	4	4	5	4
26	7	8	7	8	5	4	8	2	3	4	5	6	5	5	6
27	2	10	7	9	8	9	10	5	3	5	6	7	6	4	5
28	6	3	5	3	5	3	5	0	0	3	3	0	0	5	0
29	4	3	4	3	3	0	0	0	0	4	4	0	0	5	0
30	4	6	5	6	9	4	10	3	1	3	3	2	2	7	3
31	5	5	4	7	8	4	10	3	2	5	5	3	4	8	3
32	3	3	5	7	7	9	10	3	2	5	3	7	5	5	2
33	2	3	5	7	7	9	10	3	2	2	3	6	4	5	2
34	3	4	6	4	3	3	8	1	1	3	3	3	2	5	2
35	6	7	4	3	3	0	9	0	1	0	2	3	1	5	3
36	9	8	5	5	6	6	8	2	2	2	4	5	6	6	3
37	4	9	6	4	10	8	8	9	1	3	9	7	5	3	2
38	4	9	6	6	9	9	7	9	1	2	10	8	5	5	2
39	10	6	9	10	9	10	10	10	10	10	8	10	10	10	10
40	10	6	9	10	9	10	10	10	10	10	10	10	10	10	10
41	10	7	8	0	2	1	2	0	10	2	0	3	0	0	10
42	10	3	8	0	1	1	0	0	10	0	0	0	0	0	10
43	3	4	9	8	2	4	5	3	6	2	1	3	3	3	8
44	7	7	7	6	9	8	8	6	8	8	10	8	8	6	5
45	9	6	10	9	7	7	10	2	1	5	5	7	8	4	5
46	9	8	10	10	7	9	10	3	1	5	7	9	9	4	4
47	0	7	10	3	5	0	10	0	0	2	2	0	0	0	0
48	0	6	10	1	5	0	10	0	0	2	2	0	0	0	0

解 读数据 (数据放在数据文件 `employ.dat` 中), 再调用 `factanal()` 函数进行因子分析.

```
> rt<-read.table("employ.dat")
> fa<-factanal(~., factors=5, data=rt); fa
```

第一个命令是读数据, 得到的 `rt` 是数据框格式, 第二个命令是作因子分析, `~.` 表示全部变量. 计算结果如下

```
Call:
factanal(x = ~., factors = 5, data = rt)
```

```
Uniquenesses:
   FL   APP    AA    LA    SC    LC   HON   SMS   EXP   DRV
0.439 0.597 0.509 0.197 0.118 0.005 0.292 0.140 0.365 0.223
  AMB   GSP   POT    KJ  SUIT
0.098 0.119 0.084 0.005 0.267

Loadings:
     Factor1 Factor2 Factor3 Factor4 Factor5
FL    0.127   0.722   0.102  -0.117
APP   0.451   0.134   0.270   0.206   0.258
AA            0.129           0.686
LA    0.222   0.246   0.827
SC    0.917           0.167
LC    0.851   0.125   0.279          -0.420
HON   0.228  -0.220   0.777
SMS   0.880   0.266   0.111
EXP           0.773           0.171
DRV   0.754   0.393   0.199           0.114
AMB   0.909   0.187   0.112           0.165
GSP   0.783   0.295   0.354   0.148  -0.181
POT   0.717   0.362   0.446   0.267
KJ    0.418   0.399   0.563  -0.585
SUIT  0.351   0.764           0.148

               Factor1 Factor2 Factor3 Factor4 Factor5
SS loadings      5.490   2.507   2.188   1.028   0.331
Proportion Var   0.366   0.167   0.146   0.069   0.022
Cumulative Var   0.366   0.533   0.679   0.748   0.770

Test of the hypothesis that 5 factors are sufficient.
The chi square statistic is 60.97 on 40 degrees of freedom.
The p-value is 0.0179
```

在得到的结果中, 公共因子还有比较鲜明的实际意义.

第一公共因子中, 系数绝对值大的变量主要是: SC(自信心), LC(洞察力), SMS(推销能力), DRV(驾驶水平), AMB(事业心), GSP(理解能力), POT(潜在能力), 这些主要表现求职者外露能力;

第二公共因子系数绝对值大的变量主要是: FL(求职信的形式), EXP(经验), SUIT(适应性), 这些主要反映了求职者的经验;

第三公共因子系数绝对值大的变量主要是: LA(讨人喜欢), HON(诚实), 它主要反映了求职者提否讨人喜欢;

第四、五公共因子系数绝对值较小, 这说明这两个公共因子相对次要一些. 第四公共因子相对较大的变量是: AA(专业能力), KJ(交际能力), 它主要反映了求职者的专业能力; 第五公共因子相对较大的变量是: APP(外貌), LC(洞察力), 它主要反映求职者的外貌.

例 7.23 (继例7.22)　假如公司计划录用 6 名最优秀的申请者, 公司将如何挑选这些应聘者?

解　简单的作法是计算每位申请者的总得分, 按分数由高向低录取. 但这种作法并不是最合适的, 应该根据不同部分的需要按照公共因子的得分来录取.

计算因子得分

```
> fa<-factanal(~., factors=5, data=rt, scores = "regression")
> fa$scores
       Factor1     Factor2      Factor3     Factor4     Factor5
1   0.800717544  0.18668478 -0.851460896 -1.02805665  0.52205818
2   1.116241580  0.47700243  0.001629454 -0.43629124  0.36113830
3   0.879369406  0.29478854 -0.314716179 -1.02965924  0.33082062
4  -0.523388290  0.43753019  0.560799973  0.25097714  0.40522224
5  -0.846808386  1.21550502  1.085816718  0.45502930  1.07029291
6   0.003185837  0.27885951  0.243258421  0.12109434 -0.27226717
7   0.703922279  1.33861950  0.111053822  0.01088589  0.64206809
8   0.896108099  1.37342978  0.232713178 -0.35982102  0.35349535
9   0.455395763  1.17038462  0.244111085 -0.19242716  0.17911705
10  1.843009744 -0.18285199 -1.451198021  1.43700462  0.02806712
11  1.781056933 -0.22818096 -2.089052424  1.48488398  0.95136053
12  1.403740004 -0.53727939 -0.605003245  1.66579885 -0.39726150
13 -0.838419356  0.45881416  1.103624446  0.56651271  0.93295036
14 -0.765006924  0.30471946  0.836846379  0.95059097  1.57972186
15 -0.948618470  0.14818660  0.761841309  1.18822261  0.41131508
16  0.670346434  0.62562847 -0.275204781  0.28878032 -0.58926497
17  0.308422895  0.41267618 -0.135936211 -0.42814543  1.56803728
18  0.295571360 -0.46281204 -0.728936475 -1.16500937 -1.31962760
19  0.184298026 -0.21956636 -0.825069511 -0.55179100 -1.51372977
20  0.372855990  0.03579921  1.021768751 -0.31575185 -0.57686133
21  0.402538565 -0.46066903  0.589465103  0.86890942 -0.14399060
22  0.927698958  0.60250660  0.673815357 -1.14036612 -0.33194886
23  0.931887149  0.47998903  0.990087831 -0.83545711  0.59726767
24  0.585842905  0.66244517  1.202381977 -0.86524797 -0.62640797
25 -0.798685118 -0.23749354  0.480395810  0.05836780 -0.34004466
```

```
26 -0.781584615  0.15450648  0.518109233  0.43972335  0.54299850
27  0.372094679 -1.12074511  0.595496294  0.95822481 -1.09577912
28 -0.948459790 -0.81527906 -0.922269220 -1.77326821 -0.35738899
29 -1.213604298 -0.13087983 -1.503827903 -1.92660112  1.10293874
30 -0.484101748 -1.21181187  0.367311077 -1.68214807  0.52310776
31 -0.397976947 -0.69999678  0.622508916 -1.63410675  1.01452372
32 -0.173713063 -1.10108335  0.608407659 -0.12745790 -2.26318679
33 -0.256281136 -1.33038515  0.560781422 -0.40338235 -2.53222879
34 -1.183167544 -0.49422381 -0.008024526 -0.81458656 -0.10274921
35 -1.665000629 -0.33809240  0.059885560 -0.88500404  1.19916519
36 -0.514907574 -0.19120917  0.370984444 -0.45888647 -0.61709089
37  1.321163395 -1.72531922 -1.052264142  0.39130820  0.21100177
38  1.237411113 -1.32542774 -0.635392434 -0.30674409 -0.33706339
39  0.687041364  1.55535677  0.960484537 -0.39006072 -0.30682688
40  0.923821287  1.49189358  0.792049416 -0.40120250  0.04739454
41 -1.740662685  1.55241481 -2.301529543  1.10997918 -0.54355251
42 -1.946665869  1.74562267 -2.660094728  0.70599496 -1.13003023
43 -1.601371579  0.70912444 -0.096524877  0.77685896 -1.29579679
44  0.960832458  0.10579350 -0.315491319  0.20738885  0.51793979
45 -0.309142913 -0.38559454  1.071709950  1.49287914 -0.45272845
46  0.155406236 -0.52531271  1.194207841  1.80067575 -0.93031173
47 -1.182605366 -2.06429652 -0.395197469  1.05832124  1.50773379
48 -1.099807701 -2.02977096 -0.694352061  0.86306058  1.47640173
```

然后再根据前面介绍的各因子的特征, 结合部门对不同类型人才的需求, 选择合适的应聘者.

7.6 典型相关分析

典型相关分析是用于分析两组随机变量之间的相关性程度的一种统计方法, 它能够有效地揭示两组随机变量之间的相互线性依赖关系, 这一方法是由 Hotelling (霍特林, 1935) 首先提出来的.

假设有两组随机变量 $X_1, X_2, \cdots, X_p$ 和 $Y_1, Y_2, \cdots, Y_q$, 研究它们的相关关系, 当 $p = q = 1$ 时, 就是通常两个变量 X 与 Y 的相关关系. 当 $p > 1, q > 1$ 时, 采用类似于主成分分析的方法, 找出第一组变量的线性组合 U 和第二组变量的线性组合 V, 即

$$\begin{aligned} U &= a_1X_1 + a_2X_2 + \cdots + a_pX_p, \\ V &= b_1Y_1 + b_2Y_2 + \cdots + b_qY_q, \end{aligned}$$

于是将研究两组变量的相关性问题转化成研究两个变量的相关性问题, 并且可以适当地调整相应的系数 a, b, 使得变量 U 和 V 的相关性达到最大, 称这种相关为典型相关, 基于这种原则的分析方法称为典型相关分析.

7.6.1 典型相关分析的数学模型

设 $\boldsymbol{X}=(X_1,X_2,\cdots,X_p)^{\mathrm{T}}$, $\boldsymbol{Y}=(Y_1,Y_2,\cdots,Y_q)^{\mathrm{T}}$ 为随机向量, 用 $\boldsymbol{X}$ 与 $\boldsymbol{Y}$ 的线性组合 $\boldsymbol{a}^{\mathrm{T}}\boldsymbol{X}$ 和 $\boldsymbol{b}^{\mathrm{T}}\boldsymbol{Y}$ 之间的相关来研究 $\boldsymbol{X}$ 与 $\boldsymbol{Y}$ 之间的相关, 并希望找到 $\boldsymbol{a}$ 与 $\boldsymbol{b}$, 使 $\rho(\boldsymbol{a}^{\mathrm{T}}\boldsymbol{X},\boldsymbol{b}^{\mathrm{T}}\boldsymbol{Y})$ 最大. 由相关系数的定义, 得

$$\rho(\boldsymbol{a}^{\mathrm{T}}\boldsymbol{X},\boldsymbol{b}^{\mathrm{T}}\boldsymbol{Y})=\frac{\operatorname{cov}(\boldsymbol{a}^{\mathrm{T}}\boldsymbol{X},\boldsymbol{b}^{\mathrm{T}}\boldsymbol{Y})}{\sqrt{\operatorname{var}(\boldsymbol{a}^{\mathrm{T}}\boldsymbol{X})}\sqrt{\operatorname{var}(\boldsymbol{b}^{\mathrm{T}}\boldsymbol{Y})}}. \tag{7.29}$$

对任意的 α,β 和 c,d, 有

$$\rho\left(\alpha(\boldsymbol{a}^{\mathrm{T}}\boldsymbol{X})+\beta,c(\boldsymbol{b}^{\mathrm{T}}\boldsymbol{Y})+d\right)=\rho\left(\boldsymbol{a}^{\mathrm{T}}\boldsymbol{X},\boldsymbol{b}^{\mathrm{T}}\boldsymbol{Y}\right). \tag{7.30}$$

式 (7.30) 说明使得相关系数最大的 $\boldsymbol{a}^{\mathrm{T}}\boldsymbol{X}$ 和 $\boldsymbol{b}^{\mathrm{T}}\boldsymbol{Y}$ 并不惟一. 因此, 在综合变量时, 可限定

$$\operatorname{var}(\boldsymbol{a}^{\mathrm{T}}\boldsymbol{X})=1,\qquad \operatorname{var}(\boldsymbol{b}^{\mathrm{T}}\boldsymbol{Y})=1.$$

设 $p+q$ 维随机向量 $\begin{pmatrix}\boldsymbol{X}\\ \boldsymbol{Y}\end{pmatrix}$ 的均值为 $\mathbf{0}$, 协方差阵 $\boldsymbol{\Sigma}>\mathbf{0}$. 若 $\boldsymbol{a}_1=(a_{11},\,a_{12},\,\cdots,\,a_{1p})^{\mathrm{T}}$, $\boldsymbol{b}_1=(b_{11},\,b_{12},\,\cdots,\,b_{1q})^{\mathrm{T}}$ 是关于 $\boldsymbol{\alpha},\boldsymbol{\beta}$ 的约束问题

$$\max \quad \rho(\boldsymbol{\alpha}^{\mathrm{T}}\boldsymbol{X},\boldsymbol{\beta}^{\mathrm{T}}\boldsymbol{Y}), \tag{7.31}$$

$$\text{s.t.} \quad \operatorname{var}(\boldsymbol{\alpha}^{\mathrm{T}}\boldsymbol{X})=1, \tag{7.32}$$

$$\operatorname{var}(\boldsymbol{\beta}^{\mathrm{T}}\boldsymbol{Y})=1 \tag{7.33}$$

的解, 则称 $U_1=\boldsymbol{a}_1^{\mathrm{T}}\boldsymbol{X}$, $V_1=\boldsymbol{b}_1^{\mathrm{T}}\boldsymbol{Y}$ 为 $\boldsymbol{X},\boldsymbol{Y}$ 的第一对 (组) 典型变量, 称它们之间的相关系数 $\rho(U_1,V_1)$ 为第一典型相关系数.

如果存在 $\boldsymbol{a}_k=(a_{k1},a_{k2},\cdots,a_{kp})^{\mathrm{T}}$ 和 $\boldsymbol{b}_k=(b_{k1},b_{k2},\cdots,b_{kq})^{\mathrm{T}}$ 使得

(1) $\boldsymbol{a}_k^{\mathrm{T}}\boldsymbol{X}$ 和 $\boldsymbol{b}_k^{\mathrm{T}}\boldsymbol{Y}$ 和前面的 $k-1$ 对典型变量都不相关;

(2) $\operatorname{var}(\boldsymbol{a}_k^{\mathrm{T}}\boldsymbol{X})=1$, $\operatorname{var}(\boldsymbol{b}_k^{\mathrm{T}}\boldsymbol{Y})=1$;

(3) $\boldsymbol{a}_k^{\mathrm{T}}\boldsymbol{X}$ 与 $\boldsymbol{b}_k^{\mathrm{T}}\boldsymbol{Y}$ 相关系数最大.

则称 $U_k=\boldsymbol{a}_k^{\mathrm{T}}\boldsymbol{X}$, $V_k=\boldsymbol{b}_k^{\mathrm{T}}\boldsymbol{Y}$ 为 $\boldsymbol{X},\boldsymbol{Y}$ 的第 k 对 (组) 典型变量, 称它们之间的相关系数 $\rho(U_k,V_k)$ 为第 $k\,(k=2,3,\cdots,\min\{p,q\})$ 典型相关系数.

7.6.2 典型相关分析的计算

在 R 中, `cancor()` 函数完成典型相关分析的计算, 其使用格式为

```
cancor(x, y, xcenter = TRUE, ycenter = TRUE)
```

参数 `x`, `y` 为两个随机变量样本构成的矩阵. `xcenter`, `ycenter` 为逻辑变量, 取 `TRUE`(默认值) 表示将数据中心化.

`cancor()` 函数的返回值为一个列表, 有: `cor` 表示典型相关系数, `xcoef` 表示变量 X 的典型相关系数, `ycoef` 表示变量 Y 的典型相关系数, `xcenter` 表示变量 X 的样本均值, `ycenter` 表示变量 Y 的样本均值.

例 7.24 某康复俱乐部对 20 名中年人测量了 3 个生理指标: 体重 (X_1)、腰围 (X_2)、脉搏 (X_3) 和 3 个训练指标: 引体向上 (Y_1)、仰卧起坐次数 (Y_2)、跳跃次数 (Y_3). 其数据列在表 7.20 中. 试对这组数据进行典型相关分析.

表 7.20 康复俱乐部测量的生理指标和训练指标

	X_1	X_2	X_3	Y_1	Y_2	Y_3		X_1	X_2	X_3	Y_1	Y_2	Y_3
1	191	36	50	5	162	60	11	189	37	52	2	110	60
2	193	38	58	12	101	101	12	162	35	62	12	105	37
3	189	35	46	13	155	58	13	182	36	56	4	101	42
4	211	38	56	8	101	38	14	167	34	60	6	125	40
5	176	31	74	15	200	40	15	154	33	56	17	251	250
6	169	34	50	17	120	38	16	166	33	52	13	210	115
7	154	34	64	14	215	105	17	247	46	50	1	50	50
8	193	36	46	6	70	31	18	202	37	62	12	210	120
9	176	37	54	4	60	25	19	157	32	52	11	230	80
10	156	33	54	15	225	73	20	138	33	68	2	110	43

解 读取数据 (数据存放在 exam0724.dat 中), 为了消除数据数量级的影响, 先将数据标准化, 再调用函数 cancor() 进行计算, 程序 (程序名: exam0724.R) 和计算结果如下:

```
test<-read.table("exam0724.dat")
test<-scale(test)
ca<-cancor(test[,1:3],test[,4:6]); ca
$cor
[1] 0.79560815 0.20055604 0.07257029
$xcoef
          [,1]        [,2]        [,3]
X1 -0.17788841 -0.43230348 -0.04381432
X2  0.36232695  0.27085764  0.11608883
X3 -0.01356309 -0.05301954  0.24106633
$ycoef
          [,1]        [,2]        [,3]
Y1 -0.08018009 -0.08615561 -0.29745900
Y2 -0.24180670  0.02833066  0.28373986
Y3  0.16435956  0.24367781 -0.09608099
$xcenter
          X1           X2           X3
2.289835e-16  4.315992e-16 -1.778959e-16
$ycenter
          Y1           Y2           Y3
1.471046e-16 -1.776357e-16  4.996004e-17
```

在计算结果中, cor 分别为 3 个典型相关系数. xcoef, ycoef 分别为对应于数据 X,Y 的系数, 也称为关于数据 X,Y 的典型载荷. $xcenter, $ycenter 分别为数据 X,Y 的中心, 即数据 X,Y 的样本均值. 由于两数据已作了标准化处理, 所以计算出的样本均值为 0.

对于康复俱乐部数据, 与计算结果相对应的数学意义是

$$\begin{cases} U_1 = -0.178X_1^* + 0.362X_2^* - 0136X_3^*, \\ U_2 = -0.432X_1^* + 0.271X_2^* - 0.0530X_3^*, \\ U_3 = -0.0438X_1^* + 0.116X_2^* + 0.241X_3^*, \end{cases} \tag{7.34}$$

$$\begin{cases} V_1 = -0.0802Y_1^* - 0.242Y_2^* + 0.164Y_3^*, \\ V_2 = -0.08615Y_1^* + 0.0283Y_2^* + 0.244Y_3^*, \\ V_3 = -0.297Y_1^* + 0.284Y_2^* - 0.0961Y_3^*, \end{cases} \tag{7.35}$$

其中 $X_i^*, Y_i^* (i = 1, 2, 3)$ 是标准化后的数据. 相应的相关系数为

$$\rho(U_1, V_1) = 0.796, \quad \rho(U_2, V_2) = 0.201, \quad \rho(U_3, V_3) = 0.0726.$$

由式 (7.30) 可知, 典型相关系数并不惟一, 是它们的任意倍均可.

下面计算样本数据在典型变量下的得分. 由于 $\boldsymbol{U} = \boldsymbol{AX}$, $\boldsymbol{V} = \boldsymbol{BY}$, 所以得分的 R 程序为

```
U<-as.matrix(test[, 1:3])%*% ca$xcoef
V<-as.matrix(test[, 4:6])%*% ca$ycoef
```

结果略.

习　题　7

1. 进行一次试验, 当缓慢旋转的布面轮子受到磨损时, 比较 3 种布上涂料的磨损量. 对每种涂料类型试验 10 个涂料样品, 记录每个样品直到出现可见磨损时的小时数, 数据在表 7.21 中给出. 试用单因素方差分析方法分析: 这 3 种涂料直至磨损明显可见的平均时间是否存在显著差异? 如果存在, 请作多重 t 检验, 分析哪种涂料之间存在显著差异.

表 7.21　3 种涂料的磨损数据

涂料	磨损小时数									
A	148	76	393	520	236	134	55	166	415	153
B	513	264	433	94	535	327	214	135	280	304
C	335	643	216	536	128	723	258	380	594	465

2. (继习题 1) 使用 model.tables() 和 TukeyHSD() 函数计算 3 种涂料直至磨损明显可见时间的平均值、均值差, 以及均值差的置信区间, 从而进一步判断哪种涂料之间存在显著差异.

3. 用于清洁金属部件有 3 种有机溶剂: 芬芳剂、氯烷和酯类, 表 7.22 给出了这 3 种溶剂吸附比的测试结果, 能否根据这组数据分析出这 3 种溶剂的吸附比存在差显著差异? 如果存在, 请作多重 t 检验, 分析哪种有机溶剂之间存在显著差异.

表 7.22　3 种上溶剂吸附比数据

溶剂	摩尔分数								
芬芳剂	1.06	0.79	0.82	0.89	1.05	0.95	0.65	1.15	1.12
氯烷	1.58	1.45	0.57	1.16	1.12	0.91	0.83	0.43	
酯类	0.29	0.06	0.44	0.61	0.55	0.43	0.51	0.10	0.34
	0.53	0.06	0.09	0.17	0.60	0.17			

4. (继习题 3) 使用 `model.tables()` 和 `TukeyHSD()` 函数计算 3 种有机溶剂吸附比的平均值、均值差, 以及均值差的置信区间, 从而进一步判断哪种有机溶剂之间存在显著差异.

5. 在递交建筑任务书之前, 成本工程师准备一份为完成任务所需的评估报告, 如果估计过高将减少公司中标的机会, 而估计过低又会减少公司的利润. 现雇用了 3 位任务成本工程师对 4 个项目进行评估, 其数据如表 7.23 所示. 对数据进行方差分析. (1) 各工程师给出的评估均值是否存在显著差异? (2) 各项目的评估值是否存在显著差异?

表 7.23　任务成本工程师的评估数据　　单位: 百万元

工程师	项　目			
	1	2	3	4
A	4.6	6.2	5.0	6.6
B	4.9	6.3	5.4	6.8
C	4.4	5.9	5.4	6.3

6. 某制造商用某种原料生产两种不同的产品, 并且可以调整这两种产品的生产比例. 生产一种产品时, 所获得的利润依赖于生产该种产品的持续时间, 从而依赖于指定生产这种产品原材料的数量. 其他因素也影响单位原材料的利润, 但它们对于利润的影响是随机的、不可控的. 制造商已进行了一个试验, 用来考察指定两种产品原材料的分配比例和原材料的供应量对于单位原材料利润的影响. 在试验中, 指定两种产品原材料的分配比例分别取 1:2, 1:1 和 2:1, 原材料的供应量分别取每天 15t, 18t 和 21t. 响应值是一天之中单位原材料的利润 (单位: 万元). 每种组合按随机次序重复 3 次, 共有 27 天的数据列在表 7.24 中. 对数据作双因素方差分析. (1) 两种产品原材料的分配比例对单位原材料的利润有无显著影响? (2) 原材料的供应量对单位原材料的利润有无显著影响? (3) 两种产品原材料的分配比例与原材料的供应量之间是否存在着交互效应? 画出两因素的交互效应图. (4) 根据 (1)~(3) 的计算结果, 选择最优的生产方案.

表 7.24　生产利润　　单位: 万元

指定两种产品原材料的分配比例	原材料的供应量		
	15t	18t	21t
1:2	23, 20, 21	22, 19, 20	19, 18, 21
1:1	22, 20, 19	24, 25, 22	20, 19, 22
2:1	18, 18, 16	21, 23, 20	20, 22, 24

7. 将锑加到锡 - 铅焊料中替代较昂贵的锡, 从而降低焊接成本. 表 7.25 给出了锑的 4 种添加比例 (0%, 3%, 5% 和 10%), 以及 4 种冷却方法 (水冷、油冷、气吹和炉内冷却) 的试验结果, 每种组合进行 3 次试验. 对数据进行方差分析. (1) 每种添加比例之间是否存在显著差异? (2) 每种冷却方法之间是否存在显著差异? (3) 添加比例与冷却方法是否存在交互效应? 并画出两因素的交互效应图. (4) 根据 (1)~(3) 的计算结果, 选择锑的最优添加方案.

表 7.25　抗剪强度　　单位: MPa

锑的添加比例	冷却方法			
	水冷	油冷	气吹	炉内冷却
0%	17.6,19.5,18.3	20.0,24.3,21.9	18.3,19.8,22.9	19.4,19.8,20.3
3%	18.6,19.5,19.0	20.0,20.9,20.4	21.7,22.9,22.1	19.0,20.9,19.9
5%	22.3,19.5,20.5	20.9,22.9,20.6	22.9,19.7,21.6	19.6,16.4,20.5
10%	15.2,17.1,16.6	16.4,19.0,18.1	15.8,17.3,17.1	16.4,17.6,17.6

8. 使用方差不同模型 (`oneway.test()` 函数) 和秩检验方法 (`kruskal.test()` 函数) 对习题 1 中的数据进行分析, 是否得到与习题 1 相同的结果? 如果得到的结论不同, 哪个结论更合理, 试对数据作正态性检验 (如 `shapiro.test()` 函数) 和方差齐性检验 (如 `bartlett.test()` 函数) 来说明这一问题.

9. 对习题 3 的数据正态性检验和方差齐性检验, 试分析: 使用方差不同模型 (如 `oneway.test()` 函数) 和方差相同模型 (如 `aov()` 函数) 哪个更合理?

10. 分析习题 1 的功效. 在习题 1 的数据下, 方差分析的功效是多少? 如果要求功效达到 90%, 需要做多少个样品试验?

11. 考查不同职业人群对心理疾病原因的认识, 现找到 A, B, C 三种职业的人员各 10 名, 这 30 个人用笔试的方式回答心理疾病原因的知识问卷, 测试分数如表 7.26 所示. (1) 使用 Kruskal-Wallis 秩和检验, 分析这三种职业人员平均测试分数是否有显著差异? (2) 使用正态性检验和方差齐性检验的方法来分析 Kruskal-Wallis 秩和检验的合理性.

表 7.26　三种职业人员心理疾病知识的测试分析

职业	测试分数									
A	62	60	60	25	24	23	20	13	12	6
B	62	62	24	24	22	20	19	10	8	8
C	37	31	15	15	14	14	14	5	3	2

12. 生物学家认为, 河流中的富营养水注入海湾后, 会导致浮游生物赖以生存的藻类快速生长, 细菌则以浮游生物的排泄物和死藻类为主, 消耗了水中的氧. 为验证是否有这种情况发生, 现测试某河流入海口开始的 4 个海洋区域中的平均溶解氧含量 (见表 7.27). (1) 对数据作正态性检验和方差齐性检验; (2) 4 个海洋区域溶解氧含量是否有显著差异? (3) 如果有差异, 哪些区域之间有差异? (注: 请根据 (1) 的结果合理选择检验的方法).

表 7.27　离入海口处 4 个距离的平均溶解氧含量

距入海口距离/km	溶解氧含量/(mg/L)									
1	1	5	2	1	2	2	4	3	0	2
5	4	8	2	3	8	5	6	4	3	3
10	20	26	24	11	28	20	19	19	21	24
20	37	30	26	24	41	25	36	31	31	33

13. 化学制剂对布料有侵蚀作用, 会降低其抗拉强度. 现开发出一种能抗化学制剂的新型布料, 为考察其抗侵蚀作用, 特选定 4 种化学制剂和 5 匹布. 考虑到布匹间的差异, 特在每匹布的中部切取 4 段布料组成一个区组, 用随机化完全区组设计安排试验, 其试验数据如表 7.28 所示. (1) 试用 Friedman 检验分析这 4 种化学制剂的抗侵蚀作用是否有显著差异? (2) 试用 Quade 检验分析这 4 种化学制剂的抗侵蚀作用是否有显著差异? (3) 试用 Fligner-Killeen 检验对 4 种化学制剂作尺度参数检验.

表 7.28　试验数据

化学制剂	区　组				
	1	2	3	4	5
1	73	69	73	71	67
2	73	68	74	72	69
3	75	72	74	73	68
4	75	72	77	75	72

14. 研究 3 种饲料对大白鼠所增体重的影响, 将体重接近、鼠龄相差较小的 24 只大白鼠随机分成 3 组, 每组 8 只, 喂 3 种不同饲料, 各组每只鼠在试验期间内的平均进食量与所增体重如表 7.29 所示, 试用单因素协方差分析方法对其数据作分析, 判断 3 组动物所增体重有无显著差异?

15. 某医生为研究舒张压与血浆胆固醇对冠心病的影响情况, 随机抽取并测定了某地从事某特殊工作的 50~59 岁女工冠心病人和正常人各 15 例的舒张压 (DBP) 与血浆胆固醇 (CHOL), 见表 7.30. 试分析测定结果, 并提供对未知个体 (DBP= 10.66, CHOL= 5.02) 属于冠心病患者还是正常人的判断.

表 7.29　3 组大白鼠进食量与所增体重的试验结果　　单位: g

一组		二组		三组	
进食量	增重	进食量	增重	进食量	增重
306.9	45.0	302.4	50.3	310.3	61.2
256.9	27.3	260.3	33.4	250.5	43.8
204.5	25.4	214.8	36.7	210.4	39.0
272.4	48.0	278.9	51.2	275.3	51.5
340.2	56.7	340.9	58.2	335.1	66.4
198.2	9.2	199.0	22.5	199.2	10.8
262.2	28.5	260.5	27.6	263.3	25.7
247.8	37.1	240.8	41.0	245.0	50.9

表 7.30　冠心病人与正常人舒张压与血浆胆固醇的测定结果

	冠心病人		正常人	
	DBP	CHOL	DBP	CHOL
1	9.86	5.18	10.66	2.07
2	13.33	3.73	12.53	4.45
3	14.66	3.89	13.33	3.06
4	9.33	7.10	9.33	3.94
5	12.80	5.49	10.66	4.45
6	10.66	4.09	10.66	4.92
7	10.66	4.45	9.33	3.68
8	13.33	3.63	10.66	2.77
9	13.33	5.96	10.66	3.21
10	13.33	5.70	9.33	3.63
11	12.00	6.19	10.40	3.94
12	14.66	4.01	9.33	4.92
13	13.33	4.01	10.66	2.69
14	12.80	3.63	10.66	2.43
15	13.33	5.96	11.20	3.42

16. 已知两类盐矿 (钾盐和钠盐) 的历史数据如表 7.31 所示, 其成分为 X_1, X_2, X_3 和 X_4(具体名称略). 试用判别分析的方法分析待判数据 (见表 7.31) 是属于钾盐还是钠盐.

17. 某医院研究心电图指标对健康人 (Ⅰ)、硬化症患者 (Ⅱ) 和冠心病患者 (Ⅲ) 的鉴别能力. 现获得训练样本如表 7.32 所示. 试用 R 中的判别函数对数据进行分析 (取先验概率为 11/23, 7/23, 5/23, 随机的选择 2, 1, 1 个样本分别作为 3 类样本的待测样本, 余下的样本作为训练样本).

表 7.31 某地盐矿的有关样本数据表

盐矿各类	X_1	X_2	X_3	X_4
钾盐	13.85	2.79	7.80	49.60
	22.31	4.67	12.31	47.80
	28.82	4.63	16.18	62.15
	15.29	3.54	7.58	43.20
	28.29	4.90	16.12	58.70
钠盐	2.18	1.06	1.22	20.60
	3.85	0.80	4.06	47.10
	11.40	0.00	3.50	0.00
	3.66	2.42	2.14	15.10
	12.10	0.00	5.68	0.00
待判	8.85	3.38	5.17	26.10
	28.60	2.40	1.20	127.0
	20.70	6.70	7.60	30.80
	7.90	2.40	4.30	33.20
	3.19	3.20	1.43	9.90
	12.40	5.10	4.48	24.60

表 7.32 3 类 23 人的心电图指标数据

	类别	x_1	x_2	x_3	x_4
1	I	8.11	261.01	13.23	7.36
2	I	9.36	185.39	9.02	5.99
3	I	9.85	249.58	15.61	6.11
4	I	2.55	137.13	9.21	4.35
5	I	6.01	231.34	14.27	8.79
6	I	9.64	231.38	13.03	8.53
7	I	4.11	260.25	14.72	10.02
8	I	8.90	259.91	14.16	9.79
9	I	7.71	273.84	16.01	8.79
10	I	7.51	303.59	19.14	8.53
11	I	8.06	231.03	14.41	6.15
12	II	6.80	308.90	15.11	8.49
13	II	8.68	258.69	14.02	7.16
14	II	5.67	355.54	15.13	9.43
15	II	8.10	476.69	7.38	11.32
16	II	3.71	316.32	17.12	8.17
17	II	5.37	274.57	16.75	9.67
18	II	9.89	409.42	19.47	10.49
19	III	5.22	330.34	18.19	9.61
20	III	4.71	331.47	21.26	13.72
21	III	4.71	352.50	20.79	11.00
22	III	3.36	347.31	17.90	11.19
23	III	8.27	189.56	12.74	6.94

18. 为了更深入地了解我国人口的文化程度状况, 现利用 1990 年全国人中普查数据对全国 30 个省、直辖市、自治区进行聚类分析. 原始数据如表 7.33 所示. 分析选用了 3 个指标: (1) 大学以上文化程度的人口占全部人口的比例 (DXBZ); (2) 初中文化程度的人口占全部人口的比例 (CZBZ); (3) 文盲半文盲人口占全部人口的比例 (WMBZ) 分别用来反映较高、中等、较低文化程度人口的状况. 请完成如下工作: (1) 计算样本的 Euclid 距离, 分别用最长距离法、均值法、重心法和 Ward 法作聚类分析, 并画出相应的谱系图. 如果将所有样本分为 4 类, 试写出各种方法的分类结果; (2) 用动态聚类方法 (共分为 4 类), 给出相应的分类结果.

表 7.33 1990 年全国人口普查文化程度人中比例

地区	DXBZ	CZBZ	WMBZ	地区	DXBZ	CZBZ	WMBZ
北京	9.30	30.55	8.70	河南	0.85	26.55	16.15
天津	4.67	29.38	8.92	湖北	1.57	23.16	15.79
河北	0.96	24.69	15.21	湖南	1.14	22.57	12.10
山西	1.38	29.24	11.30	广东	1.34	23.04	10.45
内蒙古	1.48	25.47	15.39	广西	0.79	19.14	10.61
辽宁	2.60	32.32	8.81	海南	1.24	22.53	13.97
吉林	2.15	26.31	10.49	四川	0.96	21.65	16.24
黑龙江	2.14	28.46	10.87	贵州	0.78	14.65	24.27
上海	6.53	31.59	11.04	云南	0.81	13.85	25.44
江苏	1.47	26.43	17.23	西藏	0.57	3.85	44.43
浙江	1.17	23.74	17.46	陕西	1.67	24.36	17.62
安徽	0.88	19.97	24.43	甘肃	1.10	16.85	27.93
福建	1.23	16.87	15.63	青海	1.49	17.76	27.70
江西	0.99	18.84	16.22	宁夏	1.61	20.27	22.06
山东	0.98	25.18	16.87	新疆	1.85	20.66	12.75

19. 对表 7.19 中的自变量作聚类分析, 选择变量的相关系数作为变量间的相似系数 (c_{ij}), 距离定义为 $d_{ij} = 1 - c_{ij}$. 分别用最长距离法、均值法、重心法和 Ward 法作聚类分析, 并画出相应的谱系图. 如果将所有变量分为 5 类, 试写出各种方法的分类结果.

20. 用主成分分析的方法分析女子田径纪录数据 (见表 7.34). (1) 求标准化变量的前 2 个主成分, 并解释这两个主成分的意义. (2) 计算第 1 主成分得分, 并对国家或地区按第 1 主成分排名, 这种排名与你对不同国家或地区运动水平的看法是否一致.

表 7.34 女子径赛运行记录

国家和地区	100m /s	200m /s	400m /s	800m /min	1500m /min	3000m /min	马拉松 /min
阿根廷	11.57	22.94	52.50	2.05	4.25	9.19	150.32
澳大利亚	11.12	22.23	48.63	1.98	4.02	8.63	143.51
奥地利	11.15	22.70	50.62	1.94	4.05	8.78	154.35
比利时	11.14	22.48	51.45	1.97	4.08	8.82	143.05
百慕大群岛	11.46	23.05	53.30	2.07	4.29	9.81	174.18

(续表)

国家和地区	100m /s	200m /s	400m /s	800m /min	1500m /min	3000m /min	马拉松 /min
巴西	11.17	22.60	50.62	1.97	4.17	9.04	147.41
加拿大	10.98	22.62	49.91	1.97	4.00	8.54	148.36
智利	11.65	23.84	53.68	2.00	4.22	9.26	152.23
中国	10.79	22.01	49.81	1.93	3.84	8.10	139.39
哥伦比亚	11.31	22.92	49.64	2.04	4.34	9.37	155.19
库科岛	12.52	25.91	61.65	2.28	4.82	11.10	212.33
哥斯达黎加	11.72	23.92	52.57	2.10	4.52	9.84	164.33
捷克	11.09	21.97	47.99	1.89	4.03	8.87	145.19
丹麦	11.42	23.36	52.92	2.02	4.12	8.71	149.34
多米尼加共和国	11.63	23.91	53.02	2.09	4.54	9.89	166.46
芬兰	11.13	22.39	50.14	2.01	4.10	8.69	148.00
法国	10.73	21.99	48.25	1.94	4.03	8.64	148.27
德国	10.81	21.71	47.60	1.92	3.96	8.51	141.45
英国	11.10	22.10	49.43	1.94	3.97	8.37	135.25
希腊	10.83	22.67	50.56	2.00	4.09	8.96	153.40
危地马拉	11.92	24.50	55.64	2.15	4.48	9.71	171.33
匈牙利	11.41	23.06	51.50	1.99	4.02	8.55	148.50
印度	11.56	23.86	55.08	2.10	4.36	9.50	154.29
印度尼西亚	11.38	22.82	51.05	2.00	4.10	9.11	158.10
爱尔兰	11.43	23.02	51.07	2.01	3.98	8.36	142.23
以色列	11.45	23.15	52.06	2.07	4.24	9.33	156.36
意大利	11.14	22.60	51.31	1.96	3.98	8.59	143.47
日本	11.36	23.33	51.93	2.01	4.16	8.74	139.41
肯尼亚	11.62	23.37	51.56	1.97	3.96	8.39	138.47
韩国	11.49	23.80	53.67	2.09	4.24	9.01	146.12
朝鲜	11.80	25.10	56.23	1.97	4.25	8.96	145.31
卢森堡	11.76	23.96	56.07	2.07	4.35	9.21	149.23
马来西亚	11.50	23.37	52.56	2.12	4.39	9.31	169.28
毛里求斯	11.72	23.83	54.62	2.06	4.33	9.24	167.09
墨西哥	11.09	23.13	48.89	2.02	4.19	8.89	144.06
缅甸	11.66	23.69	52.96	2.03	4.20	9.08	158.42
荷兰	11.08	22.81	51.35	1.93	4.06	8.57	143.43
新西兰	11.32	23.13	51.60	1.97	4.10	8.76	146.46
挪威	11.41	23.31	52.45	2.03	4.01	8.53	141.06
巴布亚新几内亚岛	11.96	24.68	55.18	2.24	4.62	10.21	221.14
菲律宾	11.28	23.35	54.75	2.12	4.41	9.81	165.48
波兰	10.93	22.13	49.28	1.95	3.99	8.53	144.18
葡萄牙	11.30	22.88	51.92	1.98	3.96	8.50	143.29
罗马尼亚	11.30	22.35	49.88	1.92	3.90	8.36	142.50
俄罗斯	10.77	21.87	49.11	1.91	3.87	8.38	141.31
萨摩亚	12.38	25.45	56.32	2.29	5.42	13.12	191.58
新加坡	12.13	24.54	55.08	2.12	4.52	9.94	154.41
西班牙	11.06	22.38	49.67	1.96	4.01	8.48	146.51
瑞典	11.16	22.82	51.69	1.99	4.09	8.81	150.39
瑞士	11.34	22.88	51.32	1.98	3.97	8.60	145.51
中国台湾	11.22	22.56	52.74	2.08	4.38	9.63	159.53
泰国	11.33	23.30	52.60	2.06	4.38	10.07	162.39
土耳其	11.25	22.71	53.15	2.01	3.92	8.53	151.43
美国	10.49	21.34	48.83	1.94	3.95	8.43	141.16

21. 画出习题 20 数据 (见表 7.34) 的主成分碎石图和双坐标图.

22. 画出习题 20 中载荷矩阵关于第 1 主成分和第 2 主成分的散点图, 利用该图形对各项运动指标作分类, 并与聚类分析的方法得到的分类结果作对比.

23. 对表 6.23(见第 6 章的习题 9) 的数据作主成分回归分析, 试分析此方法是否能改进此习题的回归模型.

24. 对表 7.34 中的数据作因子分析. 分析方法如下: 取两个主因子, 分别讨论载荷矩阵不作旋转, 方差最大旋转和斜交变换情况下, 第 1 主因子和第 2 主因子的意义. 并计算 3 种情况下的因子得分 (如 Bartlett 方法), 分析哪种方法更合理.

25. 一家公司正试图对其销售员工的质量作评估, 并且寻找一种考察或一系列测试, 以期可以揭示是否有创造良好销售额的潜能. 该公司已挑选了 50 个销售人员的随机样本, 对每一个人就 3 项指标作了评估: 销售增长 (x_1)、销售利润 (x_2) 和新客户的销售额 (x_3). 同时, 每人接受 4 项测试, 分别是: 创造力 (y_1)、机械推理 (y_2)、抽象推理 (y_3) 和数学能力 (y_4). 数据结果如表 7.35 所示, 对指标评估和测试得分作典型相关分析, 计算结果对该公司是否有帮助.

表 7.35 销售人员数据

销售人员	指标			得分			
	x_1	x_2	x_3	y_1	y_2	y_3	y_4
1	93.0	96.0	97.8	9	12	9	20
2	88.8	91.8	96.8	7	10	10	15
3	95.0	100.3	99.0	8	12	9	26
4	101.3	103.8	106.8	13	14	12	29
5	102.0	107.8	103.0	10	15	12	32
6	95.8	97.5	99.3	10	14	11	21
7	95.5	99.5	99.0	9	12	9	25
8	110.8	122.0	115.3	18	20	15	51
9	102.8	108.3	103.8	10	17	13	31
10	106.8	120.5	102.0	14	18	11	39
11	103.3	109.8	104.0	12	17	12	32
12	99.5	111.8	100.3	10	18	8	31
13	103.5	112.5	107.0	16	17	11	34
14	99.5	105.5	102.3	8	10	11	34
15	100.0	107.0	102.8	13	10	8	34
16	81.5	93.5	95.0	7	9	5	16
17	101.3	105.3	102.8	11	12	11	32
18	103.3	110.8	103.5	11	14	11	35
19	95.3	104.3	103.0	5	14	13	30
20	99.5	105.3	106.3	17	17	11	27
21	88.5	95.3	95.8	10	12	7	15

(续表)

销售人员	指标			得分			
	x_1	x_2	x_3	y_1	y_2	y_3	y_4
22	99.3	115.0	104.3	5	11	11	42
23	87.5	92.5	95.8	9	9	7	16
24	105.3	114.0	105.3	12	15	12	37
25	107.0	121.0	109.0	16	19	12	39
26	93.3	102.0	97.8	10	15	7	23
27	106.8	118.0	107.3	14	16	12	39
28	106.8	120.0	104.8	10	16	11	49
29	92.3	90.8	99.8	8	10	13	17
30	106.3	121.0	104.5	9	17	11	44
31	106.0	119.5	110.5	18	15	10	43
32	88.3	92.8	96.8	13	11	8	10
33	96.0	103.3	100.5	7	15	11	27
34	94.3	94.5	99.0	10	12	11	19
35	106.5	121.5	110.5	18	17	10	42
36	106.5	115.5	107.0	8	13	14	47
37	92.0	99.5	103.5	18	16	8	18
38	102.0	99.8	103.3	13	12	14	28
39	108.3	122.3	108.5	15	19	12	41
40	106.8	119.0	106.8	14	20	12	37
41	102.5	109.3	103.8	9	17	13	32
42	92.5	102.5	99.3	13	15	6	23
43	102.8	113.8	106.8	17	20	10	32
44	83.3	87.3	96.3	1	5	9	15
45	94.8	101.8	99.8	7	16	11	24
46	103.5	112.0	110.8	18	13	12	37
47	89.5	96.0	97.3	7	15	11	14
48	84.3	89.8	94.3	8	8	8	9
49	104.3	109.5	106.5	14	12	12	36
50	106.0	118.5	105.0	12	16	11	39

第8章　多元分布

前面 7 章介绍的大部分函数都属于 R 的基本内容, 直接输入函数名就可以调用该函数. 少量的函数属于扩展包中的内容, 只需加载程序包就可以使用该类函数. 本章以多元分布为例, 介绍如何从网上下载相关的程序包, 扩展 R 软件的功能.

8.1　基本概念

先介绍与多元正态分布有关的概念, 以及下载相关的 R 函数.

8.1.1　多元分布函数与概率密度函数

1. 随机向量

随机向量是由随机变量组成的向量, 例如, $\boldsymbol{X} = (X_1, X_2, \cdots, X_p)^{\mathrm{T}}$ 为 p 维随机向量, 其中 X_i 为一维随机变量.

2. 多元分布函数

设 $\boldsymbol{X} = (X_1, X_2, \cdots, X_p)^{\mathrm{T}}$ 为 p 维随机向量, 它的多元分布函数定义为

$$F(\boldsymbol{x}) = P\{X_1 \leqslant x_1, X_2 \leqslant x_2, \cdots, X_p \leqslant x_p\}, \tag{8.1}$$

记为 $\boldsymbol{X} \sim F(\boldsymbol{x})$, 其中 $\boldsymbol{x} = (x_1, x_2, \cdots, x_p)^{\mathrm{T}} \in \mathbb{R}^p$.

3. 概率密度函数

设 $\boldsymbol{X} = (X_1, X_2, \cdots, X_p)^{\mathrm{T}}$, 如果对于 p 维向量 $\boldsymbol{x}^{(1)}$, $\boldsymbol{x}^{(2)}$, $\cdots$, $\boldsymbol{x}^{(k)}$, $\cdots$ [1], 有

$$P\left\{\boldsymbol{X} = \boldsymbol{x}^{(k)}\right\} = p_k, \quad k = 1, 2, \cdots, \tag{8.2}$$

则称 $\boldsymbol{X}$ 为离散型随机向量, 称 p_k 为 $\boldsymbol{X}$ 的分布律.

如果存在非负函数 $f(\boldsymbol{x}) = f(x_1, x_2, \cdots, x_p)$, 使得

$$F(\boldsymbol{x}) = \int_{-\infty}^{x_1} \cdots \int_{-\infty}^{x_p} f(t_1, t_2, \cdots, t_p)\, \mathrm{d}t_1 \mathrm{d}t_2 \cdots \mathrm{d}t_p, \tag{8.3}$$

则称 $\boldsymbol{X}$ 为连续型随机向量, 称 $f(\boldsymbol{x})$ 为 $\boldsymbol{X}$ 的概率密度函数.

8.1.2　多元正态分布

对于一元正态分布的随机变量 $X \sim N(\mu, \sigma^2)$, 则概率密度函数为

$$f(x) = \frac{1}{\sqrt{2\pi}\sigma} \exp\left\{-\frac{(x-\mu)^2}{2\sigma^2}\right\},$$

可改写为

$$f(x) = \frac{1}{(2\pi)^{\frac{1}{2}} (\sigma^2)^{\frac{1}{2}}} \exp\left\{-\frac{1}{2}(x-\mu)\left(\sigma^2\right)^{-1}(x-\mu)\right\}.$$

[1] 为了区分向量与分量, 在本章, 带有上标的变量为向量, 带有下标的变量为分量.

多元正态分布是一元正态分布的推广. 设 $\boldsymbol{X}=(X_1,X_2,\cdots,X_p)^{\mathrm{T}}$ 为 p 维随机向量, 其概率密度函数定义为

$$f(\boldsymbol{x})=\frac{1}{(2\pi)^{\frac{p}{2}}\,|\boldsymbol{\Sigma}|^{\frac{1}{2}}}\exp\left\{-\frac{1}{2}(\boldsymbol{x}-\boldsymbol{\mu})^{\mathrm{T}}\boldsymbol{\Sigma}^{-1}(\boldsymbol{x}-\boldsymbol{\mu})\right\},\tag{8.4}$$

其中 $\boldsymbol{x}=(x_1,x_2,\cdots,x_p)^{\mathrm{T}}$, $\boldsymbol{\mu}=(\mu_1,\mu_2,\cdots,\mu_p)^{\mathrm{T}}$ 为 p 维向量, $\boldsymbol{\Sigma}=(\sigma_{ij})_{p\times p}$ 为 p 阶矩阵, $|\boldsymbol{\Sigma}|$ 为 $\boldsymbol{\Sigma}$ 的行列式.

类似于一元正态分布, 多元正态分布具有如下性质:

$$\mathrm{E}(\boldsymbol{X})=\boldsymbol{\mu},\qquad \mathrm{var}(\boldsymbol{X})=\boldsymbol{\Sigma},$$

即 $\boldsymbol{\mu}$ 为均值, $\boldsymbol{\Sigma}$ 为协方差矩阵, 记 $\boldsymbol{X}\sim N_p(\boldsymbol{\mu},\boldsymbol{\Sigma})$.

由式 (8.3) 知, 对多元正态分布的概率密度函数 (8.4) 作积分, 就可以得到多元正态分布函数的分布函数.

8.1.3 与多元正态分布有关的 R 函数

1. 程序包的下载

多元正态分布的概率密度函数、分布函数不属于 R 中的基本函数, 需要从网上下载, 扩充 R 的功能. 下载地址为

`http://cran.r-project.org/`

单击Task Views, 进入 CRAN 社区的 Task Views 窗口, 如图 8.1 所示. 再单击Multivariate (如图中方框所示), 进入多元统计窗口, 找到mvtnorm 后, 进入下载窗口 (如图 8.2 所示).

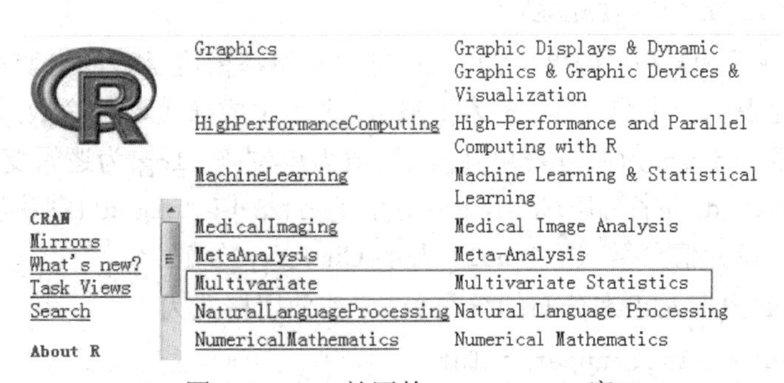

图 8.1 CRAN社区的 Task Views 窗口

该窗口介绍所要加载程序包的功能、版本、依赖于 R 的版本 (≥1.9.0, 即要求使用者安装的 R 版本至少在 1.9.0 以上)、发布日期, 以及作者和其他的相关信息等. 读者根据自己计算机的操作系统下载相应的程序包, 例如, Windows 操作系统需要下载mvtnorm_0.9-9996.zip (如图中方框所示).

注意: `mvtnorm` 只是多元正态分布函数程序包中一个, 还有其他类似的程序包.

2. 程序包的安装与使用

单击 "程序包", 选择 "从本地 zip 文件安装程序包 ···", 打开 "Select files" 窗口, 选择刚才下载的 zip 文件 (mvtnorm_0.9-9996.zip). 程序安装成功后, 选择加载 mvtnorm 程序包. 在加载成功后, 用帮助命令列出多元正态分布各种函数的使用说明.

图 8.2 多元正态分布和 t 分布函数下载窗口

例如, dmvnorm() 函数为多元正态分布的概率密度函数, rmvnorm() 函数为多元正态分布的仿真函数, 其使用格式为

```
dmvnorm(x, mean, sigma, log=FALSE)
rmvnorm(n, mean = rep(0, nrow(sigma)),
        sigma = diag(length(mean)),
        method = c("eigen", "svd", "chol"),
        pre0.9_9994 = FALSE)
```

参数 x 或者为向量或者为矩阵. 如果 x 为向量, 它表示概率密度函数的自变量. 如果 x 为矩阵, 其矩阵的每一行表示一个自变量. n 为正整数, 表示生成随机数的个数. mean 为均值向量, 默认值为零向量. sigma 为协方差矩阵, 默认值为单位阵. log 为逻辑变量, 取 TRUE 表示对数正态分布. method 为字符串, 表示矩阵分解的方法, 取 "eigen"(默认值) 表示特征值分解, 取 "svd" 表示奇异值分解, 取 "chol" 表示 Cholesky 分解.

pmvnorm() 函数为多元正态分布的分布函数, 其使用格式为

```
pmvnorm(lower = -Inf, upper = Inf,
        mean = rep(0, length(lower)),
        corr = NULL, sigma = NULL,
        algorithm = GenzBretz(), ...)
```

参数 lower 为向量, 表示自变量的下限, 默认值为 $-\infty$. upper 为向量, 表示自变量的上限, 默认值为 ∞. mean 为均值向量. corr 为相关矩阵. sigma 为协方差矩阵. 或者指定 corr, 或者指定 sigma, 如果两者均未指定, 则协方差矩阵的默认值为单位阵.

qmvnorm() 函数为多元正态分布的分位函数, 其使用格式为

```
qmvnorm(p, interval = NULL, tail = c("lower.tail",
        "upper.tail", "both.tails"), mean = 0, corr = NULL,
        sigma = NULL, algorithm = GenzBretz(), ...)
```

参数 p 为概率. interval 为二维向量, 表示包含分位点的初始区间. tail 为字符串, 表示分位点的类型. 取 "lower.tail" 表示计算下分位点 (默认值), 取 "upper.tail" 表示计算上分位点, 取 "both.tails" 表示计算双侧分位点. mean 为均值向量, 默认值为 0 向量. corr 为相关矩阵. sigma 为协方差矩阵. 或者指定 corr, 或者指定 sigma, 如果两者均未指定, 则协方差矩阵的默认值为单位阵.

例 8.1 使用 dmvnorm() 函数画出 $\boldsymbol{\mu}=\begin{bmatrix}0\\0\end{bmatrix}$, $\boldsymbol{\Sigma}=\begin{bmatrix}1 & \rho\\ \rho & 1\end{bmatrix}$ 的二元正态概率密度函数图形, 分别考虑 $\rho=0$ 和 $\rho=0.75$ 的情况.

解 以下是 R 程序 (程序名: exam0801.R)

```
library(mvtnorm)
par(mai=c(0.2, 0.2, 0, 0))
r <- 0  ## r <- 0.75
Sigma<-matrix(c(1, r, r, 1), nc=2)
x<-seq(from=-2.5, to= 2.5, length.out=51)
y<-seq(from=-2.5, to= 2.5, length.out=51)
z<-dmvnorm(expand.grid(x,y),
           mean = c(0,0), sigma = Sigma)
Z<-matrix(z, nr=length(x), nc=length(y))
persp(x,y,Z, theta=-30, phi=30, expand=.7)
```

在程序中, Sigma 为协方差矩阵 $\boldsymbol{\Sigma}$. x 和 y 为向量. 调用 dmvnorm() 函数, 计算概率密度, 其中 expand.grid() 函数将向量 x 和 y 生成两列网络形式的数据框, 这一步是绘制三维图形的关键. 最后将向量 z 恢复成矩阵 Z. 所绘图形如图 8.3 所示.

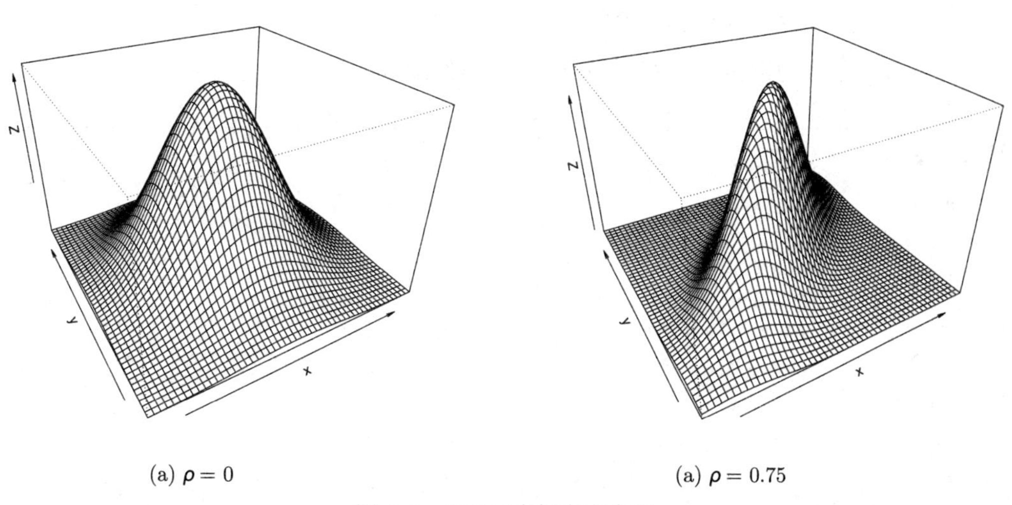

(a) $\rho=0$ (a) $\rho=0.75$

图 8.3 二元正态概率密度图

3. 多元正态分布的性质

对于多元正态分布有如下性质: 若 $\boldsymbol{X}\sim N_p(\boldsymbol{\mu},\boldsymbol{\Sigma})$, 则

$$(\boldsymbol{X}-\boldsymbol{\mu})^{\mathrm{T}}\boldsymbol{\Sigma}^{-1}(\boldsymbol{X}-\boldsymbol{\mu})\sim\chi^2(p), \tag{8.5}$$

即自由度为 p 的 χ^2 分布. 因此, 集合

$$\{\boldsymbol{x} \mid (\boldsymbol{x}-\boldsymbol{\mu})^{\mathrm{T}}\boldsymbol{\Sigma}^{-1}(\boldsymbol{x}-\boldsymbol{\mu}) \leqslant \chi^2_\alpha(p)\}$$

表示概率为 $1-\alpha$ 的超椭球.

例 8.2 令 $\boldsymbol{\mu}=\begin{bmatrix}0\\0\end{bmatrix}$, $\boldsymbol{\Sigma}=\begin{bmatrix}1 & \rho\\ \rho & 1\end{bmatrix}$, 绘出二元正态分布 95% 的置信区域, 分别考虑 $\rho=0$ 和 $\rho=0.75$ 的情况.

解 以下是 R 程序 (程序名: `exam0802.R`)

```
r <- 0; ##r <- 0.75
Sigma<-matrix(c(1, r, r, 1), nc=2)
mu<-c(0,0); S1<-solve(Sigma)
x<-seq(from=-2.5, to= 2.5, length.out=51)
y<-seq(from=-2.5, to= 2.5, length.out=51)
n<-length(x)*length(y)
U<-as.matrix(expand.grid(x,y))
z<-numeric(n)
for (i in 1:n){
    z[i]<-(U[i,]-mu) %*% S1 %*% (U[i,]-mu)
}
Z<-matrix(z, nr=length(x), nc=length(y))
contour(x,y,Z, levels=qchisq(1-0.05, df=2),
        xlab="X", ylab="Y")
```

程序中的大部分命令与例 8.1 相差不多, 所绘图形如图 8.4 所示.

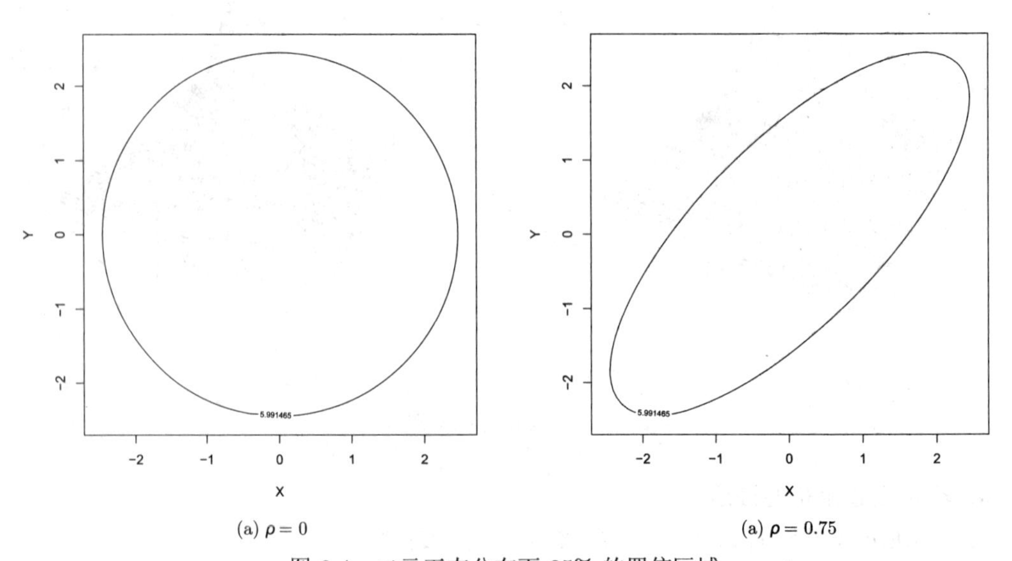

(a) $\rho=0$　　(a) $\rho=0.75$

图 8.4 二元正态分布下 95% 的置信区域

8.2 样本统计量及抽样分布

8.2.1 样本统计量

1. 样本均值

设 $\boldsymbol{X}$ 为 p 维随机变量, $\boldsymbol{X}^{(1)}, \boldsymbol{X}^{(2)}, \cdots, \boldsymbol{X}^{(n)}$ 为来自总体 $\boldsymbol{X}$ 的样本, 则样本均值定义为

$$\overline{\boldsymbol{X}} = \frac{1}{n}\sum_{i=1}^{n}\boldsymbol{X}^{(i)}. \tag{8.6}$$

进一步, 如果总体 $\boldsymbol{X}$ 为正态分布 $\boldsymbol{X} \sim N_p(\boldsymbol{\mu}, \boldsymbol{\Sigma})$, 则有

$$\overline{\boldsymbol{X}} \sim N_p\left(\boldsymbol{\mu}, \frac{1}{n}\boldsymbol{\Sigma}\right). \tag{8.7}$$

并由式 (8.5) 得到

$$n\left(\overline{\boldsymbol{X}} - \boldsymbol{\mu}\right)^{\mathrm{T}} \boldsymbol{\Sigma}^{-1} \left(\overline{\boldsymbol{X}} - \boldsymbol{\mu}\right) \sim \chi^2(p). \tag{8.8}$$

式 (8.8) 可以作为正态分布总体 $\boldsymbol{X} \sim N_p(\boldsymbol{\mu}, \boldsymbol{\Sigma})$ 在协方差矩阵 $\boldsymbol{\Sigma}$ 已知情况下的均值 $\boldsymbol{\mu} = \boldsymbol{\mu}_0$ 检验的基础.

2. 样本协方差矩阵

设 $\boldsymbol{X}$ 为 p 维随机变量, $\boldsymbol{X}^{(1)}, \boldsymbol{X}^{(2)}, \cdots, \boldsymbol{X}^{(n)}$ 为来自总体 $\boldsymbol{X}$ 的样本, 则样本的协方差矩阵定义为

$$\boldsymbol{S} = \frac{1}{n-1}\sum_{i=1}^{n}\left(\boldsymbol{X}^{(i)} - \overline{\boldsymbol{X}}\right)\left(\boldsymbol{X}^{(i)} - \overline{\boldsymbol{X}}\right)^{\mathrm{T}}, \tag{8.9}$$

其中 $\overline{\boldsymbol{X}}$ 为样本均值.

3. 样本均值和样本协方差矩阵的计算

在 R 中, 样本的协方差矩阵的计算仍然使用 `var()` 函数或 `cov()` 函数. 当 `X` 为数值矩阵 (每一行表示一个样本) 或数据框时, `var(X)` 或 `cov(X)` 计算样本的协方差矩阵.

在计算样本均值时, 不能直接使用 `mean()` 函数. 当 `X` 为数值矩阵 (每一行表示一个样本) 时, 可以使用 `colMeans()` 函数或 `apply()` 函数计算, 使用格式为

```
colMeans(X)
apply(X, 2, mean)
```

当 `X` 为数据框时, 可以使用 `colMeans()` 函数或 `sapply()` 函数计算, 使用格式为

```
colMeans(X)
sapply(X, mean)
```

例 8.3 表 8.1 列出我国主要城市(2003 年)的空气质量状况, 其指标有可吸入颗粒物(单位: mg/m^3)、二氧化硫(单位: mg/m^3)、二氧化氮(单位: mg/m^3)和空气质量达到及好于二级的天数(单位: 天). 以该数据为例, 用 R 中的函数计算样本均值和样本协方差矩阵.

表 8.1　2003 年主要城市空气质量状况

城市	可吸入颗粒物 (PM10)	二氧化硫 (SO_2)	二氧化氮 (NO_2)	空气质量在二级以上的天数
北京	0.141	0.061	0.072	224
天津	0.113	0.074	0.052	264
石家庄	0.175	0.152	0.044	211
太原	0.172	0.099	0.031	181
呼和浩特	0.116	0.039	0.046	286
沈阳	0.135	0.052	0.036	298
长春	0.098	0.012	0.022	342
哈尔滨	0.121	0.043	0.065	297
上海	0.097	0.043	0.057	325
南京	0.120	0.030	0.049	297
杭州	0.119	0.049	0.056	293
合肥	0.100	0.012	0.025	287
福州	0.080	0.008	0.034	344
南昌	0.100	0.051	0.034	315
济南	0.149	0.064	0.046	214
郑州	0.107	0.050	0.033	308
武汉	0.133	0.049	0.052	246
长沙	0.135	0.081	0.038	245
广州	0.099	0.059	0.072	314
南宁	0.072	0.047	0.032	348
海口	0.030	0.009	0.013	365
重庆	0.147	0.115	0.046	237
成都	0.118	0.052	0.046	312
贵阳	0.104	0.089	0.019	351
昆明	0.086	0.045	0.033	363
拉萨	0.065	0.002	0.029	353
西安	0.136	0.057	0.035	252
兰州	0.174	0.086	0.050	207
西宁	0.139	0.031	0.031	261
银川	0.132	0.063	0.037	291
乌鲁木齐	0.127	0.097	0.055	282

解　数据存放在数据文件 exam_0803.dat 中, 以下是 R 程序 (程序名: exam0803.R) 和计算结果.

```
> rt<-read.table("exam_0803.dat") #% 读数据
> colMeans(rt)                    #% 计算均值
       PM10         SO2          NO2         days
 0.11741935  0.05551613   0.04161290 287.51612903
> cov(rt)                         #% 计算协方差矩阵
```

```
                PM10          S02          N02         days
PM10  0.0010271183 0.0007589097 0.0001759677   -1.4543570
S02   0.0007589097 0.0010975914 0.0001334731   -1.0577086
N02   0.0001759677 0.0001334731 0.0002093785   -0.2696269
days -1.4543569892 -1.0577086022 -0.2696268817 2526.8580645
> cor(rt)                                #% 计算相关系数
           PM10       S02       N02      days
PM10  1.0000000  0.7147588  0.3794520 -0.9027560
S02   0.7147588  1.0000000  0.2784245 -0.6351192
N02   0.3794520  0.2784245  1.0000000 -0.3706865
days -0.9027560 -0.6351192 -0.3706865  1.0000000
```

8.2.2 抽样分布

1. Wishart 分布

Wishart (威沙特) 分布可以看成 χ^2 分布在多元情况下的推广.

设总体为 $\boldsymbol{X} \sim N_p(\boldsymbol{0}, \boldsymbol{\Sigma})$, $\boldsymbol{X}^{(1)}, \boldsymbol{X}^{(2)}, \cdots, \boldsymbol{X}^{(n)}$ 为来自总体 $\boldsymbol{X}$ 的样本, 则称统计量

$$\boldsymbol{W} = \sum_{i=1}^{n} \boldsymbol{X}^{(i)} {\boldsymbol{X}^{(i)}}^{\mathrm{T}} \tag{8.10}$$

为中心 Wishart 分布, 记为 $\boldsymbol{W} \sim W_p(n, \boldsymbol{\Sigma})$. 如果 $\boldsymbol{X}^{(i)} \sim N_p\left(\boldsymbol{\mu}^{(i)}, \boldsymbol{\Sigma}\right)$, 则称 $\boldsymbol{W}$ 为非中心 Wishart 分布, 记为 $\boldsymbol{W} \sim W_p(n, \boldsymbol{\Sigma}, \boldsymbol{Z})$, 其中

$$\boldsymbol{Z} = \sum_{i=1}^{n} \boldsymbol{\mu}^{(i)} {\boldsymbol{\mu}^{(i)}}^{\mathrm{T}}, \tag{8.11}$$

称为非中心化参数.

如果总体 $\boldsymbol{X}$ 服从 $\boldsymbol{X} \sim N_p(\boldsymbol{\mu}, \boldsymbol{\Sigma})$, 对于样本协方差矩阵有如下性质:

$$(n-1)\boldsymbol{S} \sim W_p(n-1, \boldsymbol{\Sigma}), \tag{8.12}$$

即自由度为 $n-1$ 的 Wishart 分布.

2. Hotelling T^2 分布

Hotelling (霍特林) T^2 分布是 t 分布在多元情况下的推广.

设 $\boldsymbol{X} \sim N_p(\boldsymbol{0}, \boldsymbol{\Sigma})$, $\boldsymbol{W} \sim W_p(n, \boldsymbol{\Sigma})$ 且 $\boldsymbol{X}$ 与 $\boldsymbol{W}$ 相互独立, 则称统计量

$$T^2 = n\boldsymbol{X}^{\mathrm{T}}\boldsymbol{W}^{-1}\boldsymbol{X} \tag{8.13}$$

为自由度为 n 的中心 Hotelling T^2 分布, 记为 $T^2 \sim T^2(p, n)$. 如果 $\boldsymbol{X} \sim N_p(\boldsymbol{\mu}, \boldsymbol{\Sigma})$, 则称 T^2 为自由度为 n 的非中心 Hotelling T^2 分布, 记为 $T^2 \sim T^2(p, n, \boldsymbol{\mu})$, 称 $\boldsymbol{\mu}$ 为非中心化参数.

在一元统计中, 若统计量 $T \sim t(n)$, 则 $T^2 \sim F(1, n)$ 分布. 推广到 Hotelling T^2 分布有如下性质:

$$\frac{n-p+1}{np} T^2 \sim F(p, n-p+1). \tag{8.14}$$

这个公式的优点是, 可以用一元随机变量的统计量来计算多元随机变量的统计量.

设总体为 $\boldsymbol{X} \sim N_p(\boldsymbol{\mu}, \boldsymbol{\Sigma})$, $\boldsymbol{X}^{(1)}$, $\boldsymbol{X}^{(2)}$, $\cdots$, $\boldsymbol{X}^{(n)}$ 为来自总体 $\boldsymbol{X}$ 的样本, $\overline{\boldsymbol{X}}$ 为样本均值, $\boldsymbol{S}$ 为样本协方差矩阵, 则

$$n\left(\overline{\boldsymbol{X}}-\boldsymbol{\mu}\right)^{\mathrm{T}} \boldsymbol{S}^{-1}\left(\overline{\boldsymbol{X}}-\boldsymbol{\mu}\right) \sim T^2(p, n-1), \tag{8.15}$$

即自由度为 $n-1$ 的中心 Hotelling T^2 分布. 结合式 (8.14) 得到

$$\frac{n(n-p)}{(n-1)p}\left(\overline{\boldsymbol{X}}-\boldsymbol{\mu}\right)^{\mathrm{T}} \boldsymbol{S}^{-1}\left(\overline{\boldsymbol{X}}-\boldsymbol{\mu}\right) \sim F(p, n-p). \tag{8.16}$$

式 (8.16) 可以作为正态分布总体 $\boldsymbol{X} \sim N_p(\boldsymbol{\mu}, \boldsymbol{\Sigma})$ 在协方差矩阵 $\boldsymbol{\Sigma}$ 未知情况下的均值 $\boldsymbol{\mu}=\boldsymbol{\mu}_0$ 检验的基础.

8.3 多元正态总体均值向量的检验

本节讨论多元正态分布总体均值向量的检验.

8.3.1 单个总体均值向量的检验

设 $\boldsymbol{X}^{(1)}, \boldsymbol{X}^{(2)}, \cdots, \boldsymbol{X}^{(n)}$ 为来自多元正态总体 $\boldsymbol{X} \sim N_p(\boldsymbol{\mu}, \boldsymbol{\Sigma})$ 的随机样本, 其中 $\boldsymbol{\Sigma}>0$, $n>p$. $\overline{\boldsymbol{X}}$ 为样本均值, $\boldsymbol{S}$ 为样本协方差矩阵, 单个总体均值向量的检验为

$$H_0: \ \boldsymbol{\mu}=\boldsymbol{\mu}_0, \qquad H_1: \ \boldsymbol{\mu} \neq \boldsymbol{\mu}_0,$$

其中 $\boldsymbol{\mu}_0$ 为常数向量.

在 $\boldsymbol{\Sigma}$ 已知的情况下, 如果原假设 H_0 成立, 由式 (8.8) 知

$$U^2=n\left(\overline{\boldsymbol{X}}-\boldsymbol{\mu}_0\right)^{\mathrm{T}} \boldsymbol{\Sigma}^{-1}\left(\overline{\boldsymbol{X}}-\boldsymbol{\mu}_0\right) \sim \chi^2(p). \tag{8.17}$$

因此, 可用 χ^2 分布的统计量来判断 H_0 是否成立.

在 $\boldsymbol{\Sigma}$ 未知的情况下, 如果原假设 H_0 成立, 由式 (8.15) 知

$$T^2=n\left(\overline{\boldsymbol{X}}-\boldsymbol{\mu}_0\right)^{\mathrm{T}} \boldsymbol{S}^{-1}\left(\overline{\boldsymbol{X}}-\boldsymbol{\mu}_0\right) \sim T^2(p, n-1), \tag{8.18}$$

由 Hotelling T^2 分布的性质, 有

$$F=\frac{n-p}{(n-1)p} T^2 \sim F(p, n-p). \tag{8.19}$$

因此, 可用 F 分布的统计量来判断 H_0 是否成立.

8.3.2 两个总体均值向量的检验

设 $\boldsymbol{X}^{(1)}, \boldsymbol{X}^{(2)}, \cdots, \boldsymbol{X}^{(n_1)}$ 为来自多元正态总体 $N_p(\boldsymbol{\mu}_1, \boldsymbol{\Sigma}_1)$ 的随机样本, $\boldsymbol{Y}^{(1)}, \boldsymbol{Y}^{(2)}, \cdots$, $\boldsymbol{Y}^{(n_2)}$ 为来自多元正态总体 $N_p(\boldsymbol{\mu}_2, \boldsymbol{\Sigma}_2)$ 的随机样本. $\overline{\boldsymbol{X}}$ 和 $\overline{\boldsymbol{Y}}$ 分别为总体 $\boldsymbol{X}$ 和总体 $\boldsymbol{Y}$ 的样本均值, $\boldsymbol{S}_1$ 和 $\boldsymbol{S}_2$ 分别为总体 $\boldsymbol{X}$ 和总体 $\boldsymbol{Y}$ 样本协方差矩阵, 两个总体均值向量的检验为

$$H_0: \ \boldsymbol{\mu}_1=\boldsymbol{\mu}_2, \qquad H_1: \ \boldsymbol{\mu}_1 \neq \boldsymbol{\mu}_2.$$

在 $\boldsymbol{\Sigma}_1 = \boldsymbol{\Sigma}_2 = \boldsymbol{\Sigma}$ 已知的情况下, 如果原假设 H_0 成立, 则有

$$\overline{\boldsymbol{X}} - \overline{\boldsymbol{Y}} \sim N_p\left(\mathbf{0}, \left(\frac{1}{n_1} + \frac{1}{n_2}\right)\boldsymbol{\Sigma}\right) = N_p\left(\mathbf{0}, \frac{n_1+n_2}{n_1 n_2}\boldsymbol{\Sigma}\right). \tag{8.20}$$

因此, 可以得到

$$U^2 = \frac{n_1 n_2}{n_1+n_2}\left(\overline{\boldsymbol{X}} - \overline{\boldsymbol{Y}}\right)^{\mathrm{T}} \boldsymbol{\Sigma}^{-1}\left(\overline{\boldsymbol{X}} - \overline{\boldsymbol{Y}}\right) \sim \chi^2(p). \tag{8.21}$$

即用 χ^2 分布的统计量来判断 H_0 是否成立.

在 $\boldsymbol{\Sigma}_1 = \boldsymbol{\Sigma}_2 = \boldsymbol{\Sigma}$ 未知的情况下, 如果原假设 H_0 成立, 则有

$$T^2 = \frac{n_1 n_2}{n_1+n_2}\left(\overline{\boldsymbol{X}} - \overline{\boldsymbol{Y}}\right)^{\mathrm{T}} \boldsymbol{S}^{-1}\left(\overline{\boldsymbol{X}} - \overline{\boldsymbol{Y}}\right) \sim T^2(p, n_1+n_2-2), \tag{8.22}$$

其中

$$\boldsymbol{S} = \frac{(n_1-1)\boldsymbol{S}_1 + (n_2-1)\boldsymbol{S}_2}{n_1+n_2-2}. \tag{8.23}$$

由 Hotelling T^2 分布的性质, 有

$$F = \frac{n_1+n_2-p-1}{(n_1+n_2-2)p}\,T^2 \sim F(p, n_1+n_2-p-1). \tag{8.24}$$

即用 F 分布的统计量来判断 H_0 是否成立.

8.3.3 R 中的均值检验函数

在 R 的基本函数中, 没有正态总体均值向量的检验函数, 需要从网上下载, 下载方法与下载 `mvtnorm` 程序包类似.

进入 `CRAN` 社区的 `Task Views` 窗口, 单击Multivariate进入多元统计窗口, 找到ICSNP后, 进入下载窗口. 下载程序包 `ICSNP_1.0-9.zip`. 下载后, 选择 "从本地 `zip` 文件安装程序包 ...", 安装后, 再加载 `ICSNP` 程序包.

注意: 再加载 `ICSNP` 程序包之前, 需要先加载 `mvtnorm` 程序包和 `ICS` 程序包, 如果没有这两个程序包, 仍然在多元统计窗口中寻找, 并下载, 而且 R 的版本需要在 2.4.0 以上.

在 `ICSNP` 程序包中, `HotellingsT2()` 函数完成均值向量的检验, 其使用格式为

```
HotellingsT2(X, Y = NULL, mu = NULL, test = 'f',
             na.action = na.fail, ...)
HotellingsT2(formula, na.action = na.fail, ...)
```

参数 `X` 为数据框或数值矩阵. `Y` 为可选的数据框或数值矩阵, 仅用于两个总体的检验, 默认值为 `NULL`. `mu` 为数值向量, 或者提供零假设的均值参数 (单个总体检验), 或者提供零假设的均值参数之差 (两个总体样本), 默认值为 `NULL`. `test` 为字符串, 表示检验的方法. 取 `'f'` (默认值), 表示基于 Hotelling 统计量的检验, 即等价于基于 F 统计量的检验; 取 `'chi'`, 表示基于 χ^2 统计量的检验. `formula` 为形如 `X ~ g` 的公式, 其中 `X` 是数值矩阵, `g` 是分组对应的水平因子. `na.action` 为函数, 表示缺失数据 (`NA`) 的处理方法. `...` 为附加参数.

例 8.4 对 20 名健康女性的汗水进行测量和化验, 数据如表 8.2 所示, 其中 X_1 = 排汗量, X_2 = 汗水中钠的含量, X_3 = 汗水中钾的含量. 为了探索新的诊断技术, 需要检验

$$H_0: \ \boldsymbol{\mu} = (4, 50, 10)^{\mathrm{T}}, \qquad H_1: \ \boldsymbol{\mu} \neq (4, 50, 10)^{\mathrm{T}}.$$

表 8.2 20 名健康女性汗水数据

试验者	排汗量(X_1)	钠含量(X_2)	钾含量(X_3)
1	3.7	48.5	9.3
2	5.7	65.1	8.0
3	3.8	47.2	10.9
4	3.2	53.2	12.0
5	3.1	55.5	9.7
6	4.6	36.1	7.9
7	2.4	24.8	14.0
8	7.2	33.1	7.6
9	6.7	47.4	8.5
10	5.4	54.1	11.3
11	3.9	36.9	12.7
12	4.5	58.8	12.3
13	3.5	27.8	9.8
14	4.5	40.2	8.4
15	1.5	13.5	10.1
16	8.5	56.4	7.1
17	4.5	71.6	8.2
18	6.5	52.8	10.9
19	4.1	44.1	11.2
20	5.5	40.9	9.4

解 数据存放在数据文件 exam_0804.dat 中, 以下是 R 程序 (程序名: exam0804.R) 和计算结果.

```
> rt<-read.table("exam_0804.dat") #% 读数据
> mu0<-c(4, 50, 10)               #% 零假设
> HotellingsT2(rt, mu=mu0, test='f')
        Hotelling's one sample T2-test
data:  rt
T.2 = 2.9045, df1 = 3, df2 = 17, p-value = 0.06493
alternative hypothesis:
    true location is not equal to c(4,50,10)
```

这里的检验方法取 test='f', 使用 Hotelling T^2 统计量作检验, 其中 T.2 就是式 (8.19) 中的 F 值. df1 和 df2 为 F 分布的两个自由度, p-value 为 P 值, 如果取 $\alpha = 0.05$, 还不能拒绝原假设.

```
> HotellingsT2(rt, mu=mu0, test='chi')
        Hotelling's one sample T2-test
data:  rt
T.2 = 9.7388, df = 3, p-value = 0.02092
alternative hypothesis:
    true location is not equal to c(4,50,10)
```

第二种检验方法取 test='chi', 使用 χ^2 统计量作检验, 这个检验是近似的, 因为这里使用样本协方差矩阵近似总体的协方差矩阵. 统计量 T.2 就是式 (8.18) 中的 T^2 值. df 为 χ^2 分布的自由度, p-value 为 P 值, 它小于 0.05, 拒绝原假设.

例 8.5 现需要对工厂排污进行监测, 表 8.3 中的数据分别来自工厂自查和政府检查. 试分析两组数据是否有显著差异. 即

$$H_0 : \boldsymbol{\mu}_1 = \boldsymbol{\mu}_2, \qquad H_1 : \boldsymbol{\mu}_1 \neq \boldsymbol{\mu}_2.$$

表 8.3 污水数据

样品	工厂自查		政府检查	
	X_1(BOD)	X_2(SS)	Y_1(BOD)	Y_2(SS)
1	6	27	25	15
2	6	23	28	13
3	18	64	36	22
4	8	44	35	29
5	11	30	15	31
6	34	75	44	64
7	28	26	42	30
8	71	124	54	64
9	43	54	34	56
10	33	30	29	20
11	20	14	39	21

解 数据存放在数据文件 exam_0805.dat 中, 以下是 R 程序 (程序名: exam0805.R) 和计算结果.

```
> rt<-read.table("exam_0805.dat") #% 读数据
> HotellingsT2(rt[1:2], rt[3:4], test='f')
          Hotelling's two sample T2-test
data:  rt[1:2] and rt[3:4]
T.2 = 6.0158, df1 = 2, df2 = 19, p-value = 0.009463
alternative hypothesis:
        true location difference is not equal to c(0,0)
```

这里的检验方法取 test='f', 使用 Hotelling T^2 统计作检验, 其中 T.2 就是式 (8.24) 中的 F 值.

```
> HotellingsT2(rt[1:2], rt[3:4], test='chi')
          Hotelling's two sample T2-test
data:  rt[1:2] and rt[3:4]
T.2 = 12.6648, df = 2, p-value = 0.001778
alternative hypothesis:
        true location difference is not equal to c(0,0)
```

第二种检验方法取 test='chi', 使用 χ^2 分布近似计算, 统计量 T.2 就是式 (8.22) 中的 T^2 值. 两种检验方法的 P 值均小于 0.05, 表明两种检查有显著差异.

实际上, 这是一组成对数据, 可以用成对数据的检验方法检验

```
> HotellingsT2(rt[1:2]-rt[3:4])

        Hotelling's one sample T2-test

data:  rt[1:2] - rt[3:4]
T.2 = 6.1377, df1 = 2, df2 = 9, p-value = 0.02083
alternative hypothesis:
    true location is not equal to c(0,0)
```

关于两个总体的检验, 也可以使用公式形式来处理.

例 8.6 为了研究日、美两国在华投资企业对中国经营环境的评价是否存在显著差异, 现从两国在华投资企业中各抽出 10 家, 让其对中国的政治、经济、法律和文化等环境进行打分, 其评价如表 8.4 所示, 其中 $1-10$ 号为美国在华企业, $11-20$ 号为日本在华企业. 试分析两组数据是否有显著差异. 即

$$H_0 : \boldsymbol{\mu}_1 = \boldsymbol{\mu}_2, \qquad H_1 : .\boldsymbol{\mu}_1 \neq \boldsymbol{\mu}_2.$$

表 8.4 企业环境得分表

序号	政治环境	经济环境	法律环境	文化环境
1	65	35	25	60
2	75	50	20	55
3	60	45	35	65
4	75	40	40	70
5	70	30	30	50
6	55	40	35	65
7	60	45	30	60
8	65	40	25	60
9	60	50	30	70
10	55	55	35	75
11	55	55	40	65
12	50	60	45	70
13	45	45	35	75
14	50	50	50	70
15	55	50	30	75
16	60	40	45	60
17	65	55	45	75
18	50	60	35	80
19	40	45	30	65
20	45	50	45	70

解 数据存放在数据文件 exam_0806.dat 中, 以下是 R 程序 (程序名: exam0806.R) 和计算结果. 注意: 这种数据结构更适合使用公式形式进行计算.

```
> rt<-read.table("exam_0806.dat") #% 读数据
> X<-as.matrix(rt); G<-gl(2, 10)
> HotellingsT2(X ~ G)
        Hotelling's two sample T2-test
data:  X by G
T.2 = 6.2214, df1 = 4, df2 = 15, p-value = 0.003706
alternative hypothesis:
    true location difference is not equal to c(0,0,0,0)
```

P 值小于 0.05, 两类企业对中国经营环境的评价存在着显著差异.

8.4 扩展包中的其他函数

在前面介绍的扩展包中还包含其他函数, 也选出一部分在这里介绍.

8.4.1 多元 t 分布

在 mvtnorm 程序包中, 除包含多元正态分布的函数外, 还包含多元 t 分布的各种函数, 有 rmvt(), dmvt(), pmvt() 和 qmvt() 函数, 它们的意义分别为多元 t 分布的仿真函数、概率密度函数、分布函数和分位函数.

rmvt() 函数和 dmvt() 函数的使用格式为

```
rmvt(n, sigma = diag(2), df = 1,
     delta = rep(0, nrow(sigma)),
     type = c("shifted", "Kshirsagar"), ...)
dmvt(x, delta, sigma, df = 1, log = TRUE,
     type = "shifted")
```

参数 n 为正整数, 表示需要产生随机数的个数. 参数 x 或者为向量或者为矩阵. 如果 x 为向量, 它表示概率密度函数的自变量. 如果 x 为矩阵, 其矩阵的每一行表示一个自变量. delta 为向量, 表示非中心化参数, 默认值为零向量. sigma 为相关矩阵, 默认值为单位阵. df 为正整数, 表示 t 分布的自由度. log 为逻辑变量, 取 TRUE 表示对数 t 分布. type 为字符串, 取值或者是 "shifted"(默认值), 或者是 "Kshirsagar", 表示多元 t 分布非中心的类型. ... 为附加参数.

pmvt() 函数的使用格式为

```
pmvt(lower=-Inf, upper=Inf,
     delta=rep(0, length(lower)), df=1,
     corr=NULL, sigma=NULL, algorithm = GenzBretz(),
     type = c("Kshirsagar", "shifted"), ...)
```

参数 lower 为向量, 表示自变量的下限, 默认值为 $-\infty$. upper 为向量, 表示自变量的上限, 默认值为 ∞. delta 为非中心化参数构成的向量, 默认值为 0. df 为正整数, 表示 t 分布的自由度. corr 为相关矩阵. sigma 为协方差矩阵. 或者指定 corr, 或者指定 sigma, 如果两者均未指定, 则 sigma 的默认值为单位阵.

qmvt() 函数的使用格式为

```
qmvt(p, interval = NULL, tail = c("lower.tail",
     "upper.tail", "both.tails"),
     df = 1, delta = 0, corr = NULL,
     sigma = NULL, algorithm = GenzBretz(),
     type = c("Kshirsagar", "shifted"), ...)
```

参数 p 为概率. interval 为二维向量, 表示包含分位点的初始区间. tail 为字符串, 表示分位点的类型. 取 "lower.tail" 表示计算下分位点 (默认值), 取 "upper.tail" 表示计算上分位点, 取 "both.tails" 表示计算双侧分位点. df 为自由度, 默认值为 1. delta 为非中心化参数向量, 默认值为 0. corr 为相关矩阵. sigma 为协方差矩阵. 或者指定 corr 或者指定 sigma, 如果两者均未指定, 则 sigma 的默认值为单位阵.

8.4.2 多元非参数检验

在 ICSNP 程序包中, 除 HotellingsT2() 函数外, 其他的 (大部分) 函数属于多元非参数检验函数, 这里列举几个介绍.

1. 位置检验

这里介绍两个位置检验函数.

(1) HP.loc.test() 函数.

HP.loc.test() 函数是基于 Hallin – Paindaveine 符号检验, 来完成单个总体的位置检验, 其使用格式为

```
HP.loc.test(X, mu = NULL, score = "rank",
        angles = "tyler",  method = "approximation",
        n.perm = 1000, na.action = na.fail)
```

参数 X 为数据框或数值矩阵. mu 为向量, 表示原假设的位置参数. score 为字符串, 表示伪 Mahalanobis 距离的计算方法, 取值分别为 'rank' (默认值), 'sign' 和 'normal'. angles 为字符串, 描述使用角度的方法, 或者取 'tyler', 或者取 'interdirections', 但目前只能取 'tyler'. method 为字符串, 表示 P 值的计算方法, 或者取 'approximation' (默认值), 或者取 'permutation'. n.perm 为整数, 表示置换次数, 只当 method= "permutation" 时才使用. na.action 为函数, 表示处理缺失数据 (NA) 的方法.

例 8.7 使用 HP.loc.test() 函数, 对例 8.4 作位置检验.

解 以下是程序 (程序名: exam0807.R) 和计算结果.

```
> rt<-read.table("exam_0804.dat") #% 读数据
> mu0<-c(4, 50, 10)
> HP.loc.test(rt, mu = mu0, score = "rank")
        TYLER ANGLES RANK TEST
data:  rt
Q.W = 6.3889, df = 3, p-value = 0.09415
alternative hypothesis:
```

```
    true location is not equal to c(4,50,10)

> HP.loc.test(rt, mu = mu0, score = "sign")
        TYLER ANGLES SIGN TEST
data:  rt
Q.S = 4.8465, df = 3, p-value = 0.1834
alternative hypothesis:
    true location is not equal to c(4,50,10)

> HP.loc.test(rt, mu = mu0, score = "normal")
        TYLER ANGLES VAN DER WAERDEN TEST
data:  rt
Q.N = 5.77, df = 3, p-value = 0.1234
alternative hypothesis:
    true location is not equal to c(4,50,10)
```

这里使用了 3 种方法作检验, 其结论是均不能拒绝原假设. 从细节来看, 秩检验的 P 值最小, 而符号检验最不敏感.

(2) rank.ctest() 函数.

rank.ctest() 函数是基于边缘秩来完成单个总体、两个总体和多个总体的位置检验, 其使用格式为

```
rank.ctest(X, Y = NULL, mu = NULL, scores = "rank",
           na.action = na.fail, ...)
rank.ctest(formula, na.action = na.fail, ...)
rank.ctest(X, g = NULL, index = NULL,
           na.action = na.fail, ...)
```

参数 X 为数据框或数值矩阵. Y 为可选的数据框或数值矩阵, 仅用于两个总体的位置检验, 默认值为 NULL. mu 为数值向量, 或者提供零假设的位置参数 (单个总体检验), 或者提供零假设的位置参数之差 (两个总体), 默认值为 NULL. score 为字符串, 取 'sign' 表示符号检验, 取 'rank' 表示秩检验, 取 'normal' 表示正态得分检验. formula 为形如 X ~ g 的公式, 其中 X 是数值矩阵, g 是至少有两个以上分组的水平因子. index 为整数向量, 表示选择那些形成 'ics' 对象的不变坐标. na.action 为函数, 表示缺失数据 (NA) 的处理方法. ... 为附加参数.

例 8.8 使用 rank.ctest() 函数, 对例 8.4, 例 8.5 和例 8.6 作位置检验.

解 以下是程序 (程序名: exam0808.R) 和计算结果.

首先看例 8.4 的计算结果

```
> rt<-read.table("exam_0804.dat") #% 读数据
> mu0<-c(4, 50, 10)
> rank.ctest(rt, mu = mu0, scores = "rank")
```

```
        Marginal One Sample Signed Rank Test
data:  rt
T = 4.8787, df = 3, p-value = 0.1809
alternative hypothesis:
    true location is not equal to c(4,50,10)

> rank.ctest(rt, mu = mu0, scores = "sign")
        Marginal One Sample Sign Test
data:  rt
T = 2, df = 3, p-value = 0.5724
alternative hypothesis:
    true location is not equal to c(4,50,10)

> rank.ctest(rt, mu = mu0, scores = "normal")
        Marginal One Sample Normal Scores Test
data:  rt
T = 6.2304, df = 3, p-value = 0.1009
alternative hypothesis:
    true location is not equal to c(4,50,10)
```

3 种方法均不能拒绝原假设, 仍然还是符号检验最不敏感.

再看例 8.5 的计算结果

```
> rt<-read.table("exam_0805.dat") #% 读数据
> rank.ctest(rt[1:2], rt[3:4], scores = "rank")
        Marginal Two Sample Rank Sum Test
data:  rt[1:2] and rt[3:4]
T = 7.2009, df = 2, p-value = 0.02731
alternative hypothesis:
    true location difference is not equal to c(0,0)

> rank.ctest(rt[1:2], rt[3:4], scores = "sign")
        Marginal Two Sample Median Test
data:  rt[1:2] and rt[3:4]
T = 2.3098, df = 2, p-value = 0.3151
alternative hypothesis:
    true location difference is not equal to c(0,0)

> rank.ctest(rt[1:2], rt[3:4], scores = "normal")
        Marginal Two Sample Normal Scores Test
data:  rt[1:2] and rt[3:4]
T = 7.5199, df = 2, p-value = 0.02329
```

```
alternative hypothesis:
     true location difference is not equal to c(0,0)
```

对于例 8.5 的数据, 符号检验不能拒绝原假设, 其他两种检验方法与 Hotelling T^2 检验的结果相同.

最后看例 8.6 的计算结果

```
> rt<-read.table("exam_0806.dat") #% 读数据
> X<-as.matrix(rt); G<-gl(2, 10)
> rank.ctest(X ~ G, scores = "rank")
          Marginal Two Sample Rank Sum Test
data:  X by G
T = 12.1691, df = 4, p-value = 0.01614
alternative hypothesis:
     true location difference is not equal to c(0,0,0,0)

> rank.ctest(X ~ G, scores = "sign")
          Marginal Two Sample Median Test
data:  X by G
T = 7.7658, df = 4, p-value = 0.1005
alternative hypothesis:
     true location difference is not equal to c(0,0,0,0)

> rank.ctest(X ~ G, scores = "normal")
          Marginal Two Sample Normal Scores Test
data:  X by G
T = 12.2435, df = 4, p-value = 0.01563
alternative hypothesis:
     true location difference is not equal to c(0,0,0,0)
```

对于例 8.6 的数据, 符号检验不能拒绝原假设, 其他两种检验方法与 Hotelling T^2 检验的结果相同.

2. 独立性检验

ind.ctest() 函数是基于边缘秩来完成数据中不同组的独立性检验, 其使用格式为

```
ind.ctest(X, index1, index2 = NULL,
          scores = "rank", na.action = na.fail)
```

参数 X 为数据框或数值矩阵. index1 和 index2 均为整数向量, 分别表示 X 中的分组. 如果只有 index1, 则第 2 组为它的补集. score 为字符串, 取 'sign' 表示符号检验, 取 'rank' 表示秩检验, 取 'normal' 表示正态得分检验. na.action 为函数, 表示处理缺失数据 (NA) 的方法.

下面看一个例子.

```
A1 <- matrix(c(4, 4, 5, 4, 6, 6, 5, 6, 7), ncol = 3)
```

```
A2 <- matrix(c(0.5, -0.3, -0.3, 0.7), ncol = 2)
X <- cbind(rmvnorm(100, c(-1, 0, 1), A1),
           rmvnorm(100, c(0, 0), A2))
ind.ctest(X, index1 = 1:3)
     Test of Independence Based on Marginal Ranks
data:  X[,(1:3)] and X[,-(1:3)]
W = 4.2707, df = 6, p-value = 0.6401

ind.ctest(X, index1=c(1, 5), index2=c(2, 3))
    Test of Independence Based on Marginal Ranks
data:  X[,(c(1, 5))] and X[,(c(2, 3))]
W = 216.0469, df = 4, p-value < 2.2e-16
```

第一组检验的结果的 P 值大于 0.05, 接受原假设, 即前 3 列与后 2 列的数据是相互独立的. 第二组检验的结果的 P 值小于 0.05, 拒绝原假设, 即 1,5 列与 2,3 列的数据是相关的. 这里的两个结果与实际情况是相符的.

8.4.3 多元正态性检验

在多元统计窗口 (Multivariate) 中, 还有许多有用的程序包, 例如, 下载 mvnormtest 程序包, 它是提供 Shapiro-Wilk 多元正态性检验. 下载和加载程序包的方法与前面相同, 这里介绍该程序包中惟一的函数 —— mshapiro.test() 函数的使用.

mshapiro.test() 函数可完成 Shapiro-Wilk 多元正态性检验, 其使用格式为

```
mshapiro.test(U)
```

参数 U 为多元变量构成的 $p \times n$ 矩阵, 其中 p 为随机变量的维数, n 为样本的个数, 且 $3 \leqslant n \leqslant 5000$.

例 8.9 使用 mshapiro.test() 函数, 对例 8.4 的数据作正态性检验.

解 以下是程序 (程序名: exam0809.R) 和计算结果.

```
> rt<-read.table("exam_0804.dat") #% 读数据
> U<-t(as.matrix(rt))
> mshapiro.test(U)
         Shapiro-Wilk normality test
data:  Z
W = 0.9383, p-value = 0.2225
```

P 值大于 0.05, 接受原假设, 即例 8.4 的数据满足正态性要求, 所以在上述的位置检验中, 使用 Hotelling T^2 分布作均值检验是最合理的.

习 题 8

1. 进入多元统计窗口 (Multivariate) 窗口, 下载 scatterplot3d 程序包. 然后加载该程序包, 学习使用 scatterplot3d() 函数的使用方法, 绘出三维散点图.

2. 令 $\boldsymbol{\mu}=\begin{bmatrix}0\\0\end{bmatrix}$, $\boldsymbol{\Sigma}=\begin{bmatrix}1 & 0.75\\0.75 & 1\end{bmatrix}$, 产生均值为 $\boldsymbol{\mu}$, 协方差矩阵为 $\boldsymbol{\Sigma}$ 的二元正态随机变量, 并将 100 个随机点和二元正态分布 95% 的置信区域绘在同一张图上.

3. 使用 `dmvt()` 函数画出二元中心 t 分布的概率密度函数图形, 其中相关矩阵为单位阵, 自由度为 1.

4. 一位野生动物生态学家对一个由 $n=45$ 只雌性钩镰鸢组成的样本测量了两项指标: $x_1=$ 尾长 (单位: mm), $x_2=$ 翅长 (单位: mm), 数据如表 8.5 所示.

表 8.5 钩镰鸢数据

x_1 (尾长)	x_2 (翅长)	x_1 (尾长)	x_2 (翅长)	x_1 (尾长)	x_2 (翅长)
191	284	186	266	173	271
197	285	197	285	194	280
208	288	201	295	198	300
180	273	190	282	180	272
180	275	209	305	190	292
188	280	187	285	191	286
210	283	207	297	196	285
196	288	178	268	207	286
191	271	202	271	209	303
179	257	205	285	179	261
208	289	190	280	186	262
202	285	189	277	174	245
200	272	211	310	181	250
192	282	216	305	189	262
199	280	189	274	188	258

(1) 计算这 45 只雌性钩镰鸢的样本均值和样本协方差矩阵;

(2) 根据研究需要, 现在要检验

$$H_0:\ \boldsymbol{\mu}=[190,275]^{\mathrm{T}},\quad H_1:\ \boldsymbol{\mu}\neq[190,275]^{\mathrm{T}}.$$

试用 `HotellingsT2()` 函数完成这项工作.

5. 科学家曾对彩龟的大小与形状之间的关系进行过研究, 表 8.4.3 列出了 24 只雌彩龟和 24 只雄彩龟的测量值. 试用 `HotellingsT2()` 函数完成检验: 两个总体的均值是否相等.

表 8.6 彩龟的龟壳测量值

雌 龟			雄 龟		
长 (x_1)	宽 (x_2)	高 (x_3)	长 (x_1)	宽 (x_2)	高 (x_3)
98	81	38	93	74	37
103	84	38	94	78	35
103	86	42	96	80	35

(续表)

雌龟			雄龟		
长 (x_1)	宽 (x_2)	高 (x_3)	长 (x_1)	宽 (x_2)	高 (x_3)
105	86	42	101	84	39
109	88	44	102	85	38
123	92	50	103	81	37
123	95	46	104	83	39
133	99	51	106	83	39
133	102	51	107	82	38
133	102	51	112	89	40
134	100	48	113	88	40
136	102	49	114	86	40
138	98	51	116	90	43
138	99	51	117	90	41
141	105	53	117	91	41
147	108	57	119	93	41
149	107	55	120	89	40
153	107	56	120	93	44
155	115	63	121	95	42
155	117	60	125	93	45
158	115	62	127	96	45
159	118	63	128	95	45
162	124	61	131	95	46
177	132	67	135	106	47

6. 试用 `HP.loc.test()` 函数、`rank.ctest()` 函数完成习题 4 第 (2) 问的位置检验.

7. 试用 `rank.ctest()` 函数完成习题 5 的位置检验.

8. 试用 `ind.ctest()` 函数, 对习题 5 的数据作检验, 检验雌、雄彩龟的数据是否独立.

9. 使用 `mshapiro.test()` 函数, 对习题 4 和习题 5 的数据作正态性检验, 试分析, 在上述检验中, 是秩检验合理还是 Hotelling T^2 检验更合理.

索　　引

%*%　　向量内积, 2.1.2 节
%o%　　向量内积, 2.1.2 节
:　　等差数列, 1.2.4 节
?　　帮助, 1.1.3 节
??　　搜索帮助, 1.1.3 节
.RData　　工作空间的文件类型, 1.1.3, 1.11.5 节

A

abline　　添加直线, 3.3.2 节
abs　　绝对值, 1.2.1 节
apropos　　模糊查找, 1.1.3 节
acos　　反余弦函数, 1.2.1 节
acosh　　反双曲余弦函数, 1.2.1 节
add1　　逐步回归 (加变量), 6.5.2 节
all　　是否全部为真, 1.2.5 节
any　　是否之一为真, 1.2.5 节
anova　　方差分析表, 6.1.4 节
ansari.test　　尺度参数检验, 5.3.3 节
anscombe　　Anscombe 数据集, 6.2.1 节
aov　　方差分析, 7.1.2 节
apply　　应用函数, 1.5.3 节
approx　　分段线性插值, 2.4.2 节
approxfun　　分段线性插值函数, 2.4.2 节
Arg　　取复数的夹角, 1.2.9 节
array　　生成数组, 1.5.1 节
as.character　　强制转换为字符型对象, 1.2.2 节
as.complex　　强制转换为复数, 1.2.2 节
as.data.frame　　强制转换成数据框, 1.8.1 节
as.dendrogram　　强制转换为谱系图, 7.3.2 节
as.double　　强制转换为双精度, 1.2.2 节
as.factor　　强制转换成因子, 1.3.1 节
as.integer　　强制转换为整数, 1.2.2 节
as.list　　强制转换成列表, 1.7.1 节
as.logical　　强制转换为逻辑型对象, 1.2.2 节
as.matrix　　强制转换成矩阵, 1.4.1 节
as.null　　强制转换为空, 1.2.2 节
as.numeric　　强制转换为数值型对象, 1.2.2 节
as.vector　　强制转换成向量, 1.2.8 节
asin　　反正弦函数, 1.2.1 节
asinh　　反双曲正弦函数, 1.2.1 节
assign　　指派, 1.2.3 节

atan	反正切函数, 1.2.1 节
atanh	反双曲正切函数, 1.2.1 节
attach	连接数据框或列表, 1.8.3 节
attr	属性, 1.6.3 节
attributes	属性, 1.6.3 节
axis	添加边, 3.3.3 节

B

bartlett.test	方差齐性检验, 7.1.5 节
binom.test	精确二项检验, 符号检验, 5.2.4, 5.3.1 节
biplot	双坐标图, 7.4.2 节
bmp	bmp 格式文件, 3.5 节
box	添加盒子, 3.3.3 节
boxcox	Box-Cox 变换 (需要加载 MASS 程序包), 6.3 节
boxplot	箱线图, 3.1.8 节
break	中止, 1.10.2 节
browser	浏览, 1.11.6 节

C

c	连接函数, 1.1.1, 1.2.3 节
cat	显示, 1.11.6 节
cancor	典型相关分析, 7.6.2 节
cbind	按列合并矩阵, 1.4.2 节
ceiling	上取整, 1.2.1 节
chisq.test	Pearson 拟合优度 χ^2 检验, 独立性检验, 5.4.1, 5.5.1 节
chol	Cholesky 分解, 2.1.6 节
choose	二项系数, 1.2.1, 4.1.2 节
class	对象的类, 1.6.4 节
coefficients	回归系数, 6.1.4 节
colMeans	计算列均值, 8.2.1 节
colnames	提取或输入矩阵列的名称, 1.4.2 节
colors	给出颜色名称, 3.2.4 节
combn	生成组合方案, 4.1.1 节
complex	复数, 1.2.9 节
Conj	取复数的共轭, 1.2.9 节
constrOptim	求约束优化问题, 2.3.2 节
contour	等值线, 3.1.11 节
cooks.distance	Cook 距离, 6.2.3 节
cor.test	相关性检验, 5.6.4 节
cos	余弦函数, 1.2.1 节
cosh	双曲余弦函数, 1.2.1 节
cophenetic	计算 Cophenetic 距离, 7.3.2 节
coplot	协同图, 3.1.3 节

covratio COVRATIO 准则, 6.2.3 节
crossprod 向量内积, 2.1.2 节
cutree 根据谱系图作聚类, 7.3.3 节

D

data 查看或加载数据集, 1.9.4 节
data.frame 生成数据框, 1.8.1 节
dbinom 二项分布概率密度函数, 4.3.4 节
dchisq χ^2 分布概率密度函数, 4.3.6 节
debug 跟踪, 1.11.6 节
det 行列式, 2.1.4 节
detach 取消数据框或列表的连接, 1.8.3 节
dev.cur 列出当前图形的设备号, 3.5 节
dev.list 列出已打开图形的设备号, 3.5 节
dev.next 列出下一个图形的设备号, 3.5 节
dev.off 关闭当前的图形设备, 3.5 节
dev.prev 列出前一个图形的设备号, 3.5 节
dev.set 设置图形设备, 3.5 节
deviance 残差平方和, 6.1.4 节
dexp 指数分布概率密度函数, 4.3.3 节
df F 分布概率密度函数, 4.3.8 节
dfbeta 系数分析, 6.2.3 节
dfbetas 系数分析, 6.2.3 节
dffits DFFITS 准则, 6.2.3 节
diag 生成对角阵或取矩阵的对角元素, 2.1.4 节
dist 计算样本距离, 7.3.1 节
dim 提取或输入矩阵或数组的维数, 1.4.1, 1.5.2 节
dimnames 提取或输入矩阵或数组的名称, 1.4.2, 1.5.1 节
dmvnorm 多元正态分析的概率密度函数 (需要下载和加载 mvtnorm 程序包), 8.1.3 节
dmvt 多元 t 分析的概率密度函数 (需要下载和加载 mvtnorm 程序包), 8.4.1 节
dnorm 正态分布概率密度函数, 4.3.1 节
dotchart 点图, 3.1.4 节
dpois Poisson 分布概率密度函数, 4.3.5 节
drop1 逐步回归 (减变量), 6.5.2 节
dt t 分布概率密度函数, 4.3.7 节
dunif 均匀分布概率密度函数, 4.3.2 节

E

ecdf 经验分位函数, 4.4.8 节
edit 编辑数据框或列表, 1.8.5 节
eigrn 矩阵谱分解, 2.1.6 节
exp 指数, 1.2.1 节
expand 展开 lu 的对象 (需要加载 lattice 和 Matrix 程序包), 2.1.6 节

expand.grid 将向量生成所有组合的网络数据框, 6.7.2, 8.1.3 节
expression 引导数学表达式, 3.3.1 节

F

factanal 因子分析, 7.5.2 节
factor 因子, 1.3.1 节
factorial 阶乘, 1.2.1 节
file.show 显示已有程序文件, 1.1.3 节
fisher.test Fisher 精确独立性检验, 5.5.2 节
fix 编辑内存中的数据变量, 1.1.3 节
floor 下取整, 1.2.1 节
fligner.test Fligner-Killeen 检验, 7.1.6 节
for 循环, 1.10.3 节
formula 模型公式, 6.1.4 节
friedman.test Friedman 秩和检验, 7.1.6 节

G

gamma Gamma 函数, 1.2.1 节
getwd 获取当前工作目录, 1.1.3 节
gl 生成因子, 1.3.2 节
glm 广义线性回归, 6.8.1 节

H

hat 帽子矩阵, 6.2.3 节
hatvalues 帽子值, 6.2.3 节
hclust 系统聚类, 7.3.2 节
help 帮助, 1.1.3 节
help.search 搜索帮助, 1.1.3 节
hist 直方图, 1.1.2, 3.1.6 节
HotellingsT2 均值向量检验 (需要下载和加载 ICSNP 程序包), 8.3.3 节
HP.loc.test Hallin – Paindaveine 符号检验 (需要下载和加载 ICSNP 程序包), 8.4.2 节

I

I 乘方, 6.7.1 节
identify 交互作图, 3.3.5 节
if/else 分支, 1.10.1 节
Im 取复数的虚部, 1.2.9 节
ind.ctest 多元变量的独立性检验 (需要下载和加载 ICSNP 程序包), 8.4.2 节
influence.measures 影响分析, 6.2.3 节
install.packages 下载并安装程序包, 1.1.3 节
integrate 定积分, 2.6.3 节
interaction.plot 交互效应图, 7.1.2 节
iris Iris 数据集, 7.2.2 节

is.character 是否为字符型对象, 1.2.2 节
is.complex 是否复数, 1.2.2 节
is.data.frame 是否为数据框, 1.8.1 节
is.double 是否为双精度, 1.2.2 节
is.factor 是否为因子, 1.3.1 节
is.finite 是否为有限, 1.2.2 节
is.infinite 是否为无穷, 1.2.2 节
is.integer 是否为整数, 1.2.2 节
is.list 是否为列表, 1.7.1 节
is.logical 是否为逻辑型对象, 1.2.2 节
is.matrix 是否为矩阵, 1.4.1 节
is.na 是否为缺失, 1.2.2 节
is.nan 是否为不确定, 1.2.2 节
is.null 是否为空, 1.2.2 节
is.numeric 是否为数值型对象, 1.2.2 节
is.vector 是否为向量, 1.2.8 节

J

jpeg jpeg 格式文件, 3.5 节

K

kappa 矩阵条件数, 2.1.5 节
kmeans K 均值聚类, 7.3.5 节
kruskal.test Kruskal-Wallis 秩和检验, 7.1.6 节
ks.test Kolmogorov-Smirnov 检验, 5.4.2 节

L

labels 标记, 6.1.4 节
lapply 应用函数, 1.8.6 节
layout 设置多图环境, 3.4.3 节
layout.show 设置多图环境, 3.4.3 节
lda 线性判别分析 (需要加载 MASS 程序包), 7.2.2 节
legend 添加图例, 3.3.2 节
length 长度, 1.6.1 节
library 加载程序包, 1.1.3 节
lines 图上加线, 3.3.1 节
list 生成列表, 1.7.1 节
lm 线性回归, 6.1.2 节
lm.ridge 岭回归估计 (需要加载 MASS 程序包), 6.4.2 节
load 加载工作空间, 1.1.3 节
loadings 载荷矩阵, 7.4.2 节
locator 交互作图, 3.3.5 节
loess 局部多项式回归, 6.7.2 节

log 对数函数, 1.2.1 节
lower.tri 下三角阵, 2.1.4 节
lqs 抗干扰回归 (需要加载 MASS 程序包), 6.6.2 节
ls 列出对象名称, 1.1.3, 1.11.5 节
lsfit 数据拟合, 2.5.1 节
lu LU 分解 (需要加载 lattice 和 Matrix 程序包), 2.1.6 节

M

mantelhaen.test Mantel-Haenszel 检验, 5.5.4 节
matrix 生成矩阵, 1.4.1 节
max 求最大, 1.2.11 节
mcnemar.test McNemar 对称性检验, 5.5.3 节
mean 计算均值, 1.1.2, 4.4.1 节
median 中位数, 1.2.11, 4.4.4 节
min 求最小, 1.2.11 节
Mod 取复数的模, 1.2.9 节
mode 类型, 1.6.1 节
model.tables 模型概要表, 7.1.4 节
mood.test 尺度参数检验, 5.3.3 节
mshapiro.test Shapiro-Wilk 多元正态性检验 (需要下载和加载 mvnormtest 程序包), 8.4.3 节
mtext 添加文字, 3.4.3 节

N

names 提取或替换对象名称, 1.2.10, 1.8.2 节
nchar 提取字符串个数, 1.2.7 节
ncol 提取或输入矩阵的列数, 1.4.2 节
next 继续, 1.10.2 节
nlm 求无约束优化问题, 2.3.2 节
nlminb 求 Box 约束优化问题, 2.3.2 节
nls 非线性回归, 6.7.3 节
noquote 去掉字符串的引号, 1.2.7 节
norm 计算矩阵的范数, 2.1.5 节
nrow 提取或输入矩阵的行数, 1.4.2 节
numeric 数值, 1.6.2 节

O

odbcConnectExcel ODBC 库与 Excel 表连接 (需要下载和加载 RODBC 程序包), 1.9.3 节
oneway.test 单因素方差检验, 7.1.5 节
optim 求无约束优化问题 (直接方法), 2.3.2 节
optimHess 多元函数极值的 Hesse 矩阵, 2.3.2 节
optimise 求一元函数极值, 2.3.1 节
optimize 求一元函数极值, 2.3.1 节

outer 函数外积, 2.1.2 节

P

p.adjust P 值调整, 7.1.3 节
pairs 多组图, 3.1.2 节
pairwise.prop.test 比例的多重检验, 5.2.3 节
pairwise.t.test 多重 t 检验, 7.1.3 节
pairwise.wilcox.test 多重 Wilcoxon 秩和检验, 7.1.6 节
palette 给出颜色的数值, 3.2.4 节
par 设置参数, 3.2.2 节
parplot 条形图, 3.1.6 节
paste 粘结字符串, 1.2.7 节
paste0 粘结字符串, 1.2.7 节
pbinom 二项分布分布函数, 4.3.4 节
pchisq χ^2 分布分布函数, 4.3.6 节
pdf PDF 文件, 3.5 节
persp 三维图, 3.1.10 节
pexp 指数分布分布函数, 4.3.3 节
pf F 分布分布函数, 4.3.8 节
pictex LaTeX/PicTeX 文件, 3.5 节
pie 饼图, 3.1.5 节
plclust 绘出谱系图, 7.3.2 节
plot 绘图, 1.1.2, 3.1.1, 4.4.8, 7.3.2 节
pmvnorm 多元正态分析的分布函数 (需要下载和加载 mvtnorm 程序包),8.1.3 节
pmvt 多元 t 分析的分布函数 (需要下载和加载 mvtnorm 程序包), 8.4.1 节
png png 格式文件, 3.5 节
pnorm 正态分布分布函数, 4.3.1 节
points 图上加点, 3.3.1 节
poisson.test Poisson 检验, 5.2.5 节
polygon 添加多边形, 3.3.4 节
polyroot 多项式求根, 2.2.1 节
postscript PS 文件, 3.5 节
power.anova.test 方差分析的功效检验, 7.1.5 节
power.prop.test 二项分布的功效检验, 5.2.6 节
power.t.test 正态分布的功效检验, 5.2.6 节
predict 预测, 6.1.3, 6.7.2, 6.7.3, 6.8.1, 7.4.2 节
princomp 主成分分析, 7.4.2 节
promax 斜交变换, 7.5.2 节
prop.test 近似二项检验, 5.2.3 节
ppois Poisson 分布分布函数, 4.3.5 节
print 显示, 1.11.6 节
prod 连乘积和, 1.2.11 节
proj 线性模型投影, 6.1.4 节

pt t 分布分布函数, 4.3.7 节
punif 均匀分布分布函数, 4.3.2 节

Q

qbinom 二项分布分位函数, 4.3.4 节
qchisq χ^2 分布分位函数, 4.3.6 节
qda 二次判别分析 (需要加载 MASS 程序包), 7.2.2 节
qexp 指数分布分位函数, 4.3.3 节
qf F 分布分位函数, 4.3.8 节
qmvnorm 多元正态分析的分位函数 (需要下载和加载 mvtnorm 程序包), 8.1.3 节
qmvt 多元 t 分析的分位函数 (需要下载和加载 mvtnorm 程序包), 8.4.1 节
qnorm 正态分布分位函数, 4.3.1 节
qpois Poisson 分布分位函数, 4.3.5 节
qqline Q-Q 图加线, 3.1.9 节
qqnorm 正态 Q-Q 图, 3.1.9 节
qqplot Q-Q 图加点, 3.1.9 节
qr QR 分解, 2.1.6, 2.5.2 节
qr.coef QR 分解系数, 2.5.2 节
qr.fitted QR 分解中的拟合, 2.5.2 节
qr.Q QR 分解中的 $\boldsymbol{Q}$ 矩阵, 2.1.6, 2.5.2 节
qr.qty QR 分解中的 $\boldsymbol{Q}^{\mathrm{T}}\boldsymbol{y}$, 2.5.2 节
qr.qy QR 分解中的 $\boldsymbol{Q}\boldsymbol{y}$, 2.5.2 节
qr.R QR 分解中的 $\boldsymbol{R}$ 矩阵, 2.1.6, 2.5.2 节
qr.solve QR 分解中的求逆, 2.5.2 节
qr.resid QR 分解中的残差, 2.5.2 节
qr.X QR 分解前的 X 矩阵, 2.1.6 节
qt t 分布分位函数, 4.3.7 节
quade.test Quade 秩检验, 7.1.6 节
quantile 分位数, 4.4.5 节
quit 退出 R 系统, 1.1.3 节
qunif 均匀分布分位函数, 4.3.2 节

R

range 求范围, 1.2.11 节
rank 秩, 5.3.2 节
rank.ctest 多元变量的秩检验 (需要下载和加载 ICSNP 程序包), 8.4.2 节
rbind 按行合并矩阵, 1.4.2 节
rcond 条件数的倒数, 2.1.5 节
Re 取复数的实部, 1.2.9 节
read.csv 读取 CSV 数据文件, 1.9.3 节
read.delim 读取 delim 数据文件, 1.9.3 节
read.dta 读取 Stata 数据文件, 1.9.2 节
read.spss 读取 SPSS 数据文件, 1.1.1, 1.9.2 节

read.table	读取表格文件, 1.9.1 节
read.xport	读取 SAS 数据文件, 1.9.2 节
rect.hclust	根据谱系图作聚类, 7.3.3 节
rep	重复, 1.2.4 节
repeat	重复, 1.10.3 节
replications	不同水平的样本个数, 7.1.4 节
resid	残差, 6.2.2 节
residuals	残差, 6.2.2 节
rlm	稳健回归 (需要加载 MASS 程序包), 6.6.2 节
rm	删除对象, 1.1.3 节
rmvnorm	产生多元正态分析的随机数 (需要下载和加载 **mvtnorm** 程序包), 8.1.3 节
rmvt	产生多元 t 分析的随机数 (需要下载和加载 **mvtnorm** 程序包), 8.4.1 节
rnorm	产生正态分位的随机数, 4.5.1 节
rownames	提取或输入矩阵行的名称, 1.4.2 节
rstandard	标准化残差, 6.2.2 节
rstudent	外学生化残差, 6.2.2 节
runif	产生均匀分位的随机数, 4.5.1 节
runs.test	游程检验 (需要下载并安装 **tseries** 程序包), 5.7 节

S

sample	随机抽样, 4.5.2 节
sapply	应用函数, 1.8.6 节
save.image	保存工作空间, 1.1.3 节
savePlot	保存图形, 3.1.1 节
scale	数据标准化和中心化, 7.3.1 节
scan	读取文本文件, 1.9.1 节
screeplot	碎石图, 7.4.2 节
search	查找路径, 1.1.3, 1.11.5 节
segments	添加线段, 3.3.2 节
seq	等间隔, 1.2.4 节
set.seed	设置随机数的种子, 4.5.1 节
setwd	改变工作目录, 1.1.3 节
sd	计算样本的标准差, 1.1.2, 4.4.1 节
shapiro.test	Shapiro - Wilk 正态性检验, 5.4.3 节
sin	正弦函数, 1.2.1 节
sinh	双曲正弦函数, 1.2.1 节
solve	解方程组或求逆矩阵, 2.1.5 节
sort	排序, 顺序统计量, 1.2.11, 4.4.3 节
source	运行已有的 R 程序文件, 1.1.3 节
spline	三次样条插值, 2.4.4 节
splinefun	三次样条函数, 2.4.4 节
splinefunH	分段 Hermite 插值函数, 2.4.3 节
sqlFetch	读取 Excel 表 (需要下载和加载 **RODBC** 程序包), 1.9.3 节

sqlQuery 读取 Excel 表 (需要下载和加载 RODBC 程序包), 1.9.3 节
sqlTables 获得 Excel 表信息 (需要下载和加载 RODBC 程序包), 1.9.3 节
sqrt 开方, 1.2.1, 1.2.2 节
step 逐步回归, 6.5.2 节
strsplit 分解字符串, 1.2.7 节
substr 提取或替换字符串, 1.2.7 节
substring 提取或替换字符串, 1.2.7 节
sum 求和, 1.2.11 节
summary 小结, 6.1.2, 7.1.2, 7.4.2 节
svd 奇异值分解, 2.1.6 节
switch 多分支, 1.10.1 节

T

t 矩阵转置, 2.1.4 节
t.test t 检验, 5.2.1 节
table 计算因子下的频数, 1.3.3 节
tan 正切函数, 1.2.1 节
tanh 双曲正切函数, 1.2.1 节
tapply 应用函数, 1.3.3 节
tcrossprod 向量外积, 2.1.2 节
text 图上加文字或数学符号, 3.3.1 节
title 添加图题, 3.3.3 节
trunc 靠近 0 取整, 1.2.1 节
TukeyHSD 显著差, 7.1.4 节

U

undebug 解除跟踪, 1.11.6 节
uniroot 方程求根, 2.2.1 节
unlist 取消列表, 1.2.7, 1.7.1 节
upper.tri 上三角阵, 2.1.4 节

V

var.test 方差比检验, 5.2.2 节
varimax 载荷旋转, 7.5.2 节
vax 计算方差, 1.2.11, 4.4.1 节
vector 构造向量, 1.2.8 节

W

which 哪一个为真, 1.2.5 节
which.max 哪个变量最大, 1.2.11 节
which.min 哪个变量最小, 1.2.11 节
while 循环, 1.10.3 节
wilcox.test Wilcoxon 符号秩检验与秩和检验, 5.3.2 节

`windows`	Windows 窗口, 3.5 节
`with`	数据框环境, 1.8.4 节
`write`	写纯文本文件, 1.9.5 节
`write.table`	写表格形式的文件, 1.9.5 节
`write.csv`	写 CSV 形式文件, 1.9.5 节

X

`X11`	X 窗口, 3.5 节

参 考 文 献

[1] 薛毅, 陈立萍. 统计建模与 R 软件 [M]. 北京：清华大学出版社, 2007.

[2] 汤银才. R 语言与统计分析 [M]. 北京：高等教育出版社, 2008.

[3] Zuur A F, Ieno E N, Meesters E H W G. R 语言初学者指南 [M]. 周丙常, 王亮, 译. 西安：西安交通大学出版社, 2011.

[4] Spector P. R 语言数据操作 [M]. 朱钰, 柴文义, 张颖, 译. 西安：西安交通大学出版社, 2011.

[5] Kabacoff R I. R 语言实战 [M]. 高涛, 肖楠, 陈钢, 译. 北京：人民邮电出版社, 2013.

[6] Teetor P. R 语言经典实例 [M]. 李洪成, 朱文佳, 沈毅诚, 译. 北京：机械工业出版社, 2013.

[7] 薛毅. 数值分析与科学计算 [M]. 北京: 科学出版社, 2011.

[8] Conover W J. 实用非参数统计 [M]. 崔恒建, 译. 北京：人民邮电出版社, 2006.

[9] Rosner B. 生物统计学基础 [M]. 5 版. 孙尚拱, 译. 北京：科学出版社, 2004.

[10] Mendenhall W, Sincich T. 统计学 [M]. 5 版. 梁冯珍, 关静, 等, 译. 北京：机械工业出版社, 2011.

[11] Ott R L, Longnecker M. 统计学方法与数据分析引论 (上、下)[M]. 张忠占, 等, 译. 北京：科学出版社, 2003.

[12] 胡良平. SAS 统计分析教程 [M]. 高辉, 审校. 北京：电子工业出版社, 2010.

[13] 李卫东. 应用多元统计分析 [M]. 北京：北京大学出版社, 2008.

[14] Johnson R A, Wicherm D W. 实用多元统计分析 [M]. 6 版. 陆璇, 叶俊, 译. 北京：清华大学出版社, 2008.